“十四五”时期国家重点出版物出版专项规划项目

GUOPIN ZHIHUI
GONGYINGLIAN GUANLI

果品智慧供应链管理

钱建平　王宝刚　张　馨　著

中国农业科学技术出版社

图书在版编目(CIP)数据

果品智慧供应链管理 / 钱建平，王宝刚，张馨著. --北京：中国农业科学技术出版社，2023.12

ISBN 978-7-5116-6577-5

Ⅰ.①果… Ⅱ.①钱… ②王… ③张… Ⅲ.①果品-供应链管理-研究-中国 Ⅳ.①F326.13

中国国家版本馆 CIP 数据核字(2023)第 241211 号

责任编辑 申 艳
责任校对 王 彦
责任印制 姜义伟 王思文

出 版 者 中国农业科学技术出版社
北京市中关村南大街 12 号 邮编：100081
电　　话 (010) 82103898 (编辑室) (010) 82106624 (发行部)
(010) 82109709 (读者服务部)
网　　址 https://castp.caas.cn
经 销 者 各地新华书店
印 刷 者 北京地大彩印有限公司
开　　本 185 mm×260 mm 1/16
印　　张 20 彩插 8 面
字　　数 465 千字
版　　次 2023 年 12 月第 1 版 2023 年 12 月第 1 次印刷
定　　价 128.00 元

《果品智慧供应链管理》

著者名单

主　　著：

钱建平　王宝刚　张　馨

参著人员（按姓氏拼音排序）：

常　虹　陈　谦　段玉林

李佳利　林鑫涛　宋　茜

王明飞　杨　涵　张钟莉莉

前　言

自20世纪90年代中期以来，我国果品产量一直居世界首位，目前已经成为世界上最大的果品生产、出口国之一。果品产业已日益成为乡村振兴的重要支柱产业、农民致富奔小康的主要收入来源。但与发达国家的果品供应链管理系统建设相比，我国的果品供应链管理相关研究和应用起步较晚，存在着重面积轻效益、重产量轻品质、重产前轻产后、重生产轻流通等传统问题；同时也面临着资源环境约束、劳动力成本增加、食品安全等新问题，这些问题与供应链管理水平不高、智能化过程薄弱有密切关系。因此，迫切需要结合我国果品供应特点、企业实际需求、监管不同模式，开展果品智慧供应链管理研究，推动果品智慧供应链的智慧化、透明化、绿色化，有效维持果品品质、降低产品损耗、提升主体效益、增强管理水平，以增强我国果品产业的整体效益和核心竞争力。

作为当今世界创新最活跃、渗透性最强、影响力最广的领域，新一代信息技术正在全球范围内引发新一轮的科技革命，并正在转化为现实生产力，引领科技、经济和社会创新发展。新一代信息技术的发展为果品智慧供应链的实现提供了良好的技术支撑。“从农田到餐桌”的果品供应链涉及果园生产种植、果品分级加工、果品仓储物流、果品交易销售以及果品全供应链追溯等不同环节。本书重点从信息技术的角度全面阐述了果品智慧供应链的总体框架、关键技术、核心装备、应用系统及典型应用等内容。本书是由中国农业科学院农业资源与农业区划研究所，联合北京市农林科学院智能装备技术研究中心、北京市农林科学院农产品加工与食品营养研究所相关团队，在国家重点研发计划课题“猕猴桃等特色浆果智慧化果园关键技术研究与应用”、国家自然科学基金“品质与能耗双重约束下猕猴桃冷链运输过程温度精准调控机制”、国家科技支撑计划课题“物流过程产品与质量安全跟踪技术与设备”、北京市科技计划项目“安全蔬菜社区直供物流配送科技示范”等项目的支持下，多年研究成果的结晶。

本书由钱建平负责整体框架搭建，共包含9章。第一章以我国果品产业现状及存在问题为切入点，分析了国内外果品产业总体态势，由钱建平、宋茜撰写；第二章从重要概念的辨析入手介绍了供应链基本概念及国内外供应链发展趋势，分析了果品供应链管理特点，由钱建平、杨涵负责撰写；第三章全面阐述了新一代信息技术特点，构建了果品智慧供应链技术框架，由钱建平撰写；第四章介绍了果园生产种植环节智能化技术，由钱建平、张馨、段玉林、李佳利、杨涵、张钟莉莉撰写；第五章介绍了果品分级加工智能化技术，由王宝刚、陈谦、常虹撰写；第六章介绍了果品仓储物流智能化技术，由钱建平、陈谦、王宝刚撰写；第七章介绍了果品交易销售智能化技术，由钱建平撰写；第八章介绍了果品全供应链追溯技术，由钱建平撰写；第九章从集成架构、应用系统开发和典型应用案例方面介绍了不同果品智慧供应链管理系统应用情况，由钱建平、张馨、林鑫涛、王明飞撰写。全书由钱建平、李佳利统稿。在本书的撰写过程中得到了吴文斌研究员、杨信廷研究员、余强毅研究员、史云研究员、查燕副研究员、张保辉副研究员等专家的指导与帮助。范蓓蕾、吴晓明、邢斌及研究生韩佳伟、王姗姗、王慧等也参与了部分工作。

果品智慧供应链管理涉及知识面广、面向对象多、所含供应链复杂，其技术研究有待进一步开展，应用也有待深入。著者期望本书的出版，能够引发读者对果品智慧供应链管理这一领域的兴趣和关注，促进新一代信息技术在果品供应链管理领域的深度应用，从而全面提升我国果品供应链管理智能化水平。由于果品智慧供应链管理还处于不断发展成熟中，限于著者的学识水平，书中难免存在不足之处，恳请读者提出宝贵建议。

著　者

2023 年 8 月

目　录

第一章　我国果品产业现状及存在问题

自 20 世纪 90 年代中期以来，我国果品产量一直居世界首位，目前已经成为世界上最大的果品生产、出口国之一。我国果品不仅产量大，而且品种丰富多样，既有苹果、梨、柑橘等大宗类水果，也有具有地域特色的水果。果品产业已成为乡村振兴的重要支柱产业、农民致富奔小康的主要收入来源。但是，重面积轻效益、重产量轻品质、重产前轻产后、重生产轻流通等问题，导致果品产业效益不高、出口竞争力不强、年际变化较大；同时，果品产业也面临着资源环境约束、劳动力成本增加、食品安全等新问题。因此，迫切需要采用新的技术手段实现果品产业的全面提升。

1　我国果品产业现状

1.1　果园总面积大

进入 21 世纪，我国果园总面积呈现稳步增长的态势。根据国家统计局数据显示，2011 年全国果园总面积为 1 080. 10 万 hm^2，2011—2014 年果园总面积逐年增加，2014 年达到 1 160. 77 万 hm^2。近年来，随着我国种植结构的调整、种植模式的变化，果园总面积呈现小幅波动的趋势，2015 年比 2014 年减少了 39. 55 万 hm^2；2016 年继续下降，比 2015 年减少了 29. 56 万 hm^2，降幅达到了 2. 64%；从 2017 年开始，果园总面积稳步增长，在 2020 年达到了 1 264. 63 万 hm^2（图 1-1）。

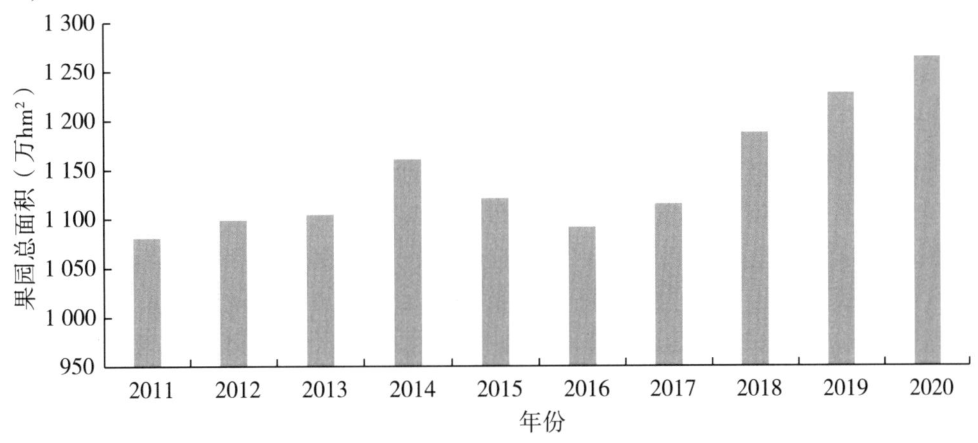

图 1-1　2011—2020 年我国果园总面积变化

（数据来源：国家统计局）

以我国柑橘、苹果等5种主要的水果为例进一步说明2011—2020年果园面积的年际变化情况。2011—2020年，柑橘园、葡萄园面积增长幅度较大，苹果园、梨园、香蕉园面积变化较小。柑橘园面积始终保持第一位，2011年我国柑橘园面积为207.72万hm^2，2020年增加至283.15万hm^2，较2011年增加36.31%；葡萄园面积虽相对较小，但增幅较大，2011年葡萄园面积为55.03万hm^2，2020年增加至71.24万hm^2，较2011年增加29.46%；相对而言，苹果、梨、香蕉种植较为稳定，果园面积分别在194.55万~199.35万hm^2、92.28万~97.96万hm^2、32.72万~36.55万hm^2范围内小幅波动（图1-2）。

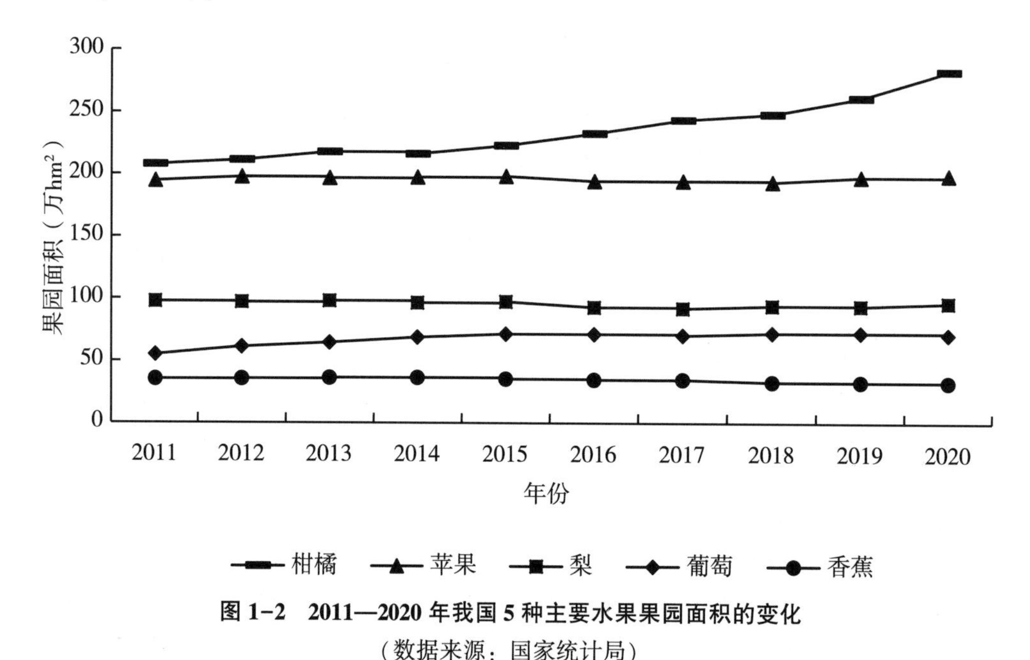

图1-2　2011—2020年我国5种主要水果果园面积的变化

（数据来源：国家统计局）

1.2　水果总产量高

随着果园面积的增加以及种植和管理水平的提升，我国水果产量也表现为总产量提升的趋势。据国家统计局统计，我国水果总产量从2011年的21 018.61万t增加到了2020年的28 692.36万t，增幅为7 673.75万t，仅2016年出现了小幅回落（图1-3）。其中，柑橘、苹果、梨、葡萄、香蕉为产量前5位的水果。

我国总产量最高的5种水果，其产量2011—2020年也保持了整体提升的态势，但也存在着年际间和产品间的差异。2011—2017年，苹果产量始终保持在第一位，但2018年柑橘总产量超过苹果，达到了4 138.14万t，较2017年增加321.36万t，同比增长8.42%，并在2020年达到5 121.87万t，占当年全国水果总产量的17.85%；苹果总产量在2009—2017年保持持续增长，但在2018年略微下降至3 923.34万t，较2017年减少215.66万t，同比减少5.21%，随后继续增长，在2020年达到4 406.61万t，占当年全国水果总产量的15.36%；2020年梨总产量1 781.53万t，占当年全国水果总产量的6.21%；葡萄总产量在2014年超过香蕉总产量，其差距在随后几年进一步拉大，2020年葡萄总产量为1 431.41万t，比香蕉总产量的1 151.33万t，多280.08万t（图1-4）。

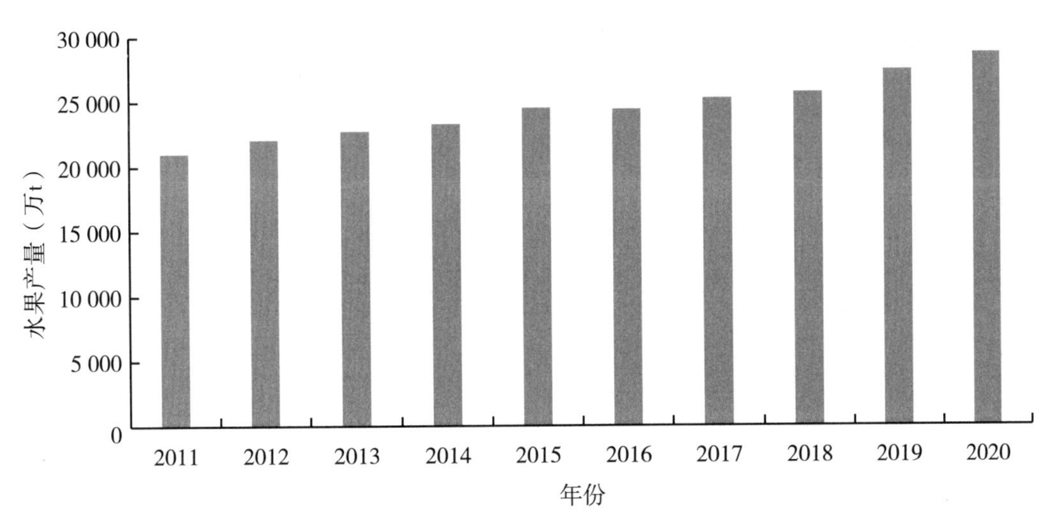

图1-3　2011—2020年我国水果产量变化

（数据来源：国家统计局）

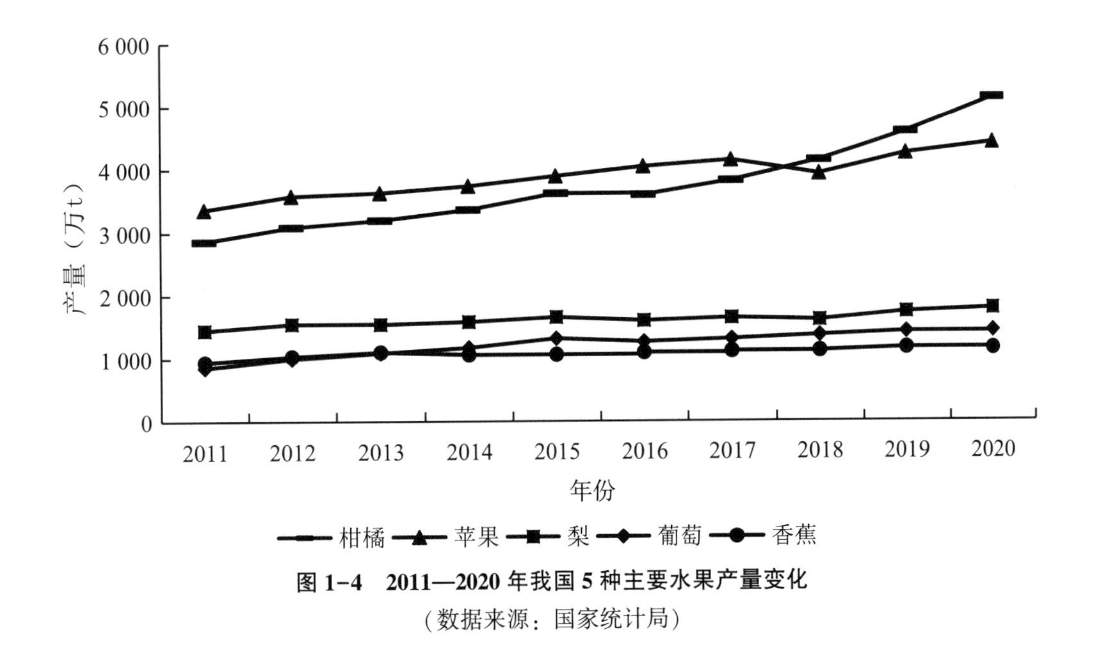

图1-4　2011—2020年我国5种主要水果产量变化

（数据来源：国家统计局）

1.3　品种丰富

全世界的果树包括野生果树在内约有60科2 800种，其中较为重要的约300种，主要栽培的果树约70种。我国是世界上原产果树最多的国家，而且非常注意从国外引进新树种，因此，我国拥有世界上绝大多数的栽培果树。我国现有的果树有 50 多科，近 300 种，各果树带的温度条件及代表树种如表 1-1 所示。

表 1-1 我国各果树带的温度条件及代表树种

果树带	年平均温度（℃）	1 月平均温度（℃）	7 月平均温度（℃）	绝对最低温度（℃）	无霜期（天）	≥10℃积温（℃）	代表树种
热带常绿果树带	19.3~25.5	11.9~20.8	28.8~29.0	>-1.0	340~365	6 500~9 000	香蕉、菠萝、荔枝、龙眼、柑橘、椰子
亚热带常绿果树带	16.2~21.0	4.0~12.3	27.7~29.2	-1.1~8.2	240~331	5 000~8 000	柑橘、枇杷、杨梅、龙眼、砂梨
云贵高原常绿和落叶果树混交带	11.6~19.6	2.1~12.0	18.6~28.7	-10.4~0.0	202~341	3 100~6 500	柑橘、梨、苹果、桃、李、荔枝、龙眼、香蕉、菠萝
温带落叶果树带	8.0~16.6	-10.9~4.2	22.3~28.7	-29.9~-10.1	157~265	3 100~4 500	苹果、梨、桃、李、柿、枣、葡萄、核桃
旱温落叶果树带	7.1~12.1	-10.4~3.5	15.0~26.7	-28.4~-12.1	120~229	2 000~4 000	苹果、梨、葡萄、核桃、柿、桃
干寒落叶果树带	4.8~8.5	-15.2~-8.6	17.2~25.7	-32.0~-21.9	127~183	1 600~3 400	中小苹果、葡萄、秋子梨
耐寒落叶果树带	3.2~7.8	-22.7~-12.5	21.3~24.5	-40.3~-30.0	130~153	<1 600	中小苹果、海棠、李、葡萄
青藏高寒落叶果树带	-2.0~3.0			-42.0~-24.0		<2 000	杏、核桃、李

各地大力发展具有区域优势的特色水果，加大新品种培育和引进力度，注重品种和熟期配套，加强贮藏设施建设，基本实现大宗水果周年供应，时令水果上市期显著拉长。尽管 2020 年柑橘、苹果、梨三大水果的产量继续增加，但占水果总产量的比重仅为 39.42%，较 1978 年下降 31.68 个百分点。这一数据的变化，充分表明水果品种得到了很大丰富。据对北京、上海等地的调查，每天有 50 种左右水果上市供应。

1.4 地域间差异较大

我国果园面积和产量在不同地域之间差异较大，以 2020 年各省（区、市）水果的产量数据（表 1-2）为例，我国共有 10 个省（区）水果总产量超过 1 000 万 t，分别为山东、广西、河南、陕西、广东、新疆、河北、四川、湖南、湖北，其中山东、广西、河南、陕西 4 省（区）超过 2 000 万 t。2020 年山东水果总产量为 2 938.91 万 t，占全国总产量的 10.24%；广西水果总产量 2 785.74 万 t，占全国总产量的 9.71%；河南水果总产量 2 563. 43 万 t，占全国总产量的 8. 93%；陕西水果总产量 2 070. 55 万 t，占全国总产量的 7. 22%。

表 1-2　2020 年全国各省份水果产量及占比情况

省（区、市）	水果总产量（万 t）	占比（%）	省（区、市）	水果总产量（万 t）	占比（%）	省（区、市）	水果总产量（万 t）	占比（%）
山东	2 938. 91	10. 24	云南	961. 58	3. 35	内蒙古	238. 70	0. 83
广西	2 785. 74	9. 71	山西	909. 77	3. 17	宁夏	204. 45	0. 71
河南	2 563. 43	8. 93	辽宁	851. 29	2. 97	黑龙江	170. 09	0. 59
陕西	2 070. 55	7. 22	甘肃	778. 96	2. 71	吉林	146. 55	0. 51
广东	1 882. 57	6. 56	福建	764. 58	2. 66	天津	56. 39	0. 20
新疆	1 660. 39	5. 79	浙江	755. 27	2. 63	北京	53. 81	0. 19
河北	1 424. 36	4. 96	安徽	741. 52	2. 58	上海	43. 94	0. 15
四川	1 221. 30	4. 26	江西	712. 82	2. 48	青海	2. 91	0. 01
湖南	1 150. 75	4. 01	贵州	548. 11	1. 91	西藏	2. 16	0. 01
湖北	1 066. 83	3. 72	重庆	514. 82	1. 79			
江苏	974. 17	3. 40	海南	495. 63	1. 73			

注：数据来源于国家统计局。

对于不同的水果品种，其生产存在明显的地域性，如图 1-5 所示。据国家统计局统计，2020 年在 5 种主要水果中，柑橘生产主要集中在广西、湖南、湖北、广东、四川、江西、福建、重庆 8 个省（区、市），上述地区柑橘总产量达 4 636. 94 万 t，占全国柑橘总产量的 91%；苹果生产主要集中在陕西、山东、山西、河南、甘肃、辽宁、河北、新疆 8 个省（区），上述地区苹果总产量达 4 060. 11 万 t，占全国总产量的 92%；梨生产集中在河北、新疆、河南、辽宁、安徽、山东、陕西 7 个省（区），上述地区梨总产量达 1 118. 67 万 t，占全国总产量的 63%；葡萄生产集中在新疆、河北、山东、云南、河南、陕西、辽宁、浙江 8 个省（区），上述地区葡萄总产量达 968. 52 万 t，占全国总产量的 68%；香蕉生产主要集中在广东、广西、云南、海南 4 个省（区），上述地区香蕉总产量达 1 093. 00 万 t，占全国总产量的 95%。在 5 种主要水果中，柑橘、苹果、香蕉的生产集中度较高，均在 90%以上；梨、葡萄的生产集中度则相对较低。

1.5　生产经营主体多元

目前，我国规模化产区水果生产经营主体主要有农户、企业和合作社三大类。其中，农户可分为兼职果农和专业户（包括家庭农场）两类；企业可分为一般中小企业和产业化龙头企业两类；合作社可分为农民主导型合作社和非农民主导型专业合作社两

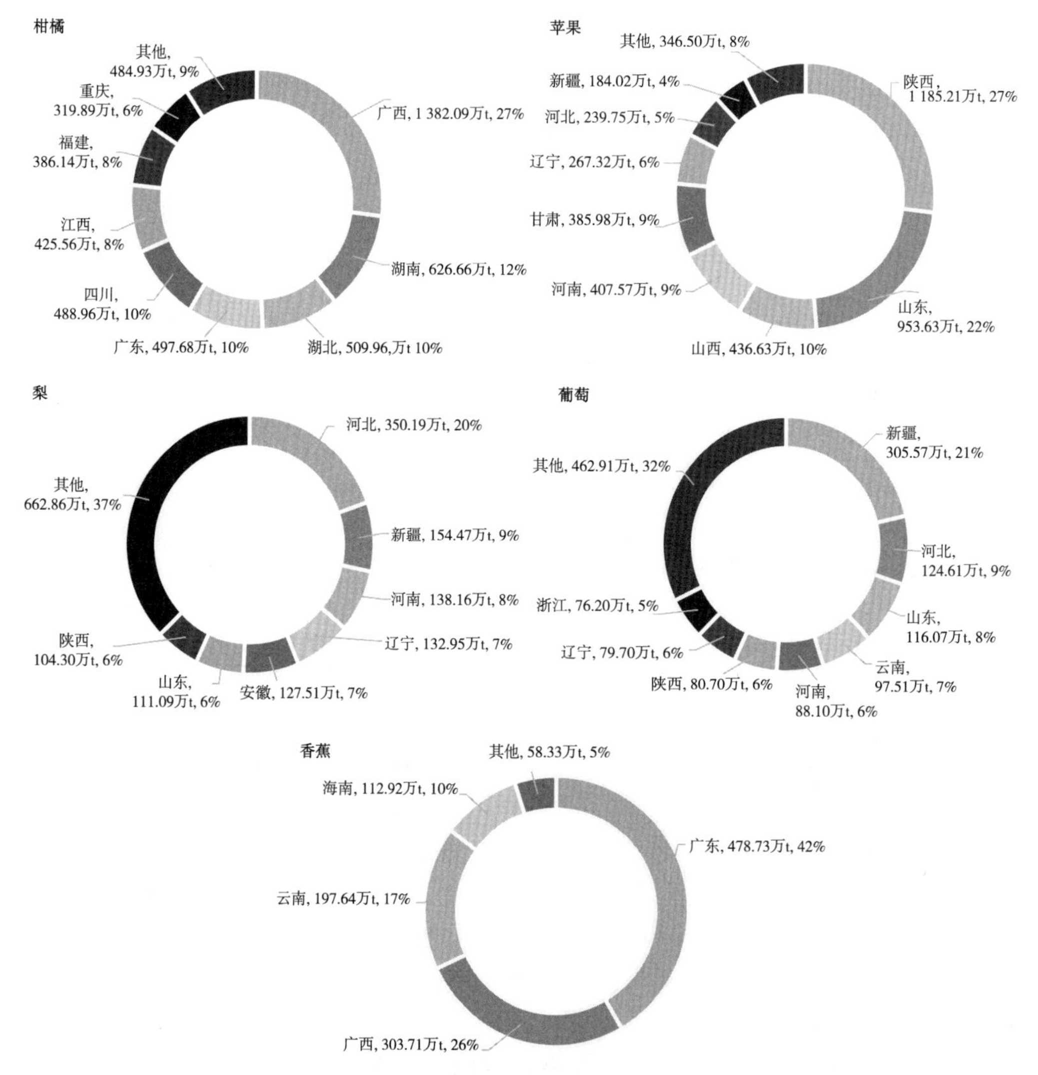

图 1-5　2020 年我国 5 种主要水果集中度分析

（数据来源：国家统计局）

类。从产业分工看，在水果生产环节，农户是主体，即使是产业化公司，其果园生产管理也大都由农户承担；在果品销售和加工等采后环节，企业则是主体。从产业利润分配看，农户种植利润最低，产业利润更多流向从事果品销售和加工的企业。

1.6　国际贸易不断增长

2014—2021 年，我国水果进出口贸易额总体呈增长态势。中华人民共和国农业农村部官网农产品进出口数据显示，在水果进口方面，2014—2021 年我国水果进口额呈增长态势且增幅较大。2014 年我国水果进口额为 51. 20 亿美元，2021 年增长至 145. 20 亿美元，为 2014—2021 年最高值，较 2020 年增加 31. 52%。其中，2018 年进口额为

84.20 亿美元，较 2017 年的 62.60 亿美元增加 34.50%，为 2014—2021 年增幅最大的一年（图 1-6）。

在水果出口方面，2014 年我国水果出口额为 61.80 亿美元，2021 年增长至 75.10 亿美元，较 2014 年增加 21.52%。2020 年出口额达到最高值，为 83.50 亿美元，较 2019 年增幅为 12.08%；2021 年是 2014—2021 年降幅最多的一年，较 2020 年降低 10.06%（图 1-7）。

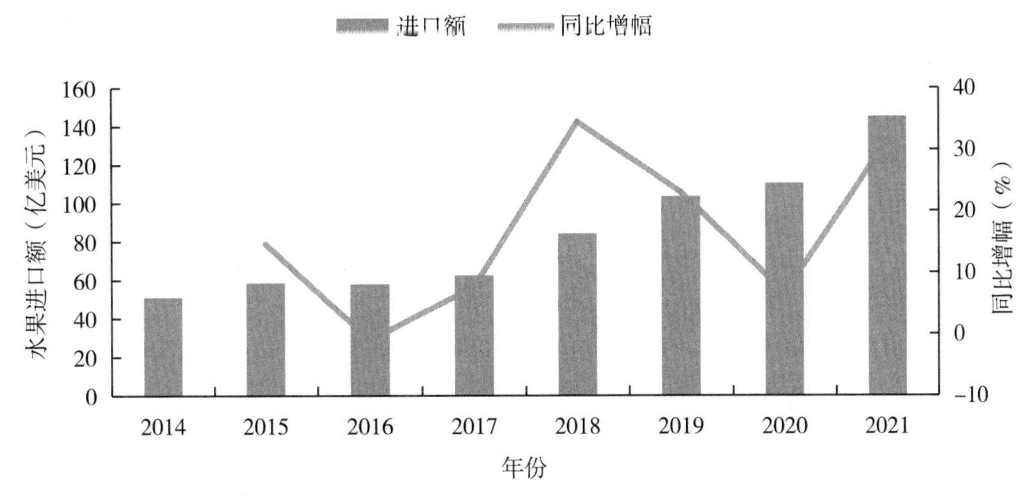

图 1-6　2014—2021 年我国水果进口贸易情况

（数据来源：农业农村部）

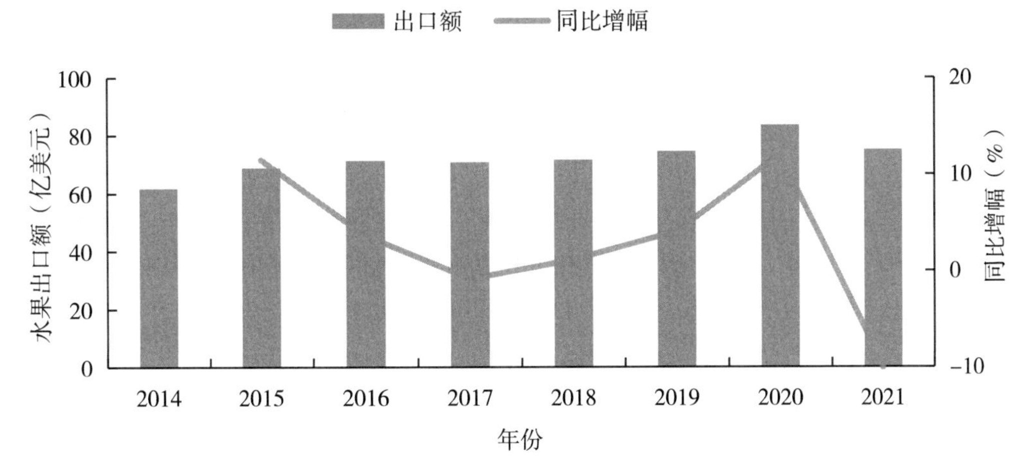

图 1-7　2014—2021 年我国水果出口贸易情况

（数据来源：农业农村部）

2 存在问题

2.1 资源约束

我国是人口众多、耕地资源相对短缺的国家，人口和耕地矛盾十分突出。据《2021 年中国统计年鉴》，2019 年我国耕地总面积为 127.9 万 km^2；人均耕地资源不足 0.1 hm^2，约为世界人均耕地面积的 1/3。同时，我国人均水资源相对短缺也是农业发展的另一个重要的资源约束条件；我国水资源总量占世界的 6%，居第四位，水资源总量丰富，但人均水资源拥有量较低；据《2021 年中国统计年鉴》，2020 年我国水资源总量为 31 605.2 亿 m^3，人均水资源拥有量仅为 2 239.8 m^3。

我国耕地资源与水资源一方面在人均占有量上不足，另一方面在空间与时间分布上严重不均衡。空间上，我国北方地区耕地资源丰富，但水资源匮乏，南方地区水资源丰富，但多为丘陵地形，耕地资源较少；时间上，由于我国多为季风气候及大陆性气候，农业用水也出现了不平衡。

2.2 劳动力成本增加

近年来我国农业劳动力老龄化越来越显现。从第三次全国人口普查到第七次全国人口普查，农村 65 岁及以上老年人口比例由 5.00%上升到 17.72%，比城市的老年人口比例高出 6.95 个百分点。而大批农村青壮年劳动力转移至城镇，加剧了农村劳动力的老龄化，1990 年农业劳动力平均年龄为 36.8 岁，2000 年增加到 40.0 岁，2010 年则超过了 45.0 岁；据第七次全国人口普查数据显示，我国农业就业人口平均年龄已经达到约 51.8 岁。

农业劳动力的老龄化也使劳动力成本逐年上升。目前，我国的果品产业机械化水平还较低，果园生产操作、采后分级、包装运输等大部分还要依赖于人工，属于劳动密集型产业，劳动力成本是果品生产成本的重要组成部分。2005—2011 年全国苹果亩①均总成本中的物质投入与服务费用从 559 元上涨到 1 917 元，增加了 2.4 倍，人工成本从 605 元上涨到 1 944 元，增加了 2.2 倍。2016 年苹果、柑橘的亩均总成本分别为 5 389 元、3 393元，其中，人工成本分别占总成本的 62.5%、45.9%，土肥水分别占总成本的 16.9%、20.5%。

2.3 环境污染影响

农业生产系统内污染已成为制约农业发展的重要因素。《第一次全国污染源普查公报》数据显示，在全国 592.6 万个普查对象中，农业源占了 289.9 万个，占比 48.9%，远高于工业源、生活源和集中式污染治理设施。农业生产系统内污染主要集中在化肥污

① 1 亩≈667 m^2；15 亩=1 hm^2。全书同。

染、农药污染、农膜污染、畜禽养殖污染 4 个方面。化肥施用量持续增加，已经成为部分地区面源污染的主要来源；我国农药使用量大且农药利用率较低，使农药的负外部性开始显现；在农膜使用中，普遍存在着用量大、地膜厚度不达标、强度低、易老化破碎等问题，回收十分困难；畜禽养殖业快速发展，畜禽养殖污染已呈现总量增加、范围扩大和程度加剧的趋势。

我国化肥施用量大、利用率低、配比不科学等问题，导致土壤有机质降低、理化性状变劣，造成土壤板结、酸化，土壤生产能力下降和土壤营养成分的大量流失，加剧了湖泊和海洋的富营养化，引发农业面污染等问题。

2.4　果品损耗严重

由于果品存在着易腐烂变质、受温度变化影响大、地域性生产和异地运输等特点，加上我国果品产地分散，果品品种多、流通量大，以及流通过程中信息不畅、流通组织化程度低，流通技术低下、流通环节多，果品从各产地到消费者手中的损耗较大，果品损耗问题已成为制约我国果品产业发展的一个重要因素。我国果蔬采后损失率大，损耗率高达 20%~30%。水果损耗主要发生在采后的运输、贮存、销售环节。运输、贮存过程中的果品损耗主要体现在采后处理不当、适当的冷链运输缺乏、冷库等基础设施建设不足等；销售环节的果品损耗主要体现在销售过程管理不当、销售策略不当导致的果品货架期缩短、库存堆积、变质等。

发达国家非常重视农产品贮藏与物流，采后商品化处理程度高、基础设施完善、信息化水平高、专业化程度强，已经形成一套比较完善的贮藏与物流体系。欧美等国家和地区果蔬采后商品化处理率为 60%~80%，果蔬采后损失率不到 5%。

2.5　品质与安全问题

农产品及食品安全事关国计民生和社会稳定，已成为百姓普遍关注、国家高度重视的问题。近年来，在全社会共同关注和努力下，我国全力推进农产品及食品质量安全监管工作，农产品及食品质量安全水平连续几年稳步提升，质量安全形势总体稳定向好；但质量安全事件仍时有发生，在给消费者造成身体伤害和生命威胁的同时，也直接导致人民群众消费信心下降，进而危及整个产业链条。据《中国民生调查 2018 综合研究报告》显示，在社会环境的关切点中，排前两位的仍然是食品安全和环境污染；尽管 2017 年城乡居民对这两个领域的满意度有所提高，但进一步加强食品安全和环境污染治理仍然是城乡居民的强烈诉求。

随着人民生活水平的提升，果品的需求已逐渐从数量、种类的丰富向果品质量和品质的提高转变，新鲜、安全、营养的果品日益受到消费者的青睐。果品的品质包括内在品质（如营养品质、风味品质、质地品质等）、外在品质（如视觉品质、触觉品质、嗅觉品质等）和其他品质（如贮藏品质、加工品质等）。果品品质特性主要取决于种属遗传特性，也受采前的立地环境、栽培技术、管理水平等因素的影响，与采后的处理技术、贮藏方式、物流管理亦有重要关系。在满足果品数量供应的前提下，提升果品品质和安全水平已成为我国果品发展中亟待解决的问题。

2.6 出口贸易不强

虽然我国果品进出口贸易都呈现增长态势，但并非果品贸易强国。与种植面积和产量相比，我国的果品贸易量占全球贸易量的比重低，据统计，2013 年我国果品贸易量仅占全球贸易量的 7.4%。同时，我国果品贸易逆差严重，以 2018 年的统计数据为例，我国进口水果 550 万 t，进口额达到 84.20 亿美元，比 2017 年增长 34.50%；而出口额为 71.60 亿美元，比 2017 年仅增长 1.2%，2018 年贸易逆差达到 12.60 亿美元。

我国果品出口结构单一、产品不均衡，不利于在国际市场上的竞争和规避出口风险。目前我国的水果出口还主要集中于苹果、柑橘和梨等传统品种；出口期较为集中，不利于水果价格的稳定和出口贸易。除了品种缺乏多样性，出口市场过于集中、市场风险较大，鲜果主要集中在东亚和东南亚，加工品主要集中在美国和欧洲，“一带一路”共建国家市场潜力远未挖掘。此外，我国果品行业的品牌意识还普遍比较薄弱，导致果品附加值低；我国果业并没能在国际市场上培育出颇具影响力的品牌，导致中国水果产品在国际市场上缺乏号召力，制约了我国果品行业的发展壮大。

3 国外果品产业发展启示

3.1 新西兰奇异果品牌化营销

3.1.1 概况

奇异果源自中国，本名“猕猴桃”，在 27 种常见水果中，奇异果是营养价值最高的水果之一。新西兰是世界猕猴桃第一出口大国，据新西兰初级产业部的统计，2017 年新西兰猕猴桃出口额为 18.6 亿新西兰元（折合 80.2 亿元人民币），稳居出口园艺产品首位。

新西兰奇异果产业从 1904 年开始一直到 1988 年，也是处于自发、松散种植和销售时期。20 世纪后半期，果农各自为政的经营模式、美国等国的反倾销政策使出口下滑，国际市场推广的巨大费用支出和营销失利，三大问题导致新西兰奇异果产业遭受重创，濒临全军覆没。为了解决自身的生存问题，1977 年由 Roly Earp 创办了新西兰奇异果行销事务管理公司，成为一个统一营运和市场营销的组织。1988 年，新西兰 2 700 多户果农在政府的协助和配合下，纷纷注销了各自经营了数十年的品牌，组建了一个统一的销售窗口——新西兰奇异果营销局（NZKMB），集中并整合果农资源形成单一出口的营销模式，加强从选育品种、果品生产、包装、冷藏、运输、配售及广告促销等环节的配合，使得新西兰奇异果成为全球奇异果市场的领导品牌。

新西兰奇异果营销局不是政府机构，也不是行业协会，是新西兰奇异果产业的龙头企业。新西兰奇异果营销局完全由新西兰果农构成并拥有。所有果农按照种植面积与产量共同出资入股，并根据股份决定其在营销局组建中的资金投入和年终分红。1997 年，为延续消费者对新西兰奇异果的印象，更鲜明地表达新西兰奇异果健康活力、营养美味以及充满能量与乐趣的特质，新西兰奇异果营销局为新西兰奇异果创造了“Zespri ®佳沛”（中文名称：佳沛）这个品牌（图1-8），成立了新西兰奇异果国际行销公司（Zespri International Ltd）作为营销子公司负责新西兰奇异果全球的市场推广和销售，成为全世界最大的奇异果行销公司。

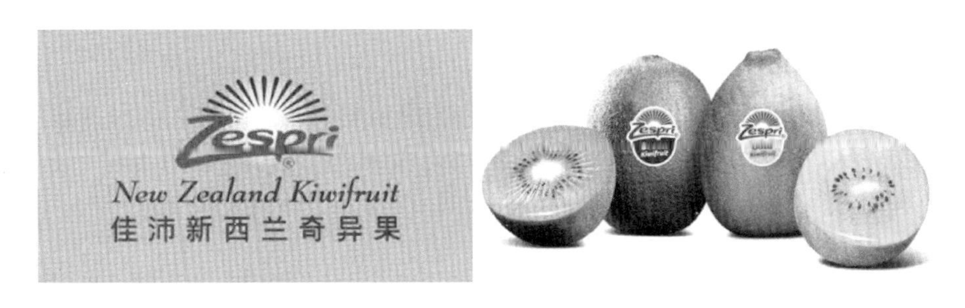

图1-8 佳沛新西兰奇异果

3.1.2 特点

（1）**果园选择和果农认证** 奇异果属于藤蔓植物，良好的果园环境是产出好品质奇异果的基础；在遴选果园时要求果园必须具有肥沃的土壤、充足的光照和雨水、冬天低温天数达到一定标准、春天没有霜害等。果农的专业知识与良好的种植管理才能保证奇异果的美味和质量，因此只有取得认证的果农才能生产奇异果，果农每年必须通过审核和接受培训才能继续保有种植认证。

（2）**绿色防控与种植管理** 设定严格的检验标准与最少的农药剂量，由训练有素的专业人员定期采样检查病虫害状况，平常不使用农药；如有使用必要，必须先向政府提出申请并由拥有农药使用许可的人员于有限地区使用；采收前两个月完全禁止使用农药并进行全面检查，保证出口的奇异果农药零残留。

（3）**严格的采收管理** 奇异果采收的标准是甜度达到6.2。采收之后，奇异果随着硬度的变化其甜度也会逐渐提升，该公司凭借着多年的经验和专业的技术在奇异果硬度方面做严格的管控，让每颗奇异果能达到最美的滋味。

（4）**农药残留监督** 为了再次保障奇异果的质量和安全，采收好的果子将会送去做农药成分残留的测试；新西兰农业部也将从果园及包装加工企业抽样奇异果，送到实验室检测其农药成分残留是否符合标准，以确保消费者吃得安心。

（5）**分级与包装** 采用先进的计算机设备，针对果品大小、甜度及重量等指标进行分级，让每箱的奇异果均是统一规格和熟度；奇异果的包装盒兼具环保和通风性设计，所使用的油墨和盒子本身材料能被分解，通风设计确保奇异果在运送途中仍能保持质量与最佳风味。

（6）**贮存** 在将奇异果运送到世界各地之前，该公司将奇异果贮存在温度0~2 ℃的冷库中；为了控制其硬度和熟度，冷库保持在高二氧化碳、低氧气的环境中。

（7）**出口运输** 在奇异果出口前，必须通过新西兰政府的检疫检查，通过后发出证明，正式许可奇异果出口；当奇异果到达进口国后再进行严格的病虫害检查和农药成分残留的测试，确保达到进口国标准。

(8) **上架销售** 在上架前，奇异果被贮存在专业的冷库中，保持甜度和熟度；熟度适中的果子会被送到各个销售点，在货架上销售。

(9) **产品追溯** 佳沛公司奇异果的包装盒均有一张详细的追踪资料卡，就像是奇异果的身份证，能追踪到该奇异果是由哪个果园提供的，这个追踪系统确实保障了消费者权益，并能鼓励果农专注于品质。

3.1.3 启示

(1) **打造品牌，统一营销** 通过新西兰奇异果营销局，将分散、各自为政的果农手里的产品统一收购，统一营销，既规范了市场，也解决了恶性竞争，解决了果农奇异果种植后如何才能销售出去的问题。还用统一的品牌名称及全球品牌推广策略，构建了强有力的品牌，取得了良好的品牌效应。

(2) **严格品控，统一标准** 在累积 70 多年经验的基础上，公司从果园选择、土壤管理、枝条定位、成熟采收等方面严格管控，公司开发出独特的病虫害管理技术将化学药剂用量降到最低；为了保持奇异果的新鲜美味，从研发、种植、采摘、贮藏、分拣、包装、运输到出口销售等各个环节都形成了高度统一又运转有效的一体化系统，这能保证整个产品品质的稳定和统一，有利于提升生产水平，在产品层面能达到走向世界的品质标准。

(3) **注重研发，创新服务** 公司每年都要投入大量资金致力于奇异果的研发，从改进风味、外观、方便性及营养成分，到新品种的研究开发，极大地提升了产品的附加价值。同时，公司也非常注重创新的服务，如推出“提早收成计划”，可以将部分奇异果的出口提早到 4 月，让消费者早早吃上同样营养美味的奇异果，也使得经销商可以获取更多的利润。

(4) **政府支持，产业主导** 新西兰奇异果以国家的名义出口，这背后离不开新西兰政府的支持。新西兰政府在营销局成立之初，就颁布相关法令，果农不可擅自向国际销售新西兰奇异果。同时，政府规定奇异果生产必须严格执行该公司制定的关于技术、质量、级别、包装、管理等各个环节的规定和标准，并接受其监督。

3.2 日本苹果高品质精细化生产

3.2.1 概况

日本苹果栽培已有 130 多年的历史，其“富士”品牌苹果享誉全球市场。2019 年日本苹果的面积约 70 万亩，产量 100 万 t 左右；主要分布在青森县、岩手县和长野县，其中青森县苹果面积和产量均占日本苹果面积和产量的 50% 以上。日本当前种植的主要苹果品种有红富士、乔纳金、津轻、信浓红、信浓黄、王林等。日本果园类似于家庭农场，以中小规模果园为多，大规模种植的不多。日本苹果在产品研究开发、栽培、收获、管理经营及销售上也已经形成了一条完善的产业链。

3.2.2 特点

(1) **种植园艺化** 日本苹果分“一般化种植”和“园艺化种植”两种，前者省时省力，但是果农收入不高；后者则投入较大的人力物力，但是经济效益大。由于日本土地面积狭小，因而绝大多数果农选择了后者，其种植苹果更注重精益求精，由于园艺管理精细，优果率可达90%左右。

(2) **管理精细化** 日本很注重土壤管理，利用相关的监测设备进行土壤监测及数据记录，整理好的数据对作物的农事操作有指导意义，同时也可以更有效地应对天气的变化。日本注重栽培的省力化和轻简化，主要使用自走式风送弥雾机、割草机和作业平台，另有撒肥机、旋耕机组等，轻简化栽培保证了以较少的农资、劳力投入来获取更大收益，做到了节本增效。

(3) **销售便利化** 日本果农销售苹果有3个渠道，即送拍卖场拍卖、送当地农协进行分选与销售、自己网销或有直销渠道直销。日本青森弘前市建了一个中央农产品拍卖市场，以拍卖苹果为主，兼拍卖其他产品。日本农协从产前、产中到产后提供服务，甚至提供金融服务，既是民间团体，又承担了很多政府基层职能，既是服务机构，又是经营实体，且每个农户都是农协成员，保证了农协是农民的利益共同体。

(4) **文化多样化** 青森县、长野县都建有苹果公园，公园内有不同品种、不同树形、不同树龄的苹果树，有上百年的民宿，有与苹果有关的工艺品、加工品，有苹果盆景。公园里播放着旋律优美的苹果之歌，展览书画作品，经常有小学生入园了解苹果文化，成为一大景观。

3.2.3 启示

(1) **完善农业合作组织** 日本为了克服小农经济本身对农业现代化的阻碍，建立了从中央到都道府、市、町、村的经营上彼此独立而又互相联系的民间农协组织，几乎所有的日本农民都参加了一个或多个组织。日本农协取得的巨大成功与政府的支持和农协对内的公益性是分不开的。我国农业合作组织也正在逐步建立，但如何能真正有效组织并适应现代农业发展的需求，是我国农业合作组织面临的重要问题。

(2) **拓宽果品销售渠道** 日本苹果从贮藏到运输再到批发后进入市场销售，已经形成了一个完整的链条，每个环节都要通过先进的设施将苹果保存在适合的温度中，这样不但有利于苹果品质的控制，更能防止和降低采摘后一些病害的发生。另外，果农—果协—市场间顺畅的流通体系，使产品得以有序、快速地到达消费者手中；拍卖场拍卖、自己网销、委托批发商、直销渠道销售等，已成为多元销售渠道的有益补充。

(3) **重视文化内涵挖掘** 日本农村特别注重挖掘与创造农村文化，以不同地区的特色农产品为依托，将当地的文化遗产与非文化遗产细心地保存下来，再与现代的设计理念相融合，既体现了独一无二的魅力，又将原有的文化注入休闲农业的品牌打造中；在传承文化的同时，提升了果品附加值。

3.3 欧美果园高度机械化

3.3.1 概况

果园机械化不仅是果品产业发展的迫切需求，也是农业机械化的重要组成部分。欧美等国家和地区的果园机械化水平较高，在果园管理的种植、除草、剪枝和采收等诸多作业环节上都使用了效果较好的机具（图1-9）。标准化种植是果园机械化的前提，机械化程度较高的果园，其在种植前已经考虑机械化作业要求，农艺型式、种植结构、作业模式标准化程度高，针对不同果园种植模式进行了对应果园专用机械的开发。总体上看，欧美等国家和地区果园机械化程度较高，而且由于作业对象的复杂性与多样性，智能化趋势愈加明显，农业机器人成为该领域的研究重点和发展方向。

图 1-9　除草机械和收获机械

3.3.2　特点

（1）**专业化的动力机械**　采用果园专业拖拉机作业，这些拖拉机更适合果树种植农艺和果园空间及地形；由于欧美果树种植农机与农艺充分融合，因而果园专用拖拉机已经形成成熟的体系，包含各功率段，多由果园机械专业公司和实力强劲的跨国农机企业生产。

（2）**全程化的作业机械**　覆盖了从开沟施肥、植保作业、果树修剪、枝条粉碎、果园灌溉、花果管理到果实收获等果园生产全过程；以收获机械为例，受果实形状特性、分布规律、果实力学性能、种植要求等影响，收获方式区别较大，可分为气力式振动收获、撞击式收获、接触式收获、收获作业平台（半机械化收获）等方式。

（3）**智能化的控制手段**　近年来，果树仿形低量施药技术、循环喷雾技术、航空施药技术、智能施药技术、无人驾驶施药技术等发展迅速，使果园植保机械的自动化和智能化水平大幅提升。通过智能控制技术对果园灌溉中的水量、均匀度、肥料进行精量控制，既解决了水资源有效利用的问题，也推进了果园增效。

3.3.3　启示

（1）**提高果园机械化基础条件**　果园的规模化、标准化是实现果园机械化的基础。我国大部分果园生产规模小、多种植于丘陵山地，且不同品种种植模式不同、栽培与管理差异较大；一部分优势水果产区已逐步开始推进规模化生产，但规范化管理水平低，因此迫切需要从果园规模、标准化程度等方面提高机械化基础条件，促进果园机械的应用。

（2）**提升农机与农艺结合程度**　农艺是农机设计的前提和发展动力，而农机是实现农艺高效化的手段。果园农艺栽培时行距、株距，枝条标准化修剪等，没有考虑机械化作业的问题，严重制约了我国果园机械化进程。一方面，新果园设计建设时，对果园行距、株距、灌溉系统应提前合理规划，为农机装备田间作业创造条件；另一方面，农机应借鉴国外较为成熟的技术，围绕果园全程机械化薄弱环节有针对性地进行开发。

（3）**增强农机智能化水平**　物联网、人工智能等技术的发展，使农机的智能化成为重要趋势。具有自动导航、作业状态监测、作业过程自适应调控和变量作业能力的智能农机装备，通过众多智能化系统应用，在耕、种、管、收、植保各环节，做到科学决策、按需农作，实现对生产资源的节约和对土地的更好利用，兼顾经济效益与环境效益。

参考文献

陈怡，2009. 浙江果业发展现状与产业提升对策研究[D]. 杭州：浙江大学.

创新生产经营机制，推动中国特色果业健康发展[OL]. https://wenku. baidu. com/view/30af81e4561252d380eb6ed1.html.

段运红，2018. 先进：欧美果园作业实现高度机械化[J]. 农业机械（10）：44-47.

国务院发展研究中心“中国民生调查”课题组，张军扩，叶兴庆，等，2018. 中国民生调查2018 综合研究报告：新时代的民生保障[J]. 管理世界，34(11)：1-11.

孔祥智，何安华，2012. 我国现代农业建设中的资源环境约束及发展道路研究[J]. 科技促进发展（1）：16-20.

李道亮，2018. 农业 4. 0：即将到来的智能农业时代[J]. 农学学报，8(1)：207-214.

蒲彪，秦文，2012. 农产品贮藏与物流学[M]. 北京：科学出版社.

我国果树种类及地理分布[OL]. https://wenku.baidu.com/view/d1b8e52c647d27284b735-132.html.

赵映，肖宏儒，梅松，等，2017. 我国果园机械化生产现状与发展策略[J]. 中国农业大学学报，22(6)：116-127.

中国经济网. 日本苹果产业走向精细化(下)[OL]. http://intl.ce.cn/right/jcbzh/200612/05/t20061205_9671808.shtml.

中华人民共和国国家统计局，2021. 2021 年中国统计年鉴[M]. 北京：中国统计出版社.

中华人民共和国环境保护部，中华人民共和国国家统计局，中华人民共和国农业部，2010. 第一次全国污染源普查公报[N]. 人民日报，2010-02-10(16).

周春华，吴慧，2013. 我国果品安全存在的问题及对策分析[J]. 食品安全质量检测学报，4(5)：1366-1372.

第二章　供应链发展与果品供应链特征

国内外对于供应链理论的研究，已经形成了一个完备的研究框架，主要开展了模型研究、绩效研究、优化研究等。农产品生产的区域性、季节性等特点十分突出；生鲜农产品又是人们的生活必需品，消费弹性小，具有消费普遍性和分散性的特点。由于农产品的诸多特性，农产品供应链具有参与者多且系统复杂、市场不确定性较大、物流仓储要求高等特点。果品供应链是农产品供应链的重要组成部分，其生鲜易腐的特性需要在供应链管理中重点关注。随着人工智能等新一代信息技术的发展、数字经济时代创新生产与管理模式的涌现，以及人们对资源环境问题的日益重视，供应链的智能化、透明化、绿色化已成为重要趋势。

1　供应链及其发展趋势

1.1　供应链概念

供应链由价值链理论发展而来，后者是美国著名管理大师迈克尔·波特在 20 世纪 80 年代提出的。在价值链理论中，任何一个组织均可看作是由一系列相关的基本活动组成，这些活动对应于从供应商到消费商的物流、信息流和资金流的统一流动；企业价值链是面向职能部门的，资源在企业流动的过程就是企业的各个部门不断增加价值的过程。

国家标准《物流术语》（GB/T 18354—2021）对供应链的定义为：生产及流通过程中，围绕核心企业的核心产品或服务，由所涉的原材料供应商、制造商、分销商、零售商直到最终用户等形成的网链结构。也有学者结合各种定义，将其定义为：供应链是指围绕核心企业，通过对商流、信息流、物流、资金流的控制，从采购原材料开始，制成中间产品以及最终产品，最后由销售网络把产品送到消费者手中的，将供应商、制造商、分销商直到最终用户连接成一个整体的功能链结构模式。从这一定义来看，在企业结构模式层面，包含了所有加盟的节点企业，涉及从原材料的供应开始，经过链中不同企业的制造加工、组装、分销等过程，直到最终用户；在价值增值方面，它不仅是一条连接供应商到用户的物料链、信息链、资金链，而且是一条增值链，物料在供应链上因加工、包装、运输等过程而增加其价值，给相关企业带来收益。

1.2　供应链发展趋势

1.2.1　智慧化

以人工智能为代表的新一代信息技术与现代供应链管理的创新模式有机融合，使智慧供应链应运而生，成为未来供应链发展升级的主流方向。智慧供应链的核心是通过无缝对接不同环节的信息流、物流、资金流，有效消除信息不对称产生的影响，从而在根本上提升企业内外部供应链的运作效率。在京东、亚马逊、宝洁、IBM 等企业的积极探索下，智慧供应链在促进各环节信息共享、提高企业风险控制能力、实现供应链流程可视化等方面的诸多价值已经逐步显现，在全球范围内产生了良好的示范效果。通过打造智慧供应链，推动企业供应链管理转型升级已经成为主流趋势。

融入了网络化、数字化、智能化的智慧供应链，与传统供应链相比具有以下特征。

(1) **更强的技术变革性**　智慧供应链的重要特征是通过各种方式将物联网、移动互联网、人工智能等前沿高新技术融入现代供应链系统中，并依托技术创新实现管理变革，因此运营者和管理者更具技术敏感性和应用能力。

(2) **更强的数据可视化**　以新一代信息技术为支撑的智慧供应链具有可视化等特征，其在数据信息获取上更具移动化、智能化、碎片化，在数据呈现上也主要表现为图片、视频等可视化方式。

(3) **更强的信息整合性**　依托高度开放共享的智能化信息网络，智慧供应链系统有效地解决了内部成员信息系统的异构性问题，实现了物流、信息流、资金流的无缝对接，从而使供应链中的信息具有更强的整合性和共享性。

(4) **更强的组织协作性**　信息的高度整合和共享使企业可以及时有效地了解供应链内外部的各种信息；并可根据实际情况通过与供应链上下游企业进行联系沟通，做出有针对性的调整与协作，从而大幅提升供应链的运作效率和精准性。

1.2.2　透明化

供应链的透明化不仅是指通过供应链成员之间的合作和信息共享实现供应链的“可视性”，还需要企业采用各种可行技术对整个供应链各过程进行全生命周期的监控和管理以增加透明度。实际上，透明度一直是企业社会责任论述的中心概念之一。为了确保生产流程和供应链合乎企业社会责任、经得起政府与民间社会的监督，供应链及供应厂商的透明化越来越受到重视，可以说企业对利润的追求、政府和社会的监督、消费者的诉求都推动了供应链透明化的发展。供应链的透明化有助于企业建立完善的信息化管理网络，使信息的采集、传输、加工和共享变得更为便利，并在决策过程中有效地利用各种信息做出正确的决策，从而提高经济效益。

食品质量安全事件的发生，使增进食品本身及相关特性的信息交流显得尤为重要，催生了食品供应链的透明化。消费者、政府、企业基于对食品质量安全的共同追求成为食品供应链透明化的主要驱动主体，进而形成对食品生产、食品加工、食品流通、食品销售、食品回收等活动的信息透明规范，促进食品供应链透明度的不断提升。食品质量安全标准、信息技术平台、供应链治理结构成为食品透明供应链实现的主要保障条件。

通过采用先进信息技术和执行严格技术标准，对食品的过程信息和产品信息进行登记与交流，可有效保障食品安全、提高食品供应链的效率和安全性。同时，以食品安全健康为共同目标促进食品供应链企业之间进行密切协调与信息共享，也需要建立有效的治理结构。

1.2.3 绿色化

绿色供应链是以绿色制造理论和供应链管理技术为基础，综合考虑环境影响和资源效率的现代管理模式；其目的是使产品在从物料获取、加工、包装、仓储、运输、使用到报废处理的整个过程中，对环境的副作用最小，资源效率最高。

在可持续发展理念的影响下，由于传统供应链仅注重内部资源，忽略了其对周围环境与人员的影响，因此绿色供应链越来越受到关注。全球最大的零售商沃尔玛做了一项测试：将包装材料减少5%，使沃尔玛的供应链成本节省了34亿美元，将其放在全球供应链上，可节约110亿美元。除沃尔玛外，戴尔公司也一直致力于绿色供应链的构建，不断研发、生产高能效的产品，并注重产品回收、再利用。将“绿色”理念融入整个农产品供应链中，各个环节主体成员的相互配合及协同作业是开展农产品绿色供应链的关键，主要需实现如下目标：在农产品生产过程中，要安全无污染生产，采用无毒、有机、绿色投入品，减少农药化肥投入；在农产品加工过程中，要在保证农产品质量和品质的基础上，节约资源、环保包装；在农产品物流过程中，要保证农产品及时供应、减少腐烂变质；在农产品存储过程中，要高效节能存储、延长产品货架期；在农产品销售过程中，要减少损耗、提供畅通和便捷的销售渠道；在农产品消费过程中，要信息透明、责任清晰。

2 果品供应链及特征

2.1 农产品供应链与果品供应链

农产品供应链的研究始于20世纪90年代，目前关于农产品供应链还没有统一的定义和分类；国外用“Agricultural Supply Chain”“Agri-Suppply Chain”“Agro-Supply Chain”“Agribusiness Supply Chain”“Food and Agriculture Supply Chains”等表述；国内也有“农产品供应链”“涉农供应链”“食用农产品供应链”的不同提法。实际上这些定义都是根据产品特征或研究边界给定的。

具体来说，涉农供应链主要涉及对动植物等具有生命特征的原材料的生产、加工制造、分销至最终消费的过程，如棉花供应链、生鲜供应链、乳业供应链等。根据相关学者研究，本书采用如下的农产品供应链定义：为了满足消费者需求，实现农产品价值而进行的农产品物质实体和相关信息由农产品生产者到消费者的物理性经济活动。通过对农产品物流、信息流、资金流和安全流的控制，由农户生产者、中介组织、供应商、加工企业、分销商、零售商和消费者等连接成的一个整体功能性网链式结构。

一个完整的农产品供应链网络结构模型通过农业物流、商流、资金流和信息流将各个节点主体链接起来，最终为消费者服务。信息流是双向流动的，需求信息流自下而上流动，而供应信息流则相反，双向的信息流是创造价值、完成交易的前提条件。正向的物流、商流是价值传递，以满足需求；逆向的资金流是对上游企业付出的经济补偿，所得的分配额视其所创造的价值而定。

果品是农产品的重要组成部分，对于果品供应链，还没有专门的定义，但可以看成是农产品供应链的一个子集，参考农产品供应链的定义进行描述。

2.2　果品供应链特征

不同于工业产品，果品具有生鲜易腐特性，其生产具有区域性、季节性和分散性等诸多特点；也不同于粮食等大宗农产品，果品具有很强的仓储专业性和消费时效性。因此，我国果品供应链具有如下特点。

2.2.1　种植差异大、标准化程度不高

我国部分大宗果品种植区域广，由于受气候、土壤等条件的影响，各地在果品的栽培方式、生产管理、产品品质等方面存在较大差异。目前，果品生产经营的组织化程度还偏低，一家一户的小农生产还占有较大比重，这种方式往往以自己的经验为主导进行生产管理，导致产品的标准化程度低，也使产品在产量、品质等方面的年际差异较大，进而影响了果品的采后处理及商品化率。另外，我国各地的特色水果较多，这些果品往往种植更加分散、规模化程度更低、品种更多，很难形成标准化。标准化程度不高的问题既影响了果品的产量和质量，也影响了果品供应链的效率。

2.2.2　物流要求高、产品存储难度大

果品采摘以后，虽然离开了原来的栽培环境和母体，但它仍是一个活着的有机体，继续进行一系列的生理活动，既消耗营养成分，又容易寄生腐败微生物与昆虫，因此果品采后物流环节的技术要求较高。不同地区和不同生产经营主体在运输、包装、贮存等方面能力差异较大，这都直接决定着果品物流的规模和速度，也影响着果品流通的深度和广度。近年来，随着物流技术的发展和贮藏条件的改善，果品的物流半径不断扩大，贮藏时间也不断增加，这对果品流通提出了更高要求，但受限于设施水平和经营管理者意识，我国果品冷链物流率还偏低、果品损耗还较为严重。果品的生鲜特性，决定了降低损耗、保持品质和提高耐藏性是供应链需重点考虑的方面。

2.2.3　消费时效强、市场不确定性大

果品生产本身季节性强，一般都有固定的生产季节、生产周期，上市时如果在短时间内难以调节，将会出现较大的市场波动；同时，受价格波动、自然灾害、人为炒作等因素影响，果品的供求具有较大程度的随机性，极易出现供求不均衡的局面。果品生产和消费分散，市场信息也较为分散，市场不确定不仅增加了交易成本，也助长了供应链管理中的机会主义倾向。

2.3　果品供应链的结构模式

果品供应链包括生产种植、分级加工、仓储物流、交易销售等核心环节。果农、果

品经纪人、果品加工企业、果品物流企业、果品批发商、果品销售企业、消费者等构成了果品供应链的主体；主体之间不同的协作关系，构成了供应链的不同结构模式。根据果品供应链组织载体的侧重点不同，大致可分为以下 6 种（表 2-1）。

表 2-1　果品供应链结构模式对比

结构模式	优点	缺点	发展策略
以果品批发市场为主导	传统、操作模式简单；对信息技术没有过高要求	农户生产分散、集中度低；流通环节多、损耗多、流通效率低；批发中心功能单一；供应链各环节之间不够紧密；质量安全门槛低	减少供应链的批发级；改变传统批发商功能；提高批发商规模；搭建信息平台
以果品连锁超市为主导	接近消费市场；流通环节减少；损耗少；超市和农户收益高	生产零散，对接难；入超难；费用高；对消费者购买观念没有改变	构建农民合作社或者中介组织，加强超市与农户合作；控制产品质量安全；拓宽销售渠道
以果品加工企业为主导	高产品附加值；加工技术先进；凸显地方特色产业链	对果品加工企业依附程度高；市场风险大；初级加工多，深加工少	建设加工原料基地；构建产销一体化体系；加强品牌建设
以第三方物流公司为主导	具有物流资源整合优势；实现信息共享；具有规模优势；物流设施设备共享	从事果品物流的企业数量少、规模小、服务功能少	政府引导；加强基础设施建设，整合资源；形成规模化的专业果品物流企业；构建完善的物流体系
以果品龙头企业为主导	具有生产规模优势；流通环节控制力强；品牌竞争力大；辐射带动能力强	龙头企业认证标准不统一；质量控制靠企业自律；对龙头企业依附程度高	培育支持果品龙头企业；加强与第三方物流企业合作
以生鲜电商平台为主导	优化资源配置；提升物流效率；降低运营成本；提升消费者满意度	供应链太长，生鲜损耗大、难控制；供应链上下游极度分散，集中度低；物流成本大，冷链建设难度高	缩短供应链；整合上下游资源；优化物流体系

2.3.1　以果品批发市场为主导的模式

果品批发市场有效地组织了果品生产者，为供需双方提供了信息交换场所，在传统的果品供应链中发挥着重要作用。随着农业生产的规模化，果品批发市场也逐步向专业化方向发展，形成了集采购、加工包装、运输配送于一体的经营模式。但由于多级批发产生了不必要的库存成本和利润分配问题，这种模式在运作效率和绩效方面存在着一定的局限性。

2.3.2　以果品连锁超市为主导的模式

连锁超市以消费者需求为驱动，凭借强大的渠道优势和资金优势，与果品生产基地或加工企业等合作，获得稳定货源；这种模式实现了农超的有效对接，减少了中间环节，有效降低了果品的流通成本，也有效保障了果品的新鲜度和质量。但进入超市门槛高、费用高等问题，也在一定程度上限制了该模式的发展。

2.3.3　以果品加工企业为主导的模式

果品加工企业一般在资金、技术、人才等方面具有优势，易形成规模化生产和提高果品附加值，有利于降低果农的市场风险，进而利用自身的抗风险能力来保证果品供应链的稳定性。但此模式对企业的管理水平要求较高，需加工企业与供应商形成很好的利益共享、风险共担机制。

2.3.4　以第三方物流公司为主导的模式

通过签订契约的方式由第三方物流企业将果品生产者生产的分散果品集中到物流中心，再由物流中心统一配送到供应链各个节点企业和消费者，实现对整条供应链上资源的整合。由于第三方物流企业负责管理果品供应链的业务，供应链上的各企业得以集中精力发展自己的核心业务。但也存在着供需不能有效对接的问题。

2.3.5　以果品龙头企业为主导的模式

龙头企业通过各种利益联结机制与农户相联系，带动农户进入市场。通过龙头企业的带动和整合作用来实现果品的标准化生产、统一采购和加工，在提高产品质量的同时提升市场竞争力。然而，以龙头企业主导的供应链模式也存在企业标准不统一、企业依赖性强、供应链上下游协同性不好等问题。

2.3.6　以生鲜电商平台为主导的模式

互联网的快速发展使生鲜农产品和互联网相结合的农产品供应链模式快速发展。生鲜农产品电子商务平台的出现，有效便捷地连接了生产商和消费者，也打破了地域时间的局限，极大地拓宽了销售的渠道。但电子商务模式下，果品的易损性和时效性使得其品质维持成为重要问题。

参考文献

曹艳媚，2009. 我国农产品供应链管理研究[D]. 无锡：江南大学.

代文彬，慕静，2013. 面向食品安全的食品供应链透明研究[J]. 贵州社会科学（4）：155-159.

李季芳，2011. 农产品供应链管理研究[M]. 北京：经济科学出版社.

李晓东，闫艳飞，2019. 我国农产品供应链模式研究[J]. 物流科技（9）：159-161.

浦玲玲，2014. 农产品供应链模式比较分析[J]. 产业与科技论坛，13(5)：20-21.

唐纳德 J. 鲍尔索克斯，戴维 J. 克劳斯，M. 比克斯比 · 库珀，2009. 供应链物流管理[M]. 马士华，黄爽，赵婷婷，译. 北京：机械工业出版社.

文丹枫，周鹏辉，2019. 智慧供应链：智能化时代的供应链管理与变革[M]. 北京：电子工业出版社.

章文燕，2011. 信息时代下的透明供应链研究[J]. 中国商贸(18)：175-176.

赵振强，张立涛，2019. 新技术时代下农产品智慧供应链构建与运作模式[J]. 商业经济研究（11）：132-135.

第三章　果品智慧供应链技术

以物联网、云计算、大数据、人工智能、区块链为代表的新一代信息技术，既是单项技术的纵向提升，也是融合技术的横向渗透。作为当今世界创新最活跃、渗透性最强、影响力最广的领域，新一代信息技术正在全球范围内引发新一轮的科技革命，并正转化为现实生产力，引领科技、经济和社会创新发展。新一代信息技术在信息感知、数据处理、高效计算、智能分析、加密防伪等方面各有侧重又相互关联，其融合发展已成为重要趋势。新一代信息技术的发展为果品智慧供应链的实现提供了良好的技术支撑。

1　新一代信息技术特点

1.1　物联网

物联网是互联网的应用拓展，以互联网为基础设施，通过传感网、互联网、自动化技术和计算技术的集成及深度应用，实现任何时间、任何地点及任何物体的连接，使人类可以以更加精细和动态的方式管理生产和生活，提升人对物理世界实时控制和精确管理能力。国际电信联盟发布的《ITU 互联网报告 2005：物联网》对物联网概念进行扩展，将其定义为：通过二维条码识读设备、射频识别装置、红外感应器、全球定位系统（GPS）、激光扫描器等信息传感设备，按约定的协议，把任何物品与互联网相连接，进行信息交换和通信，以实现智能化识别、定位、跟踪、监控和管理的一种网络。

物联网主要由感知层、网络层和应用层 3 个层次组成，层次结构如图 3-1 所示。感知层用来识别和采集物体数据，包括各类物理量、标识、音频、视频数据，涉及环境传感器、无线射频识别（Radio Frequency Identification，RFID）标签和读写器、视频采集设备、GPS、智能手机等设备。网络层主要通过传感器网络与移动通信技术、互联网技术相融合，传递和处理感知层获得的各类信息。应用层是物联网与行业专业技术的深度融合，在对海量数据进行分析处理的基础上实现决策控制，达到物与物、物与人的泛在连接，实现行业应用的智能化。

农业生产的环境不可控性、作物多样性，使物联网在农业领域的应用越来越广泛。2002 年，英特尔公司率先在美国俄勒冈州建立了世界上第一个无线葡萄园，这是一个典型的基于物联网的精细农业、智能耕种的实例。该葡萄园尝试将无线传感器节点分布在葡萄园的每个角落，每隔一分钟监测一次信息，以确保葡萄可以健康生长。应用实践表明，通过无线传感器可以收集作物信息，这些信息将有助于开展有效的灌溉和农药喷

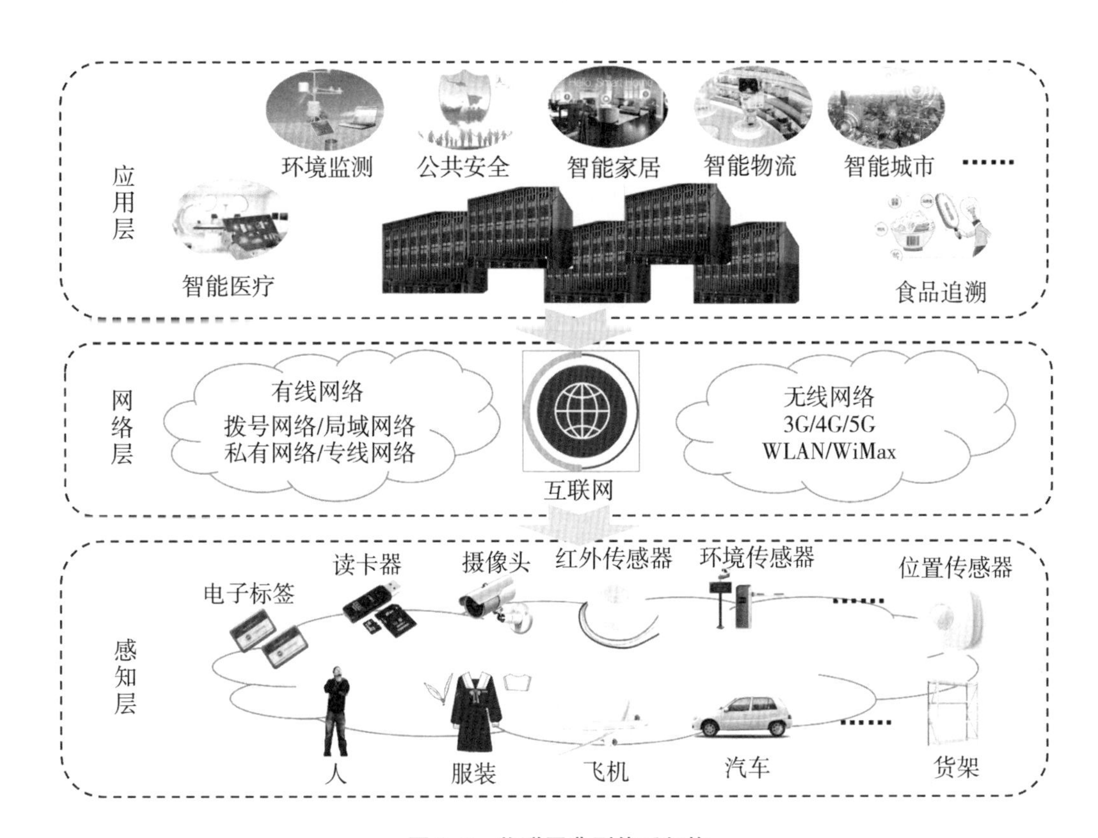

图 3-1 物联网典型体系架构

洒，进而降低成本和确保农场获得高收益。北京农业信息技术研究中心提出的温室物联无线测控网络，通过无线传感器节点测量室外气象信息、室内环境信息、作物生理生态信息、视频信号，将采集的数据通过汇聚节点以 GSM/GPRS、蓝牙、无线局域网或以太网方式发送给用户和远程数据服务器，用户对采集的数据做出分析，控制温室的执行机构（补光灯、顶窗、侧窗、风机的电机、灌溉的电磁阀等），对温室的控制达到最优化，实现随时随地通过网络远程获取温室状态并控制温室各种环境，使作物处于适宜的生长环境（图 3-2）。

1.2 人工智能

人工智能（Artificial Intelligence，AI）作为一个专业术语的提出，可追溯到 20 世纪 50 年代。美国计算机科学家约翰·麦卡锡及其同事在 1956 年的达特茅斯会议上提出的“让机器达到同样的行为，即与人类做同样的行为”可以称作人工智能。在随后的 60 年经历了 3 次浪潮：第一次浪潮发生在 20 世纪 60 年代，人工智能刚起步，处于科研探索阶段；第二次浪潮发生在 20 世纪 80 年代，主要表现是通过专家系统的思想来实现语音识别；第三次浪潮发生在 21 世纪，也是目前正在经历的。2016 年，以 AlphaGo 为标志，人工智能开始逐步升温；计算能力提升、数据极速增长、机器学习算法进步、投资力度加大推动了人工智能的快速发展。当前的人工智能是从闭环到开环、从确定到不确

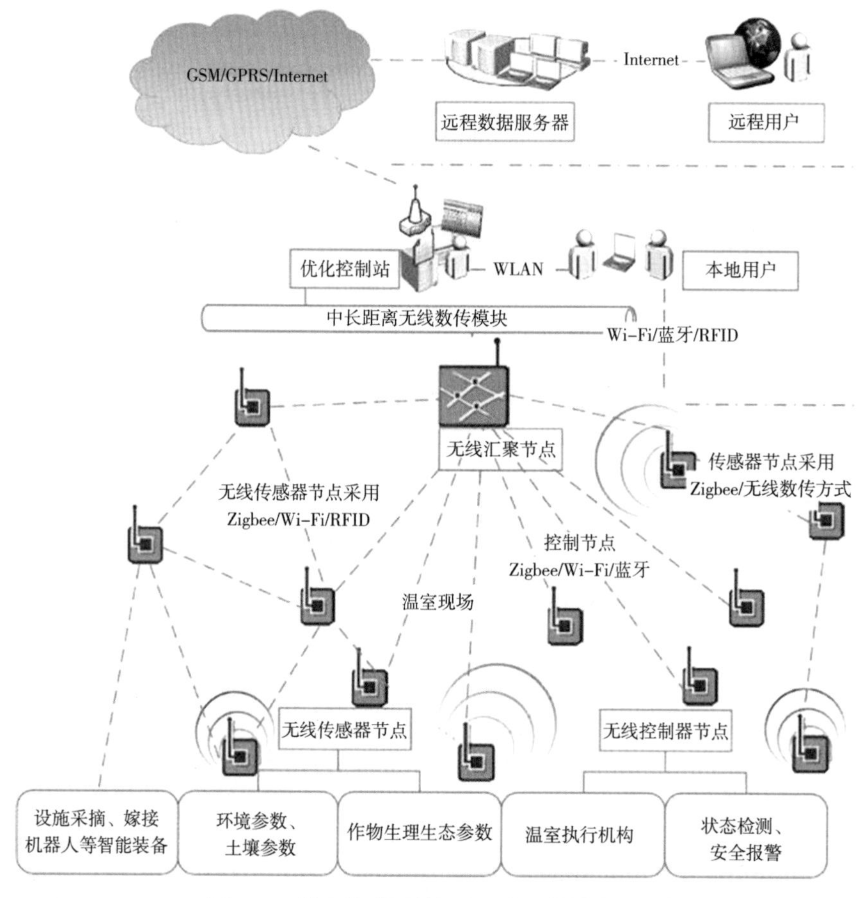

图 3-2　基于物联网的温室无线测控网络系统

定的系统，是由弱到强的智能；未来的人工智能将实现从有限到无限、从理性到感性、从专门到综合的发展。利用脑科学与认知科学揭示有关脑结构与功能机制，利用计算和控制的数学物理进行形式化、模型化分析与优化，为提升人工智能发展提供重要支撑。

人工智能是计算机科学的一个分支，该领域的研究包括机器人、语言识别、图像识别、自然语言处理和专家系统等。根据《人工智能》（腾讯研究院等，2017）人工智能的层次结构从下往上可划分为基础设施层、算法层、技术层和应用层（图 3-3）。基础设施层包括硬件/计算能力和大数据；算法层层包括各类机器学习算法、深度学习算法等；再往上是多个技术方向，包括赋予计算机感知/分析能力的计算机视觉技术和语音技术、提供理解/思考能力的自然语言处理技术、提供决策/交互能力的规划决策系统和大数据/系统分析技术。在应用层，目前比较成熟的领域有自动驾驶、工业机器人、智慧医疗、无人机、智能家居等。

人工智能的快速发展及其在工业方面的创新应用，使农业也迎来了新的变革和机遇；基于人工智能的病虫害智能预测预警模型、智能采摘机器人、果实智能分拣设备等已形成较好应用效果。将人工智能与农业机械技术相融合，可广泛应用于农业的耕整、种植、采摘、物流等环节，极大提高农业生产率、土地产出率和资源利用率。中国农业

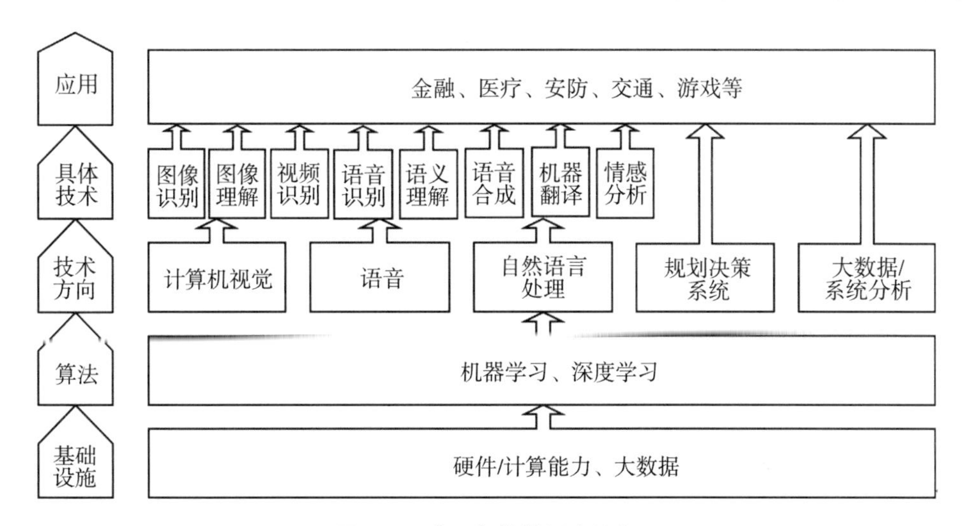

图 3-3 人工智能的层次结构

科学院农业资源与农业区划研究所提出了“智慧农业大脑”，这个“大脑”包括天空地一体化农情信息处理一体机、智慧农业大数据挖掘与可视化系统、云边端一体化田间服务一体机，具有数据管理与可视化云边端协同计算的深度人工智能算力。它经过智能分析判断，向果园智能作业装备发出正确的操作指令。例如，水肥一体化灌溉系统接收到处方图，对水肥精准控制，按需智能化灌溉，省钱省时省力。

1.3 大数据技术

大数据的概念起源于 2008 年 9 月《自然》（*Nature*）杂志刊登的名为“Big Data”的专题，一般大数据泛指无法在可容忍的时间内用传统信息技术和软硬件工具对其进行获取、管理和处理的巨量数据集合，具有海量性、多样性、时效性及可变性等特征，需要可伸缩的计算体系结构以支持其存储、处理和分析。据统计，2006 年个人用户迈入 TB（1 TB = 2^{40}字节）时代，这一年全球共产生了约 180 EB（1 EB = 2^{60}字节）的数据；2011 年达到了 1.8 ZB（1 ZB = 2^{70}字节）。截至 2022 年，全球数据圈数据总量达到了 103.7 ZB，中国数据圈占全球数据圈的 22.4%。据国际数据公司（International Data Corporation，IDC）预测，2027 年全球数据圈将增至 284.3 ZB，中国数据圈将增至 76.6 ZB，占全球数据圈的 26.9%，成为全球最大的数据圈。

大数据具有规模性（Volume）、高速性（Velocity）、多样性（Variety）和价值稀疏性（Value）的特点（图 3-4）。大数据技术的发展促进了大数据价值的挖掘，其技术是统计学方法、计算机技术、人工智能技术的延伸与发展。大数据在预测、推荐、商业情报分析、科学研究等许多方面有广泛应用。2013 年 2 月 19 日，微软研究院的大数据分析团队通过分析入围影片相关数据，预测出 2013 年各项奥斯卡大奖的最终归属，成功命中除最佳导演奖外的 13 项大奖。当前大数据的热点方向包括：互操作技术、存算一体化存储与管理技术、大数据编程语言与执行环境、大数据基础与核心算法、大数据机器学习技术、大数据智能技术、可视化与人机交互分析技术、真伪判定与安全技术等。

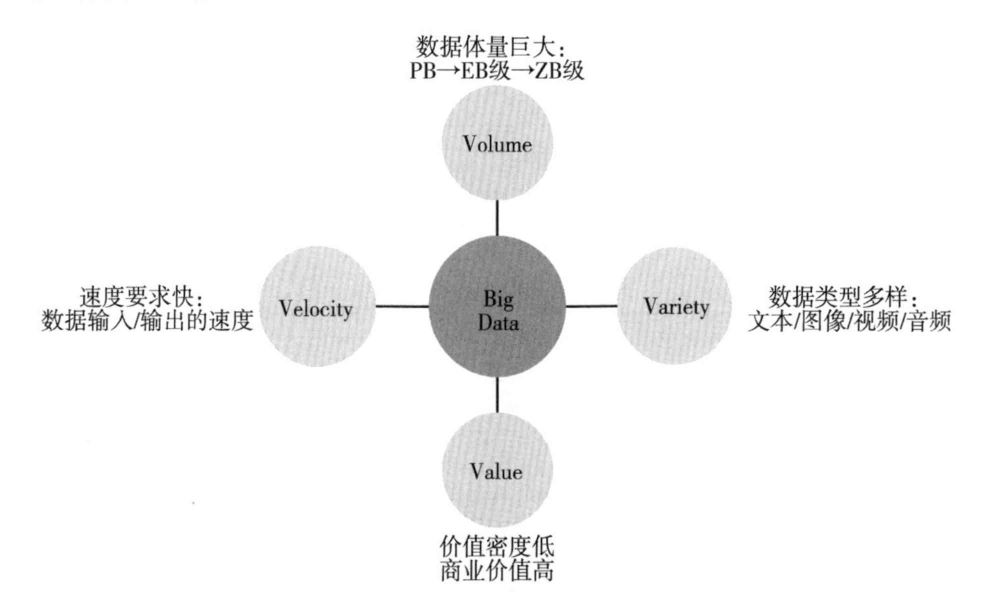

图 3-4　大数据的"4V"特征

农业大数据涉及范围广泛，类型复杂多样。就农业领域而言，它包括产前、产中、产后所产生的各种类型数据；就涉农领域而言，它还包括气象、海关、进出口、市场等不同维度数据。通过对农业大数据进行数据采集、挖掘分析，可以总结经验、发现规律、预测趋势、辅助决策，为农业生产、经营、管理提供标准化、精准化、智能化服务。为实现数据资源的互联、共享和服务，挖掘数据价值，更好地为农业市场主体服务，日本农林水产省牵头建设了"农业数据协作平台"（Agricultural Data Collaboration Platform，WAGRI），经 5 年建设已于 2019 年 4 月正式投入运营。WAGRI（图 3-5）作为日本全国性农业数据共享公共平台，以连接各类农业数据和服务并形成闭"环"为愿景，旨在为农业信息技术企业充分利用各类数据提供支持，鼓励涉农主体开放共享农业数据，汇集日本现有涉农数据，帮助农业生产经营主体获得全方位、多样化、一站式的信息服务，平台实现了数据互联、共享、服务三大功能，以提高生产效率和管理水平，从而实现应用农业数据创新服务的目标。

1.4　云计算

云计算属于一种分布式计算技术，该技术能够借助互联网处理数以千万或者亿计的数据信息，利用系统自动化程序指令将这些庞大的数据分解成若干个单元和子程序，经过准确分析、计算、整理后反馈给终端用户。随着互联网应用数量呈几何级增长，云计算以其便捷、弹性、按需分配资源的特点作为一种新型商用 IT 资源服务模式被提出，因其能够在可负担成本的前提下为用户提供大存储空间、高负载计算能力，很快便成了国内外相关领域专家关注的热点。2006 年云计算技术开始进入我国，中央和地方政府随即出台了一系列相应的鼓励政策，很快国内各地便掀起了云计算建设的浪潮，上百个国家级和区域级的云计算中心应运而生。

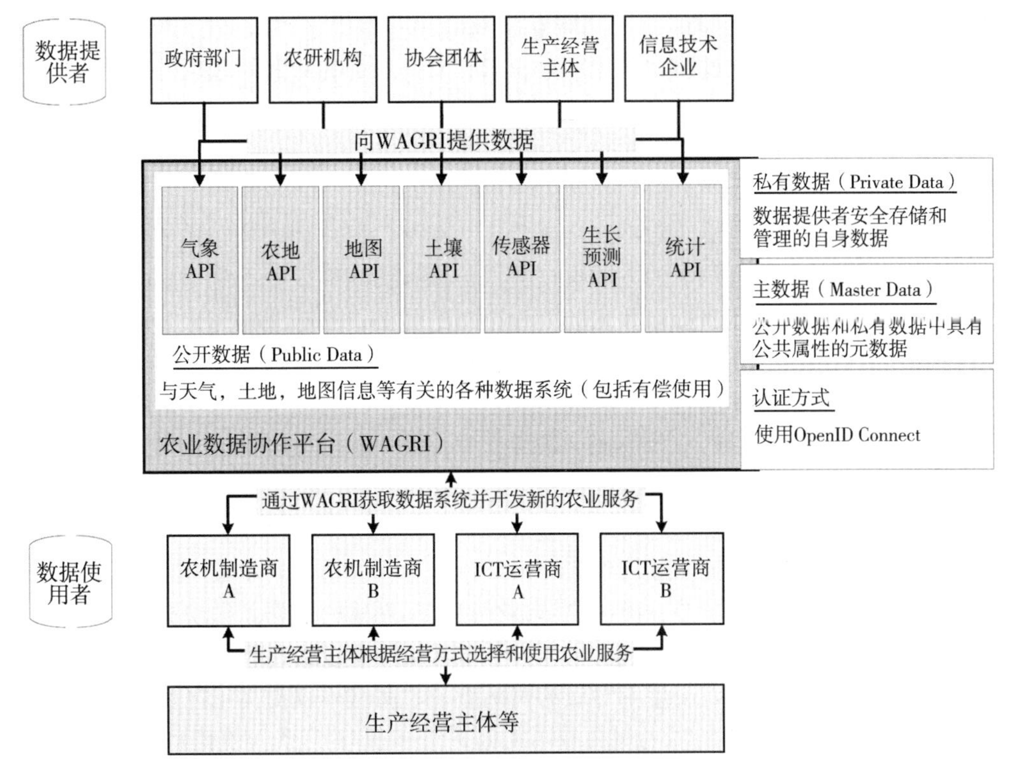

图 3-5 WAGRI 整体运营机制

注：API，应用程序编程接口；ICT，信息和通信技术。

云计算具有高灵活性、可扩展性、高性价比等优势，目前已经形成了基础设施即服务（IaaS）、平台即服务（PaaS）和软件即服务（SaaS）等服务类型（图 3-6）。IaaS 主要向云计算提供商的个人或组织提供虚拟化计算资源，如虚拟机、存储、网络和操作

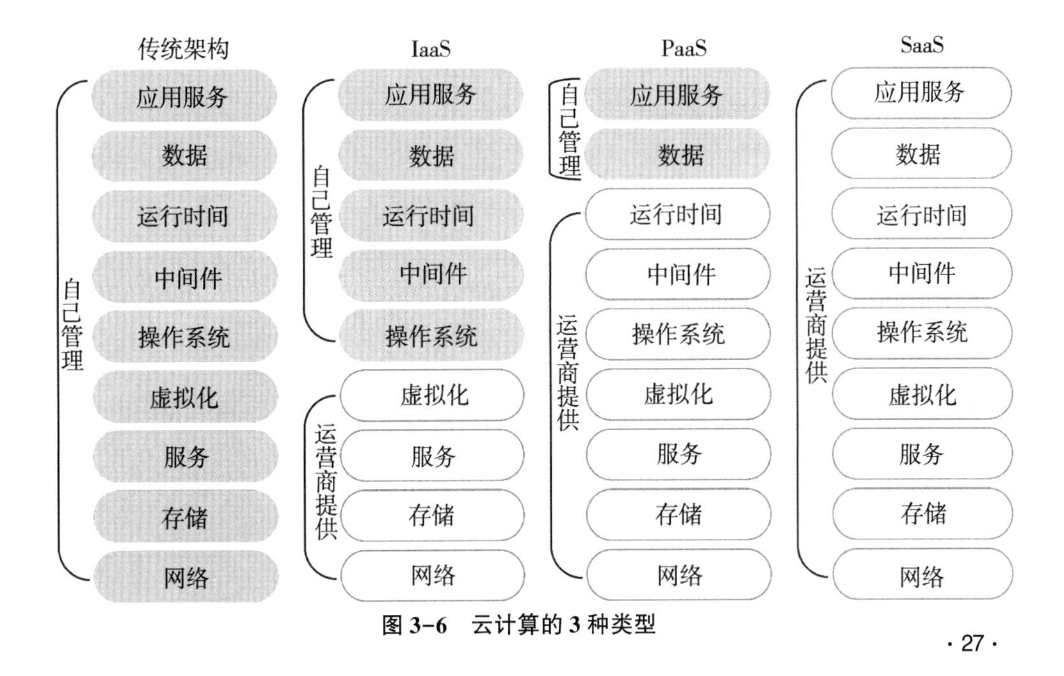

图 3-6 云计算的 3 种类型

系统；PaaS是为开发人员提供通过全球互联网构建应用程序和服务的平台；SaaS 主要是通过互联网提供按需软件付费应用程序，云计算提供商托管和管理软件应用程序，并允许其用户连接到应用程序并通过全球互联网访问应用程序。

1.5 区块链

区块链技术是利用块链式数据结构来验证与存储数据、利用分布式节点共识算法来生成和更新数据、利用密码学的方式保证数据传输和访问的安全、利用由自动化脚本代码组成的智能合约来编程和操作数据的一种全新的分布式基础架构与计算范式。区块链本质上是一个分布式的公共账本，技术特征包括去中心化、去信任、可集体维护、可靠等。目前，区块链已经发展到 3.0 时代，从金融领域扩展到数字金融、物联网、智能制造、供应链管理、数字资产交易等多个领域。

区块链由一个个相连的区块构成，每个区块就像数据库记录，每次创建新数据就是创建一个新的区块，而区块与区块之间通过不可修改的哈希值建立关联关系。每个区块由区块头和区块体组成，其中区块头存储区块元信息，包括区块生成时间、区块体的哈希值、上一个区块的哈希值等，而区块体则存储实际创建的数据。区块链的另一个重要特征是采用了时间戳技术，在区块头中包含了该区块链生成的时间信息，唯一标识了一个时刻。每个区块一生成就产生了对应的时间戳，时间戳不仅提高了区块链中数据的不可篡改性，还使得区块与区块之间具有了时间序列的排序关系，使信息更加具有公正性。根据节点进入区块链的机制不同，可以将区块链分为公有链、联盟链、私有链 3 种类型，其技术特点如表 3-1 所示。公有链、联盟链和私有链对节点的开放程度逐渐降低，公有链允许所有人进入网络且都具有读写权限，如比特币就是其典型代表；联盟链则将权限进行了限制，仅特定群体预设的节点可以记账，其他人可以参与交易但需要托管记账；私有链中所有节点的权限都由一个组织控制。

表 3-1　不同类型区块链技术特点

项目	公有链	联盟链	私有链
特点	①节点可任意接入网络，节点之间可以互相不信任； ②读写权限不受限制，任何人都能参与共识过程	网络中的节点既有授权节点又有公开节点，共识过程受到预选节点控制	节点只有通过授权才能接入网络，节点之间彼此信任
优势	①完全解决信任问题； ②开放用户访问、应用程序易部署、进入壁垒低	①容易进行控制权限设定； ②具有可扩展性	①一般而言没有挖矿过程，网络能耗低； ②规则修改容易、交易量无限制； ③节点通过授权接入
缺点	交易过程能耗高	不能完全解决信任问题	接入先需要通过审核
适用场景	网络节点之间不需要信任的场景	连接多个公司或多中心化组织	节点之间高度信任场景

从 2017 年开始，区块链在农业和食品方面的应用不断被关注，相关研究被深入开展、具体应用被多方提出。在研究方面，国内外基本保持同步，主要集中在农产品及食品供应链管理、防伪及追溯方面。在应用方面，多集中于农产品供应链管理与追溯、农业金融与保险等领域。针对传统追溯系统应用面临的数据共享困难、参与意愿不高、监管机制不清和信息真实存疑等问题，结合区块链技术优势，构建覆盖农产品全供应链的可信追溯系统，以增强追溯可信度、降低追溯断链的风险。较为典型的应用是 2019 年 6 月 25 日，沃尔玛宣布基于唯链区块链技术的沃尔玛中国区块链可追溯平台正式启动，首批上链的 23 款商品已完成测试并登录平台。区块链通过分布式账本对农业小额贷款全程提供支持，为各利益相关方参与整个流程提供便利，助力智能化农业小额贷款。将区块链与农业保险结合，可以将农户的信用信息写入区块链中，同时将智能合约概念用到农业保险领域，让农业保险赔付更加智能化。较为典型的应用是 2019 年斯里兰卡乐施会（Oxfam）和区块链初创公司 Etherisc 合作开发的区块链保险平台，该平台将实现保险产品的自动化，以直接解决阻碍农民使用保险的主要障碍。

2 新一代信息之间的相互关系

以物联网、人工智能、区块链等为代表的新一代信息技术，既是单项技术的纵向提升，也是融合技术的横向渗透。作为目前创新最活跃、渗透性最强、影响力最广的领域，新一代信息技术正在全球范围内引发新一轮的科技革命，并正转化为现实生产力，引领科技、经济和社会创新发展。

新一代信息技术之间虽各有侧重，但也相互关联，其逻辑关系如图 3-7 所示。物联网的主要功能是负责各类数据的自动采集，以智能手机为核心的移动互联网的发展让

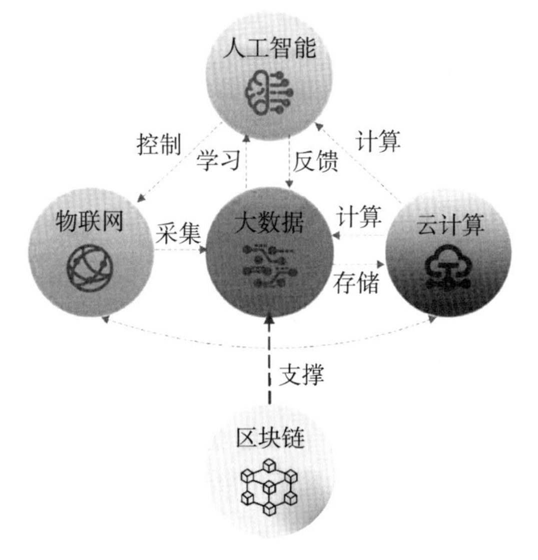

图 3-7 新一代信息技术之间的相互关系

每个人都为了数据产生器；海量的结构化和非结构化数据，形成了大数据；数据量的增大、结构的复杂需要云端服务器来进行记忆和存储，反过来云计算的并行计算能力也促进了大数据的高效智能化处理；而基于大数据深度学习人工智能的目标是获得价值规律、认知经验和知识智慧；人工智能模型的训练也需要大规模云计算资源的支持，构建的智能模型也能反作用于物联网，进行更优化更智能地控制各种物联网前端设备；区块链解决了信息被泄露、篡改的安全性问题，对物联网、大数据、云计算等提供基础支撑及重塑信任机制。

3 果品智慧供应链技术框架

基于供应链物流、信息流与资金流三要素，覆盖果品供应链生产种植、分级加工、仓储物流、交易销售 4 个核心环节，构建了以新一代信息技术为基础，融合数据采集、分析建模、管理决策、全链应用的果品智慧供应链技术框架，如图 3-8 所示。

在数据采集方面，根据果品供应链生产种植、分级加工、仓储物流、交易销售等核心环节。对于生产种植环节，主要采用遥感、无人机、物联网等技术构建天空地一体化的立体采集体系，实现从区域到果园到单株果树的资源数据、环境数据、视频数据的无缝感知，并利用智能终端实现对用药、施肥、防治病虫害等操作信息的快速采集；对于分级加工环节，主要采用物联网、电子感官、无损检测、无线互联等技术实现对环境数据、果品品质数据、加工状态监测数据及分级加工操作数据的实时感知与快速采集；对于仓储物流环节，主要采用无线传感器网络、计算流体力学、智能感官分析、自动识别等技术，实现货-车-人等资源数据、仓储及冷链车辆环境数据、果品物流过程品质数据及物流节点和状态数据的感知；对于交易销售环节，主要采用物联网技术、信息系统管理、消费者画像等技术实现订单数据、销售数据、品质数据以及消费数据的采集。对于不同供应链环节之间的链间交换数据，主要通过标识关联、信息交换等手段实现来源数据和去向数据的记录与感知，尤其要注重发挥区块链技术在信息防篡改方面的作用。

在分析建模方面，通过对供应链采集数据进行分析、对历史积累数据进行整理、对外部共享数据进行整合，构建稳定的数据来源；采用数据抽取、转换、清洗、加载等方式对数据进行预处理，处理后的数据可采用云存储的方式，对于可公开数据采用公有云的方式，对于涉及供应链主体商业机密的数据采用私有云的方式；利用数据挖掘、人工智能、机器学习等方法构建面向不同主体的应用模型，如服务于生产种植的病虫害预测模型、水肥精量灌溉模型、产量预测模型等，服务于分级加工的品质预测模型、果品分级模型、加工流程优化模型等，服务于仓储物流的冷链温度预测模型、货架期预测模型、库存路径联合优化模型等，服务于交易销售的销售预测模型、精准推送模型、关联追溯模型等。

在管理决策方面，通过将各类模型物化到智能设备和决策系统中，提高供应链的智能化水平。对于智能设备，主要研发与应用水肥一体化智能装备、果品智能分级设备、

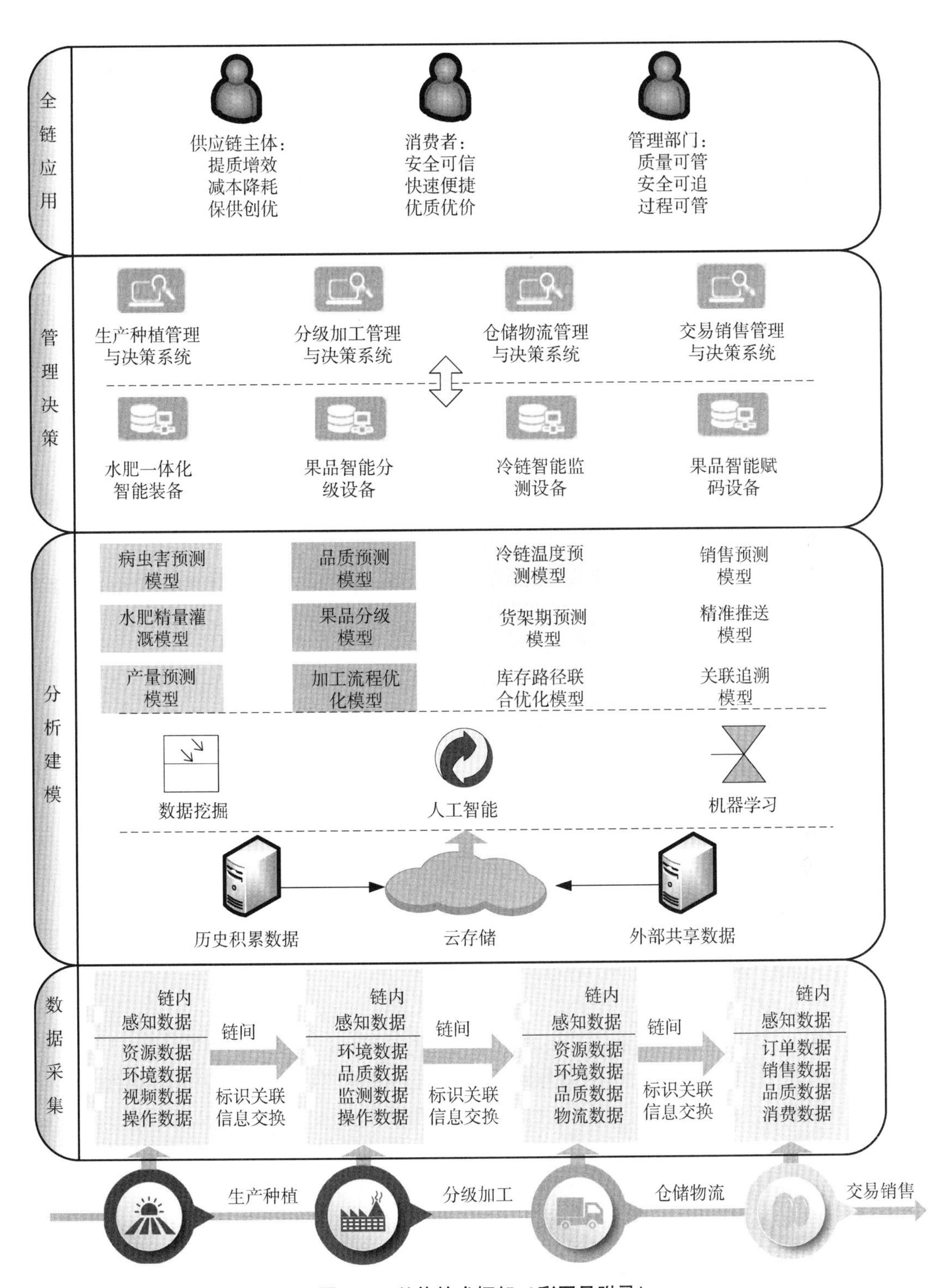

图 3-8　总体技术框架（彩图见附录）

冷链智能监测设备和果品智能赋码设备等；对于决策系统，主要开发与应用生产种植管理与决策系统、分级加工管理与决策系统、仓储物流管理与决策系统、交易销售管理与决策系统等；设备与系统之间通过各种通信方式实现数据无缝交换。

在全链应用方面，通过应用设备及系统，服务于供应链主体、消费者和管理部门。供应链主体可实现提高果品质量、增加果农和企业效益、减少人力等要素的成本投入、降低能源消耗等目标，同时根据果品供应的季节性和区域性努力提高供应能力、增创优势果品品牌。消费者可通过供应链追溯实现安全可信消费，通过电子商务等方式实现快速便捷的果品消费，同时获得优质优价的产品。管理部门对指导果品生产、优化供应链关系、保障质量安全起到重要作用，因此通过智慧供应链可实现过程可管理、质量可管控、安全可追溯等目标。

参考文献

蔡晓晴，邓尧，张亮，等，2019. 区块链原理及其核心技术[J]. 计算机学报，42(115)：1-51.

董春岩，刘佳佳，王小兵，2020. 日本农业数据协作平台建设运营的做法与启示[J]. 中国农业资源与区划(1)：212-216.

蒋昌俊，王俊丽，2018. 智能源于人、拓于工：人工智能发展的一点思考[J]. 中国工程科学，20(6)：93-100.

梁智昊，许守任，2016. “十三五”新一代信息技术产业发展策略研究[J]. 中国工程科学，18(4)：32-37.

刘双印，黄建德，黄子涛，等，2019. 农业人工智能的现状与应用综述[J]. 现代农业装备，40(6)：7-13.

钱建平，吴文斌，杨鹏，2020. 新一代信息技术对农产品追溯系统智能化的影响综述[J]. 农业工程学报，36(5)：182-191.

邵奇峰，金澈清，张召，等，2017. 区块链技术：架构及进展[J]. 计算机学报，41(5)：969-988.

腾讯研究院，中国信通院互联网法律研究中心，腾讯 AI Lab，等，2017. 人工智能[M]. 北京：中国人民大学出版社.

王宏志，2016. 大数据算法[M]. 北京：机械工业出版社.

邬贺铨，2016. 新一代信息技术的发展机遇与挑战[J]. 中国发展观察（4)：11-13.

徐明星，刘勇，段新星，等，2016. 区块链重塑经济与世界[M]. 北京：中信出版社.

徐宗本，2019. 把握新一代信息技术，把核心技术掌握在自己手中[N]. 人民日报，2019-03-01(9).

云计算 OpenStack：云计算介绍及组件安装(一) [OL]. http://www.ruanjianpeixun. net/post/20190321946. html.

第四章　果园生产种植智能化

生产种植环节是果品供应链的源头。生产种植环节管理手段提高和智能化水平提升对于稳定果品产量、保障果品品质、降低环境污染、实现绿色发展具有重要作用，同时对于果农增收和果企增效也具有现实意义。为实现果园的精准化管理和果园生产种植智能化，对果树进行标识并建立果园数字地图是基础，实现果园多源信息感知是关键，提升病虫害管控、水肥管理、果品采收等环节的智慧化水平是核心。

1　果树标识与果园数字地图

1.1　果树单株标识技术

单株标识是果园精准管理的基础。目前，标识技术一般有 3 种，即条码技术、RFID 技术和直接标识（Direct Part Marking，DPM）技术。

1.1.1　条码技术

条码技术是标识技术中相对成熟的技术，条码打印机、条码扫描器等设备为条码生成和识别提供了可靠的保障，通过条码打印机将相关信息转换成一维或二维条码打印在标签上，然后将标签附在相应的对象上，这种方法的综合应用成本较低、灵活方便。条码是由一组规则排列的条、空以及相应的数字组成的，目前使用频率最高的几种码制包括 EAN 码、UPC 码、39 码、交叉 25 码和 EAN128 码等一维条码和 QR 码、PDF417 码等二维条码。肉类、蔬菜、水产品等的跟踪与追溯系统中需要采用低成本的方式对产品实现标识，条码技术由于其成本低廉、使用方便、标识有效，已成为追溯系统构建中产品标识的重要选择。条码塑料耳标在许多高端畜体标识方法还未达到大规模推广应用之前，仍然是使用最广泛的畜体标识。研究人员尝试使用二维条码与塑料耳标结合在一起进行畜体标识，取得了较好的试验结果。

1.1.2　无线射频识别技术

由于条码技术只能采用人工的方法进行近距离的读取，无法实时快速地获取大批量信息，因此一种非接触式自动识别技术——RFID 技术在 20 世纪 90 年代兴起。由射频电子标签（Tag，又称射频卡）、读写器或者阅读器（Reader）和应用系统组成的 RFID 系统，其基本原理是利用射频信号和空间耦合（电磁耦合或电磁传播）传输特性，实现对物体的自动识别。在零售业、运输与配送、安全与认证等领域，RFID 技术已经有比较成功的应用，在应用时当附着有电子标签的被识别物体通过读头的可识读区域，读头自动以无接触的方式将电子标签中的约定信息识别，从而实现物品自动识别或者物品标识信息自动收集的功能。随着 RFID 相关设备成本的下降，其在农业生产中的应用也不断增加，如新西兰、澳大利亚、日本等国家将 RFID 技术应用于农产品质量追踪管理。

RFID 技术应用于畜体标识不断成熟，通常把电子标签设计封装成项圈式、耳标式、注射式、药丸式等不同的类型安装于动物体进行标识。不同封装方式具有不同优缺点，如项圈式电子标签可移动性大但标签的成本较高，耳标式电子标签存储的数据多且能抗恶劣环境。

1.1.3 直接标识技术

DPM 技术是指直接在物体表面标识可识别的代码。DPM 技术主要分为两类：非侵入方法和侵入方法。非侵入方法包括模铸、液态金属喷射、激光绑定、激光工程网成型等；侵入方法包括侵蚀、点撞击、电化学标刻、雕刻、激光标刻等。直接喷码采用气体压力驱使快干墨水从打印头喷到标识物表面，为防止喷码脱落，在保证墨水的化学特性与被标识物兼容的基础上必须严格选择墨水。激光标刻主要利用激光的热能使被标识物表面熔化、气化，形成图形、文字或条码，这种标识是永久性的甚至是与物品同寿命的。

DPM 技术在制造业中已有较广泛的应用，由于动植物个体的鲜活特性，其在这些个体标识方面的应用较少。Fröschle 等（2009）利用激光打印机将一维条码和 Data Matrix 二维条码分别打印在家畜的嘴上和腿上进行家畜个体标识与读取的试验，以卡方检验和 Pearson 系数为基础进行数据分析，同时评估出不同读取单元的读取率。测试结果表明，在嘴上打印 10×10 个模块（2.5 mm×2.5 mm）的 DM 码，其识读率最好。该试验提供了一种评估条码打印在嘴上和腿上读取方法，为下一步在活体上的试验打下了基础。

1.1.4 果树单株标识的应用

对于果树的单株标识，国外学者已开展了相关研究。Ampatzidis 等（2009）通过将 RFID 标签附着在果树上，可实现对单株果树的标识，但果树枝叶及标签的位置等对 RFID 的读取成功率均有影响，因此为了使 RFID 读写器能够成功地检测到果树上的 RFID 标签，还需进行试验来确定在树上附着的最适合位置和方向。他们还通过在希腊北部种植桃和猕猴桃的两块地进行试验（图 4-1），结果表明两种树的检测用长距离 RFID 技术更有效，然而树的成长与风、阳光等因素有关，这就导致经过长时间后检测精度可能下降。Cunha 等（2010）提出了面向葡萄栽培服务的框架，该框架提出了将带有二维条码的标签放置于葡萄园，利用手机或个人数字助理（Personal Digital Assistant, PDA）之类的移动设备解析二维条码，这些标签自动关联地块位置和相关数据表及记录，也能连接相关信息和服务，通过移动设备读取标签，葡萄栽培人员可以以一种简单的方式下载天气等数据，也可以上传病虫害发生等信息，这种简单的方式不需要提供坐标或其他参考，也不需要返回办公室。

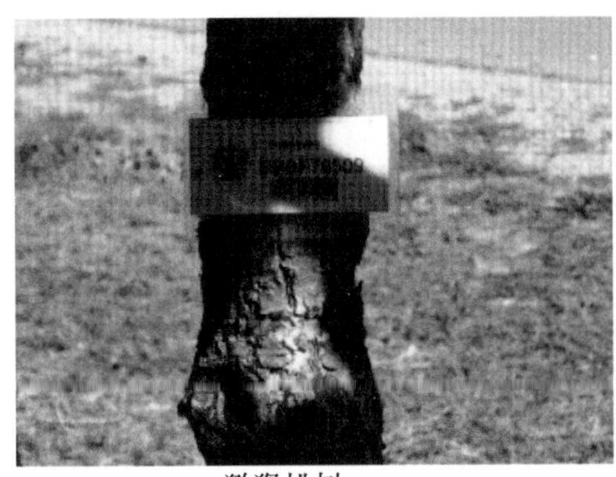

a. 猕猴桃树

b. 桃树

图 4-1　果树单株 RFID 标识

1.2　果树单株标识测试与优化

1.2.1　测试标签与装置

测试中使用的是联合光伏制造公司（United Photovoltaic Manufacturing，UPM）生产的 WebTM 超高频芯片，该芯片频率为 860~960 MHz，支持 ISO 18000-6C 和 EPC Class 1 Gen 2 协议；天线尺寸为 30 mm×50 mm，理想条件下，读写距离为 4~6 m。此外，该芯片具有 64 Bits 的标签标识号（TID），在试验中可用于标识单株果树；考虑到芯片长期处于野外环境，芯片用 PVC 白卡进行封装，表面打印二维条码，便于手机扫描时使用（图 4-2）。

图 4-2　果树单株测试标签示例

测试所用的读写器为远望谷公司的 XCRF-860 型，其空中接口协议为 ISO 18000-6C，工作频率为 902~928 MHz，RF 输出功率为 1.0 W，连续读标签距离为 0~4 m。

读写器所配备的天线是远望谷公司的圆极化型天线 XCAF-12L，该型天线传输距离虽比线极化型天线稍短，但标签放置角度对读写没有影响。其频率范围为 902~928 MHz，中心频率为 915 MHz，天线增益为 7.15 dBi，适用于大多数近距离识别的场合。

整个测试装置（图 4-3）将读写器和笔记本电脑放置于简易平台上，两者之间通过交叉网线进行连接，读写器外接电源；天线置于三脚架上并固定，三脚架高度可调节，天线与读写器通过射频线缆连接。

图 4-3　果树单株标识测试装置

1.2.2　测试方法

基于读写器提供的 API 控制函数，利用 C#开发出一套符合测试需求的上位机控制软件，该软件具有试验所需的基本功能，即通信端口设置、设备连接与断开、读 TID 功能、读写电子产品代码（EPC 码）、读写用户数据、读取间隔设置等。

测试在 2011 年 8 月 10 日进行，天气晴朗，此阶段苹果树枝叶繁茂，果实已处于生长高峰期。选择在该天的 10:00—15:00 进行试验。

利用开发的上位机控制软件，设置其读取时间间隔为 1 s，每个试验条件测试 5 min，得到其读取成功次数 m，以读取成功次数 m 与应读次数 n 的比值作为读取率 p，即

$$p\ (\%) = \frac{m}{n} \times 100 \tag{4-1}$$

上述方法连续测试 6 次作为重复。

为了更好地测试不同条件下的标签读取率，设置无遮挡、同一果树不同垂直高度、同一果树不同水平位置、不同遮挡等条件，具体条件设置如下。

（1）**无遮挡条件**　选择空旷无遮挡的条件，标签正对读写器的中心，采用由近及远的方式测试在 1.5 m、2.0 m、2.5 m、3.0 m、3.5 m 处的读取成功次数，作为最佳读取距离的参考值。

（2）**同一果树不同垂直高度条件**　将 4 个标签分别悬挂于离地 0.5 m 的主干、离地 1.0 m 的主枝、离地 1.3 m 的侧枝和离地 1.6 m 的侧枝上，标签平面与天线平面平行（即标签正对天线），在测试时将固定天线的三脚架离地距离调整为 1.0 m，标签离天线平面的直线距离均为 2.0 m（图 4-4a）。

（3）**同一果树不同水平位置条件**　将 3 个标签分别悬挂于离地 1.3 m 的侧枝上，

标签之间水平间距为 0.4 m，在测试时固定天线的三脚架离地距离调整为 1.3 m，标签离天线平面的直线距离均为 2.0 m（图 4-4b）。

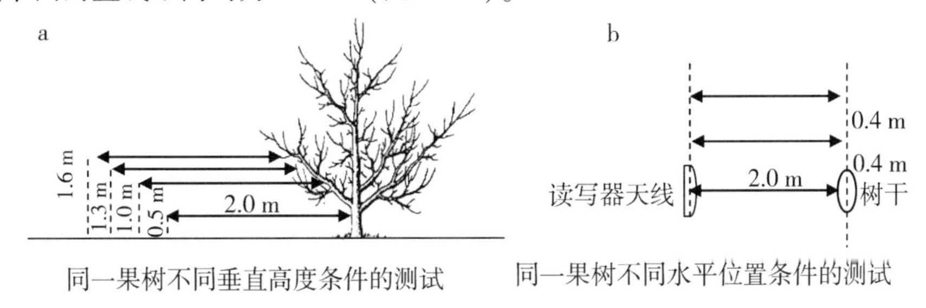

图 4-4　果树单株标识主要测试条件示意图

（4）***不同遮挡条件***　将 3 个标签分别置于叶遮挡、枝遮挡和果实遮挡的条件下（即标签置于叶、枝和果实后），标签与天线的距离均为 2.0 m，且标签正对读写器中心。

1.2.3　测试结果分析

无遮挡条件对读取率的影响。从图 4-5a 可以看出，读取成功次数随着距离的增大呈下降趋势。这种趋势在读取距离为 1.5 m 和 2.0 m 时表现不明显，甚至存在 2.0 m 处的成功读取次数比 1.5 m 处的成功读取次数最低值高的情况。说明在 2.0 m 的范围内读取效果较好，但在 3.0 m 和 3.5 m 时读取率下降明显，读取率不到 50%。这与读写器的最远读取距离 4.0 m 存在一定差距，可能与标签封装工艺、果园测试环境等均有一定关系。

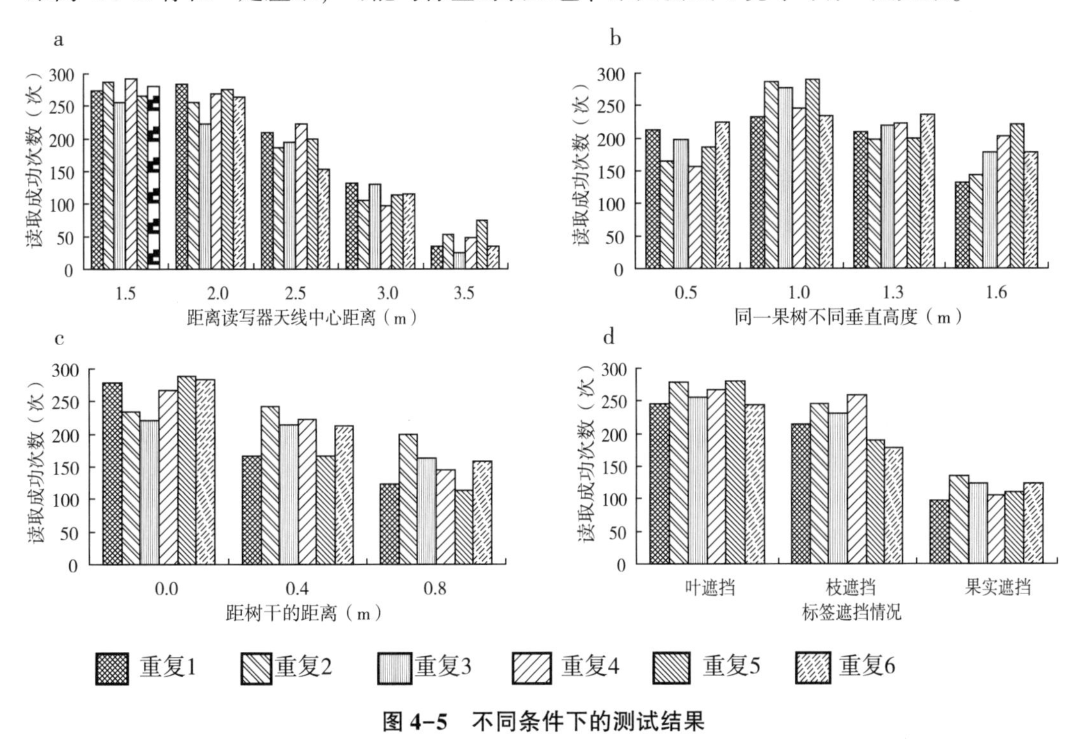

图 4-5　不同条件下的测试结果

注：a. 无遮挡条件；b. 同一果树不同垂直高度条件；c. 同一果树不同水平位置条件；d. 不同遮挡条件。

同一果树不同垂直高度条件对读取率的影响。从图 4-5b 可以看出，在与天线平面距离均为 2.0 m 的情况下，位于与读写器天线中心同一高度的 1.0 m 条件下的读取成功次数最高，两边的读取成功次数均呈下降趋势，且随着与读写器天线中心距离的增大，这种下降呈加剧趋势。这与圆极化型天线中的磁力线分布有关，具体表现为越靠近天线中心线其磁力线分布越密，读取效果越好；与平行于天线平面的夹角越大，其读取效果也越好，在垂直角度时最好。

同一果树不同水平位置条件对读取率的影响。从图 4-5c 可以看出，在与天线平面处于同一距离的各标签中，位于天线中心线附近的标签读取成功次数最高，而随着在水平位置上与读写器中心距离的增大，其读取成功次数逐渐降低，这与不同垂直高度条件下的测试结果表现出相同的趋势，这也符合圆极化型天线的全向特性。

不同遮挡条件对读取率的影响。从图 4-5d 可以看出，不同遮挡条件下的读取成功次数存在着明显差异，其中叶遮挡条件下的读取率最高，而果实遮挡下的读取率最低，且与叶遮挡和枝遮挡存在着较大差异，其平均读取成功次数不足 150 次。这可能与果实中的水分含量较高有关，因为水对 RFID 标签读取率的影响较大。

1.2.4 单株果树 RFID 标签悬挂方法的优化

根据上述测试结果，在对单株果树悬挂 RFID 标签时，为了优化读取率，需要考虑如下的问题。

第一，将 RFID 标签悬挂在离行间尽可能近的侧枝上，因为不同读写器的读写距离存在着较大差异（本测试中的 2.5 m 以内的读取率均较高），若将标签悬挂于果树的主干和主枝上，则离行间距离较远，不利于读取，尤其是对于冠层直径较大的成年果树。

第二，RFID 标签离地 1.2~1.4 m，因为一般在果园行间作业的平板车离地距离约 0.8 m，在果品采收时为了获得单株果树的产量图，需在平板车上放置桌面式 RFID 读写器及其固定装置，这样读写器天线离地距离在 1.2 m 以上，为了使天线中心正对标签以获取最佳读取率，标签位置也应离地 1.2 m 以上；同时，为便于操作员利用手持设备方便地读取标签，其离地距离应小于 1.4 m。

第三，选择将标签悬挂于无遮挡的地方，即在果期悬挂标签应避免挂在果实后或粗枝后，减少果实和粗枝对读取率的影响，在花期悬挂时尽量选择花或叶较少的地方，减少后期果实成熟对读取率的影响。

第四，RFID 标签尽量面向行间，根据读写器天线磁场分布规律，当标签平面与读写器天线平面平行时，其读取效果最好，当标签面向行间时，易与天线平面平行。

1.3 果园数字地图成图

1.3.1 成图果园概况

山东省是我国苹果的主要产区之一。山东省苹果主要分布在胶东丘陵和鲁中山地，年平均气温 11~14 ℃，夏季平均气温 24~27 ℃；无霜期 200~215 d，≥10 ℃积温 3 900~4 400 ℃，日较差 10 ℃左右，年降水量 550~950 mm，水热同季，年日照时数 2 300~2 900 h，光能条件较优越。山东省栽培的苹果容易早结果早丰产，比较稳产，盛果期年限也长，具有果实大、着色鲜艳、肉脆汁丰、口感爽等特点。

试验果园位于山东省肥城市潮泉镇上寨村，属鲁中地区，长、宽分别约 30 m、80 m，面积约 3.5 亩，种植果树 144 株，其中主栽品种为富士和嘎啦，2001 年建园，管理水平较高。安装了果园环境监测设备 5 套，实现了对果园 5 个点的冠层温度、相对湿度、光照强度、二氧化碳浓度、土壤温度、土壤含水量 6 个参数的测量，测量数据通过 GPRS 远程发送，可进行远程监视、下载和分析。

1.3.2 单株果树位置信息采集与成图

研究区苹果园内地势平坦，且果树植株较低，为利用 GPS 设备进行定点测量提供了良好的条件。2011 年 4 月 11 日，采用两台 Trimble 公司型号为 SPSx51 的 GPS 接收机（1 台作为基站、1 台作为流动站）以 RTK（Real-Time Kinematic，载波相位动态实时差分）方式对园中果树进行测量，精度可达到厘米级。

在测量前，对基站进行对中整平与坐标点校正后，设置坐标系统、投影参数、天线通信参数等，完成后启动流动站进行果树植株坐标的获取。在测量时，由于果园内果树行株距差异不大，因此通过关键点位坐标采集、株间坐标偏移、末株坐标校验的方式获取各果树相对位置，即对果园界址点、固定建筑、气象站、首排首列果树等关键点位进行测量，获取其绝对坐标位置，对果树只需测量每行第一棵的绝对位置以及株间的间距，对每行最后一棵果树采集绝对坐标进行与相对位置的校验，在保证位置精度的前提下提高了工作效率。

在果园采集完地物位置信息后，采用 ArcMap 软件对测量点进行处理，生成果园地图。测量获取的点数据以.dat文件的形式进行存储，在对该数据文件进行处理前，要确定欲处理点数据的地理坐标系、投影坐标系等一系列的参数，这样点数据才能正确地投影在地图文件中；点数据文件在导入 ArcMap 后，即转换成一系列离散点，结合测量时绘制的草图，这些点便成为一系列具有地理意义的面状与线状地物；最后对地图进行整饰，包括线型、图例、色彩等，以达到层次分明、清晰易读的目的，单株苹果树地图如图 4-6 所示。

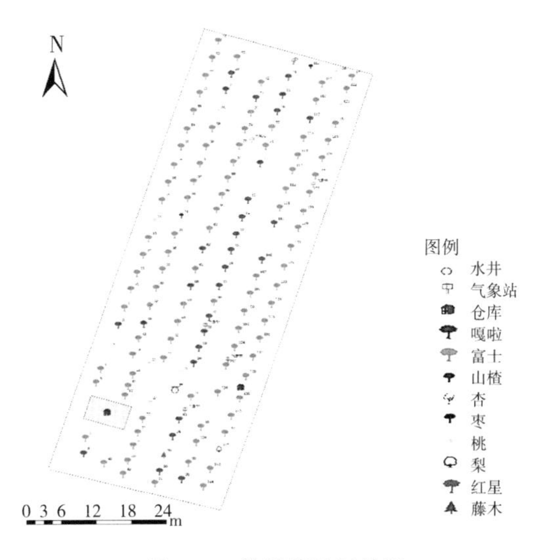

图 4-6 单株苹果树地图

2 果园多源信息感知

2.1 果园环境信息感知

当前果园微环境监测已经从传统有线监测和独立数据库管理向无线组网监测、网络远程管理、智能决策服务方向发展，国内外出现了不同类型的果园生产云计算应用，果园生产多样、分布广阔分散、环境恶劣对环境准确稳定获取并可靠接入云平台提出高要求。传统有线网络如现场总线、工业以太网综合布线烦琐，维护工作量大，电源供给不便，因此，基于无线传感器网络的果园采集系统能够大面积应用。例如，Zigbee、SubGHz（无线射频频率低于 1 GHz，如 433M、915M、Lora 等）以成本能耗可控、传输距离近（小于 2 km）、组网方式灵活（星型、Mesh 网络）、无需基础网络设施等优点，常用于果园关键环境参数监测。云平台接入方面，除了传统有线以太网/Wi-Fi 方式，GPRS/3G/4G/NB-IOT/5G 网络技术不受地域限制，适合用于间断、突发的数据传输，已被广泛应用于各种监控系统中。由于功耗与成本因素，其大都使用网关设备与远程云服务器交互，但随着相关模组成本及资费消耗在产品中的比重逐步降低，信号覆盖率相对较高，开始直接将传感器与 GPRS/4G/NB-IOT 模块集成一体构建采集终端，但在实际应用中需要优化以下 4 个方面：①能源消耗与采集参数数量冲突，由于模块峰值功耗高于 2 Ah，为降低整体能耗，传感器数量连接上受到限制，导致应用过程中布点多，成本相对较高；②供电方式受限，目标产品一般需要外接电源供电或采用太阳能电池板和蓄电池，体积大、安装不便，难以适合果园栽培密集场合；③现场实时获取与网络服务冲突，很多应用通过云平台获取数据和服务，如现场不具备网络接入条件或信号不稳定则难以获取数据；④室外环境对设备影响较大。

针对以上问题，对 GPRS/4G/Lora 与传感器一体化集成开展优化设计，形成低成本、实用性强的果园微环境感知终端，并接入果园生产综合服务云平台。

2.1.1 传感器选择

传感器选用市场上的成熟产品，低能耗、供电电压为 3.3 V，准确度、封装能够满足果园应用。优先选择数字传感器，其在功耗、精度、可靠性等方面相对传统模拟传感器具有较大优势，同时也符合传感器应用发展方向。具体参数如表 4-1 所示。

表 4-1 环境传感器参数

传感器名称	型号	生产商	参数
空气温湿度传感器	SHT21	SENSIRION	精度：湿度为±3%，温度为±0.4 ℃
光照传感器	ISL29013	美国 Intesil	量程：0~256 000 lx；精度：±5%
CO_2 浓度传感器	COZIR	英国 GSS	量程：0~2 000 mg/L；精度：±50 mg/L

（续表）

传感器名称	型号	生产商	参数
土壤温度传感器	DS18B20	美国 Maxim	量程：-30~70 ℃；精度：±0.5 ℃
土壤含水量传感器	EC-5	美国 Decagon	体积含水量，矿质土±3%，±1%土样校对

空气温湿度、光照传感器与单片机的硬件 I^2C 接口连接；CO_2 传感器与单片机的串口 USART 连接；土壤温度传感器为一线制协议，方便与单片机 IO 口连接；土壤含水量传感器为模拟电压输出，直接与单片机 ADC 转换接口连接。

2.1.2　可装配式无线通信模块

GSM/GPRS 模块（图 4-7）选用芯讯通 SIMcom 公司推出的 SIM900A，该模块是一款高性能工业级双频 GSM/GPRS 模块，能够自动搜索 EGSM 900 MHz 和 DCS 1 800 MHz 两个工作频段。电路采用可插拔模组设计，接口预留 SPI、串口 TTL、GPIO 等，同时提供锂电池电压和 3 V 电压，满足 GSM/GPRS 芯片组或其他射频通信芯片通信与供电需求。由于 SIM900A 供电电压为 3.2~4.8 V，峰值电流在 2 A 以上，可以通过增加大电容直接连接锂电池。为了从硬件上进一步降低模块能耗，增加 AC/DC 稳压电源 MAX1688 为模块提供标准 4 V/2 A 电压，需要通信时打开供电电源芯片，不需要时直接关闭供电，避免长时间为大电容充电，将运行能耗降到最低。

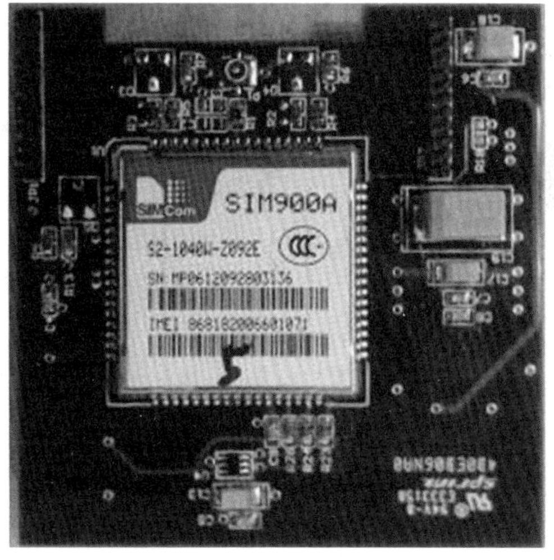

图 4-7　GSM/GPRS 模块实物图

2.1.3　外观结构

为了使微环境测量终端在室外环境下长时间稳定运行，封装结构如图 4-8 所示，空气温湿度放置于防辐射罩中，数据采集壳置于防辐射罩内部，与塑料底盘固定为一体。

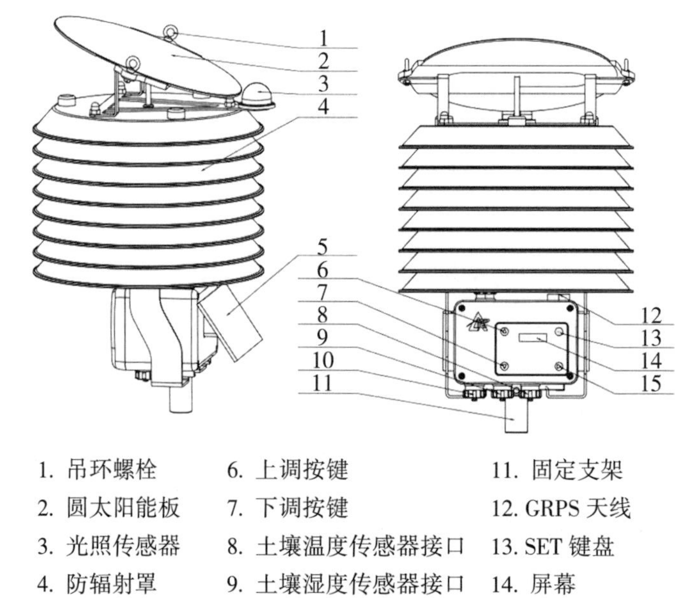

1. 吊环螺栓　6. 上调按键　11. 固定支架
2. 圆太阳能板　7. 下调按键　12. GRPS 天线
3. 光照传感器　8. 土壤温度传感器接口　13. SET 键盘
4. 防辐射罩　9. 土壤湿度传感器接口　14. 屏幕
5. 矩形太阳能板　10. 太阳能板接线口　15. 可调按键

图 4-8　环境传感器封装结构示意图

2.1.4　嵌入式软件开发

软件完成初始化以后进入超低功耗模式，等待系统时钟、外部实时时钟唤醒中断和按键设置中断。系统时钟定时唤醒系统完成喂看门狗操作，读取实时时钟数据，判断是否到达数据采集间隔，如果到达数据采集间隔则顺序打开传感器供电电路采集数据，并调用数据存储程序将采集的数据存储到 Flash 存储器中，采集时同步显示采集的数据。设备完成采集状态后关闭进入低功耗模式。实时时钟采用外部中断方式主要为系统提供 GSM/GPRS 数据发送时间到达唤醒，通知单片机将采集的数据通过通信模块将数据以短信或者网络方式发送出去。按键设置采用外部中断方式唤醒系统，完成系统设置功能。

果园小型气象站能够实现远程监测空气温湿度、风速风向、降水量、太阳辐射等气象信息，为作物实时生长环境提供监测手段，为恶劣环境下采取应急措施提供必要数据支撑，设备模型和实物图如图 4-9 所示。监测数据通过 GPRS/4G 网络上传至指定云端服务器，用户可通过客户端软件、手机 App 或者 Web 服务等应用系统查看实时监测数据及调用历史数据。

集果园环境信息采集、数据存储、统计、分析、远程发布功能于一体，通过图形化工作界面，自动实时显示果园空气温湿度、风速风向、降水量、太阳辐射等气象信息，同时可以增加 $PM_{2.5}$、负氧离子、紫外辐射等参数，并将监测数据上传至指定数据中心，结合果树生长需要，为果园农户提供灾害预警与气象指导服务。

- 空气温度、湿度、光照、降水量、风速、风向等多参数气象信息同步采集，监测效率高，减轻劳动强度；
- 采用太阳能供电，方便持续野外监测作业使用；

图 4-9　果园小型气象站设备模型和实物图

- 采用高精度、高性能的气象传感器，数据测量准确度高，误差小，性能稳定；
- 设备采用中文液晶显示，轮流显示当前的日期、时间、测量值、数据存储容量、已存储数据个数、电池剩余电量、图片信息等；
- 抗干扰能力强，环境适应性强，在可靠性设计上充分考虑了整机的耐高温、抗严寒、防腐蚀、防雷击等性能，主机箱采用防水工程塑料材质，密封性好，恶劣天气耐受性强；
- 具备大容量存储空间（10 万条历史记录存储空间）；
- 数据导出便利，具备远程 Web 下载及本地 USB 下载功能；
- 具备云通信功能，可定时通过 GPRS 上传监测数据，并接受远程控制指令，全面支持 2G/3G/4G 移动、联通以及电信通信制式；
- 采用动态密码设置，密码动态变化，防止误操作；
- 具备多种实时数据获取方式，如拨打电话、微信推送、Web 服务；
- 配套安装 3 m×3 m×1.5 m 设备围栏。

2.1.5　测试

2.1.5.1　光伏电池性能测试

光伏电池性能测试试验选择在夏季晴朗天气连栋温室内，将终端置于果树下光线遮挡较小的地方，防辐射罩上安装控制面板的一侧朝向正北方，从 8:00 开始每隔 1 h 测全辐射、开路电压、充电电流。辐射测量采用 LI-COR 公司的手持读数表 LI-250A 配合辐射传感器 Li200，测量时按下“average”键获得 15 s 内的平均值。用万用表 Fluke 287C 测量太阳能电池板组输出充电电压和充电电流。

通过三面安装太阳能电池板，能够有效利用温室内不同角度的光，每天有效充电时间为 7:00—17:00，输出功率均高于 0.5 W，而单个朝南方向太阳能电池板在 7:00 和 17:00 附近由于太阳角度问题开路电压分别为 4.21 V 和 3.98 V，未能达到充电所需最低电压，难以达到有效充电。可见采用三面安装方式能够提高充电功率、延长充电时间，夏天辐射强时能够为系统提供 5.21 mAh。

2.1.5.2 终端能耗测试

将万用表 Fluke 287C 串接到锂电池供电电路中，测得终端休眠模式时，电流消耗为 44 μA，定时模式下采集、显示时电流为 7.5 mA，GPRS 模块数据发送时平均电流消耗为 150 mA。采集间隔设为 15 min，发送间隔设为 1 h，且无短信报警发生情况下，单次采集、显示、存储过程耗时 10 s，发送 4 组数据的时间为 25 s 左右，据此计算出系统整机耗电为 1.1 mAh。根据采用的 6 Ah 锂电池推算，无太阳能充电情况下，理论工作时间将达到 550 h 左右。在实际应用过程中由于设置报警功能会不间断通过短信发送数据，会增加能耗，但终端增加了多块太阳能电池板，平均供能超过整机平均耗电，能够满足不同光照环境的果园长时间可靠应用。

整体设计围绕果园生产环境监测及服务的需求，以农业企业、基地、农民专业合作社和农民为用户对象，通过研发的果园生产环境采集终端（图 4-10）接入已有的果园环境云服务平台，能够为生产者提供气象参数监测、生产辅助管理、市场指导等多元化、实时性和个性化信息服务。

图 4-10 果园生产环境采集终端在柑橘园（左）和蓝莓园（右）中的应用（彩图见附录）

2.2　果园土壤墒情信息感知

2.2.1　土壤温度传感器

土壤温度是直接或间接影响植物生长和发育的重要环境因子。土壤温度影响果树生理过程（根系对水分和养分的吸收）、外部形态与内部结构（植物根系的形成、萌发和出苗、果树的活性），对果园越冬安全和灌溉具有直接指导意义。同时，在生态模型建立与土壤分类过程中，土壤温度亦是重要的参数和依据。由此可见，对土壤温度单层或多层监测，掌握其变化规律，对果园生产实时服务和理论研究都具有重要意义。

目前，土壤温度测量预报主要采用模拟方式、接触式及非接触式测定。其中模拟方式在气象、环境科学、遥感、水文等领域应用较为广泛，主要依据地面气象资料，采用相关算法与模型准确模拟、预测土壤温度空间分布；研究陆面过程解决陆面、大气之间的物质和能量输送的准确计算，建立多层土壤热传导温度模式；建立土壤温度时间序列预测的反向传播（Back Propagation，BP）神经网络模型，相对误差在20%内，平均相对误差为2.94%，满足土壤温度日常预报需求。该方式能够很好地解决小区域及国家尺度宏观应用，但数据来源主要依靠接触式和非接触式物理方式感测。

红外光非接触式测温主要用于土壤表层或浅层温度测量，精度一般在±1 ℃以上，价格相对昂贵，难以满足实际需求。接触式土壤温度多采用热电阻（Resistance Temperature Detector，RTD）（PT100/PT1000）、热敏电阻（NTC/PTC）、热电偶、数字集成式温度传感器（DS18B20）等敏感元件通过外部不锈钢套管封装而成，在实际使用过程中存在结构针对性不足、应用选择盲目、测量方式不科学的问题，需要专门针对农业实际应用需求开发土壤温度传感器。

2.2.1.1　土壤温度测量需求分析

由于农作物主要根系分布在50 cm深度土壤内，单点测量一般测量深度小于50 cm即可，可根据不同果树根系深度灵活调整深度。针对多层监测如土壤墒情监测，《全国土壤墒情监测工作方案》规定对10 cm、30 cm、50 cm、80 cm 4个深度进行监测，其中0~20 cm、20~40 cm为必测层。同层多点测量根据土壤垂直结构、气候条件、作物集中连片、种植模式情况进行布点监测，以确保最少传感器反映最大面积土壤温度情况，使土壤温度监测更具有现实指导意义。

根据李兴荣等（2008）对深圳夏季多层地温垂直结构日变化监测显示，地表温度及浅层土壤温度日变化较大，地表最高温度达59.0 ℃，10 cm土壤温度日较差为2.1~11.5 ℃，40 cm土壤温度日较差为0.3~1.1 ℃，80 cm以下土壤层温度日较差为0.1~0.5 ℃，越往深层，土壤温度日变化越小。依据冯学民和蔡德利（2004）推荐的计算方法，40 cm以下土壤温度变化呈直线关系，土壤温度变化小，对传感器要求严格，准确度在±0.2 ℃以内。我国东北、西北地区冬季气温较低，1月地表温度最低时可达-30 ℃，10 cm处土壤温度最低为-15~-10 ℃。

由以上数据可知，土壤温度传感器量程需要在-30~60 ℃，精度和准确度在±0.2 ℃以内，响应时间小于1 min，完全密封不锈钢封装，信号输出可数字型（RS232/RS485、SDI-12、现场总线等）或模拟型（0~5 V，4~20 mA）。需要根据测量地点气候、环境、安装方式、采集方式对传感器量程、精度、线缆长度、采集设备等做出合理选择。

2.2.1.2 当前土壤温度传感器应用分析

目前常用敏感元件（表 4-2）均能够满足土壤温度测量需求。热电偶、RTD、热敏电阻通过相关调理电路及校对算法可以达到较高的精度。其中热电偶需要温度补偿电路以提高测量精度，对传感器接口及接线方式都有一定的要求；RTD 常用型号有 PT100、PT1000，具有高精度、稳定性好、抗干扰能力强等优点，其调理转换电路可采用恒流源或桥式方案，精度可达到 0.2 ℃以上，如需更高精度需要增加微处理器采用查表校对；热敏电阻由于其阻值较大，信号调理电路相对简单，为了提高测量精度需要增加微处理器进行校对。数字集成式温度传感器将敏感元件、调理电路集成在 IC 上，大幅度降低应用成本，很多产品准确度在±0.5 ℃以上，常用的 DS18B20 在-10~85 ℃范围内精度为±0.5 ℃，瑞士 ISL 公司的数字温度传感器 Tsic506 在 5~45 ℃范围内精度为±0.05 ℃，在-5~5 ℃、45~55 ℃范围精度达±0.1 ℃，比较适合较高精度需求以及深层土壤温度感测。

表 4-2 常用温度感知探头参数

种类	热电偶	热电阻	热敏电阻	数字集成式传感器
量程	-270~1 800 ℃	-250~900 ℃	-100~450 ℃	-55~150 ℃
精度	±0.5 ℃	±0.01 ℃	±0.1 ℃	±（0.5~1）℃
线性	差，需补偿	较好	较差，需查表	好
耐用性	连线长，使用绝缘材料，牢固性强	易受振动破坏，线缆容易折断	封装多样，焊接难，不受振动或冲击的影响	同塑封的 IC 一样耐用
成本	高	稍高	很低	低
典型产品				
生产商	Rhopoint Components 美国	UMS TH2 德国	Eijkelkamp 荷兰	北京农业信息技术研究中心
性能参数	J/K/T 型热电偶 不锈钢探头 量程：0~70 ℃ 精度：小于±0.2 ℃	PT100/PT1000 IP67 精度：±0.1 ℃ 线缆达 100 m	10K Fenwell 热敏电阻，IP65 量程：-20~100 ℃ 精度：小于±0.2 ℃	DS18B20 精度：±0.5 ℃ 热缩管密封 线缆 10 m

综上分析，RTD、数字集成式传感器具有较高的精度与稳定性，在成本控制方面具有较大的优势，在实际监测过程中应用普遍。

2.2.1.3 土壤温度传感器封装

图 4-11 为目前绝大多数产品常用封装结构，具体在形状、材料、尺寸、装配方式会稍有区别。

如图 4-11 所示，温度探头被封装在不锈钢套管（304、316 不锈钢，具有良好耐腐

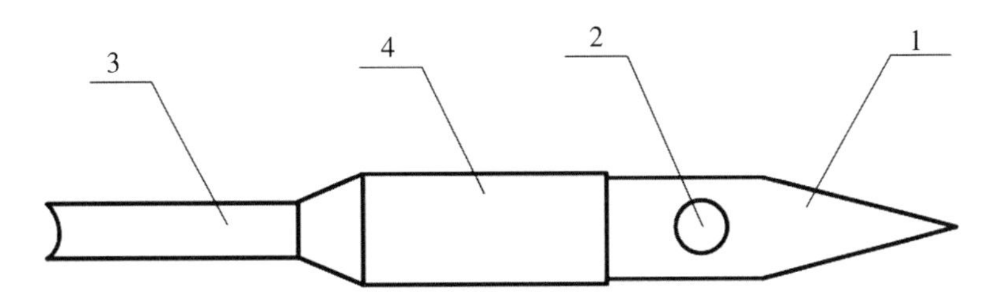

1. 不锈钢套管　2. 感温探头　3. 线缆　4. 塑料密封件

图 4-11　土壤温度传感器常用封装示意图

蚀性、耐热性、低温强度和机械特性）内，部分产品将不锈钢套管磨尖，方便插入土中；密封材料多采用硅胶、环氧树脂、704 胶等导热不导电密封胶，在密闭防水的基础上提高传感器响应速度，一般经过封装的温度传感器在土壤中的响应速度小于 30 s；塑料密封件用于连接通信线与不锈钢套管的连接设备，可用塑料模具亦可用热缩管密封，进一步保护测温探头；线缆探头部分如果采用 RTD 则需要考虑线缆长度对信号的影响，数字集成式传感器则需要考虑信号完整性。部分产品在此处增加辅助装置，如 Bio Instruments S. R. L. 的土壤温度传感器 ST-21P 增加了塑料手柄以提高安装便捷性；部分厂家提供专用取土设备为深土层测量提供便利。

2.2.1.4　装配式土壤温度传感器设计

传感器（图 4-12）由不锈钢金属套头、玻璃纤维增强塑料（玻璃钢）管、中间感温管、采集变送及防水接头组成，相互之间通过 O 型圈选装紧压而成，内部放置电路板并灌封环氧树脂，传感器选择具有 I^2C（ADT7420）、Onewire（DS18B20）等能够串接到总线上的数字化探头，采用四段耳机插头实现传感器共同供电和共地，单个或两个

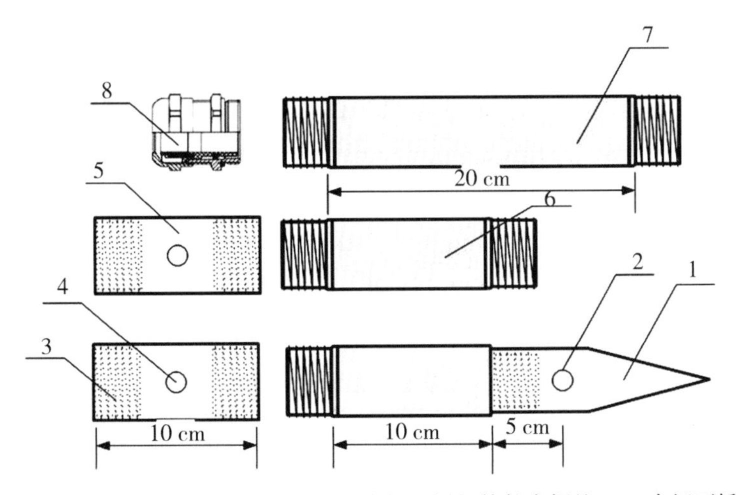

1. 不锈钢金属套头　2，4. 感温元件　3. 中间不锈钢管件内螺纹　5. 中间不锈钢管件
6. 玻璃纤维增强塑料（玻璃钢）管　7. 含采集变送电路的玻璃钢塑料管　8. 防水接头

图 4-12　装配式土壤温度传感器结构组成

线缆串接一起，满足装配式传感器多点测量需求。温度感知芯片封装在金属套头中，能够切实感知探头附近的温度，避免传统方式长金属套管温度传导导致的测量不准确；玻璃钢上印有尺寸刻度同时具有统一尺寸或根据需要定制，并能提供不同长度的玻璃钢管，方便测量过程中控制测量深度，避免传统盲目估算或破坏土层结构进行测量；信号采集与变送部分位于玻璃钢末端，用于向外提供电流、电压或者数字信号。

该装配式传感器通过不同搭配组成单点地温传感器、多层地温传感器，同时能够方便实现不同深度准确测量，减少感温点传导面积，提升传感器响应时间和土壤温度测量准确度。

2.2.1.5 传感器精度校准

传感器检测参照《机械式温湿度计》（JJ/G 205—2005），采用精密露点仪（不确定度为 1.0%，准确度为 0.15 ℃），相关标准可溯源至温度国家基准。

2.2.2 土壤含水量传感器

2.2.2.1 系统结构与原理

小型土壤含水量传感器（图 4-13）是基于驻波比原理（Standing Wave Ratio，SWR）原理，通过检测高频信号的反射波幅值来反演土壤含水量，主要由方波信号发生电路、RC 充放电电路和真有效值检测电路组成。方波信号产生电路由晶振和施密特触发器整形产生，作为激励信号；RC 充放电电路由电阻和 PCB 极板构成，用于产生符合要求幅值的检波信号；真有效值检测电路由相应的电阻电容组成，用于把有效信号转变成直流信号。

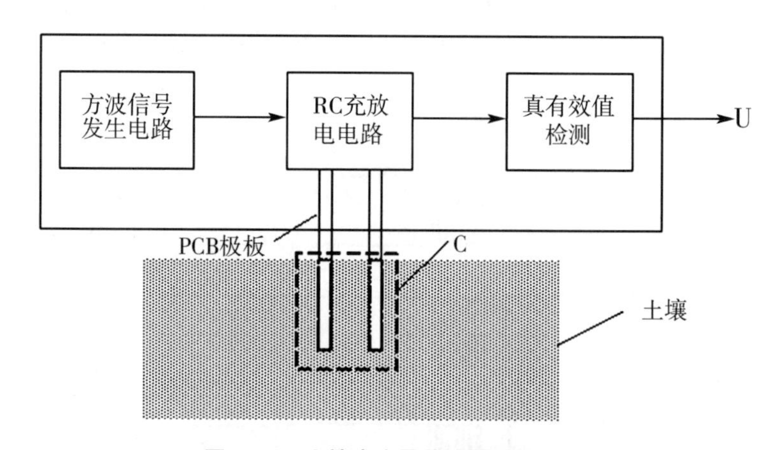

图 4-13 土壤含水量传感器结构原理

真有效值检测电路如图 4-14 所示。有源晶振 U1 输出的振荡信号经施密特触发器 U2 整形后变成标准的方波信号，作为传感器测量时的激励信号；探针置于待测土壤中，当感知信号时相当于一个以土壤为介质的电容器，其容量与探针周围的介质及探针本身的寄生电容有关；电阻 R2 相当于信号衰减器，它串联在施密特触发器 U2 的输出端与真有效值检测器 U3 的输入端之间，用来将方波激励信号降幅，以使其适应真有效值检测器输入信号的幅度要求。此外，电阻 R2 与探针的等效电容组成一阶 RC 电路，根据激励信号周期性地充放电，真有效值检测器 U3 对探针上的周期性信号进行幅值的真有效值转换，以等效的直流电压形式进行输出。

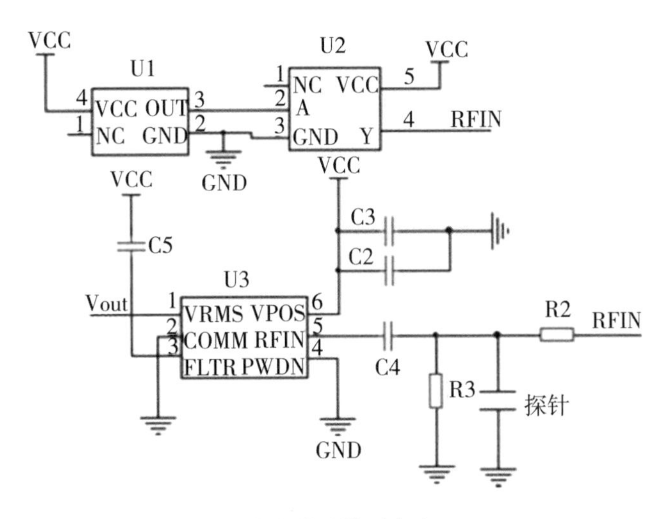

图 4-14　真有效值检测电路

2.2.2.2　传感器标定

（1）***材料***　电压表 1 只，12 V 稳压电源 1 个，电子天平 1 台（感量 0.1 g，量程 10 kg），烘箱 1 台，干燥器 1 台，PVC 土柱台；孔径 3 cm 和 1 cm 土壤筛各 1 个；不锈钢托盘、铝盒、密封塑胶袋若干以及土样若干。

（2）***方法***　土壤质量含水量θ_m：质量含水量是指土壤中水分的质量 W_W 与相应的固相物质（干土）的质量 W_S 之比。

$$\theta_m(\%) = \frac{W_W}{W_S} \times 100 \tag{4-2}$$

土壤体积含水量 θ_V：体积含水量是指土壤中水分所占有的体积 V_W 和土壤的总体积 V_0 之比，即：

$$\theta_V(\%) = \frac{V_W}{V_0} \times 100 \tag{4-3}$$

土壤质量含水量和体积含水量之间可按以下公式进行换算：

$$\theta_V = \theta_m \times \rho \tag{4-4}$$

其中，ρ 为土壤的干容重，其值为干土质量与土壤体积之比，即：

$$\rho = \frac{W_S}{V_0} \tag{4-5}$$

对土壤含水量传感器进行标定的关键是如何制备作为基准的一系列标准土样。根据国际通行的方法，标准土样是将不同质量含水量的土样按照一定的容重装入 PVC 土柱中制备而成的。将水和干土按照一定的比例混合可制备出不同质量含水量 θ_m 的土样，从中称取一定质量的土样，再以一定的容重 ρ 装入固定容积 V_0 的土柱中，标准土样即可制得。W_0 为土柱中土样的总质量，则：

$$W_0 = W_W + W_S \tag{4-6}$$

又

$$W_W = W_S \times \theta_m \tag{4-7}$$

$$W_S = V_0 \times \rho \tag{4-8}$$

则可知：

$$W_0 = (1 + \theta_m) V_0 \times \rho \tag{4-9}$$

（3）实验步骤 包括如下 8 个步骤。

步骤 1：土样预处理。取足量（确保烘干后不少于 20 kg）待标定土壤平铺在阴凉通风处风干，直到可以过筛为止。先将土碾碎，用孔径 3 cm 的土壤筛过筛一遍，然后再用孔径 1 cm 的土壤筛过筛，获得土样备用。

步骤 2：烘干土样。将筛好的土样平铺在不锈钢托盘上（厚度小于 3 cm），在 105~110 ℃的烘箱中烘干 24 h 至恒重，然后取出放入干燥器中冷却至室温（20 ℃）。

步骤 3：制备特定质量含水量土样。实验需制备不少于 10 种质量含水量的土样（“干土”至“近饱和土”），每种土样质量含水量间隔 4%左右。按此要求拟定土样配方，填写并计算并记录表中的各项内容。

用感量 0.1 g 的电子天平分别称取质量为 Gs 的烘干土样和质量为 Gw 的水。将土和水混合并搅拌均匀，放入密封塑胶袋中平衡 24 h 后，取出再次搅拌，然后放入密封塑胶袋中再平衡 24 h，即可制得特定质量含水量 θ_m 的系列土样。

步骤 4：填装土柱制备标准土样。按照一定的容重 ρ 将每种质量含水量的土样分别装入土柱中。具体做法是，首先确定一个土柱土样的目标容重 ρ（壤土的容重一般取 1.2~1.3 g/cm^3，黏土的容重一般取 1.3~1.5 g/cm^3），再依照公式计算出填装土柱所用土样的质量 W_0，并记录数据；然后分别从质量含水量为 θ_m 的土样中，用感量 0.1 g 的电子天平称取质量为W_0的土样，均匀地装入容积为 V_0 的土柱中，即可制得质量含水量为 θ_m 且容重为 ρ 的标准土样。

步骤 5：测定传感器输出电压。将土壤含水量传感器分别插入每个土柱的标准土样中，用数字电压表测量其输出电压（V），并记录数据。在每个土柱中可重复测量 5 个点。

步骤 6：称重法测定土柱实际含水量。从每个土柱中取约 50 g 的土样，分别放入铝盒中用感量 0.1 g 的电子天平称量土壤总质量（ W_0 ），在 105~110 ℃的烘箱中烘干 24 h 至恒重，放入干燥器中冷却至室温（20 ℃），称量干土质量W_S，并记录数据。

步骤 7：重复实验。改变容重，重复步骤 4~6 测定不同质量含水量的土样。

步骤 8：实验结果。传感器试验建模的目的是寻求在稳态时传感器的输出电压与土壤含水量之间的内在关系。

土壤含水量与传感器输出电压采用 2 次曲线拟合，从图 4-15 中曲线可以看出，在土壤体积含水量低于 50%时，随着土壤含水量的增加，传感器的输出电压值缓慢增加；而当土壤含水量大于 50%时，土壤已经达到饱和，水土分离，不可能做到均匀的土样，因此，本试验没有对土壤含水量大于 50%的土样进行传感器标定。

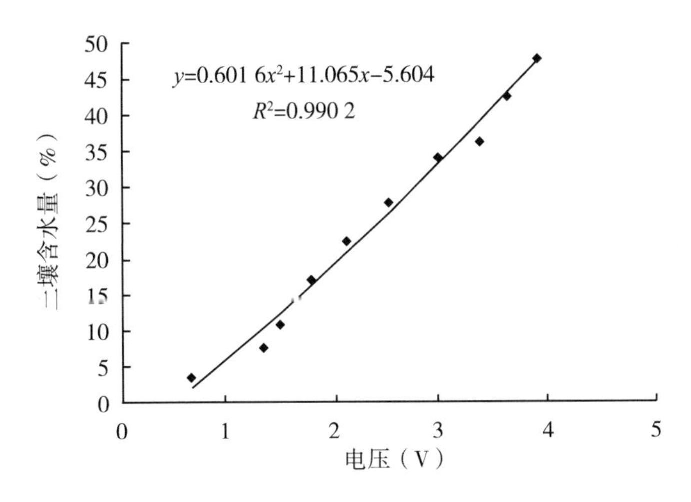

图 4-15　土壤含水量标定曲线

2.2.2.3　传感器稳定性和一致性实验

为了验证土壤含水量传感器的精度和互换性，在实验室条件下对土壤含水量传感器进行了稳定性和一致性实验。稳定性实验利用烘干法配制体积含水量分别为 10%、15%、20%、25%和 30%的标准土壤样品，把同一土壤含水量传感器插入这些标准土壤样品中进行测量，每种样品测量 10 次，记录测量数据。

从图 4-16 可以看出，在对每种标准土壤样品测量过程中，传感器测量值与标准样品值存在一定的差距，围绕标准值附近变动，误差在±3%以内，考虑到每次测量都会对土壤产生扰动，会引起测量误差，因此，在要求精度不是太高的场合下，传感器的稳定性满足使用要求。

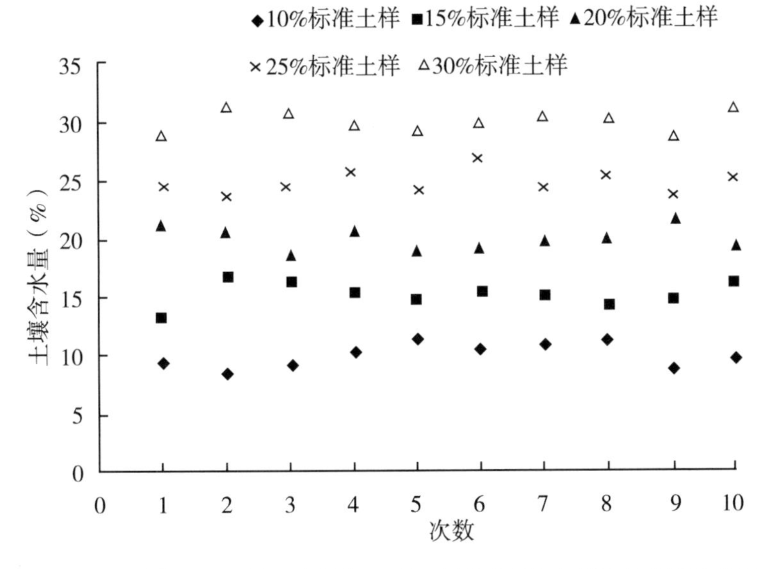

图 4-16　同一土壤含水量传感器对不同土壤样品的测量结果

一致性实验是为了验证土壤含水量传感器的互换性，利用烘干法配制体积含水量分别为5%、10%、15%、20%、25%、30%、35%、40%的标准土壤样品，把不同土壤含水量传感器插入这些标准土壤样品中进行测量，每种样品测量3次取平均值，记录测量数据，结果如图4-17所示。在对每种标准土壤样品测量过程中，不同传感器测量值与标准样品值存在一定的差距，但每个土壤含水量传感器的测量误差在±3%以内，考虑到每次测量都会对土壤产生扰动，会引起测量误差，因此，在要求精度不是太高的场合下，传感器的一致性满足使用要求。

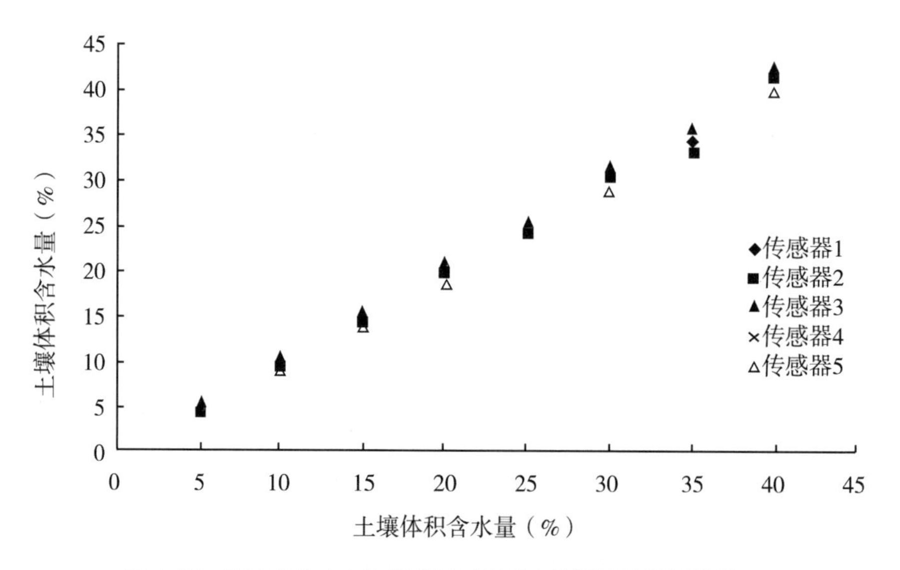

图4-17　不同土壤含水量传感器对不同土壤样品的测量结果

2.2.3　多剖面土壤温湿度一体式传感器

2.2.3.1　一体式传感器结构

为准确获取果园土壤墒情状况，需要对多层深度土壤水分和温度进行测量。传统测量方法一般采取单点分层安装方式，存在破坏土壤结构、影响测量精度、安装检修难度大等问题，笔者发明了多剖面土壤温湿度一体式测量方法及传感器，该方法依据基于电容的边缘场效应，将环状传感电极与土壤构成电感，与检测电路中的电感构成LC谐振回路，所构成电容的容值与土壤含水量具有相关关系，通过测量该LC振荡回路的频率来获得土壤的体积含水量。如图4-18所示，由高频振荡器、电感、探头电极组成的振荡电路产生频率接近100 M的高频信号，该信号经滤波、整形、分频后由频率测量电路进行测量。同时，在每层探头处设计了温度触点，通过铂电阻获取土壤温度值，实现了土壤温湿度的一体式测量。多个探头串接，实现土壤温湿度的多剖面测量。笔者在这一基本原理的基础上，改进了振荡电路、频率测量电路和信号分析处理电路，研究高频电路匹配和分布参数的精准控制，提高信噪比和抗干扰能力，实现野外复杂电磁环境下对土壤含水量的在线监测。提出了原位安装、归一化标定等方法，降低土壤质地的影响，提高了测量的准确性。增加了低功耗无线传输电路，并通过软件实现了多种土壤校正曲线设置、参数在线校正等功能，从而形成了一个具有土壤含水量测定、存储、发送等功能的多剖面土壤温湿度一体式传感器。

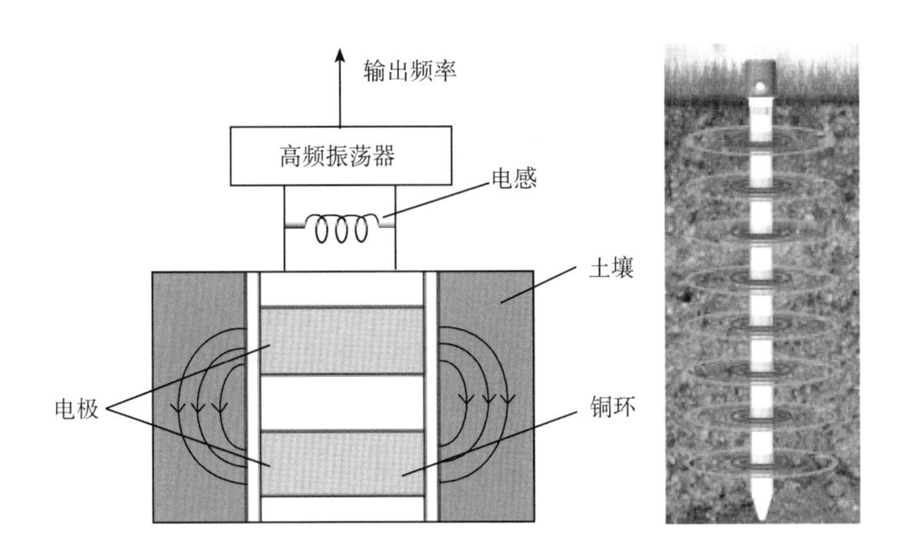

图 4-18　多剖面土壤温湿度一体式传感器原理示意图

多剖面土壤温湿度一体式传感器采用内嵌测量探头、外部管式防护结构，配合专用的安装工具，实现了传感器的无损安装，如图 4-19 所示。该传感器可在线监测 1 m 范围内最多 8 个深度的土壤墒情信息，土壤湿度测量精度经标定后可达到±3%，同一传感器各探头测量值相对偏差小于 1%，土壤温度测量精度可达±0. 3 ℃，有效解决了多深度测量时由于单点传感器的一致性问题引起的误差问题。该传感器测量电流 50 mA，休眠电流 10 μA，采用休眠/唤醒模式，平均电流小于 1 mA，具有功耗低、存储容量大、维护简便等特点。

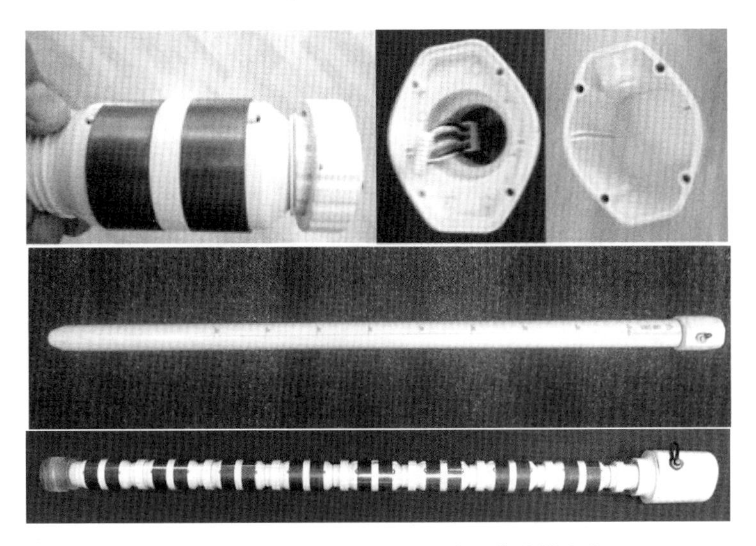

图 4-19　多剖面土壤温湿度一体式传感器实物图

2.2.3.2　安装与使用

传感器的安装（图 4-20）主要分为以下 5 个步骤。

步骤 1：应用“U”形卡子将太阳能板与太阳能支架组装，并固定于田间目标监测位置。

步骤 2：墒情传感仪器为组装成品设备，内置传输参数依据客户需求预先设置。选择干净平整的地面进行安装（太阳能板安装位置与传感器间隔需大于 0.5 m）。

步骤 3：用取土钻打好传感器安装孔，深度为 1 m（或目标监测深度），将取出的土加水调成泥浆，泥浆需要搅拌均匀，具有较好的流动性和黏稠度。

步骤 4：将泥浆灌入孔中固定传感器，将管式含水量传感器插入孔内，插入时转动传感器下压，保持传感器“地表面”刻度线与地面平齐，抹平地表土层固定。

步骤 5：将太阳能接线端口与主机充电端口连接锁紧，安装完成。

图 4-20　多剖面土壤温湿度一体式传感器设备现场安装

2.3　果园水质监测系统

果园水质监测系统通过实现对灌溉水 EC、pH 值等与果树生长紧密相关参数的实时监测，为肥料的选择和用量提供数据支持。通过对灌溉水中溶解氧、浊度、氨氮、硝酸根等的监测，在水质异常时及时预警，避免对果园的污染。通过灌溉水质的全面监测，能够研究水质变化对果树生长和发育的影响，进而揭示它们之间的内在关联，这有助于获得在不同水质下的最优种植策略，有效提高果品的产量和品质。

果园水质监测系统由水质监测控制柜和水质传感器（图 4-21）构成。水质监测控制柜采用在线采样的方法，通过引水装置将灌溉水引入水质检测容器中，安装在水质检测容器中的水质传感器对引入的水质进行测量。检测的水质参数包括 EC、pH 值、溶解氧、浊度、氨氮、硝酸根等。水质监测控制柜的采集器能够实时读取传感器参数并进行物理量转换，支持手机无线网络，通过网络将数据上传到远程服务器。果园水质监测系统具有较高的可扩展性，能够根据实际需要替换或扩展水质监测的传感器，实现更多参数的监测。

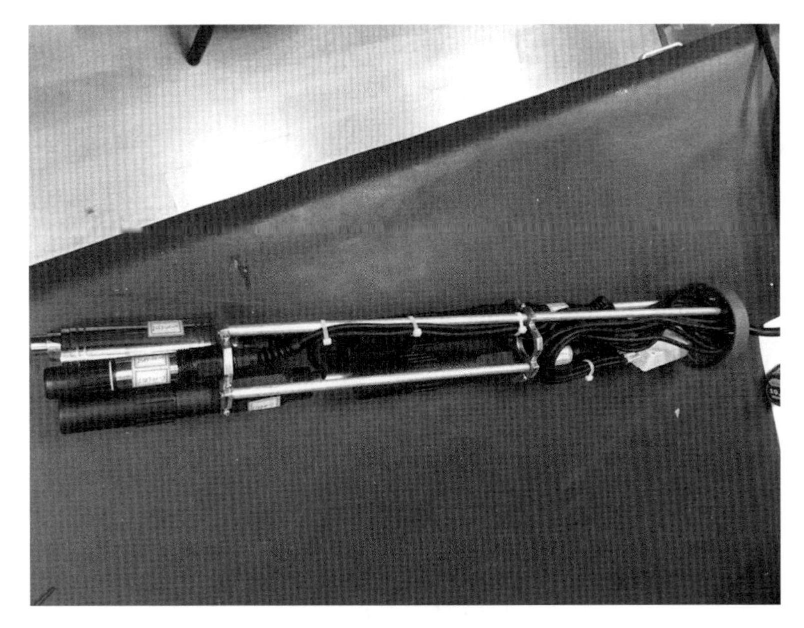

图 4-21 多参数水质传感器

2.4 果园生长与生理监测

2.4.1 果树生理监测系统

果树生理监测系统用来进行果树和果实生理监测及生产管理。通过监测果树的实时生长状况，在短期内揭露果树对任意环境变化所产生的生理响应。可以帮助栽培者调控为提高产量所做的尝试或消除有问题的种植因素；还可以协助栽培者改变环境、灌溉或施肥方案。通过分析果树的长期生理特性，预测果树的生长趋势，还可以看出果树是否受到水分、温度等环境胁迫和生理胁迫，让用户方便地科学化管理果树。

利用计算机视觉技术对果树生长状况进行监测，具有无损、快速、实时等特点，不仅可以检测设施内果树的叶片面积、叶片周长、叶柄夹角等外部生长参数，还可以根据果实表面颜色及果实大小判别其成熟度，以及果树缺水缺肥等情况。以图像方式记录果树生长信息，通过计算机图像处理的途径实现实时或定时自动监测，是实现果树生产信息化的重要方面。

现有的有线生理监测系统具有传感器接口固定、只能接一定量的传感器、功能简单、查看数据不直观、传感器补偿参数设置麻烦等不足。传感器与数据采集终端也分为有线及无线两种模式。有线传感器采用的是固定接口方式，不便于扩展传感器，且接口有限，PHYTALK 无线传感器采用由 1 个或 2 个电池供电。数据集中器在 150~600 m 范围内（依据环境状况），最多可从 64 个无线传感器采集数据。通过指定网络服务的局域网来传输数据。由交流电供电或选择太阳能面板供电。需要用 PC 作为终端设备查看信息，通信性能受环境影响较大，并且不能进行远程操作。

生理无线监测系统，以果实膨大传感器、叶面温度传感器、叶面湿度传感器、茎流传感器等生理传感器为主体，以空气温度、空气湿度、光照强度和土壤温度传感器等环境传感器为辅助，可连续监测果树生长过程中的生理参数和周围环境参数。系统采用锂电池供电，可连续工作 5~8 d；通信上采用无线数据传输技术，通信距离可达 100~300 m，便于用户的灵活安装。系统主机采用工业级触摸式平板电脑，内嵌 WinCE 操作系统，可进行大容量数据的存储和曲线分析。果树生理无线监测系统可为不同用户提供稳定可靠的植物生理、生态信息采集、存储和分析解决方案。

生理监测系统由传感器构成，包括植物茎流、叶片湿度、叶片温度、果实膨大、光照强度、土壤温度和空气温湿度传感器等构成（图 4-22），所有传感器数据通过系统主机进行采集和测定。

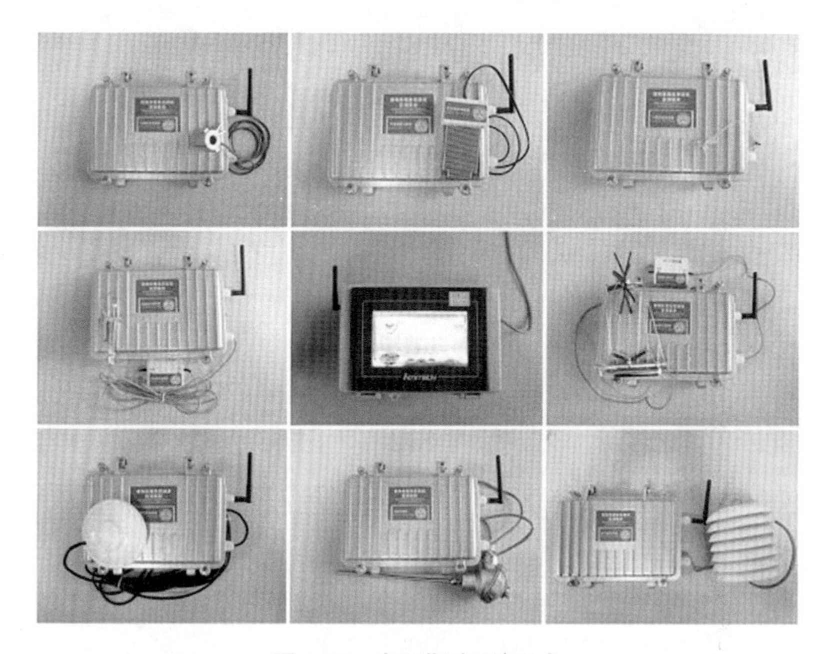

图 4-22　生理监测系统组成

2.4.1.1　叶片温度/冠层温度感知

快速、准确地监测果树叶片温度或冠层温度，能够为果树需水指标、品种选育以及产量预报等研究应用提供数据支撑。果树叶片温度测量有接触式、非接触式和模型计算等。接触式（表 4-3）用热电阻和热电偶长时间直接与叶片接触会影响叶片微环境，影响测量精度；模型计算是基于叶片环境生理过程根据环境温度计算出叶面温度，但环境和植物变化会影响其估算精度，普适性较差；非接触方式（表 4-3）中红外热成像由于价格昂贵，精度一般大于 0.5 ℃，当前应用相对较少。与上述 3 种方法不同的是，红外单点测温法以其较高精度、不影响果树生长等优势已经成为当前应用的主流。

表 4-3　4 种测温方法技术参数及优缺点

测量方法		典型产品	量程（℃）	精度（℃）	优点	缺点
接触式	热电阻测温	LT-1M叶温传感器	0~50	<0.15	精度较高 安装简单	电阻容易被外界干扰
	热电偶测温	CB-0231热电偶测温仪	-50~50	0.05	反应快 精度高 操作简单	响应时间长，影响叶面环境
非接触式	红外测温	MI 系列红外辐射计	-30~65	0.3	8 14 μm 锗窗口减小水汽吸收影响加有辐射屏蔽，尽量减少干扰	受发射率、距离、环境温度和大气吸收的影响
	红外热成像测温	SAT-G90红外热像仪	-20~600	2	高像素分析功能强，多种选配镜头	价格昂贵，精度较差

笔者自主研发的红外叶温测量系统采用了 Melexis 公司生产的 MLX90614ESF-DCI 红外传感器，MLX90614ESF-DCI 红外传感器集成了红外热电堆传感器 MLX81101 和信号处理专用集成芯片 MLX90302。传感器的测温范围为-40~85 ℃，电源电压为 3 V，视场角为 3°，并且该传感器还有温度梯度补偿功能。MLX90614ESF-DCI 红外传感器测量的是视场里所有物体温度的平均值。MLX90614ESF-DCI 为医疗应用版本，在室温下精度达到±0.5 ℃（图 4-23）。

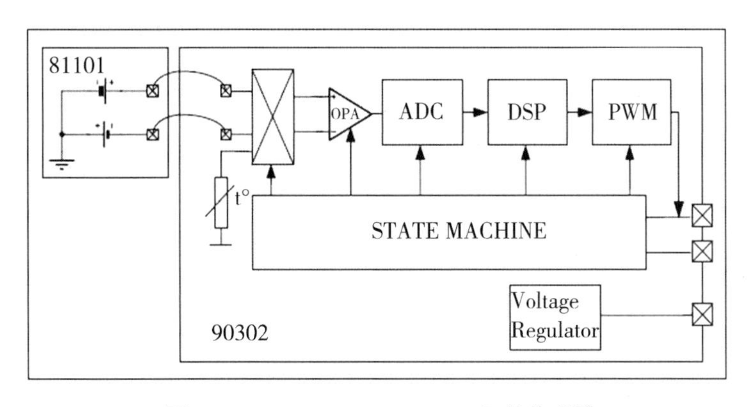

图 4-23　MLX90614ESF-DCI 红外传感器

采用非接触式 MLX90614 将接收到的红外辐射转化为数字量，通过 SMBus 总线方式和微处理器进行数据传输，MLX90614 与微处理器通信线采用两个上拉电阻和电源连接，以保证 SDA 与 SCL 在总线空闲的时候为高电平。传感器封装结构如图 4-24 所示，传感器通过一个接口转接板焊接到防水航空插头上，防水插头通过 O 型圈与外金属套管连接。采用金属套管能够增加传感器与环境热量交互，减少内部环境与外部环境的差异，实现传感器的热平衡和等温条件，能够减少传感器测量误差。

接触式以高精度热敏元件为基础，研制开发高灵敏度叶片温度传感器（图 4-24），并设计配套叶片加持装置，实现叶片温度快速、无损测量，叶片温度测量范围为 0~50 ℃，精度达±0.1 ℃。

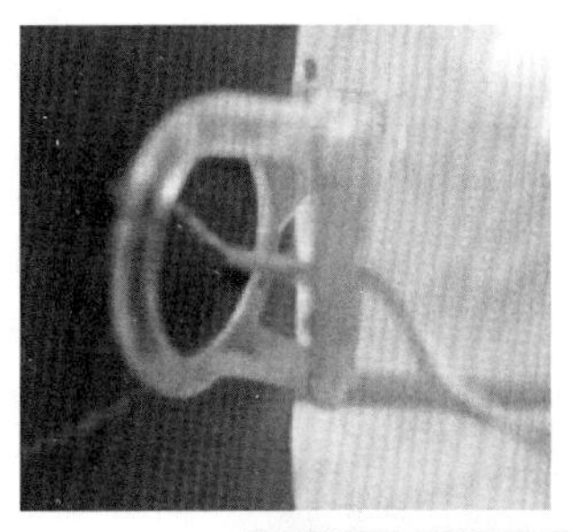

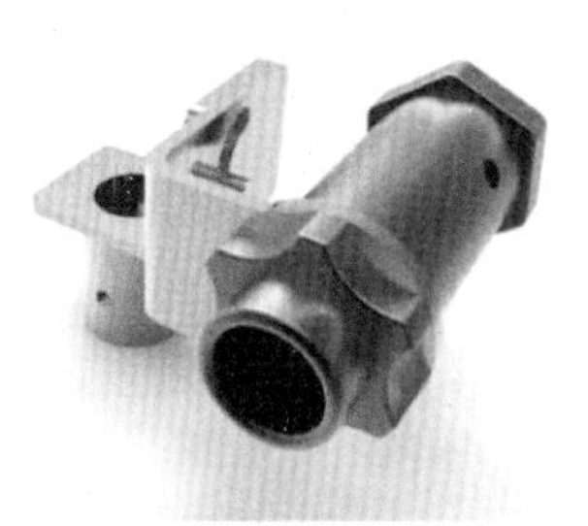

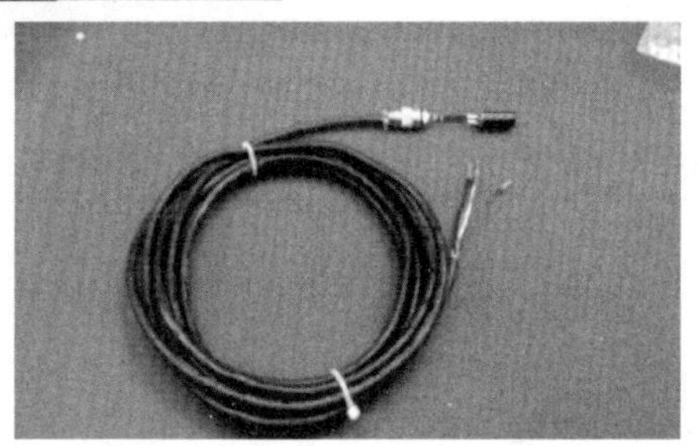

图 4-24　叶片温度传感器

2.4.1.2　**叶片湿度感知**

叶片湿度定义为叶片表面或其他裸露表面液体湿度，其来源于结露、雾、沉降和少量植物吐水现象。其准确测量相对环境常规参数较困难，这是由于其受环境条件及其与果树冠层结构和组分的交互效应双重驱动，存在冠层内的异质性，叶片密度、叶倾角、方位差异、空间差异对测量结果都有一定的影响。采用阻抗测量原理，开发具有表面感应栅格的温湿度感应装置，通过模拟果树叶片获得水分的过程，利用微信号单元来分析果树叶片湿度变化情况，叶片湿度传感器（图 4-25）测量范围 0~100%，精度±1%。

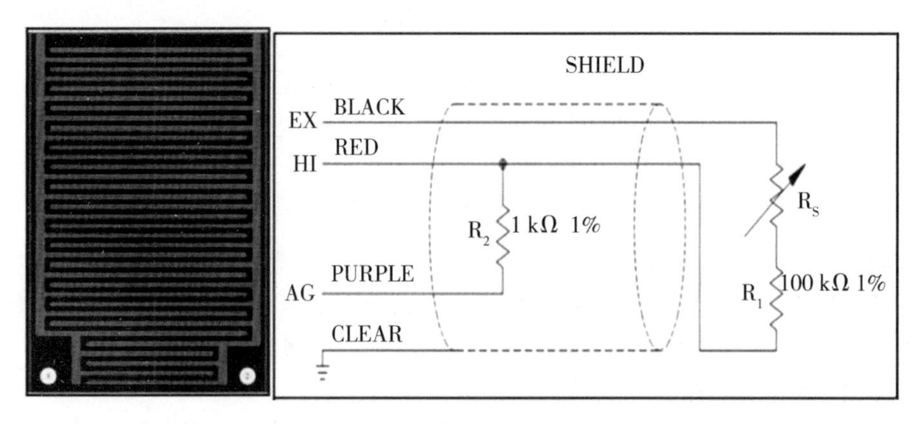

图 4-25　叶片湿度传感器

2.4.1.3　**茎流感知**

基于热脉冲原理，采用空腔圆柱形包裹树干，利用恒定电流加热，通过高精度温度传感器测量并计算温差，继而由热平衡原理来计算出果树茎流。果树茎流传感器（图 4-26）可测量树干内部茎流变化。测量范围 0~100 mL/h，测量精度达±3 mL/h。

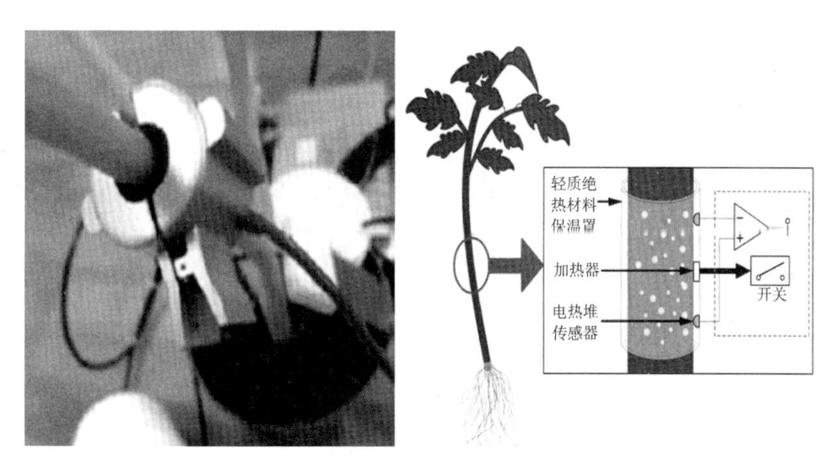

图 4-26 茎流传感器

2.4.1.4 **果实膨大、树径感知**

果实膨大、树径传感器以 LVDT 技术为基础，通过研究树干和果实生长过程中 LVDT 铁芯移动所引起的差动电压变化，进行树径微变化和果实膨大的无损监测，测量量程有 0~10 mm、0~10 cm、0~20 cm，精度为±0.1%（图 4-27）。

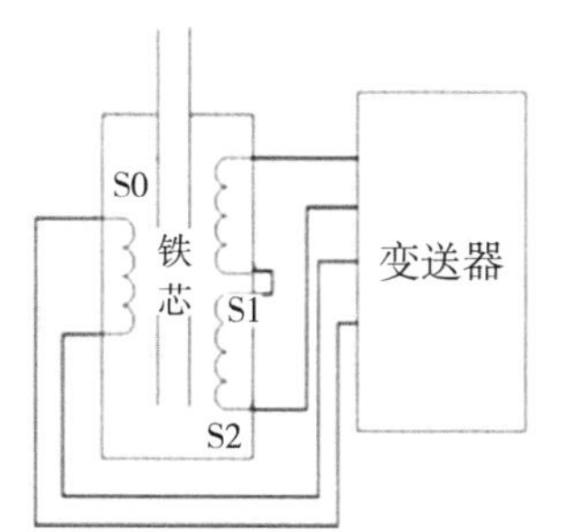

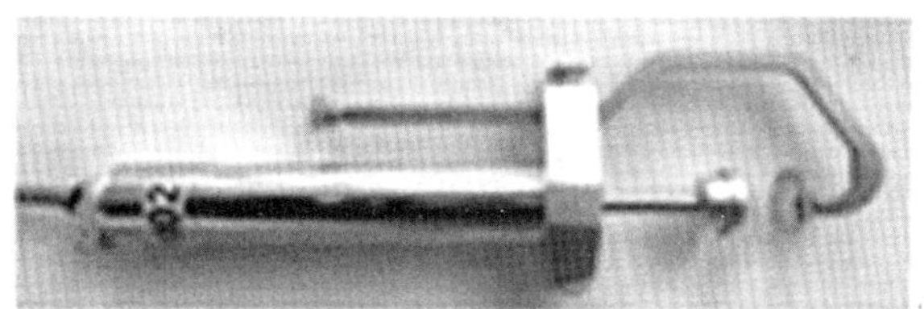

图 4-27 果实膨大、树径传感器

2.4.2 果园图像监控系统

果园图像监控系统针对果园环境、果树生长以及安全防范的要求，获取果树生长情况的实时画面，监测果树的生长状况和果园管理情况，保障果园的生产活动与设施的正常运转。系统的应用不仅有助于管理人员实时掌握果园内农事生产情况，了解各种农事作业进度，而且有助于对果园生长的关键环节进行追踪，及时发现果树的各种不良反应。

摄像机的选型需要做到既能大角度地看整体环境，又要做到小角度地看树木细节，摄像机应具备 360°旋转且多倍变焦的功能。另外，要尽量做到省电，因此摄像机的用电功率尽量做小，才能尽量延长每天的系统工作时间；还要充分考虑设备安装环境的特殊性，要选择能抗室外高温高湿、温差大、风吹日晒雨淋、电压不稳定的工作环境，做到长期、高效、高稳定、全天候工作。

2.4.2.1 节电控流设备的设计分析

节电控流设备的设计主要考虑以下 5 点：①通过控制系统设备的用电，既能控制用电又能控制流量的使用，两个目标一套设备完成，节约成本；②做到远程控制的智能性，既要满足随用随开，主动断电的要求，又要达到如果遗忘关机又能自动断电节流的目的；③能做到每天定时自动开机关机，自动录像拍照，保证每天资料获取的连续性；④能做到防盗的功能，一旦遇上有人试图破坏，能现场报警，同时自动打开摄像机录像，同时把报警信息及现场视频传到负责人手机或电脑；⑤能实现远程操作的方便性，做到手机、电脑均可实现一键操控。

2.4.2.2 太阳能供电系统的设计分析

系统摄像机的型号宜选择功率小的，最主要的是摄像机的用电满足了随用随开、不用即关的要求。尽量避免在夜晚启动红外光功能，减少对外界的干扰。同时，太阳能板不用设计过大，如果设计过大，充电不充分，易损坏，而且果园风大，太阳能板大招风就大，安装杆及基础都要相应增大，既增大了建设成本又破坏了环境。一般 100 W 太阳能板、60 Ah/12 V 蓄电池即可，可保证全系统连续 5 个阴雨白天（8 h）工作。

2.4.2.3 配电箱内设备设计

配电箱（图 4-28）内设置包括 6 个部分：①太阳能板充放电控制器 1 台，用于太阳能板对蓄电池的充放电控制；②100 W/10 A/12 V 稳压电源 1 台，用于全系统电源的稳压供电；③节电控流防盗控制板 1 张，用于远程控制系统内的摄像机、4G 无线服务器的供电控制和报警信息的传输；④声光警号 1 只，用于现场有人破坏或非法打开配电

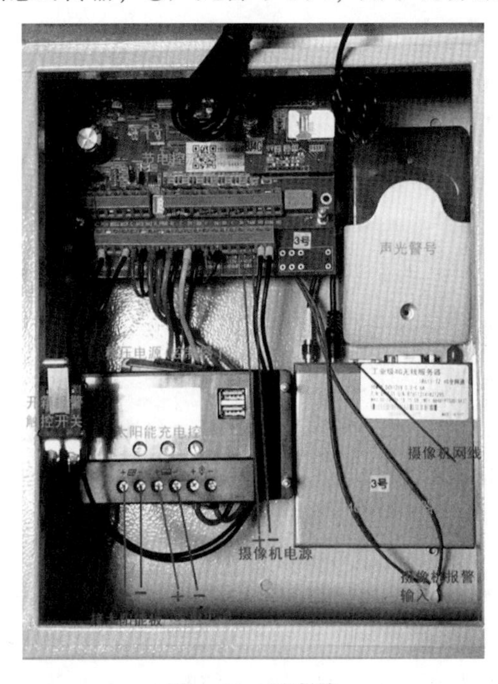

图 4-28 配电箱

箱门时的现场声光警号报警；⑤4G 无线服务器 1 台，用于现场视频信号的实时传输；⑥双联开箱触控开关，用于配电箱被非法打开时，向节电控流控制板传输报警信号，并向摄像机提供报警信号，用于摄像机的联动方向自控。

2.4.2.4　摄像机的设计

摄像机采用海康 4 英寸（10.16 cm）、200 万像素、23 倍光学变焦、全方位 360°旋转、红外照射距离 100 m、最大功率（带红外）仅 22 W 的全天候高清球型摄像机。

2.4.2.5　系统设计实现功能及优点

第一，摄像机能实现 360°旋转、拉近、推远全方位 200 万像素高清监控，100 m 红外夜视功能，晚上也能看得很清楚。

第二，能实现连续 5 个阴雨白天（8 h）工作。

第三，能通过手机、电脑一键实现对现场设备供电的主动控制，随看随开（120 s 后即上传实时视频）、随时关机。

第四，能实现每天自动定时开机、定时关机，开机后自动录像、拍照，自动存储在摄像机内置的 TF 存储卡内，实现现场视频图片资料的连续完整储存。

第五，每次远程主动开机后，不用惦记着关机，开机后可在一定时间后自动关机（时间在 1~99 min 内可调）。

第六，完好的防破坏报警功能，一旦有人非法破坏并打开配电箱门，现场立即声光报警，同时自动打开摄像机并对准配电箱录像，同时把报警及现场视频信号上传到负责人手机或电脑。

第七，由于系统具有完美的节电控流防破坏功能，安装环境具有极大的普遍适用性，还能有效地省电、节约 4G 流量，极大地减少太阳能供电系统功率及安装杆的造价，减少人工安装、维护成本。

2.5　果园生产信息双向获取

2.5.1　技术框架

果园生产信息双向获取技术包括正向的农事信息采集和反向的环境信息获取两部分。系统的基础是对果树的单株管理，为了尽可能多地存储信息且便于手机拍照读取，以果树单株标识标签表面的二维条码为载体，手机端的果园生产信息双向获取系统与部署在果园管理部门的图形化果园生产精准管理系统实现远程通信。在正向农事信息采集环节，其整体流程为利用手机摄像头拍摄单株果树标识上的二维条码，果园生产信息双向获取系统自动解析二维条码，提取果树编号，利用系统采集施肥、防治病虫害、灌溉等农事信息，采集完成后可将这些农事信息上传到远程的图形化果园生产精准管理与溯源系统中；在反向环境信息获取环节，其整体流程为利用手机摄像头拍摄单株果树标识上的二维条码，果园生产信息双向获取系统自动解析二维条码，提取果树位置，将位置上传到远程系统中，系统根据果树位置信息查询环境传感器，并将计算得到的传感器数据反馈至手机端系统中，技术框架见图 4-29。

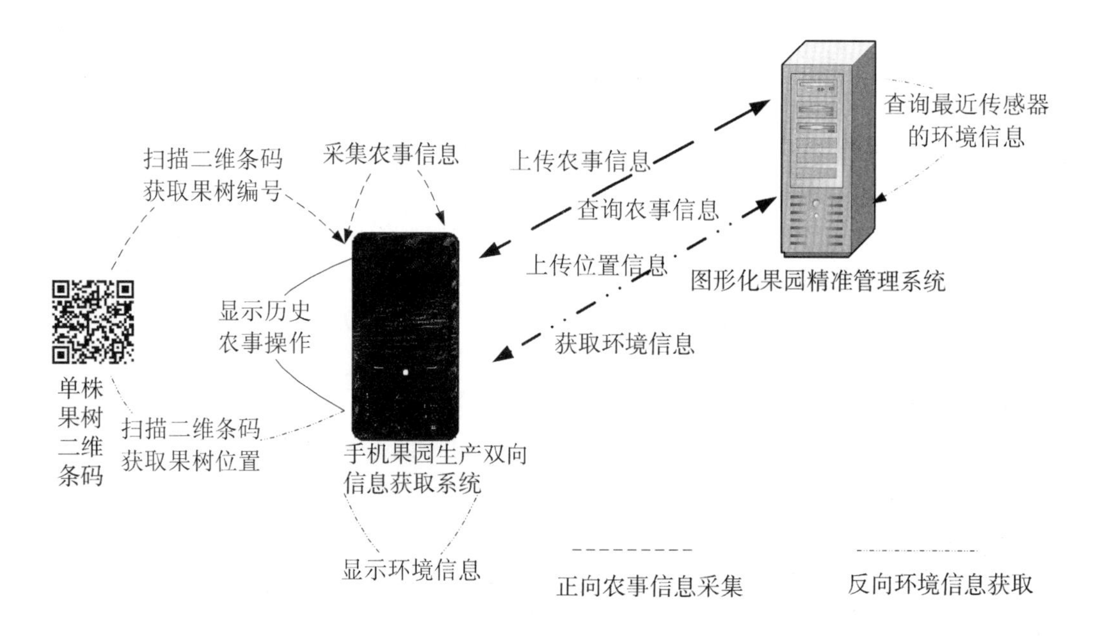

图 4-29 技术框架

2.5.2 基于手机扫描条码的生产信息采集技术

快速响应矩阵码（QR 码）具有超高速识读、全方位识读、纠错能力强、能有效表示汉字等特点，目前已在物流、移动服务等方面得到了良好应用。手机解析 QR 码是采集的基础，其流程主要包括 4 步（图 4-30）。①QR 码图像采集：控制手机摄像头的状态（ 打开、关闭、自动对焦）以捕获果树标签上的二维条码。②图像预处理：摄像头捕获二维条码图案容易受到光照、角度、与摄像头的距离、摄像头像素数等因素的影响，所得到的二维条码会存在比较明显的歪曲、污损、倾斜等各种噪声和失真，导致不能译码或者错误的译码，为提高其可识读性，需进行灰度化、二值化等预处理。③条码图像识别：对预处理之后的条码图像进行倾斜矫正、条码分割和数据译码来识别条码，显示条码中的信息。④生产信息采集：将识别出的 QR 码中的信息进行分割，提取果树编号，在系统界面选择或输入施肥、防治病虫害、灌溉、采收等信息。核心技术研究如下。

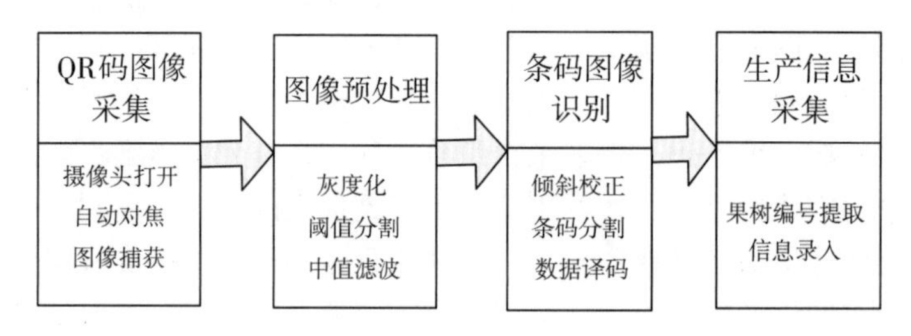

图 4-30 手机解析 QR 码流程

2.5.2.1 条码的定位与矫正

在手机获取 QR 码图像后，需通过位置探测对 QR 码图像进行定位。利用分别位于

QR 码符号左上角、右上角和左下角的 3 个位置探测图形。由于每个位置探测图形大小相同，可将 3 个位置看作是由 3 个重叠的同心正方形组成，它们分别为 7×7 个深色模块、5×5 个浅模块和 3×3 个深色模块；位置探测图形的模块宽度比为 1∶1∶3∶1∶1。符号中其他地方遇到类似图形的可能性极小，因此可以通过查找满足近似比例 1∶1∶3∶1∶1 的区域来迅速确定探测图形的位置。

无失真的条码为正方形，由于手机拍摄的条码不可避免地会存在倾斜和扭曲的现象，因此需要将倾斜的条码进行校正。获取到具体的条码位置后还需要获取条码的倾斜角度，然后进行旋转，图像经过旋转后，某些原来初始坐标点为整数的点经过空间变换到新的位置，其新的位置不一定是整数，因此需要做一些插值运算，以保证初始点的灰度值变换到新位置后不会发生很大的误差。旋转时采用双线性插值法，双线性插值相比最邻插值不会产生锯齿形的边界，更有利于条码的识别。利用 QR 码的 4 个顶点正方形特征，通过变换将失真图像中的 4 个顶点 A′、B′、C′和 D′（控制点）分别还原成 A、B、C 和 D（图 4-31）。

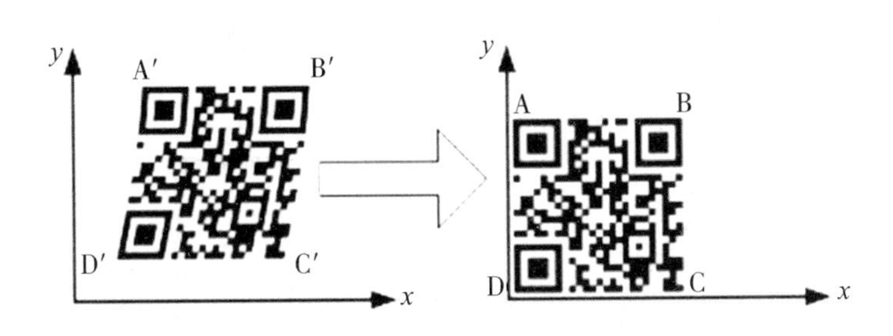

图 4-31　QR 码坐标变换

QR 码符号中可能存在污损，导致数据读取错误，因此在译码前，需要对得到的数据进行纠错，有了纠错，可大大提高 QR 码的可识读性，一般采用 Reed-Solomon 对数据进行纠错。

2.5.2.2　QR 码图像预处理

由于在标签上打印的 QR 码都是黑白图像，而且在标签上还有其他打印的要素，而因此用手机采集 QR 码图像时，难免会有除 QR 码外的其他要素同时被手机摄像头获取到，所以需对条码图像进行预处理。预处理重点是将图像转化为灰度图像并进行二值化处理，既可降低存储空间，也可减少标签其他彩色要素对图像识别的影响。

手机屏幕图像预处理过程如下：①使用标准的灰度化公式对采集到的带有红、蓝色斑纹的彩色图像进行灰度化，然后对灰度图像进行均值滤波，消除液晶屏幕拍摄时常见的噪声；②考虑到手机端图像处理能力不足及图像小范围内像素值差异不大的特点，采用改进的局部阈值法对图像进行二值化。

该局部阈值法对原始图像进行缩小处理，生成原图像 1/8 大小的过渡新图像，在生成新图像过程中，对图像像素值进行微调，以增强图像的对比度，具体过程如下。

从原始图像左上角开始，对任意像素 $P(m, n)$ $(m\%8=0;\ n\%8=0)$，以该像素为原点取像素 $P(x, y)$ $(m \leqslant x \leqslant m+7;\ n \leqslant y \leqslant n+7)$ 进行比较。如范围内存在任意两像素

差值小于给定阈值，说明范围内图像对比度不高，需将其中较小像素值除以 2 并取代原位置像素值，以提高对比度，最后将$\sum P(x, y)/64$（$m \leqslant x \leqslant m+7$；$n \leqslant y \leqslant n+7$）赋予新图像像素 $P(m, n)$；如范围内任意两像素差值均高于给定阈值，则直接将 $\sum P(x, y)/64$ 赋予新图像像素 $P(m, n)$。

新图像生成后，同样从新图像左上角开始，以任意像素 $P(j, k)$，为中心，对 $P(x, y)$（$j-2 \leqslant x \leqslant j+2$；$k-2 \leqslant y \leqslant k+2$）进行邻域平均处理，并将像素值赋予 $P(j, k)$；再将 $P(j, k)$ 像素值作为原图像中像素 $P(m, n)$（$8 \times j \leqslant m \leqslant 8 \times j+7$；$8 \times k \leqslant n \leqslant 8 \times k+7$）的阈值，逐一对 $P(m, n)$ 进行二值化处理（图 4-32）。

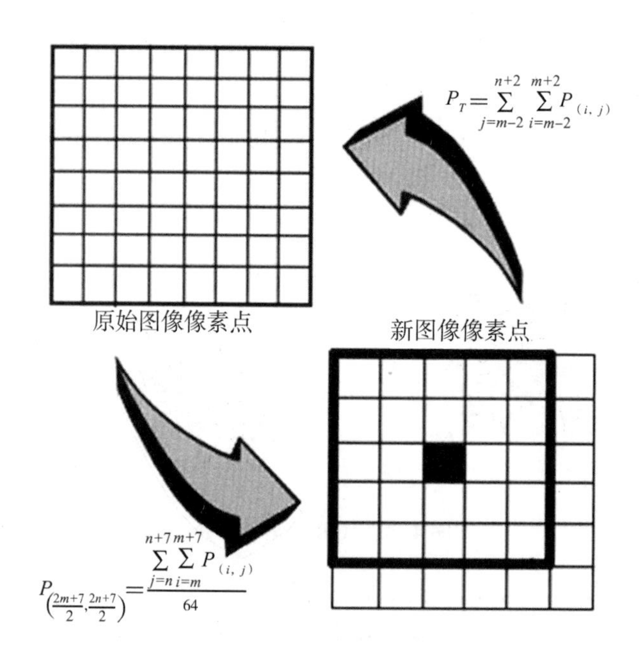

图 4-32 原图与生成图转换关系

屏幕图像经过灰度化和二值化处理，结果如图 4-33 所示。

a.捕获的图像

b.灰度化处理

c.二值化处理

图 4-33 QR 码图像预处理

2.5.2.3 数据解码与果树编号提取

经过条码预处理采样后，得到了深浅模块所代表的 0 或者 1 比特。对比特序列解码即可获得 QR 码中的信息。其解码流程如图 4-34 所示，具体包括如下 6 个步骤。

步骤 1：利用采样后计算得到的模块宽度，先粗算版本号，因为只有版本 6 以上的才具有版本信息，粗算版本在 6 以上的符号，再精算确定版本号。

步骤 2：识读格式信息，包括去掩模、格式信息纠错，获得纠错等级及掩模图形参考。

步骤 3：根据掩模图形参考生成相应的掩模图形，与采样后的比特序列进行异或运算。

步骤 4：标记非数据位置，包括定位符、分隔符、格式信息区域、版本信息区域等。

步骤 5：根据模块排列规则，重新排放各比特序列，恢复相应的数据码字和纠错码字。

步骤 6：根据纠错等级和符号版本所对应的纠错生成多项式，对数据码字纠错，恢复正确信息。

步骤 7：根据模式指示符及字符计数指示符，按照相应的编码规则，划分数据码字并根据提取出的数据，截取其中的果树编号。

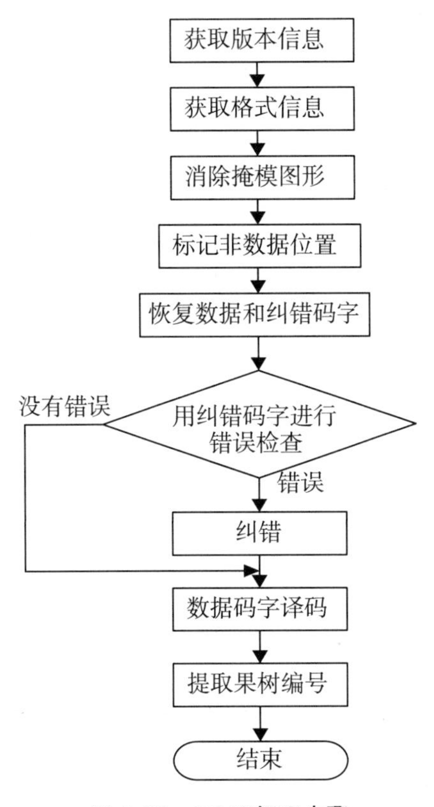

图 4-34　QR 码解码步骤

2.5.3　基于果树位置的环境信息查询技术

基于果树位置的环境信息查询需手机端系统和服务器端系统的协作，手机端系统在查询前端主要负责扫描及解析二维条码，并提取条码中的果树编号发送到服务器端；在查询后端主要负责接收服务器端发送的环境信息并显示到手机中。该查询的核心部分是服务器端系统的处理程序，当服务器端接收到手机发送过来的果树编号后，以该株果树位置为圆心、以d_{min}为初始半径进行圆搜索；提取圆域范围内气象站点，计算气象站点数量，当数量大于 1 时，计算搜索到的各站点与圆心之间的距离 Δd；当数量等于 1 时，以该站点环境信息值作为该果树周边环境的代表值 $V_{station}$；当数量小于 1 时，以规则 f1

扩大搜索半径进行圆搜索，判断搜索半径是否小于最大域值 d_{max}，若是继续搜索，直到找到 1 个或多个气象站点，若否则退出搜索。对于搜索出多个气象站点的情况，在计算出 Δd 的基础上，以规则 f2 计算各站点环境信息的平均值 $V_{station}$，将 $V_{station}$ 作为代表该株果树环境信息的值发送到手机（图 4-35）。

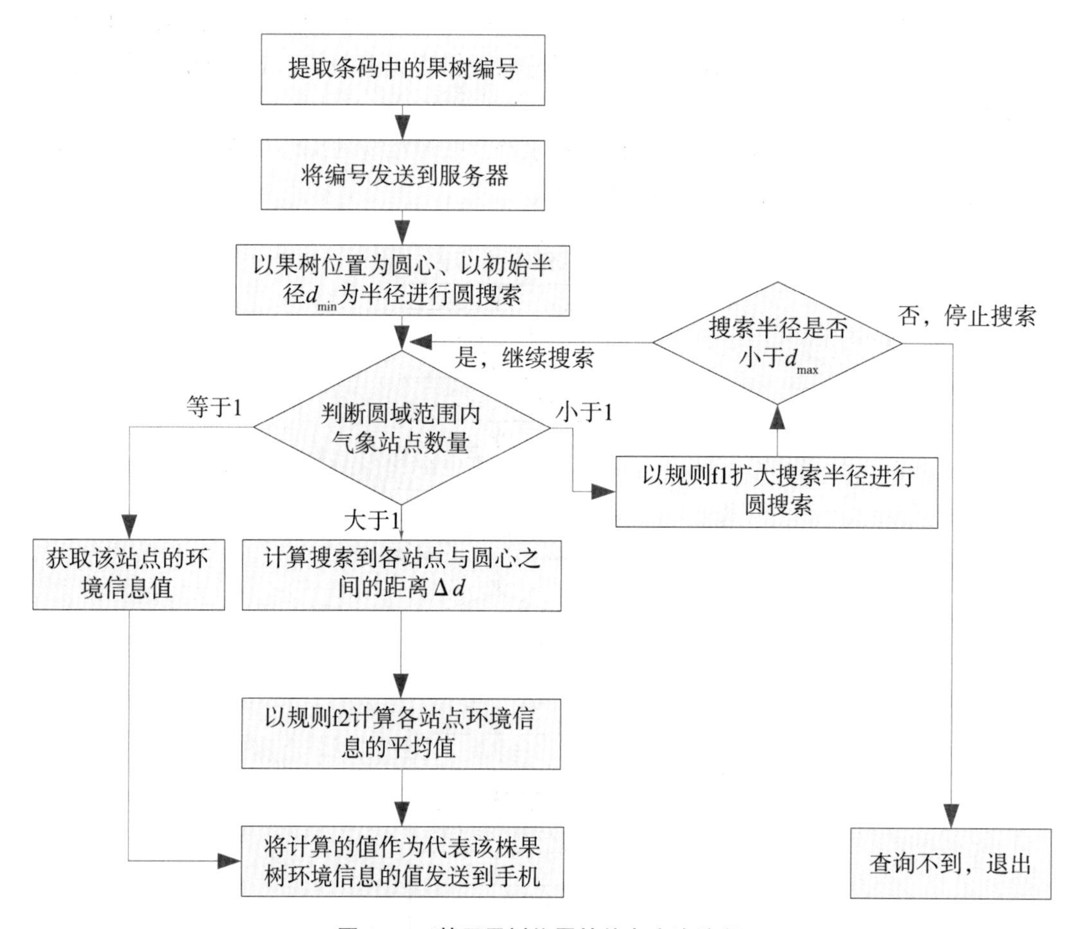

图 4-35　基于果树位置的信息查询流程

2.5.3.1　圆搜索参数确定

d_{min}、d_{max}及扩大搜索半径规则 3 个参数，是影响搜索效率及计算值准确性的重要参数。d_{min}、d_{max} 可根据果园实际面积确定，一般 d_{min} 可用果树的株距代替，因为单株果树是最小管理单元，而果树的株距可视为果园管理的最小距离；d_{max} 可用果园长或宽中的较高值代替，因为针对果园的环境传感器都部署在果园中，长或宽中的较高值可覆盖整个果园。

根据果树距离传感器节点位置越远，环境信息的代表性越差的特点，为了提高搜索效率，给出随搜索次数增加，搜索半径增幅逐步减少、搜索半径之和逐步增大的规则 f1：

$$d = (1 + \ln n)\ d_{min} \tag{4-10}$$

式中：d_{min} 为初始搜索半径；n 为搜索次数；d 为第 n 次搜索对应的搜索半径。

以上述规则为基础，得到的搜索半径随搜索次数的变化如图 4-36 所示。随着搜索次数增多，其搜索半径变化符合设定的变化趋势。

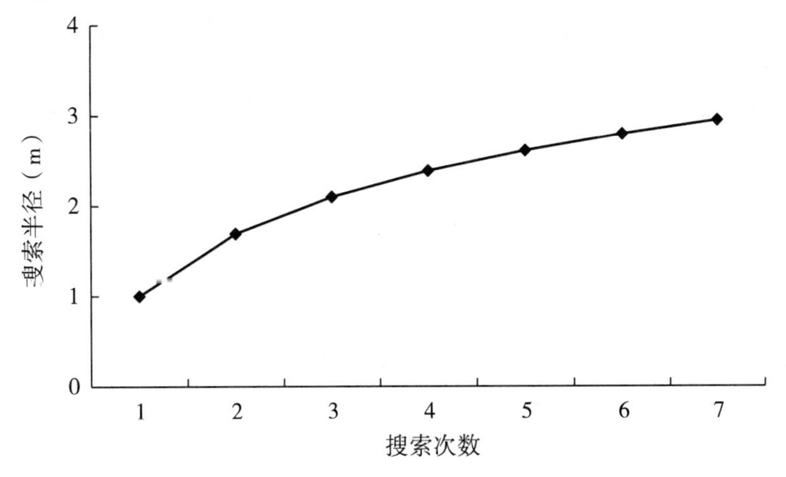

图 4-36　搜索半径随搜索次数的变化

2.5.3.2　**多点环境值计算模型**

对于检索到多个环境传感器的情况，根据果树距离传感器节点位置越远，环境信息的代表性越差的特点，对不同环境传感器赋予不同权重值，这种权重是基于距离变化的。以空气温度计算为例，其计算模型如下。

首先，计算各传感器站点与果树位置之间的直线距离之和。

$$\Delta d_{sum} = \sum_{i=1}^{n} \Delta d_i \tag{4-11}$$

其次，计算某传感器站点按距离所占的权重。

$$I_i = \frac{\Delta d_{sum} - \Delta d_i}{\Delta d_{sum}} \tag{4-12}$$

再次，进行权重归一化处理。

$$W_i = \frac{I_i}{\sum_{i=1}^{n} I_i} \tag{4-13}$$

最后，以规则 f2 计算某果树周边空气温度值。

$$T_{aver} = \sum_{i=1}^{n} T_i \cdot W_i \tag{4-14}$$

式中：Δd_i为检索到的某传感器离果树的直线距离；Δd_{sum}为所有检索到的传感器离果树直线距离之和；I_i 为按距离越近权重越高得到的某点权重值；W_i 为归一化后某点的权重；T_i 为检索到某传感器的空气温度值；T_{aver}为计算得到的能代表某果树周边空气温度的平均值；n 为检索到的传感器数量。

2.5.4　功能实现

系统采用 .net 平台，以 C#为开发语言进行开发，其主要功能界面如图 4-37 所示。

（1）QR **码解析**　利用手机照相功能自动对焦并获取 QR 码图像，对图像进行解码，并提取 QR 码中的果树编号信息，完成后系统将自动中断并退出照相进程。在按照解码规则对 QR 码进行解码前，该功能还要对 QR 码图像进行二值化、仿射变换等一系列的标准化操作，以提高解码成功率。

（2）**农事信息采集** 在 QR 码识别成功后该功能会自动激活，主要记录对单株果树所进行的农事操作，如施肥、用药、灌溉等，并支持对农药名、肥料名、用量、使用者等详细信息的记录。

（3）**环境信息获取** 在对 QR 码识别提取果树编号后，将编号发送到服务器端系统，系统按一定算法得到该果树所处的环境信息，如空气温度、湿度、土壤温湿度、二氧化碳浓度等，并将这些信息推送到手机端系统中。

（4）**数据上传** 系统提供 GPRS 或短信方式进行实时数据上传。

（5）**统计分析** 可按时间统计出针对每株果树所做的农事操作，如用药量、灌溉量、施肥量等，并可生成报表。

QR 码解析

农事信息采集

环境信息获取

图 4-37 系统主要功能界面

2.5.5 应用测试

将开发的系统移植到手机上，手机的型号为 Dopood T8388，其 CPU 频率为 600 MHz，将移植有系统的手机应用到试验区果园中。从使用效果来看，系统实现了设定的功能，可以为果树单株生产管理提供很好技术支撑。二维条码解析和环境信息查询是本应用的核心，重点对这两点进行应用测试。

2.5.5.1 二维条码解析测试

手机二维条码解析是正向农事信息采集和反向环境信息获取的基础，其解析成功率和速度是决定系统使用的重要方面，因此对二维条码解析进行测试。果树标签中的 QR 码纠错等级为中，内容为数字与字母，大小约为 28 mm×28 mm。对果园内的 144 株果树进行识别，识别率由果园内识别成功果树数和总果树数的比值来决定，如识别 3 次有 1 次成功解码则视为识别成功。在识别成功的果树中随机选取 20 株果树进行 QR 码识别时间测试，识别时间从点击“识别”键开始，到显示识别结果为止，每株果树识别 3 次，取 3 次识别的时间平均值作为 QR 码识别时间。

为了获取最佳读取效果，选择 20 株果树在手机摄像头距离标签不同距离下进行测试，测试距离范围为 5~20 cm，得到其在 8~11 cm 范围内读取效果较好，因此进行识别率和识别时间测试时均以此距离范围为基础。在识别率方面，果园内总计 144 株果树，首次识别成功的果树数为 77 棵，尝试 2 次成功的为 32 棵，尝试 3 次成功的为 27 棵，因此识别率为 94.4%；而未识别成功的为 8 棵，占总数的 5.6%，这主要是由于光线较暗和 QR 码污损严重造成的。在识别时间方面，20 株果树的平均识别时间为 7.38 s（图 4-38）。由于特殊的应用环境及手机配置等原因，识别速度并不是很高，若采用处理速度更快的手机，其识别速度还能提升，因此能适宜果园使用。

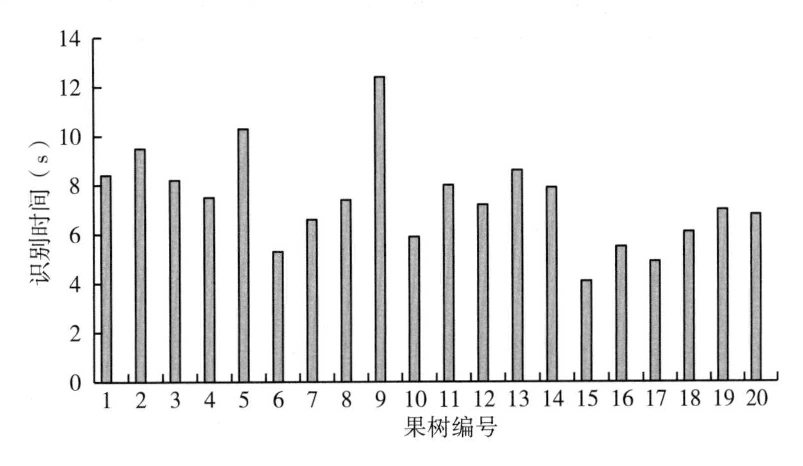

图 4-38　QR 码识别时间

2.5.5.2　**环境信息查询测试**

与已有的系统相比，本系统的重要功能是能通过发送果树位置进行环境传感器查询，获取果树周边环境信息，因此对这一功能进行测试。选择其中 10 株果树进行测试，测试时用手机拍摄果树标签上的二维条码，并将解析的果树编号发送到服务器端系统，服务器端系统进行环境传感器的查询，并将查询到的环境数据按构建的环境值计算模型进行计算。以编号为 027 的果树为例，其服务器端系统查询结果如图 4-39 所示。经过

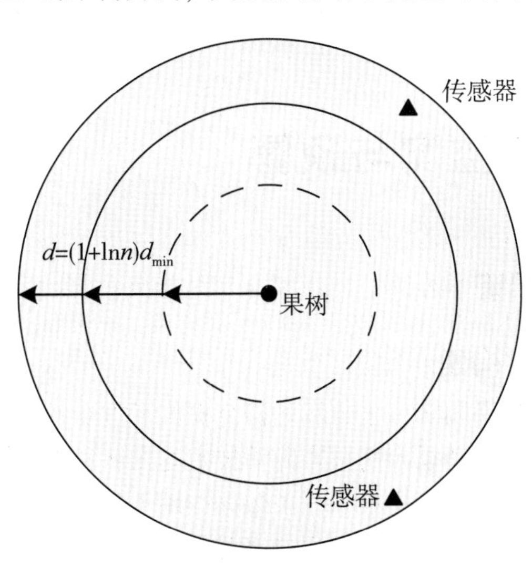

图 4-39　环境传感器查询示意图

3 次查询后，得到半径由小到大的 3 个同心圆，最小同心圆的范围内无可用环境传感器，扩大搜索半径后还查询不到传感器，根据规则进一步扩大搜索半径，得到 2 个传感器。由此可见，通过设定的规则可以搜索到离果树最近的传感器，且在有多个传感器的情况下，通过环境值计算模型可较为准确地得到环境数据。

以温度为例，对 10 株果树的查询返回值与离果树最近传感器的数据进行比较，结果如表 4-4 所示。

表 4-4　查询返回值与传感器实测值比较　　单位：℃

果树编号	查询返回值	传感器实测值	偏差
1	11.5	11.4	-0.1
2	11.7	11.7	0.0
3	11.3	12.1	0.8
4	11.6	11.7	0.1
5	11.4	11.4	0.0
6	12.0	11.3	-0.7
7	11.3	11.3	0.0
8	11.6	12.2	0.6
9	12.1	12.1	0.0
10	11.8	11.9	0.1

由表 4-4 可知，通过系统查询得到的 10 株果树周边的温度值与离果树最近的传感器的实测温度值的偏差较小。其中果树编号为 2、5、7、9 的果树其查询返回值与实测值相同，这是由于通过搜索规则查询到的环境传感器只有 1 个，因此计算得到的值与实测值为同一传感器的数据。其余 6 株果树中，查询返回值与实测值之间的偏差最大的为 3 号果树，偏差为 0.8 ℃。

3　果园病虫害监测与预警

3.1　病虫害监测与预警

3.1.1　病虫害样本库构建

果园病虫害样本库为果园病虫害领域的研究提供了重要的资源和平台，有利于促进果园病虫害研究和创新，推动果园病虫害防治技术的发展和进步。通过建立果园病虫害样本库，可以积累丰富的病虫害样本和相关数据，用于监测和预测病虫害的发生和传播趋势，提前采取相应的防治措施，减少病虫害对果园产量和品质的影响。同时，可辅助果农了解各类病虫害的外观特征和为害程度，便于果农及时判断和识别病虫害，进行病虫害防治决策。

3.1.1.1　果园病虫害样本分类体系

通过建立样本分类体系，可以将不同的病虫害进行分类，确定它们的特征和区别，深入了解不同病虫害的生命周期、传播途径和发病规律等特性和生物学特点，从而能够更快速和准确地识别和鉴定果园中出现的病虫害，形成清晰的防治技术体系，方便果农学习和应用，提高果园病虫害防治的效果和效率。

果园病虫害可以根据病虫害的类型、病虫害的为害程度、传播途径以及寄主范围等进行分类。按照病虫害类型可分为病害分类（真菌病害、细菌病害、病毒病害、线虫病害）和虫害分类［钻孔类害虫（如天牛）、叶部害虫（如潜叶蛾）、果实害虫（如实蝇）］。按照为害程度可分为重要病虫害（对果园产量和品质有严重为害的病虫害）、次要病虫害（对果园产量和品质有一定为害的病虫害）以及次生病虫害（由于主要病虫害引起的次生感染或次生传播的病虫害）。按照传播途径可分为直接传播病虫害（通过接触、飞行、跳跃等直接接触果树传播的病虫害）、媒介传播病虫害（通过昆虫、鸟类等媒介传播的病虫害）、空气传播病虫害（通过空气中的飘散病虫害孢子、病毒等传播的病虫害）以及土壤传播病虫害（通过土壤中的病原菌、线虫等传播的病虫害）。按照寄主范围可分为广义寄主病虫害（对多种果树品种均有为害的病虫害）和狭义寄主病虫害（对特定果树品种具有选择性为害的病虫害）。表 4-5 展示了果园病虫害类型三级分类体系。

表 4-5　果园病虫害类型三级分类体系

一级分类	二级分类	三级分类
病害	真菌病	黄龙病、炭疽病、白粉病、黑星病、锈病等
	细菌病	青枯病、溃疡病、软腐病等
	病毒病	萎缩病、衰退病、花叶病等
	其他病害	线虫病等
虫害	鳞翅目虫害	夜蛾、梨小食心虫、苹果卷叶蛾等
	鞘翅目虫害	天牛、步甲等
	直翅目虫害	蝗虫、蝼蛄等
	膜翅目虫害	蚂蚁等
	半翅目虫害	蟮象、叶蝉、蚜虫等
	双翅目虫害	蚊、蝇等
	其他虫害	蜘蛛、蓟马等

3.1.1.2　果园病虫害样本库构建

果园病虫害样本库对于果园管理和病虫害防治具有重要的意义和价值，有助于提高果园产量和品质，减少农药的使用量，促进果园可持续发展。依据上述病虫害分类体系，分 5 个步骤构建果园病虫害样本库，具体流程如图 4-40 所示。

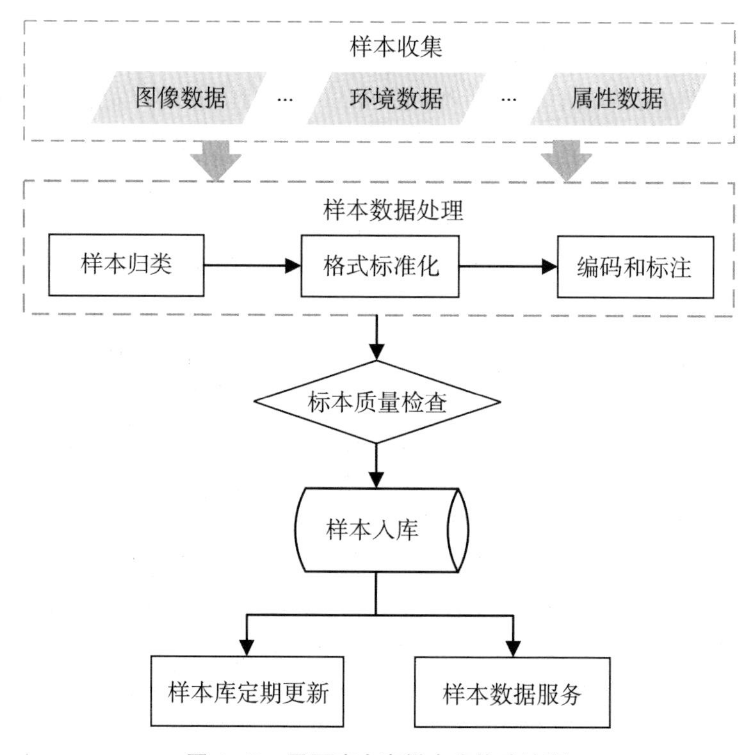

图 4-40　果园病虫害样本库构建流程

（1）**样本收集**　样本收集主要收集果园中的病虫害样本数据，包括病虫害图像数据、果园环境数据、样本标签数据、样本属性数据等。

（2）**样本数据处理**　样本数据处理主要包括样本归类、格式标准化以及编码和标注。

样本归类：对收集的样本数据依据样本分类体系进行整理分类，不同类型的样本分类保存，并将其分为样本训练集和样本测试集两部分。

格式标准化：提供格式转换工具，将.jpg、.png、.tiff 等不同类型的病虫害图像转换为统一的格式。

编码和标注：根据不同的分类标准进行，如按照病虫害的种类、地理位置等进行编码。标注则是对样本的基本信息进行记录，如样本来源、保存时间、鉴定结果等。

（3）**样本质量检查**　样本质量检查的目的是识别和排除低质量或不合格的样本，保证样本图像质量高、标注准确、数量足够多且多样性强、数据一致性好，避免数据偏倚等问题，以提高后续病虫害识别和分析的准确性、可靠性。样本质量检查内容主要包括图像质量检查、样本标注质量检查、样本数据数量和多样性检查，以及样本数据偏倚检查。

图像质量检查：检查样本图像的清晰度、分辨率、光照情况等，确保图像质量足够好以便进行后续的病虫害识别和分析。

样本标注质量检查：检查样本标注的准确性和完整性，确保每个样本都正确标注了所示病虫害类型和位置信息。

样本数量和多样性检查：检查样本数量和多样性，确保样本库中包含足够数量和多样性的病虫害图像，以便进行全面的病虫害分析和识别。

样本数据偏倚检查：检查样本数据是否存在偏倚现象，例如某些病虫害类型的样本数量过多或过少，以便采取相应的调整措施。

(4) 样本入库　针对质量检查合格的样本，将样本的相关信息记录在数据库中，包括样本编号、分类信息、鉴定结果、保存方式等。同时建立样本库的索引和检索系统，方便查询和利用样本。

(5) 样本库定期更新与样本数据服务　样本库更新主要是定期进行更新和扩充样本库，收集新的病虫害样本，并进行处理、质量检查以及入库。样本数据服务主要是依据样本库的数据使用要求和规范，提供样本库样本数据的开放使用等。

3.1.2　基于机器视觉的病虫害识别

随着计算机技术的不断发展，机器视觉技术在农业领域得到广泛应用。计算机视觉可以通过处理图像数据来识别病虫害，例如通过图像分割、特征提取、分类等技术，将病虫害图像与正常图像进行区分。基于机器视觉识别病虫害的一般流程如图 4-41 所示。

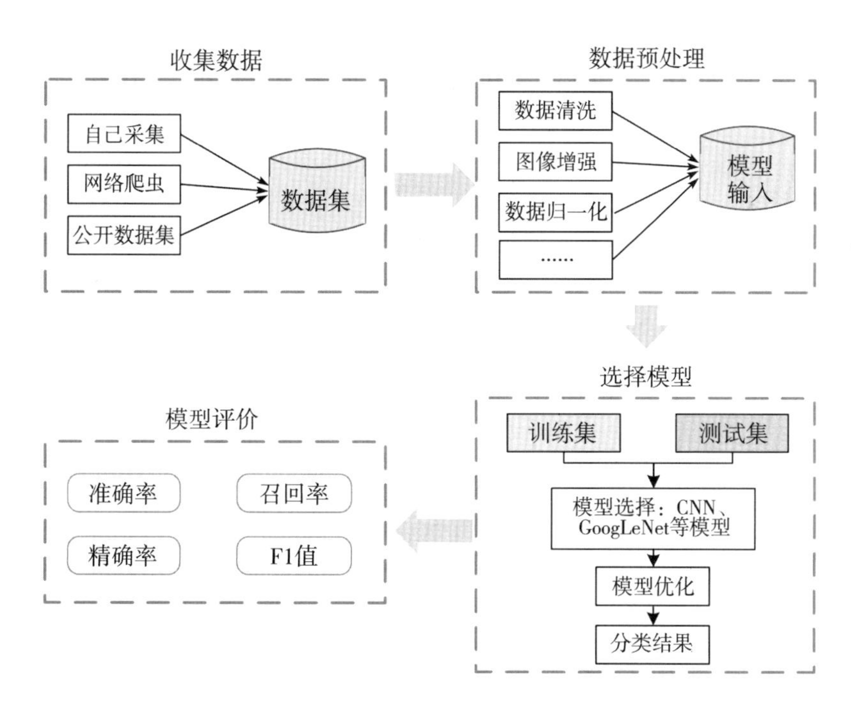

图 4-41　基于机器视觉的病虫害识别流程

3.1.2.1　收集数据

病虫害数据采集通常使用高分辨率相机或其他图像传感器进行图像采集，获取农作物的图像数据。本研究以目前公开的农作物病虫害识别 PlantVillage 数据集为例，该数据集由康奈尔大学的农业机器人实验室开发，目的是通过研究机器学习算法在植物病害诊断中的应用，帮助农民更好地管理和保护作物。该数据集包含 54 309 张由农民和专家提供的图片，涵盖了 14 个不同植物病害类别和一个正常状态的类别。每个类别都有数千张图片，其中一些图片显示了作物病害的症状，另一些图片则展示了作物的正常状态。图 4-42 展示了 PlantVillage 数据集中苹果的 3 种病害叶片和健康叶片。

图 4-42　部分苹果叶片病害图像

黑星病：是一种由真菌（*Botra obtusayosphaeri*）引起的严重果树病害。黑星病主要影响苹果果实、叶片和花朵，最初感染果实表皮，形成黑色斑点，随着病害的发展，这些斑点不断扩大，表面出现粉色或棕色的孢子囊。受感染的果实会逐渐腐烂，变得软烂，在高湿度的环境中还可能有白色霉菌生长，叶子和花朵也可能受到感染，表现为类似果实的症状。病害严重影响果实的品质和产量，在湿润环境中传播最为迅速。

黑腐病：是由一种名为 *Venturia inaequalis* 的真菌引起的病害，它通过入侵和破坏苹果叶片的表面组织来引发病症。初期病斑呈圆形或不规则形状，呈现黄褐色或墨黑色的斑点。随着病情的发展，病斑扩大并融合在一起，叶片逐渐变黄并丧失功能。严重感染的叶片可能会干枯和脱落，影响苹果树的光合作用和果实发育。

锈病：主要由锈菌引起。锈菌主要感染苹果的叶片、果实和果柄等部位，导致叶片变黄、发红、凋落，果实上出现黄褐色的锈斑等症状。引起苹果锈病的主要锈菌有两种，分别是蔗锈菌和树锈菌。蔗锈菌主要感染苹果的叶片，形成小而圆的黄色或橙色斑点，逐渐扩大并形成黑褐色的孢子垫。树锈菌主要感染果实、果柄和叶片背面，形成黄褐色的锈斑，严重时会导致果实畸形和变小。

3.1.2.2　数据预处理

对数据集进行预处理，如图像增强、归一化等，以便更好地进行后续的分析和处理。

（1）**图像增强**　为了防止因训练样本数量过少而导致模型发生过拟合现象，对已有图像进行旋转、翻转、平移以及亮度变换等操作将图像扩充，提高模型的泛化能力。

旋转：将随机旋转图像 0~180°的角度。

翻转：将图像水平或竖直方向翻转。

平移：指定水平和竖直方向随机移动的程度后，水平或竖直平移图像。

亮度变换：指定范围后随机增强或减弱图像亮度。

（2）**归一化**　卷积神经网络（CNN）对数据的输入特征范围比较敏感，而不同病害的原始图像中存在大量与病害不相关的冗余信息，这些与任务主体无关的冗余信息会对卷积神经网络的收敛产生不良影响，为此需要在图像送入网络训练之前完成图像数据的标准化与归一化操作。假设某图像通道归一化后为 $f(x)$，使图像每个通道的图像像素值 x 减去图像通道均值并除以通道标准差，以完成对数据的均值归一化处理，使图像中所有像素的取值均在［-1，1］。

3.1.2.3　模型构建

GoogLeNet 是一个简单但有效的卷积神经网络模型，是 Google 团队在 2014 年提出的一种深度学习模型，目前被广泛应用于图像识别任务。GoogLeNet 的设计思想是在网络中使用了多个不同大小的卷积核，这些卷积核并行地进行卷积操作，然后将它们的输出拼接在一起，来提取输入图像的不同层次的特征，最后通过一个全局平均池化层和一个输出层来产生最后的分类结果。在 GoogLeNet 中使用了一个被称为 Inception 模块的特殊结构（图 4-43），它由不同尺寸的卷积核和一个最大池化核组成。每个 Inception 模块通过串联多个不同尺寸的卷积操作来捕捉不同尺度的特征。由于其网络的深度相对较浅，同时使用不同尺寸的卷积核可以增加网络的感受野，从而提高特征的表达能力。

GoogLeNet 模型的各层结构如图 4-44 所示。

输入层：接受输入的图像数据。

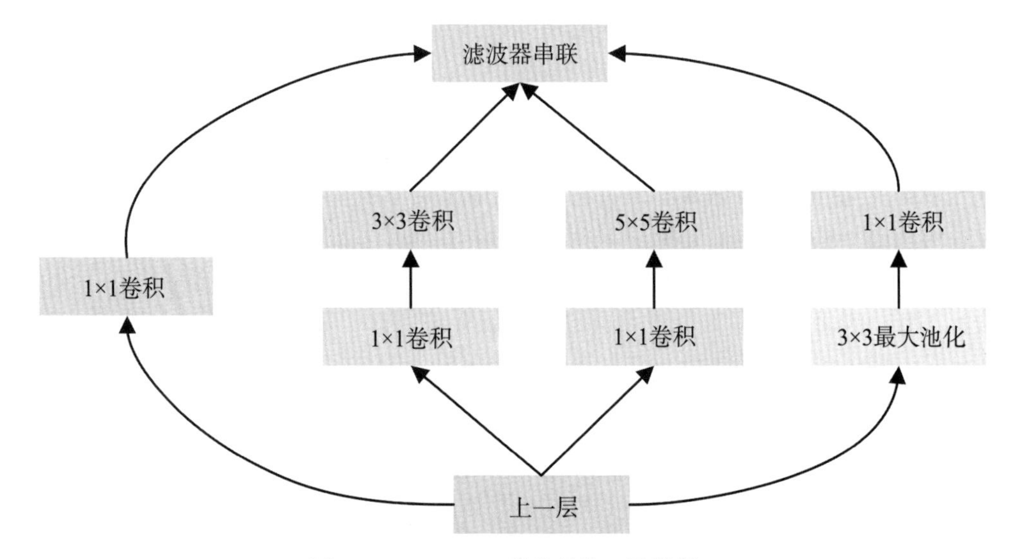

图 4-43 Inception 模块结构（降维版）

卷积层：采用多个不同大小的卷积核对输入进行卷积操作，以提取图像特征。

Inception 模块：1×1、3×3、5×5 的卷积核分别用于捕捉不同尺度的特征。较小的卷积核（如 1×1 和 3×3）通常用于捕捉局部细节和纹理信息，而较大的卷积核（如 5×5）则用于捕捉更全局和抽象的特征。相较于原始 Inception 模块，带有降维的 Inception 模块主要是通过引入 1×1 的卷积层来减少特征图的通道数（即深度），从而降低模型的复杂度并减少计算量。

池化层：用于缩小特征图的尺寸，减少参数数量，并提取特征的空间不变性。

全局平均池化层：对特征图进行全局平均池化操作，将每个通道的特征降为一个值，以减少参数数量和计算成本。

全连接层：将全局平均池化层输出的特征连接到最终的分类器上，并输出分类结果。

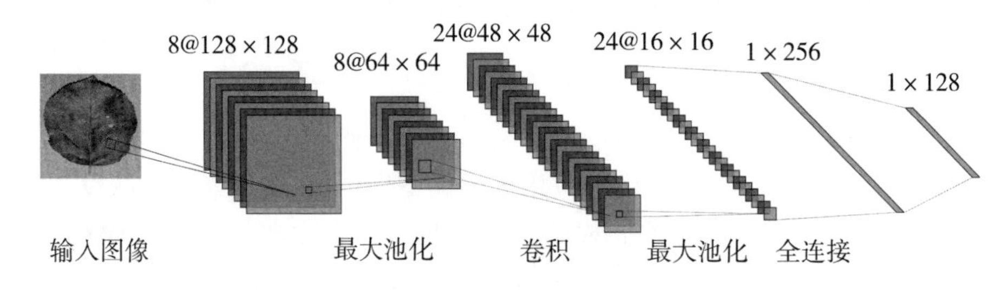

图 4-44 GoogLeNet 结构

3.1.2.4 模型评价

常用的模型评价指标有以下 4 种。

准确率（Accuracy）：表示模型分类正确的样本数占总样本数的比例。准确率是最常用的评价指标之一，但在数据不平衡的情况下容易受到误导。

精确率（Precision）：表示模型预测为正类的样本中实际为正类的比例。精确率能够衡量模型的分类错误率，对于需要减少假阳性的场景比较重要。

召回率（Recall）：表示实际为正类的样本中被模型预测为正类的比例。召回率能够衡量模型的分类漏报率，对于需要减少假阴性的场景比较重要。

F1 值（F1-score）：综合了精确率和召回率的指标。F1 值是精确率和召回率的调和平均，可以综合考虑模型的误报和漏报情况，适用于不同类别间有明显不平衡的数据。

3.1.3 病虫害预警模型

病虫害预警模型根据历史数据和实时数据，通过机器学习算法、深度学习算法以及大数据分析等方法对病虫害相关指标构建预警模型，预测潜在的病虫害发生风险，并向农民发送警示信息，以提前采取相应的防治措施。

3.1.3.1 果园病虫害预警模型构建

基于 BP 神经网络的病害预警模型是一种利用 BP 神经网络算法来进行病害预测和预警的模型。该模型通过对历史数据进行预处理和模型构建，能够预测未来病害的发生并进行预警。果园病害预警流程如图 4-45 所示，主要包括以下 4 个步骤。

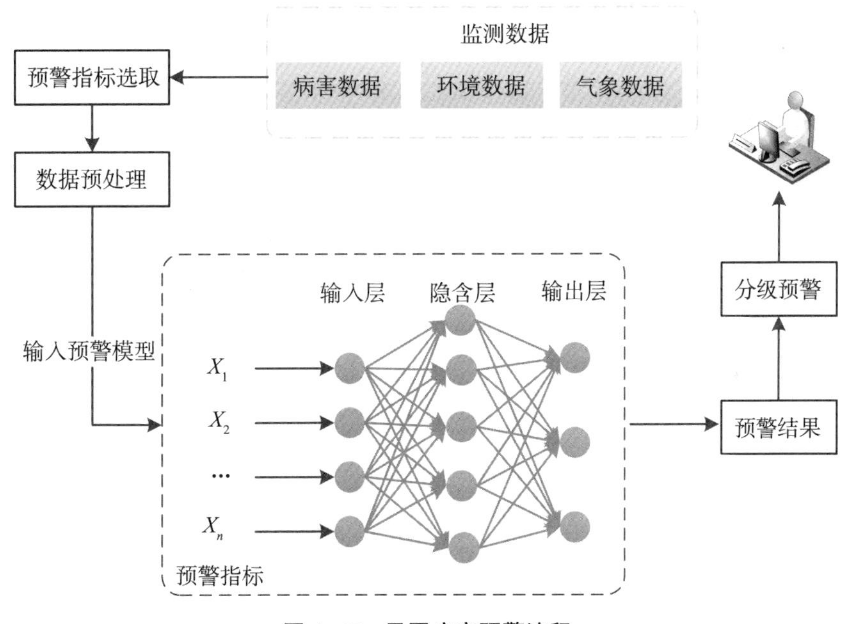

图 4-45 果园病害预警流程

(1) **预警指标选取** 首先依据指标选取原则进行筛选，选择合适的预警指标，运用层次分析法构建果园病虫害质量安全风险指标，并对各级指标权重进行确定。

(2) **数据预处理** 数据预处理是指对原始数据进行清洗、归一化等处理，以便于神经网络模型的训练和预测。

数据清洗：去除含有缺失值或异常值的样本，以保证数据的准确性和一致性。

数据归一化：预警指标数据涵盖多，具有不同的单位和量级，为了消除指标之间的相互影响，加快预警模型的收敛速度，对选取的各级指标进行规范化处理，使指标数据处在 0~1 范围内，归一化处理公式如下：

$$X^* = \frac{x - X_{min}}{X_{max} - X_{min}} \tag{4-15}$$

式中：x 为原始指标数据；X^* 为归一化数据；X_{max} 和 X_{min} 分别为对应指标的最大值和最小值。

(3) 构建基于BP神经网络的预警模型 BP神经网络结构简单，训练与调控参数丰富，具有高度的非线性映射能力，是目前应用较广的网络模型，在食品安全预警中得到成功应用。本研究采用输入层、输出层以及隐含层3层BP神经网络构建果园病害预警模型，预警评价指标共 n 个，因此，输入的是一个 n 维的向量。输出为预警等级。激活函数选用Sigmoid函数，使得输出结果在0~1范围内。BP神经网络隐含层神经元个数 N 的计算公式如下：

$$N = \sqrt{n + m} + L \tag{4-16}$$

式中：N 为隐含层神经元个数；n 为输入层神经元个数；m 为输出层神经元个数；L = 1，2，…，10，为隐含层调节常数。

(4) 模型结果 预警模型根据输入的指标数据，输出预警结果，并进行分级预警，可根据不同的级别采取对应的措施。

3.1.3.2 果园病虫害监测预警系统

基于构建的病虫害预警模型设计开发病虫害监测预警系统。系统主要包括信息采集模块、数据处理模块、实时监测模块、预警决策模块以及防控指导模块（图4-46）。

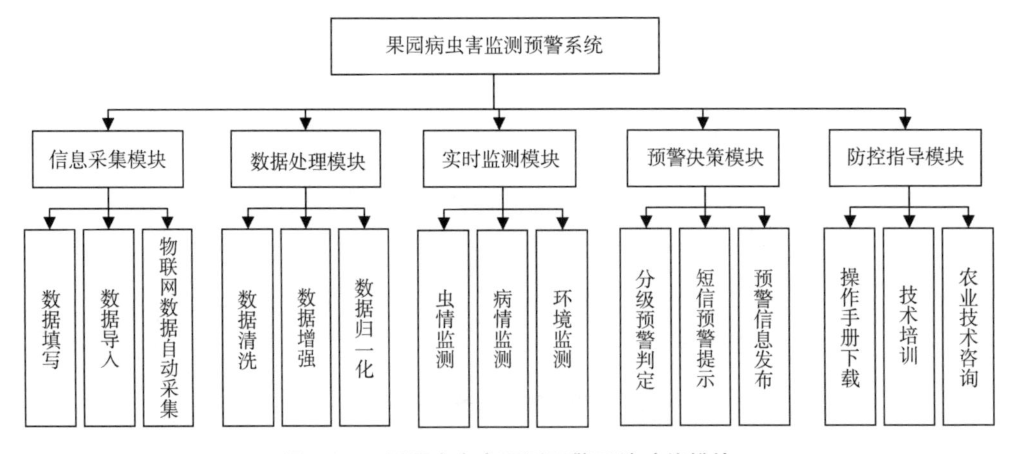

图4-46 果园病虫害预测预警系统功能模块

信息采集模块主要功能包括支持系统数据填写，单量或者批量数据导入，以及物联网数据自动采集等方式收集病虫害相关的数据；收集环境和气象数据，如温度、湿度、降雨等信息；收集病虫害发生情况的历史数据，如发生时间、发生范围等。

数据处理模块主要功能包括对采集到的数据进行数据预处理，具体包括数据清洗、数据增强、数据归一化等，提高数据质量，确保数据的准确性。

实时监测模块主要功能包括监测病虫害发生的实时数据，如虫口密度、病斑面积等；监测农田的环境参数变化，如温度、湿度、风速等。

预警决策模块主要功能包括根据采集的病虫害数据，通过预警模型判断病虫害的发生程度并依照规则指标进行分级，预警结果以不同的着色警示，提供短信预警提示，预警信息发布等，并安排农业技术人员进行现场巡查和检测，制定预防和控制策略，合理安排农业生产计划，选择适宜的农药防治措施。

防控指导模块主要功能包括提供病虫害的防控指南和农业技术操作手册下载、查询、浏览等，并实时更新防治指导和技术知识；向农户和农业技术人员提供病虫害的防治知识和技术培训，提供农业技术咨询服务，解答农户和农业技术人员的疑问。

3.2　无人机植保防控

植保无人机是用于农林植物保护作业的无人驾驶飞机，主要是通过地面遥控或 GPS 飞控，来实现智慧农业喷洒药剂作业。无人机植保作业与传统植保作业相比，具有精准作业、高效环保、智能化、操作简单等特点，为农户节省大型机械和大量人力的成本。截至 2020 年底，根据农业农村部相关数据和发布的《2020 年全国农业机械化发展统计公报》显示，全国超过 300 余家植保无人机企业生产了以电动多旋翼为主的 250 余种机型，保有量达 70 779 架，较上年增长 77. 52%，作业面积从 2013 年的不足 10 万亩增长至 2020 年的突破 10 亿亩次。植保无人机在我国对病虫草害的实际防治效果已经在水稻、小麦、玉米等作物上得到证明，并处于迅速发展阶段。

在果园病虫害的防治方面，通过安装相应的传感器和设备，可以利用无人机进行果园病虫害防治作业。无人机能够及时监测果树的状况，例如温度、湿度、光照等环境参数，以及果树叶片的颜色、纹理等信息，定位精准，同时不会受到过多地理条件的限制，具有灵活性强、省水省药等优势，即成本较低、效率较高。以植保无人机在猕猴桃病虫害防治中的应用为例，通过对无人机的参数和轨迹进行设定，对猕猴桃施药区进行精准自动化喷洒药剂。相关学者研究结果表明，植保无人机在猕猴桃病虫害防治中的应用关键在于雾滴参数，尽可能做到对猕猴桃的上、中、下 3 个层次进行全覆盖。也就是说，通过无人机作业，可以化解常规化药剂精准性不高、不安全等问题。此外，植保无人机的飞行高度、喷洒方式、药液浓度等参数对雾滴漂移、雾滴沉积和雾滴分布均匀性的影响较大。

在果园病虫害防控任务中，无人机可以配备喷洒设备，利用精确的定位和喷洒技术，低容量高浓度将药剂均匀喷洒到果树上，以达到防治病虫害的目的，具有定位精准、对人体为害小、适应性广、不受地形限制等特点。同时，无人机还可以通过远程控制或自动驾驶的方式，检查果园的每个角落，及时发现病虫害的存在，并及时采取相应的控制措施。植保无人机施药系统（图 4-47）主要由以下组成部分构成。

飞行控制系统：搭载植保喷雾设备，具备垂直起降、悬停、自动飞行等功能。遥控器用于远程操控无人机，调节飞行高度、速度和喷雾量等参数。GPS 导航系统用于精确定位无人机的位置和航线，实现自动飞行和施药。

图像处理系统：搭载多种传感器，如红外线摄像机、多光谱摄像机等，能够实时监测果园的植物健康状态和病虫害情况。

地面站系统：实时监控无人机的飞行状态，并接收图像处理系统传输的病虫害图像，基于识别模型进行判断，将结果反馈给飞行控制系统。

喷洒避障系统：用喷雾器和喷雾泵等，避开飞行区的障碍物，将药液喷洒到果树上，对果园病虫害进行防治和治疗。贮液系统用于贮存和供给药液，保证喷雾过程中的持续施药。

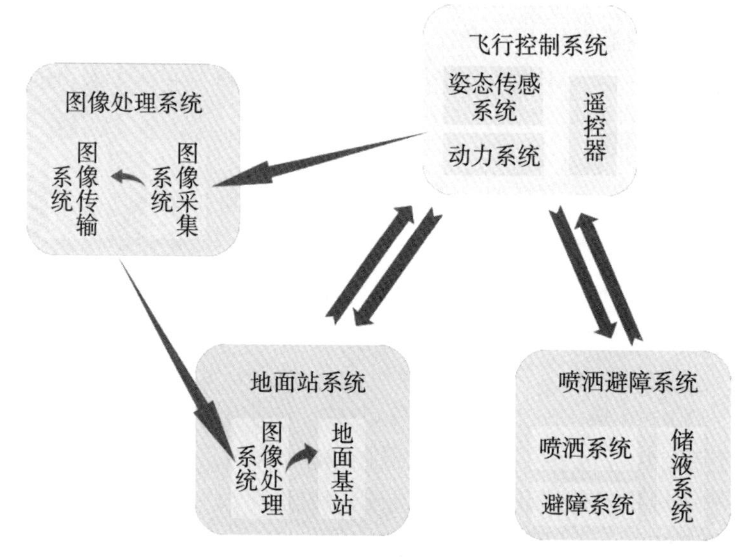

图 4-47　植保无人机施药系统组成

目前我国比较主流的无人机有大疆 T50 植保无人机（图 4-48）和极飞 V50 植保无人机（图 4-49）。相比传统的人工巡视和喷洒方式，无人机植保防控具有许多优势。首先，无人机可以快速覆盖大面积的果园，大大提高病虫害监测和防控的效率。其次，无人机能够在较低的飞行高度下进行巡视和喷洒，能够更准确地掌握果树的状况，并且精确喷洒药剂，减少农药的浪费和环境污染。此外，无人机还能够避免人工巡视中可能出现的安全问题和人员疲劳问题。总而言之，无人机植保防控可以提高果园病虫害的预防和控制效果，同时还能提高农业生产的效率和质量。这对于提高果农的经济收益和保护环境都具有重要意义。

图 4-48　大疆 T50 植保无人机

图 4-49　极飞 V50 植保无人机

4　果园水肥一体化管控

4.1　精准灌溉模型

在果园的生产管理中，传统果园多数是依靠手动及自身经验来进行灌溉。这种方式灌溉用水利用率低，效果不理想。目前，常见的果园灌溉方法主要有盘灌、沟灌、渗灌、喷灌以及滴灌等。果园精准灌溉不仅可以节约用水，提高果园有效灌溉比例，而且可以实现水果增产、果农增收。果园精准灌溉是指通过多模态灌溉因素进行协同优化，以精细准确地实现预定果园灌溉目标的方法，果园精准灌溉只提供果树生长所需的用水量，最大限度地减少了由于土壤蒸发、深层渗漏和地表径流所造成的灌溉水损失，大大避免了水资源的浪费，同时也最大限度地减轻了由深层渗漏和地表径流所造成的农药、化肥的渗漏带来的地下水资源污染，合理保护了水资源与生态环境。

4.2　果园精量灌溉决策控制系统

4.2.1　基于水量平衡的灌溉决策方法

智能灌溉决策算法通过获取果园蒸腾量，利用水量平衡法确定灌溉时间和灌溉量。水量平衡法将作物根系活动区域以上的土层视为一个整体，针对果树在不同生育期的需水量和土壤质地，根据有效降水量、灌水量、地下水补给量与作物蒸腾量之间的平衡关系，确定灌水量（图 4-50）。水量平衡法计算见式（4-17）。

$$m = w - p - G + ET \tag{4-17}$$

式中：m 为灌水量；w 为田间持水量；p 为有效降水量；G 为地下水补给量；ET 为作物蒸腾量。

在实际应用中，式（4-17）中的各值通过田间的气象监测和作物的种植情况确定。设植物生长的最适含水量为田间持水量的 $\theta_{min} \sim \theta_{max}$，其中 θ_{min} 为作物最适土壤含水量下限（占孔隙），θ_{max} 为作物最适土壤含水量上限（占孔隙）。一般认为，在作物生长过程中，土壤含水量由于蒸腾作用持续下降，当土壤含水量小于 θ_{min} 时则进行灌溉。

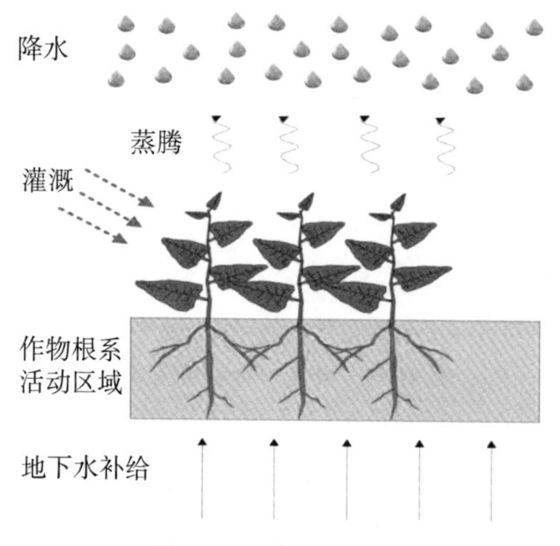

图 4-50 水量平衡法

蒸腾发生后，土壤含水量的变化可以通过式（4-18）获得。

$$W_{\Delta}=0.0667nH\theta_{\Delta}\theta_{t} \tag{4-18}$$

式中：W_{Δ} 为蒸腾的水量（mm）；n 为土壤孔隙率，土壤孔隙率与土壤质地有关；H 为土壤深度；θ_{Δ} 为土壤含水量的变化；θ_{t}为土壤田间持水量。

通过式（4-19），可以得到从作物最适含水量上限到作物最适含水量下限共蒸发掉的水量。

$$W_{e}=0.0667nH(\theta_{max}-\theta_{min})\theta_{t} \tag{4-19}$$

即当土壤损耗的水量为 W_{e} 时需要进行一次灌溉。W_{e} 可以叫作补水点。

将以上的计算公式带入水量平衡法计算公式得到式（4-20）。

$$m\times\gamma=0.0667nH(\theta_{max}-\theta_{min})\theta_{t}-P-G+ET \tag{4-20}$$

式中：m 为灌水量；γ 为灌溉水利用率，田间有效利用的水量与进入毛渠的水量的比值；P 为有效降水量，通过气象站获得；G 为地下水补给量，在地下水位较低的干旱地区可以忽略；ET 为作物蒸腾量，由气象站获取的气象数据经计算获得。经过以上的灌溉过程，能够保证田间土壤含水量在作物最适含水量上、下限间变化，保证作物的正常生长。

利用水量平衡法对灌溉进行决策，首先保证土壤以相对确定的状态开始计算灌水量。因此，在初次灌溉时，需要将土壤灌至饱和。土壤可以看作是一个储水的容器，作物在整个生育期内根系的最大深度为土壤计划湿润层深度，用 H_0 表示。

作物蒸腾量由参考作物蒸腾量 ET_0和作物蒸腾系数 K_c的乘积确定。目前，计算参考作物蒸腾量（ET_0）的方法主要有蒸发皿法、Penman-monteith、Blaney-Criddle、Priestly-Taylor、Hargreaves 和 FAO-24 Radiation 等。Penman-monteith、Blaney-Criddle、Priestly-Taylor、Hargreaves 和 FAO-24 Radiation 等公式都是采用环境参数如空气温度、空气湿度、风速等经过计算获得参考作物蒸腾量。由于 Penman-monteith 公式使用常规气象资料即可求得 ET_0，特别是在变化的气候环境和计算时间尺度较短的情况下，Penman-monteith 公式计算精度优于其他公式，其又具有易于操作等优点，故采用

Penman-monteith 公式计算参考作物蒸腾量 ET_0。

果树蒸腾量 ET_c 由参考作物蒸腾量 ET_0 和作物系数 K_c 决定，ET_c 的计算方法如式（4-21）所示。

$$ET_c = ET_0 \times K_c \tag{4-21}$$

Penman-monteith 公式依据的是能量平衡原理和水汽扩散原理及空气的热导定律，1948 年由英国的科学家彭曼提出，由于它的准确性和易操作性，它为作物 ET_0 的计算开辟了一条严谨和标准化的新途径。FAO-56 重新将 Penman-monteith 公式推荐为标准计算方法使其成为当前国内外通用的计算 ET_0 的主流。Penman-monteith 公式的时间尺度有小时、天和月 3 种计算方法，在能够获取小时环境数据的情况下，以小时为尺度的 Penman-monteith 公式更为准确。采用小时计算方法计算当前的 ET_0。Penman-monteith 公式以小时为尺度的计算公式见式（4-22）。

$$ET_0 = \frac{0.408(R_n - G) + \gamma \frac{37}{T_{hr}} u_2(e_s - e_a)}{\Delta + \gamma(1 + 0.34 u_2)} \tag{4-22}$$

式中：ET_0 为小时内的参考作物蒸发量（mm/天）；R_n 为小时内的作物表面的平均净辐射［MJ/(m^2·天)］；G 为土壤热通量［MJ/(m^2·天)］；T_{hr} 为小时内的平均温度（℃）；u_2 为小时内 2 m 处的平均风速（m/s）；e_s 为饱和水汽压（kPa）；e_a 为实际水汽压（kPa）；Δ 为饱和水汽压温度曲线上的斜率（kPa/℃）；γ 为温度计常数（kPa/℃）。

T、u_2 可以通过测量获得，γ、e_s、e_a、Δ、R_n 可以利用可获取的参数通过计算获得，G 一般认为夜间是 R_n 的 0.5 倍，白天是 R_n 的 0.1 倍。温度计常数 γ 与大气压力相关，在已知海拔高度的情况计算得到。

参考作物蒸腾量与作物系数 K_c 的乘积就是作物蒸腾量，作物系数（K_c）与叶面积指数（LAI）具有高度相关性，其拟合模型见式（4-23），叶面积指数可以采用专业设备获取，通常采用本地区作物不同生育期典型值代入。

$$K_c = 0.4280 LAI^{0.6988} \tag{4-23}$$

4.2.2　果园精量灌溉控制系统硬件研发

果园精量灌溉控制系统（图 4-51）主要由果园的硬件设备和服务器两大部分组成。果园硬件设备包括灌溉控制器、田间气象站和无线阀门控制器。田间气象站和灌溉控制器通过手机移动网络与系统服务器建立连接。田间气象站负责监测田间气象指标，将数据上传到系统的中央服务器，系统中央服务器利用气象数据计算实时 ET 值和水分损耗情况，利用水量平衡法结合果树的生育期等信息对灌溉做出决策。当需要灌溉时，系统中央服务器将灌水量、灌溉区域等相关信息发送给灌溉控制器，灌溉控制器向无线阀门控制器发送灌溉指令，开启灌溉。灌溉的用水量由灌溉控制器通过采集水表数值控制。灌溉控制器与无线阀门控制器之间采用 433 MHz 的无线数据传输实现。

4.2.2.1　灌溉控制器

灌溉控制器是田间硬件的核心，它不仅具有自动定量灌溉的功能，同时也是服务器与田间系统的交互单元，完成服务器与田间设备间的数据交互。灌溉控制器采用嵌入式

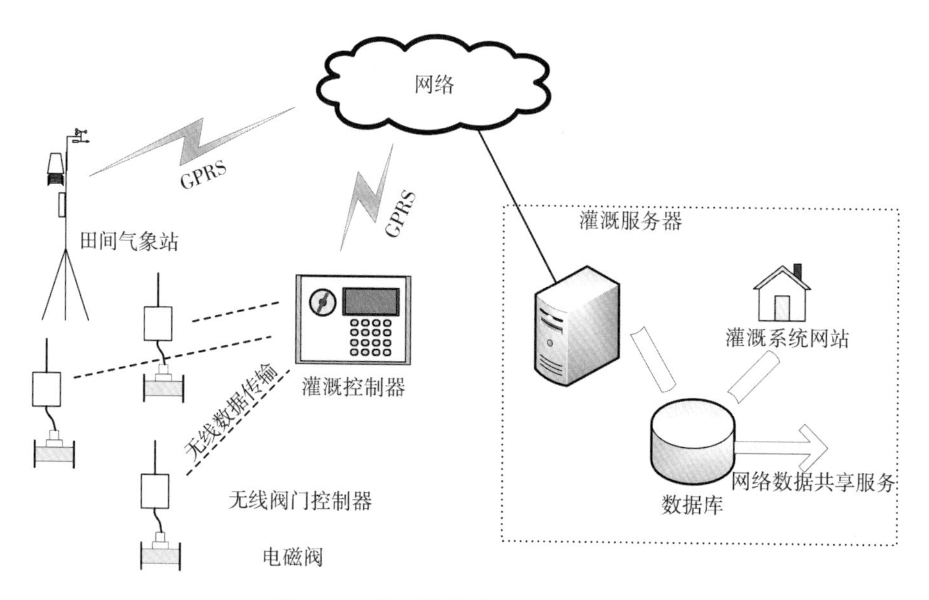

图 4-51　果园精量灌溉控制系统结构

技术开发，实现多任务的实时运行。支持移动网络通信、无线通信、RS485 串口通信等，实现与服务器、无线阀门控制器和流量计间的数据交互。

灌溉控制器的硬件采用 ARM M3 内核 STM32F103 作为中央处理器，存储单元采用 EEPROM 和 FLASH 相结合的方式，EEPROM 采用 AT25CS16 存储系统频繁修改的设置参数等数据，FLASH 采用 W25Q64 存储采集的历史数据和灌溉历史记录。无线通信利用挂接在串口上的无线通信芯片 SS 1278 实现，移动网络通信采用手机模块 SIMCOM800A 模块实现。另外，灌溉控制器还具有 USB 数据导出、触摸屏人机交互等功能，其硬件结构如图 4-52 所示。

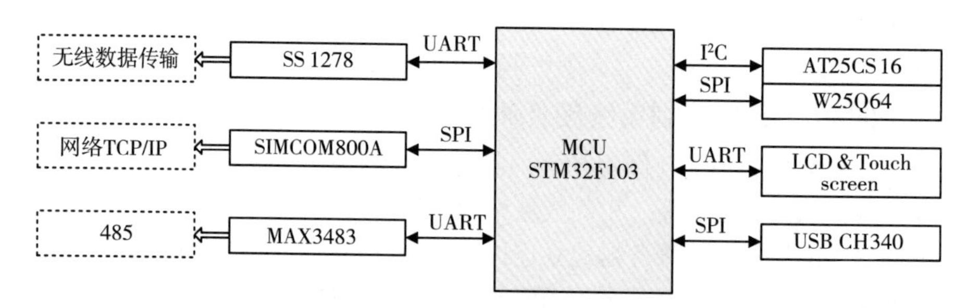

图 4-52　灌溉控制器的硬件结构

在硬件的基础上，采用 μC/OS-Ⅱ实时操作系统以多任务并行的方式实现灌溉控制器的主要功能。无线数据采集是利用无线通信技术与无线传感器节点建立通信，获取无线传感器节点的数据，并进行数据解析处理，最终获得土壤水分数据和其他灌溉控制相关的如流量等数据。无线灌溉控制功能是由无线传感器和无线阀门控制器共同实现的。中央灌溉控制器支持多种自动灌溉模式，包括基于时序的和基于反馈的灌溉控制。基于反馈的灌溉控制模式，在灌溉过程中，中央灌溉控制器通过无线传感器节点实时获取灌溉的流量信息，当流量达到决策结果时自动停止灌溉。中央灌溉控制器支持分区控制，对于不同的分区能够执行不同的灌溉控制逻辑。网络通信利用了 SIMCOM800A 内置的 TCP/IP 协议站，与服务器之间建立可靠的 socket 连接。数据协议采用了标准的 MODBUS TCP 协议，中央控制器作为主机端，满足服务器对采集数据的获取和控制数据的转发执行。灌溉控制器的功能划分如图 4-53 所示。

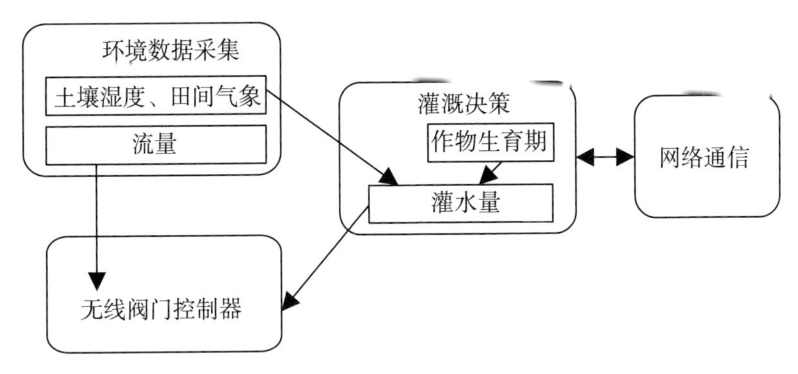

图 4-53　灌溉控制器功能划分

灌溉控制器的软件部分基于 μC/OS-Ⅱ嵌入式操作系统编写，该操作系统能够实现多任务并行处理，多个任务拥有独立的堆栈和内存空间，任务间利用信号和邮箱的方式传递消息，互补影响。μC/OS-Ⅱ作为实时性操作系统，在控制领域常被采用。灌溉控制器的任务构成如图 4-54 所示。

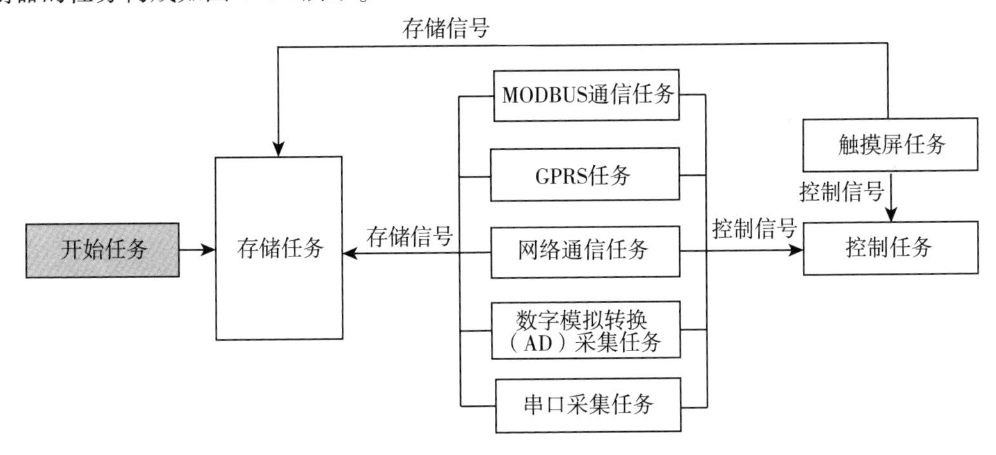

图 4-54　灌溉控制器的任务构成

灌溉控制器的程序包括如何初始化任务"开始任务"，负责数据存储的"存储任务"，负责传感器数据采集的"数字模拟转换（AD）采集任务"和"串口采集任务"，负责串口组网通信的"MODBUS 通信任务"，负责网络组网的"网络通信任务"，负责手机 GPRS 通信服务的"GPRS 任务"，负责电磁阀控制的"控制任务"和负责人机交互的"触摸屏任务"。

控制器软件的任务中，"开始任务"的主要作用是硬件的底层初始化、引导其他任务运行。“存储任务”用于对整个系统参数和灌溉逻辑参数的管理，该任务能够接收来自其他任务发出的存储信号，并通过对信号的解析，向存储器相应的位置更新存储数据。在该任务中有自主判断时间间隔的功能，能够实现对采集数据的定时存储。

在所有的任务中，“控制任务”是灌溉控制器的核心任务，其他任务对灌溉逻辑的修改和传感器采集数据的变化，最终都会作用在“控制任务”上，“控制任务”通过对继电器的控制，实现最终的灌溉控制。控制器的控制对象为轮灌组，每个轮灌组中可以添加若干个站点即电磁阀。中央灌溉控制器最多支持 48 个轮灌组和 48 个站点，48 个站点可以自由地分配到每个轮灌组中。控制器能够实现“整机轮灌”即所有轮灌组按照顺序依次灌溉、“独立轮灌”即按照每个轮灌组各自的设定独立轮灌、“手动轮灌”即手动启动一次整机轮灌、“全手动灌溉”即完全根据用户在触摸屏上的操作进行灌溉。中央灌溉控制器的控制逻辑分为 3 种，分别是时序控制、反馈控制和自主决策控制。

时序控制利用控制器的实时时钟芯（RTC）进行计时，按照预先设定好的启动时间启动，按照设定好的灌溉时长停止灌溉。在每一次灌溉控制过程中，能够实现灌溉和间歇交替的间隔灌溉。在灌溉启动的判断中，控制器首先判断灌溉日期，用户可以设置“每天”“单号”“双号”“星期”“周期”启动模式，其中“星期”启动模式是按照选择的星期启动灌溉，“周期”启动则可以设定在一定的间隔天数后启动灌溉。

自主决策控制是指控制器根据内置的决策方法对灌区进行定量的补水，是一种智能的灌溉方法。目前常用的自主决策方法是根据作物蒸腾量决策灌溉的时间和灌水量。控制器利用水量平衡法，通过果园气象传感器采集的气象数据自动计算果树蒸腾量，根据果树的生育期，决策灌水量。

当前互联网全面普及，越来越多 B/S 模式的网站出现，为满足网络应用的需求，灌溉控制器提供了网络接口以实现互联网应用。中央灌溉控制器利用 W5500 网络芯片实现网络连接功能，并利用“网络通信任务”专门服务于网络通信。控制器支持 TCP/IP网络协议，作为主机端，网络设备可以通过 TCP/IP 连接，实现对控制器的访问。同样，控制器支持 MODBUS TCP 通用通信协议，来自网络的数据通过 MODBUS TCP 协议解析能够实现对设备的控制、灌溉逻辑的设置和采集数值的获取。内置智能灌溉算法的灌溉控制器外观如图 4-55 所示。

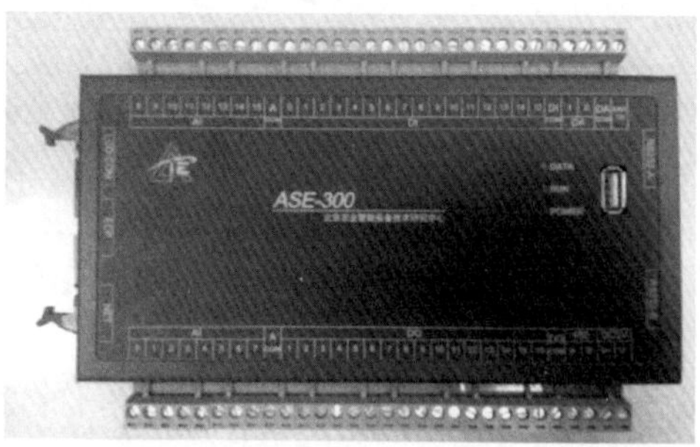

图 4-55　内置智能灌溉算法的灌溉控制器的外观

4.2.2.2　无线阀门控制器

无线阀门控制器的研发，目的是解决果园面积大、自动灌溉系统布线困难的缺陷，利用无线通信和直流电磁阀控制技术，实现无线的灌溉阀门控制。研究内容是开发低功耗射频技术、解码技术和直流电磁阀低压驱动技术，实现点对点无线寻呼，在229 MHz、433 MHz低频段公用频段，研究设备休眠、唤醒、驱动等多态工作模式等关键技术，实现使用内置电池工作超过1年的低功耗无线电磁阀。

被动唤醒的无线阀门控制器能够在极低的功耗下工作，实现300~400 m的无线通信距离。被动唤醒技术能够使控制器在不工作的情况下处于休眠待机状态，当有控制信号时，阀门控制器被唤醒，并执行阀门控制。

（1）**控制器总体硬件结构**　无线电磁阀控制器直接控制阀门，其主要包括无线唤醒电路、无线收发通道、直流电磁阀驱动电路和电源等。控制器总体结构如图4-56所示。

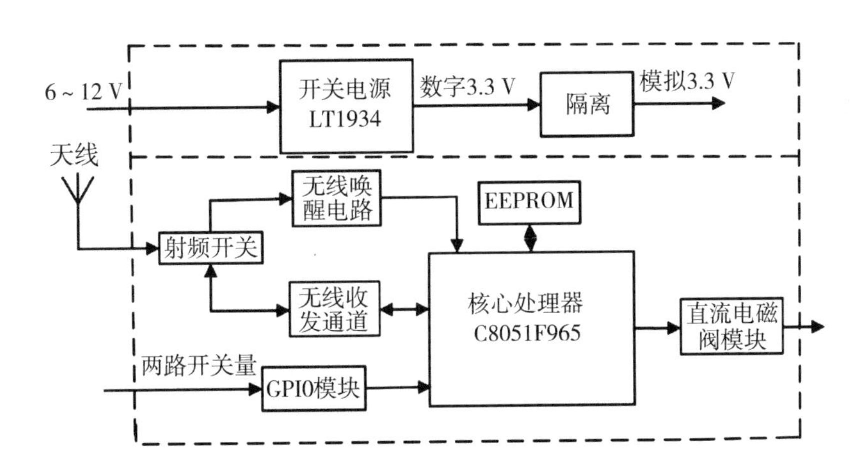

图4-56　控制器结构示意图

无线唤醒电路实时接收无线基站指令，负责唤醒控制器，是系统的核心单元。无线收发通道主要处理基站与电磁阀控制器之间的通信。电源部分采用Linear公司的LT1934，其静态电流达到微安级，输入电压动态范围宽、负载能力强，不仅满足系统低功耗要求，也保障了系统工作时的大电流需求。核心处理器采用C8051F965，在休眠状态下消耗电流仅为0.7 μA，封装体积小，支持SPI协议。系统还设计了两路开关量采集通道，用于采集水表等信息。为保存操作状态和本机地址等信息，系统设计了存储电路，选用AT24CS01，具有功耗低和24位全球唯一地址码等特性。

（2）**无线唤醒电路设计**　无线唤醒电路包括前端匹配电路、包络检波、放大电路和比较电路。结构如图4-57所示。天线接收到无线基站发送的OOK（On-Off Keying）信号，先经过声表面滤波器滤除其他频段的杂波。声表面滤波器选用EPCOS公司的B3760，其中心频率为434 MHz，带宽仅为0.68 MHz，封装体积小，外接匹配电路简单。由于滤波器的带宽较窄，滤波后通道中仅存载波和调制信号，再经过阻抗匹配电路使得前端电路与后端电路之间功率损耗降到最低。

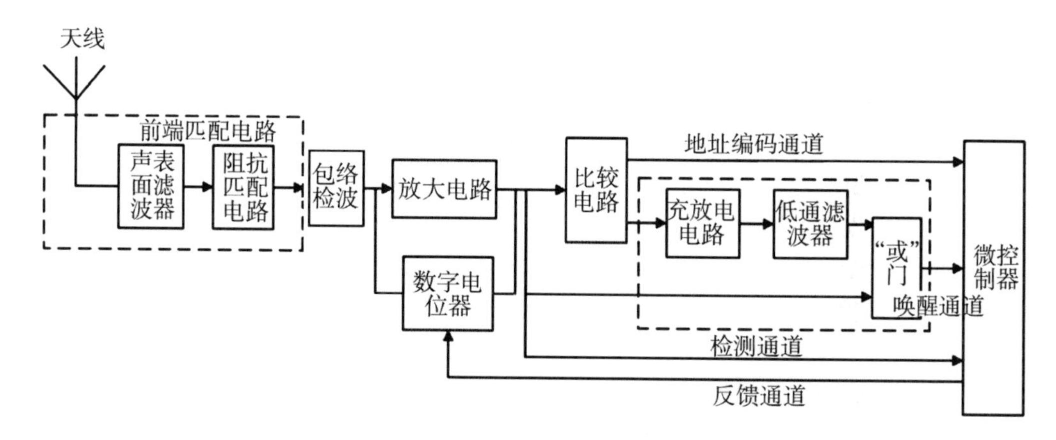

图 4-57　无线唤醒电路结构

包络检波使用一个含有 2 级电容串联型倍压整流电路，将原始信号幅度增大 2 倍，有效地提高系统的灵敏度。其电路图如图 4-58 所示。

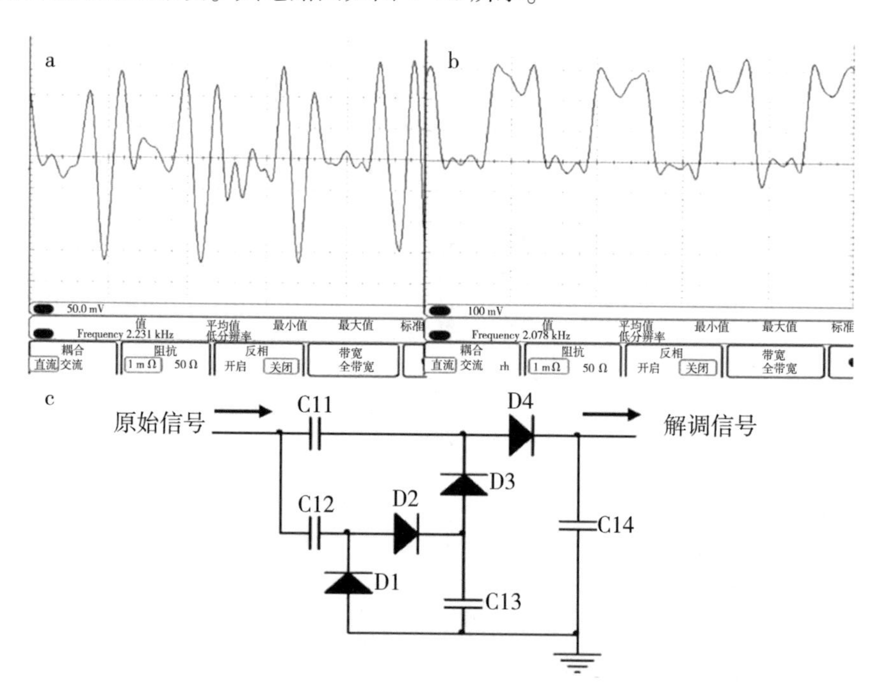

图 4-58　电路图（a）原始信号波形；（b）解调信号波形；（c）包络检波电路

解调之后的信号被送至放大电路中，其采用精密低功耗运算放大器，电路增益由数字电位器来控制。考虑到带宽和功耗等因素，放大倍数不宜过大。比较电路将放大后的信号根据设定值整形成与调制信号频率一致的方波，比较电路输出的信号分为两路，一路直接送往微控制器用作接收基站寻呼地址信号，微控制器通过此来确定接收到的指令中是否含有本机地址，从而无须先启动收发通道，有效地降低控制器整体功耗；另一路传输至充放电电路中，利用电容充放电，将矩形波变换成直流电平，电平值与有效信号频率成正比，通过合理的参数设置，能防止误触发，信号再经过低通滤波器滤除高频部分，作为逻辑“或”门的输入。比较电路相关电路单元如图 4-59 所示。

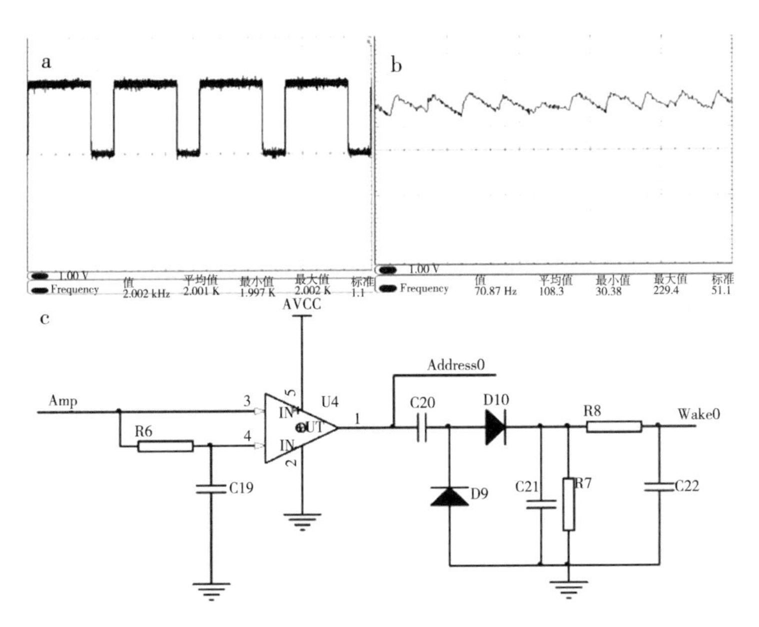

图 4-59　比较电路(a) 地址信号波形；(b) 唤醒信号波形；(c) 比较器

当放大电路和低通滤波器的输出信号中任一个信号达到高电平时，都能唤醒微控制器。放大电路输出信号幅度较高时，微控制器被激活后，同时侦测到检测通道中电平为高，此时自动调节反馈通道，降低放大电路增益直到检测通道为低电平。通过试验测试，系统设计了 3 个增益挡位，能满足无线电磁阀控制器与无线基站距离上的远近无缝结合。经测试唤醒电路，灵敏度大于-45 dBm。

(3) ***无线收发通道设计***　无线收发通道中前端匹配电路与无线唤醒电路共用，通道工作在半双工的模式下。无线芯片采用 Sillicon Labs 公司的 Si4463，其工作频率范围为 142～1 050 MHz，输出功率最大可达 20 dBm，接收灵敏度为-126 dBm，数据速率最高为 1 Mbps，调制模式支持 FSK、4GFSK、MSK 和 OOK。当微控制器被唤醒，检测到是本机地址后，灌溉控制器启动无线接收通道。由基站发送的射频信号，经前端匹配电路和射频开关传送至四端口差分接收电路中，转换成相位差为 180°的差分信号对后，进入 Si4463 并完成信号解调，最终通过 SPI 总线传递信息至微控制器。

微控制器反馈信息到基站中心时，先将信号由 SPI 总线传送至 Si4463 中，完成信号的调制后，再经由阻抗匹配电路、低通滤波器、射频开关和前端匹配电路发射出去。无线通道结构如图 4-60 所示。

(4) ***脉冲式电磁阀控制电路***　为控制水泵和阀门等执行机构，系统中采用驱动脉冲式电磁阀，其开启只需持续几十毫秒脉冲，在开合状态时仅消耗少许能量，能满足系统低功耗的设计要求。驱动芯片采用 L9110，其能持续输出 800 mA 电流，最高瞬态电流达 1.5 A，静态功耗可忽略不计。

实物及系统组装如图 4-61、图 4-62 所示。

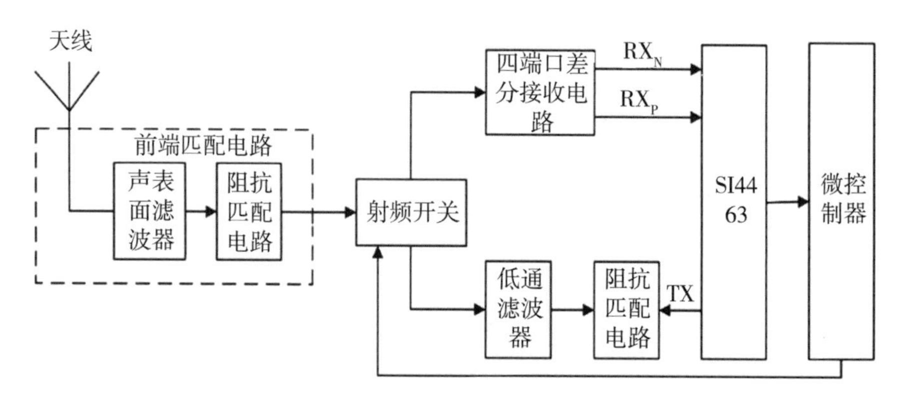

图 4-60　无线收发通道结构

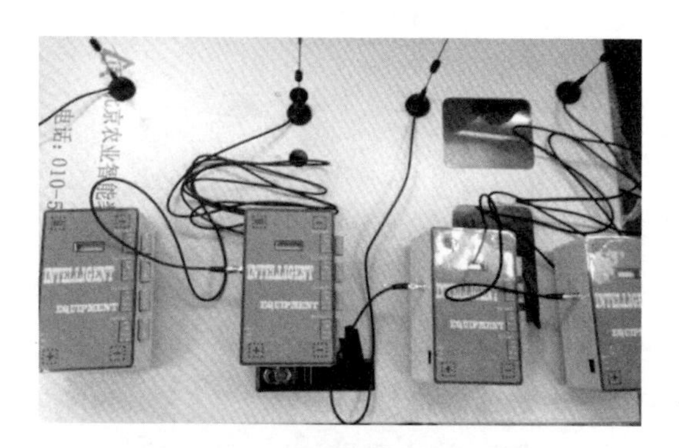

图 4-61　无线电磁阀测试版实物

图 4-62　示范应用系统组装

4.2.2.3　无线通信基站研发

无线基站为无线阀门控制器的配套设备，主要实现无线阀门控制器对灌溉控制系统的接入。支持 RS485 通信的单频基站结构如图 4-63 所示，由被动唤醒的无线阀门控制器接入，具有唤醒信号发送功能和灌溉控制器数据无线收发功能。

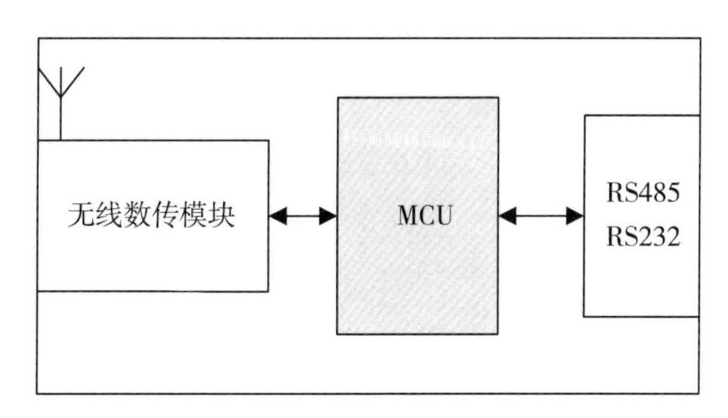

图 4-63　支持 RS485 通信的单频基站的结构

该无线基站需配合灌溉控制器使用，其配备的 RS485 通信功能能够接收控制器指令，并实现指令的无线转发，具体工作流程如图 4-64 所示。

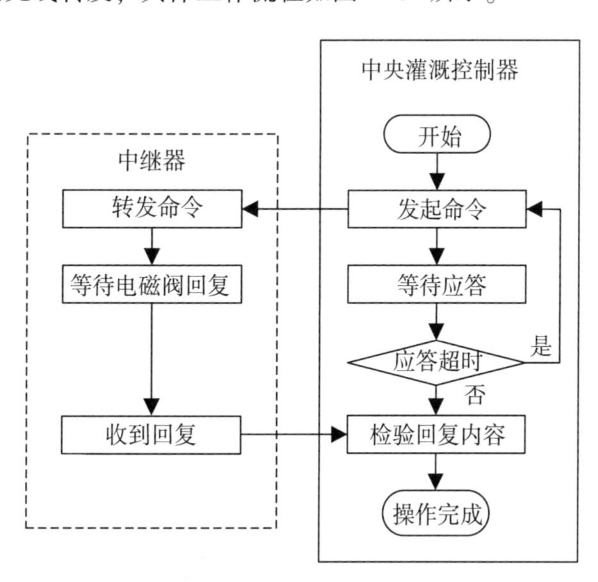

图 4-64　支持 RS485 通信的单频基站的工作流程

4.2.3　果园精量灌溉控制系统软件研发

果园精量灌溉控制系统的软件平台主要针对果园环境下果树种植过程的灌溉调控与决策需求。其结构如图 4-65 所示，主要由气象数据处理模块、灌溉控制模块、灌溉决策模块和灌溉控制系统网站 4 部分组成，实现果园气象环境监控、灌溉策略集成、灌溉决策以及远程灌溉设备控制等功能。

各模块的主要功能如下。

气象数据处理模块包括气象数据接收后台、气象数据服务接口和气象数据库。气象

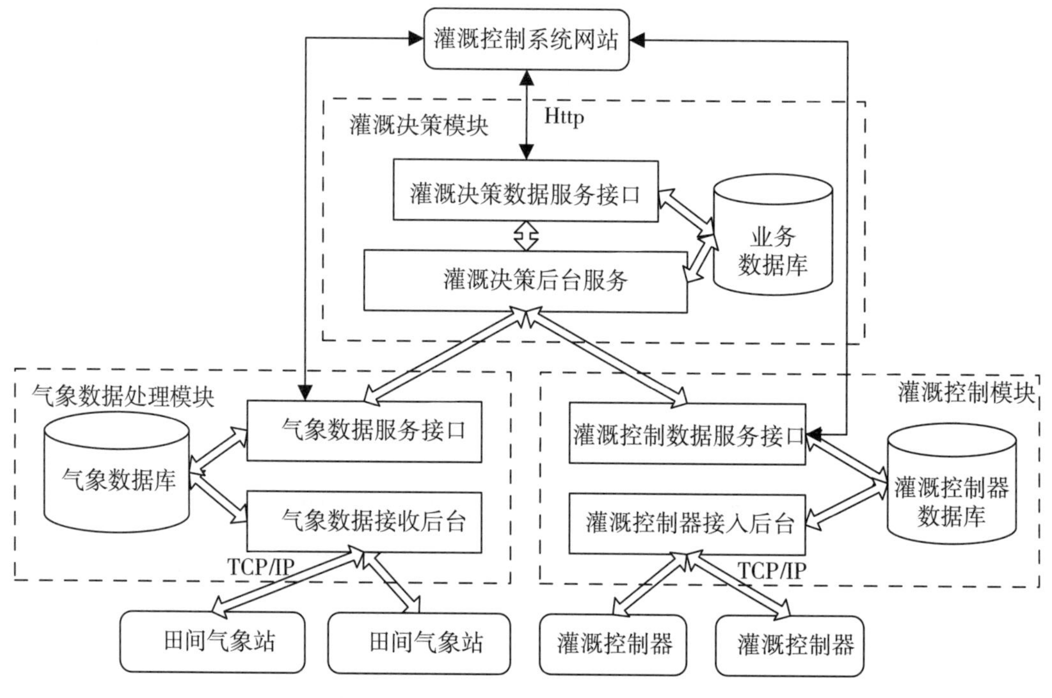

图 4-65　果园灌溉系统软件结构设计

数据处理模块的主要功能是接收来自田间气象站的气象数据，对数据进行处理、储存，同时向系统的其他各模块提供数据访问的接口。

灌溉控制模块与灌溉控制器建立网络连接，向灌溉控制器发送灌溉指令。同时，灌溉控制模块能够对灌溉控制器的运行状态进行监控。系统的其他部分可以通过灌溉控制数据服务接口向灌溉控制器发送控指令，获取控制器的运行状态。

灌溉决策模块拥有一个业务数据库，业务数据库中存储了土壤信息、作物生长信息，其通过业务数据库中的信息和获取的气象数据对灌溉进行决策。决策的结果能够通过灌溉控制接口发送到灌溉控制器。

灌溉控制系统网站为用户提供了气象数据查询、灌溉状态监控和基础数据录入等功能。实现用户与灌溉系统的交互。灌溉控制系统网站通过对气象数据服务接口、灌溉控制数据服务接口和灌溉决策数据服务接口的访问，实现系统数据的查看、修改。

通过相关的开发技术，完成了果园精量灌溉控制系统的交互界面及后台实现，Web 网站的主要功能结构划分如图 4-66 所示。

（1）**灌溉控制功能模块**　查看整个果园的设备运行情况、灌溉的记录和灌溉的决策过程，提供手动控制、定时自动控制和基于传感器的智能控制方法（图 4-67）。

（2）**数据监测功能模块**　为用户提供气象数据和土壤墒情数据的查询、展示（图 4-68），历史数据的查询（图 4-69）等功能。

（3）**种植管理功能模块**　编辑土壤的质地和果树相关信息，如种植时间、果树种类、生育期信息等。

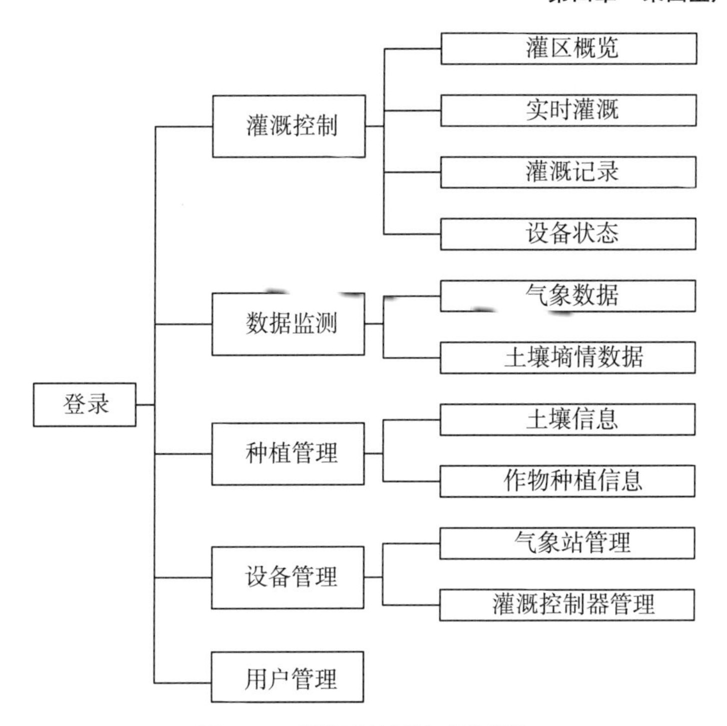

图 4-66　灌溉系统网站功能模块

图 4-67　系统平台概况界面

图 4-68　实时数据展示界面

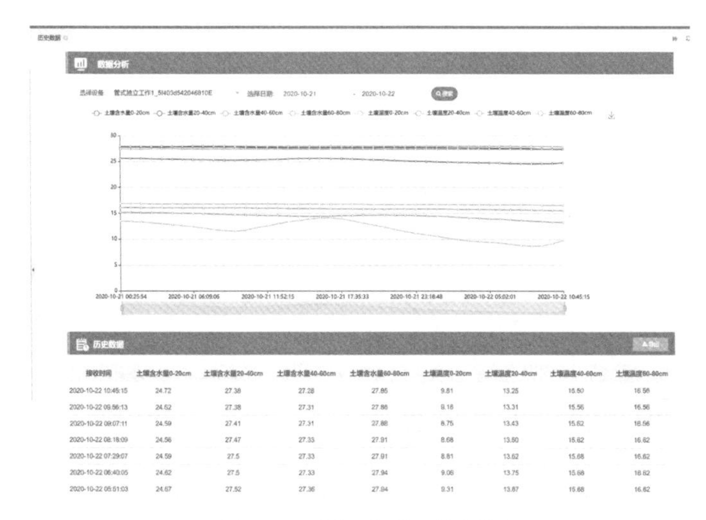

图 4-69　历史数据查询界面

（4）**设备管理模块**　为用户提供灌溉系统中硬件设备的管理功能（图 4-70）、设备详情信息查看功能（图 4-71）以及灌溉设备远程控制功能（图 4-72）等。

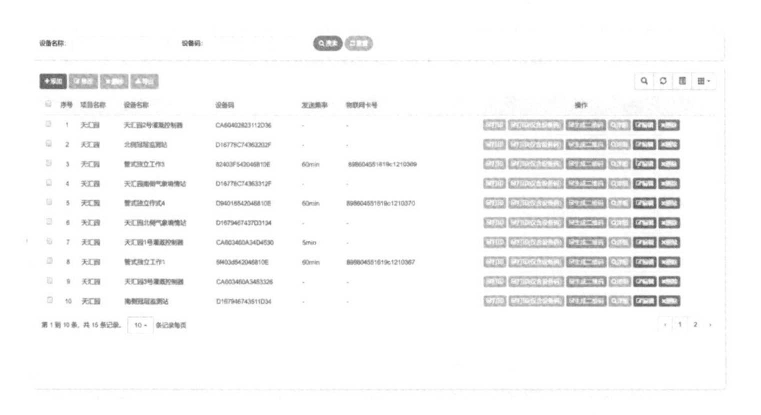

图 4-70　设备管理界面

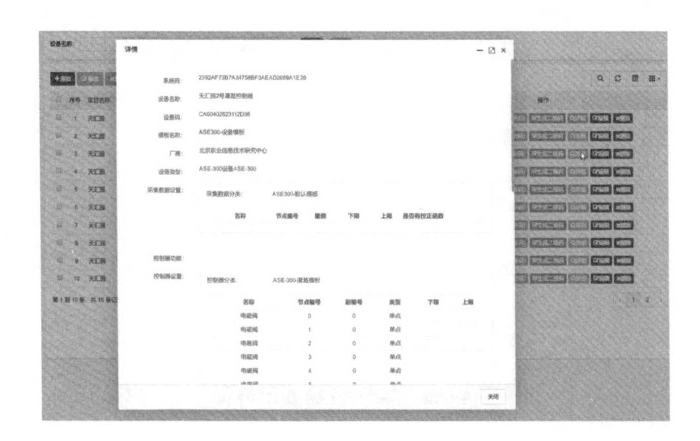

图 4-71　设备详细信息界面

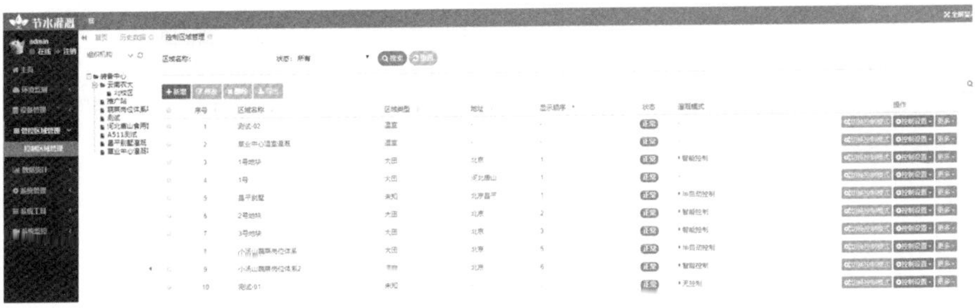

图 4-72　灌溉设备远程控制界面

(5) 用户管理模块　帮助管理员和用户进行系统内用户新建、修改、删除用户信息及状态控制等功能（图 4-73）。

图 4-73　用户管理界面

4.3　灌溉一体化施肥系统

水肥一体化技术是将灌溉与施肥相结合的一项综合技术，具有省肥、省水、省工、环保、高产、高效的突出优点。目前已在果树、棉花、加工番茄、马铃薯、设施蔬菜等作物上大面积应用。与传统灌溉施肥方式相比，应用水肥一体化技术，作物产量可明显提高，商品性好，品质高，可大幅提高作物综合生产能力；水肥一体化技术各环节均能够实现标准化操作，为农业规模化、集约化提供技术支撑，同时避免了深层渗漏，从而减轻了对环境的负面影响，提高了农业生态安全水平；随着自动化灌溉施肥设备的应用，确立灌溉施肥方案自动化精准配肥施肥，能够省工，为规模化生产经营减少人力成本；利用信息技术、物联网技术构建水肥管理平台，远程在线监测设备运行状态、水肥量及调度管理，从整体或宏观角度高效管理水肥的使用。

4.3.1　施肥机原理与结构

智能灌溉施肥控制器是在控制器的基础上构建灌溉部分、混肥部分、施肥部分、检测部分，该系统可以以单路或者多路注入酸和肥液用来彼此调配平衡，做定量水肥同步输液给作物根系。如图 4-74 所示，泵、阀、过滤器、传感器分工执行命令，使系统成为一个有“思考能力”的系统。需要时就灌溉施肥，出错时就判断报警，保证果树良好生长，保质增值。灌溉施肥一体化系统包含用来监控状态、发送指令、存储数据的核心控制器、用于将各种溶液混合的混合罐、多种肥液桶、吸取肥料的施肥器、采集部分传感器组、多功能电动泵。使用施肥器和电磁阀及肥液桶来构建是单路灌溉施肥或是多路灌溉施肥。多功能混合泵（可供压力、注肥、混肥）。肥随水走，在管道混合配比、提供均匀养料。传感器组用来实时掌控 EC/pH 值、温度、流量，诊断营养液浓度的变化，达到要求就停止输送，不符合用施肥电磁阀调配。

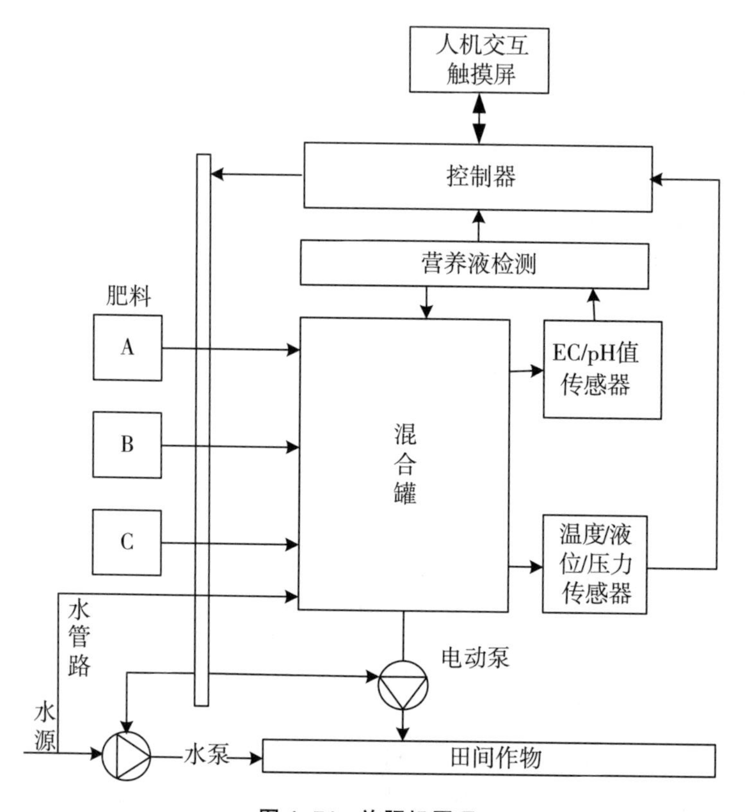

图 4-74　施肥机原理

结构为 4 种模式，根据施肥面积控制注肥设备（比例施肥泵、文丘里等）的数目，可装配各种不同的注肥通道或注酸通道，每个定量供应通道都可以配有一个可视的流量表，最大可达 5 路肥液、1 路酸液。检测池由一个封闭容器构成，混合液可以在封闭的空间内流动，里面装有 EC/pH 值传感器、温度传感器、溶解氧传感器，用来检测管道中混配好的混合液的 EC/pH 值、系统溶液温度以及营养液的含氧量。通用结构如图 4-75所示，15 号设备为检测池，营养液在池中循环流入流出，以闭环形式采集动态 EC/pH值，实时准确地通过液晶显示屏提供给用户。设计的检测池也是通用模块化的，它可随着模式的变化及需求随意配置在系统的任意位置。当所选场所是已经搭建好的水源管路时，则在选择模式时可不添加管道 BK，此时旁接在主管路中。当没有铺设好的水源管路时，则选择添加管道 BK，内接在水主管路中，此时系统同样旁接在主管路中，根据用户设备的选择和场地要求可建设大小不一、规模不同、功能各异的管路构造和自动化设备。旁路安装、简单构成、快速设置、灵活方便。

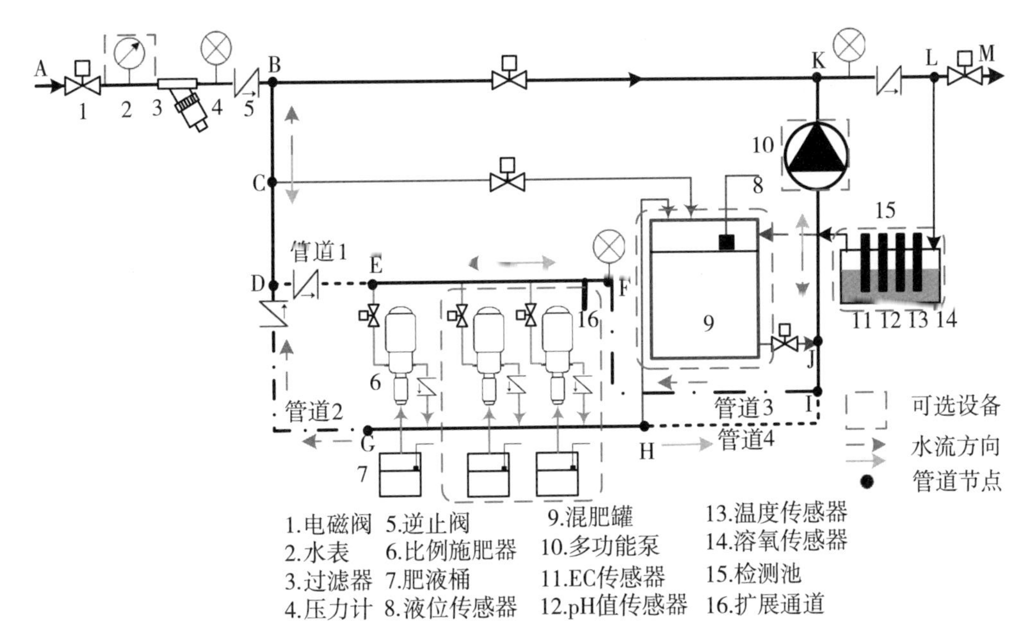

图 4-75　通用结构

4.3.2　全自动施肥灌溉控制器

控制器采用模块化设计方法，以分布式应用为目标，通过研究 ARM 技术、USB 技术、实时操作系统、文件系统、TCP/IP 协议、MODBUS 协议等开发基于 MiniARM 和 RS485 总线的通用型采集控制系统。通过系统硬件扩展和软件开发，可完整地实现数据采集、存储、报警、设备控制、智能管理等通用功能，满足各种果园环境的智能控制与管理。

控制器前端采用基于 RS485 总线的数据采集控制模块，可实现对电压、电流、脉冲/频率、状态量等各种类型信号的采集和开关量控制，以满足果园环境内各种传感器数据的采集和执行机构的智能化控制。每个数据采集控制模块通常具有 4 个输入或输出通道，通过单片机技术实现数据采集与控制，与核心模块之间通过 RS485 总线实现通信，采用光电隔离技术和内嵌工业标准的 MODBUS 协议，有效增强通信稳定性，通信距离可延伸至 1 200 m，总线驱动能力可达 128 个模块；各模块之间采用导轨式安装，可随意拼接，也可独立使用，扩展性好，维护方便，可适用于各种果园环境的应用场合。系统总体结构如图 4-76 所示。

控制器可以根据用户设置，动态地增加及删除传感器和控制设备，并且可以设置控制逻辑，将传感器信息与控制设备绑定。系统根据多路传感器采集到的环境参数，进行复杂的数据处理和决策算法分析，最终实现各个环境调控设备自动运行。

4.3.2.1　硬件设计

MiniARM 核心工控模块采用工业级 ARM7 微控制器，内嵌 μC/OS-Ⅱ实时操作系统，内置 TCP/IP 协议、FAT32 文件管理系统，可支持 10 M 以太网（工业级）、CF 卡接口、USB 主机控制器、板载电子硬盘 FOB（Flash On Board）、A/D 转换、低功耗 RTC

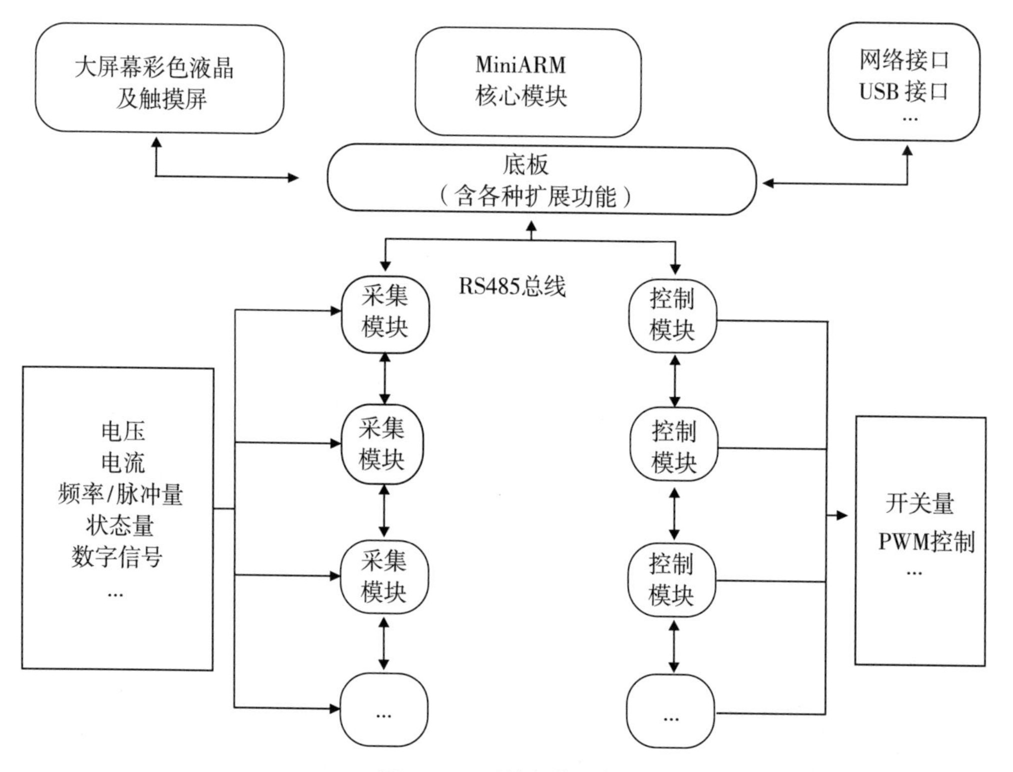

图 4-76　系统总体结构

等功能，通过外扩大屏幕彩色液晶、触摸屏及其他输入输出设备及软件系统，可开发出功能完备的通用型数据采集控制器。ARM 核心板结构如图 4-77 所示。

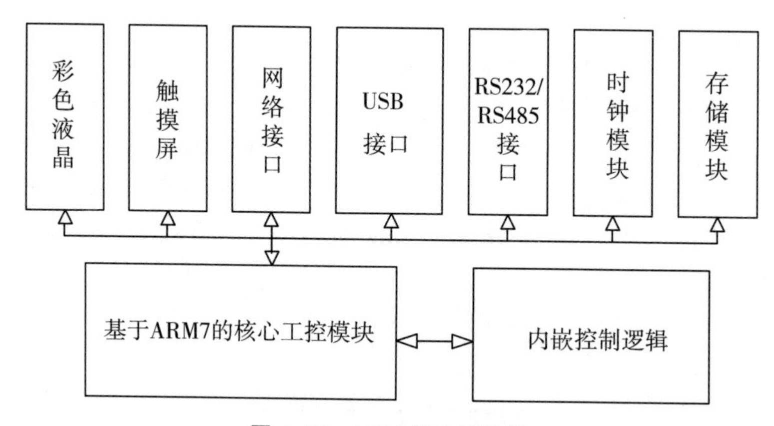

图 4-77　ARM 核心板结构

各采集控制模块采用单片机技术和多通道数据采集控制技术，模块化设计，针对模拟电压、电流、脉冲/频率、状态量、开关量等开发具有 4 路输入或输出量的专用模块及组合模块。采集/控制模块结构如图 4-78 所示。

4.3.2.2　软件设计

为了方便程序的设计，采用面向对象的思想，把传感器、控制设备、逻辑、关联都

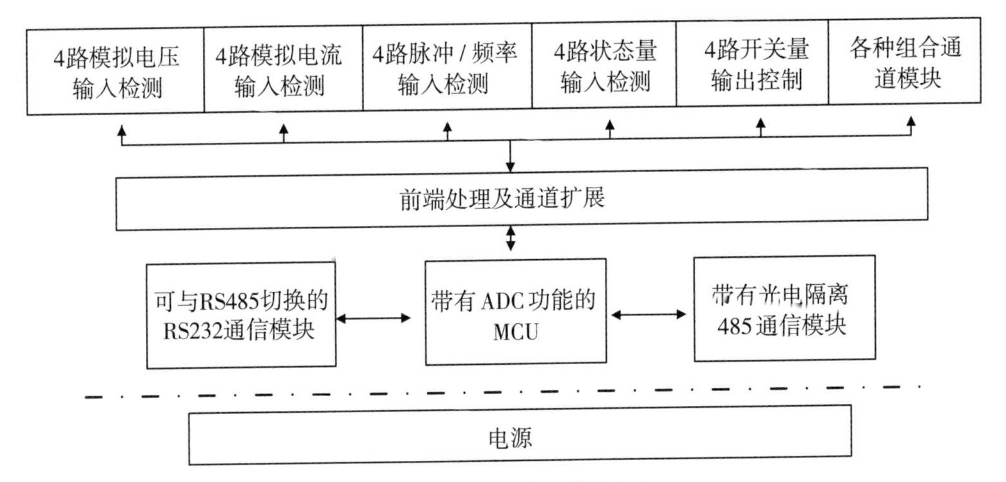

图 4-78　采集/控制模块结构

作为对象来处理。用户可以设置它们的属性。每一类对象都有一个主键来唯一标识，用来在程序中和其他的类进行关联。同时，为了不在程序中对传感器、控制设备等做出数量上的限制，以及为了让程序有更好的执行效率，在程序中采用链表来组织这些对象。

总体逻辑关联结构如图 4-79 所示，通过关联类将控制设备类和逻辑类联系起来。这样可以通过逻辑来控制具体的设备。每一个设备可以关联很多逻辑，并且关联的逻辑都有优先级。关联的逻辑可以是条件类，也可以是时间类以及条件和时间的组合类。而条件类逻辑和具体的传感器值是绑定的，可依据传感器数据实现水肥自动控制的目的。同时，系统提供了很强的扩展性，根据时间类和条件类的组合可以实现对各种离线控制算法的应用。将复杂的控制算法通过计算机仿真，在控制器上离线实现。采集控制器的实物如图 4-80 所示。

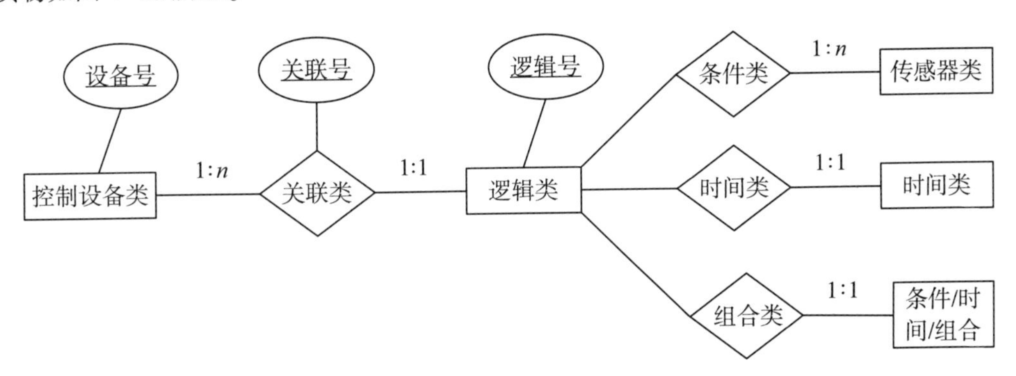

图 4-79　总体逻辑关联结构

4.3.3　EC、pH 值传感变送、校对及无线采集

在施肥灌溉过程中，需要实时获取施肥管路中的 EC、pH 值，将采集的信号转换成标准的电流信号，同时采用不同的样本溶液进行校对，调整对应的校对系数。此外，为了及时获取农田中的 EC、pH 值信息，对相关手持采集仪器（图 4-81）增加无线监测功能，方便现场数据采集获取。

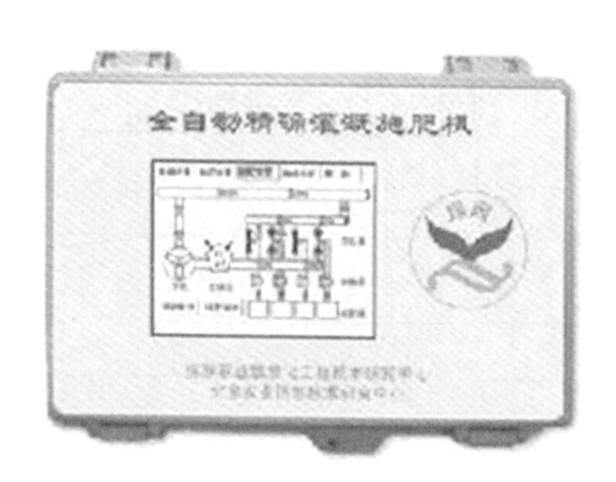

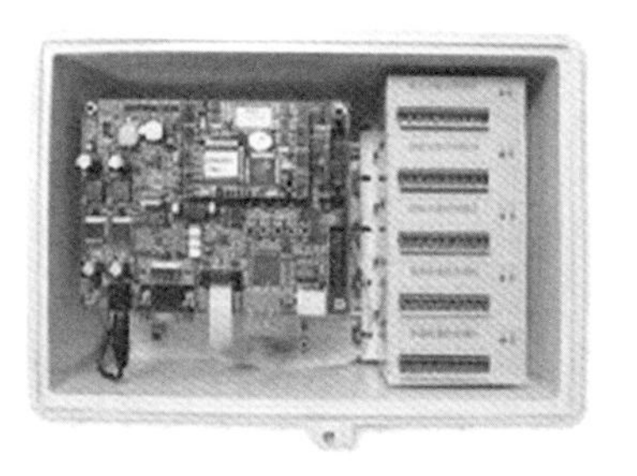

图 4-80　采集控制器实物

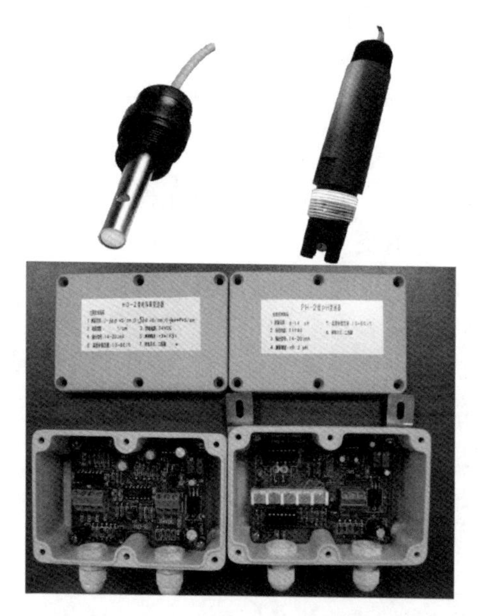

图 4-81　EC、pH 值手持采集仪器

4.3.4　施肥控制算法的设计

在施肥过程中需要对施肥总量或者施肥比例进行控制，在灌溉压力稳定的情况下，认为施肥量与灌溉时间成正比，可以用控制电磁阀开关时间的方式来实现。因此，对于施肥总量和施肥比例的控制，采用开环时序控制。

由于肥料溶液在施肥过程中是在线混合的，即混合系统是一个实时的、大延迟的、有不确定因素的复杂系统，系统的滞后性和惯性都很大，因此对肥料溶液 EC 和 pH 值控制的传递函数很难确定。而控制系统的执行机构是只有两种工作状态的开关电磁阀，用传统控制方法不易得到较好的控制结果，因此本系统选用模糊逻辑控制方法。

模糊控制器与常用的负反馈闭环系统相似，不同的是控制装置由模糊控制器来实现。模糊逻辑控制由输入模糊化、模糊控制规则、模糊决策、模糊判决等部分组成。本系统采用二维的模糊控制器，即以偏差 e 和偏差变化 Δe 作为输入变量，控制系统框架如图 4-82 所示。

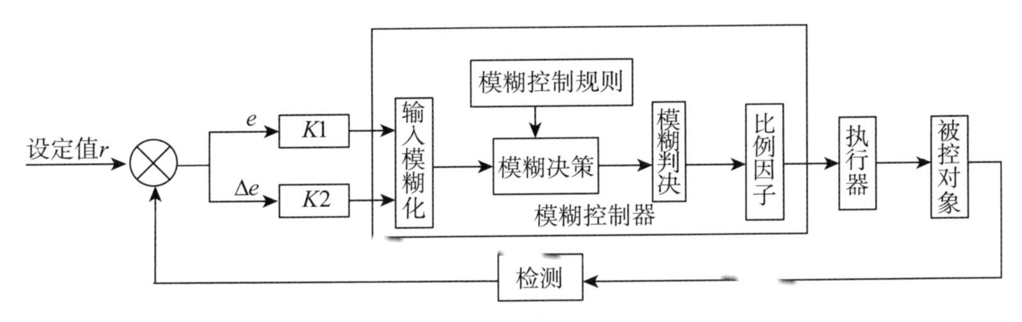

图 4-82　控制系统框架

输入变量为施肥过程中检测到的 EC 和 pH 值与设定值之间的偏差以及偏差的变化。首先，决定每个模糊变量包括若干语言变量的模糊语言集、等级划分及相应的论域。输入量模糊化后即对应一定等级的一定隶属度。其次，根据操作人员的经验指定输入变量、输出控制变量论域中不同等级对应模糊集中各个语言变量的隶属度。模糊控制规则是根据控制系统的操作人员的经验总结出来的。模糊控制规则如表 4-6 所示，它的形式为语言变量表示的模糊条件语句。经过以模糊规则为基础的模糊决策，可得到有控制作用的模糊集。再次，用模糊判决方法得到输出控制变量论域中的等级数，再经过输出精确化，即可输出控制指令。经过模糊决策及模糊判决得到模糊控制表。控制规则和控制表可以在实际系统实验中不断修正，才能得到较好的控制效果。

表 4-6　模糊控制规则

项目	NB	NS	ZE	PS	PB
NB	PB	PS	PS	PS	NS
NS	PB	PS	PS	ZE	NB
ZE	PB	PS	ZE	NS	NB
PS	PB	ZE	NS	NS	NB
PB	PS	NS	NS	NB	NB

5　树上果实识别与产量估测

5.1　自然环境下苹果区域提取

5.1.1　颜色空间选取

计算机颜色显示器采用红（R）、绿（G）、蓝（B）相加混色的原理，通过发射 3 种不同强度的电子束，使屏幕内侧覆盖的红、绿、蓝磷光材料发光而产生颜色。这种颜色的表示方法称为 RGB 颜色空间表示。在多媒体计算机技术中，用得最多的是 RGB 颜色空间表示。根据三基色原理，用基色光单位来表示光的量，则在 RGB 颜色空间，任意色光 F 都可以用 R、G、B 不同分量的相加混合而成，公式如下：

$$F = r[R] + g[G] + b[B] \tag{4-24}$$

RGB 颜色空间还可以用一个三维的立方体来描述（图 4-83）。

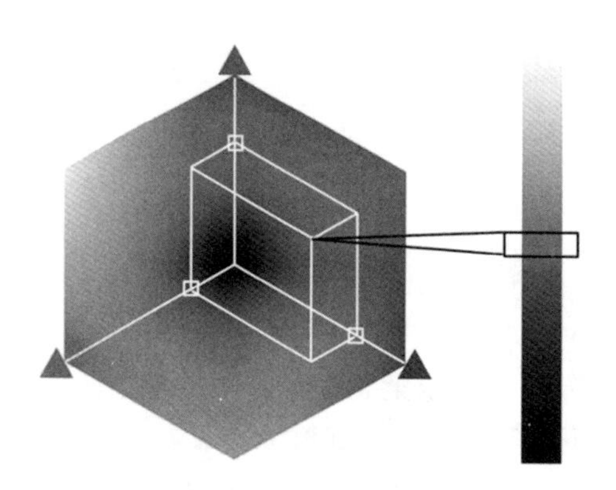

图 4-83　RGB 颜色空间

HSV（hue，saturation，value）颜色模型对应于圆柱坐标系中的一个圆锥形子集，圆锥的顶面对应于 V=1，它包含 RGB 模型中 R=1、G=1、B=1 的 3 个面，所代表的颜色较亮（图 4-84）。色彩 H 由绕 V 轴的旋转角给定。红色对应于 0°，绿色对应于 120°，蓝色对应于 240°。在 HSV 颜色模型中，每种颜色和它的补色相差 180°。饱和度 S 取值从 0 到 1，所以圆锥顶面的半径为 1。HSV 颜色模型所代表的颜色域是国际照明委员会（CIE）色度图的一个子集，这个模型中饱和度为 100%的颜色，其纯度一般小于 100%。在圆锥的顶点（即原点）处，V=0，H 和 S 无定义，代表黑色。圆锥的顶面中心处 S=0、V=1，H 无定义，代表白色。从该点到原点代表亮度渐暗的灰色，即具有不同灰度的灰色。对于这些点，S=0，H 无定义。可以说，HSV 模型中的 V 轴对应于 RGB 颜色空间中的主对角线。在圆锥顶面的圆周上的颜色，V=1、S=1，这种颜色是纯色。HSV 模型对应于画家配色的方法，画家用改变色浓和色深的方法从某种纯色获得不同色调的颜色，在一种纯色中加入白色以改变色浓，加入黑色以改变色深，同时加入不同比例的白色、黑色即可获得各种不同的色调。

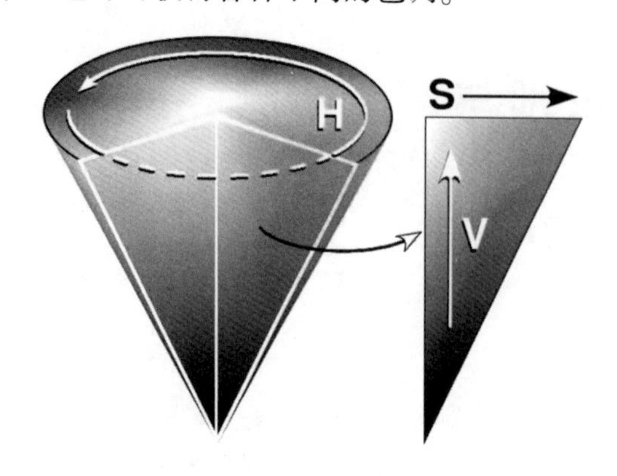

图 4-84　HSV 颜色空间

RGB 模型是最常见的颜色空间，模型简单直观、处理方便。由于苹果红色较多，蓝色较少，其 R/B 值可作为成熟苹果识别的重要参数。但 RGB 模型是一种很不均匀的颜色空间，3 个分量的相关性很高，因此为了提高识别率，进一步引入 HSV 模型。HSV 模型是比较接近人眼对彩色感知的颜色空间，其中 V 表示色彩的明亮程度，与图像的彩色信息无关。

5.1.2　提取流程构建

5.1.2.1　图像采集

在试验苹果园进行图像采集，供试品种为富士，成熟果实为红色。试验时间选择在 2011 年 10 月中旬，此时果实已着色良好，与其他生长植被及树叶、树干等存在明显差异。

图像采集于 2011 年 10 月 11—12 日 10: 00—15: 00，在晴朗天气下进行。利用 Cannon G7 相机获取顺光和逆光条件下的苹果图像共计 200 幅。随机选择其中 80 幅顺光图像和 80 幅逆光图像进行试验，图片格式为.jpg，分辨率为 640×480 像素，图片处理采用 Matlab V7. 0。

5.1.2.2　阈值分割

选取 10 幅顺光图像，每幅图像可能包含 0 个或多个苹果，采用线剖面技术分析每幅图像的 R/B 值和 V 值，对沿剖面的 R/B 值和 V 值分别进行统计分析，得到苹果图像分割的阈值。基于 R/B 值和 V 值，对 80 幅顺光图像进行苹果识别；在顺光和逆光条件下采用 R/B 值和 V 值，对图像进行苹果识别。

5.1.2.3　形态学滤波

形态学滤波是以形态结构元素为基础对图像进行分析，它的基本思想是用具有一定形态的结构元素去度量和提取图像中的对应形状以达到对图像分析的目的。形态学的应用可以简化图像数据，保持它们基本的形状特征，并除去不相干的结构。数学形态学的基本运算有 4 个：膨胀、腐蚀、开启和闭合。为了去除阈值分割后的小面积图斑，采用腐蚀运算，其运算符为$\ominus$，用 B 对 A 进行腐蚀可以记为 $A \ominus B$：

$$A \ominus B = \{x \mid (B)_x \subseteq A\} \tag{4-25}$$

结合本研究中图像采集的特征，选择 8×8 的正方形模板作为结果元素 B，进行 1 次腐蚀运算；再采用膨胀运算对识别出的区域进行扩展，用 B 对 A 进行膨胀，其定义为：

$$A \oplus B = \{x \mid [(B)_x\hat{} \cap A] \neq \emptyset\} \tag{4-26}$$

5.1.2.4　识别效果评价

通过该方法识别出的果实数与实际果实数进行比较来评价该方法的识别效果，实际果实数通过人工目视识别得到。选择识出率（$R_{\text{Detection}}$）、识别成功率（R_{Success}）、误识率（R_{Error}）和漏识率（R_{Miss}）4 个指标进行衡量。

$$R_{\text{Detection}}(\%) = \frac{N_{\text{t}}}{N_{\text{m}}} \times 100 \tag{4-27}$$

$$R_{\text{Success}}(\%) = \frac{N_{\text{f}}}{N_{\text{m}}} \times 100 \tag{4-28}$$

$$R_{\text{Error}}(\%)=\frac{N_{\text{t}}-N_{\text{f}}}{N_{\text{m}}}\times 100 \tag{4-29}$$

$$R_{\text{Miss}}=100\%-R_{\text{Success}} \tag{4-30}$$

式中：N_{t} 为识别出的总目标数；N_{m} 为人工目视识别得到的果实数；N_{f} 为识别出的果实数。

5.1.3 提取结果分析

5.1.3.1 基于 R/B 值的苹果提取结果分析

对苹果边缘与剖面线交点的像素值进行 R/B 值计算，并绘制剖面图。图 4-85 为在 10 幅顺光图像中随机选取的线剖面分析示例，图 4-85a 是在顺光条件下拍摄的苹果照片；图 4-85b 是图 4-85a 中白色线的线剖面图，其横坐标为白色线的像素序号（0~639），纵坐标是这些像素点的 R/B 值。由图 4-85 可知，成熟苹果位于剖面线的像素值范围为 100~186，其中 155~160 像素范围被部分枝叶遮挡。从图 4-85b 可以看出，在 100~186 范围有个明显的峰值，其大部分 R/B 值高于 1.35，但其中在 155~160 范围有个相对低谷，因此基于 R/B 值可以对成熟苹果进行图像分割。

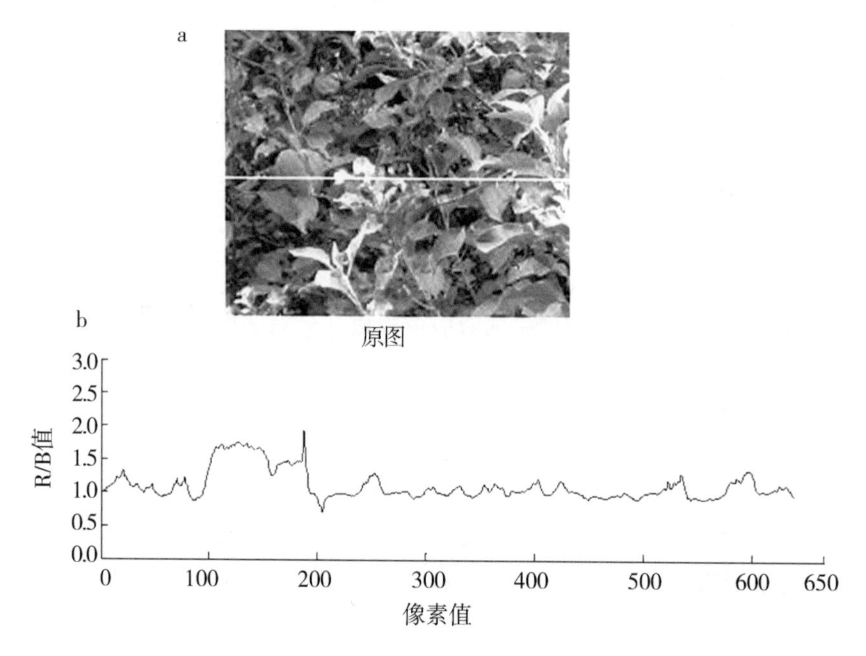

图 4-85 R/B 值的线剖面分析

10 幅顺光图像的剖面线共穿过 28 个苹果，对这 28 个苹果的 R/B 值求平均，得其值为 1.375，采用该值作为基于 R/B 值的图像分割阈值。80 幅顺光图像通过目视识别共有苹果 238 个。采用 1.375 为阈值对 80 幅图像进行识别，得到识别出的总目标数为 234 个，其中苹果为 205 个，得到 $R_{\text{Detection}}$、R_{Success}、R_{Error}和 R_{Miss}分别为 98.3%、86.1%、12.4%、13.9%。从识别效果可以看出，虽然识别出的总目标数较为理想，但其中存在较大的误识别现象，且漏识率也较高。

将误识和漏识较高的图片进行进一步分析，有代表性的图片及其识别效果见图 4-86。图 4-86a 中共有 6 个苹果（P1、P2、P3、P4、P5 和 P6 区域），而识别出的效果图 4-86b 中包括 7 个目标区域（识别出是苹果的用白色圆圈表示），存在着一个被误识别的区域，分析该误识别区域，其 R/B 值平均为 1.56，主要是发黄且背光的叶片。另外，部分树干和树枝存在着一定发红现象，也存在着一定的误识别。图 4-86c 中共有 2 个苹果（P1 和 P2 区域），但在图 4-86d 中只被识别出了一个区域，存在着漏识区域，分析该漏识区域，其虽然有部分区域 R/B 值大于阈值，但由于区域较小，被作为噪声去除。

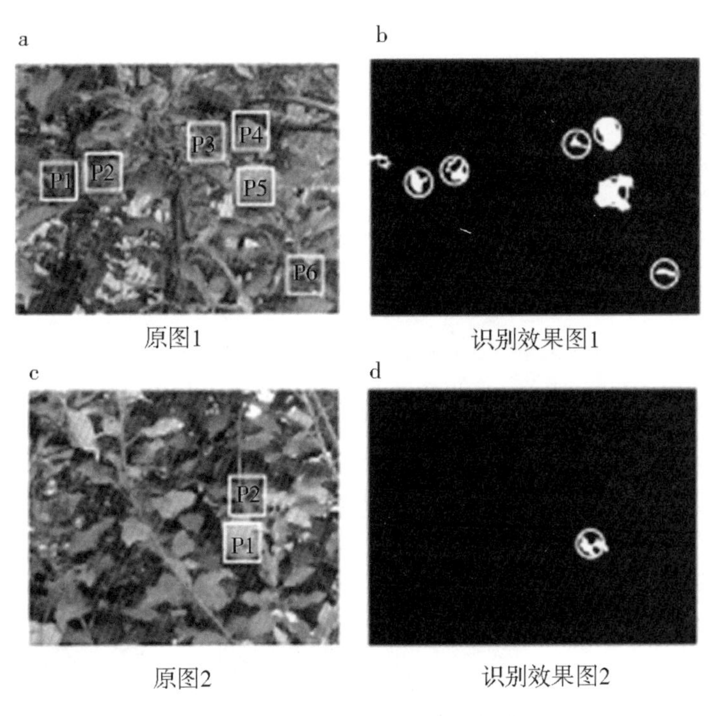

图 4-86　基于 R/B 值的识别示例

5.1.3.2　R/B 值与 V 值组合下的苹果提取结果分析

在采用 R/B 值的识别中，误识部分主要为发黄且背光的叶片、部分树干和树枝，这些目标物与成熟苹果在自然光下的亮度存在较大差异。如图 4-87 所示，在白线剖面的 219~226 像素范围内存在着 R/B 值大于 1.375 的区域，该区域为叶片；同样在 388~418 像素范围内也存在着锯齿状的 R/B 值，且大部分高于 1.375，此部分也为背光叶片；在 566~571 像素范围内也存在着 R/B 值大于 1.375 的区域，该区域为暗色树枝。而在上述 3 个区域，V 值则存在着谷值，而在苹果区域 V 值存在着相对峰值，因此，R/B 值与 V 值组合进行成熟苹果的识别是可行的。

对上述 10 幅顺光图像的剖面线进行 V 值分析，得到 V 值的分割阈值为 0.45。V 值大于 0.45 的认为是苹果，否则为背景。采用 R/B 值和 V 值组合对上述 80 幅图像进行识别，识别出的总目标数为 215 个，其中苹果为 202 个，其 $R_{Detection}$、$R_{Success}$、R_{Error} 和 R_{Miss} 分别为 90.3%、84.9%、6.0%、15.1%。

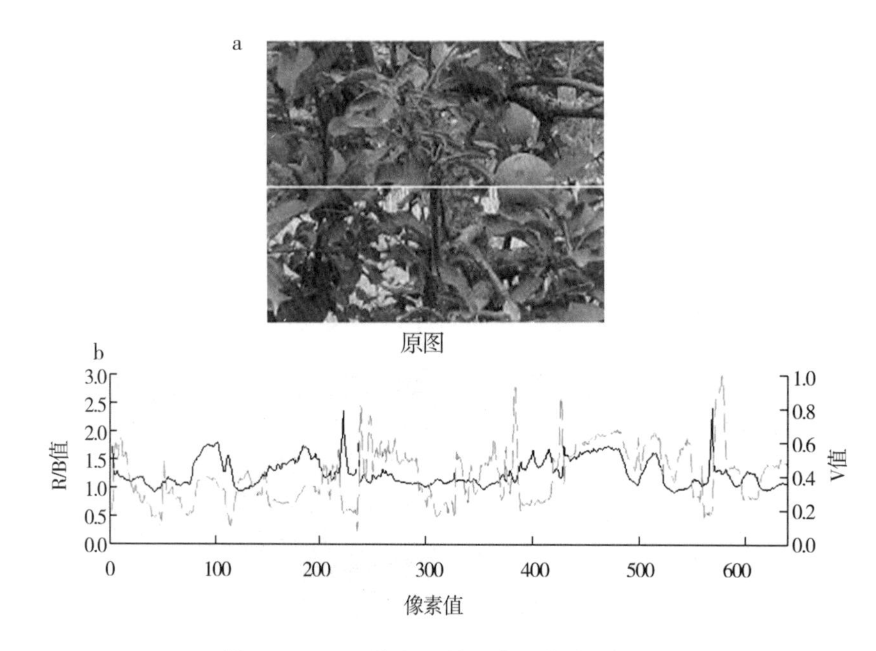

图 4-87　R/B 值和 V 值组合下的线剖面分析

有代表性的图片及其识别效果见图 4-88。由识别结果可以看出，采用 R/B 值和 V 值组合的识别虽然在识别成功率上没有提高，但大幅降低了误识率。由图 4-88b 可以看出，在 R/B 值条件下有 2 个比较大的误识别区域，而在图 4-88c 中由于采用了 V 值与 R/B 值进行组合识别，2 个大的误识别区域被去除。这种误识率的降低对于后期基于果实识别的采摘机器人执行效率的提高还是其他模型应用开发都具有重要作用。

a.原图

b.R/B值下的识别效果图

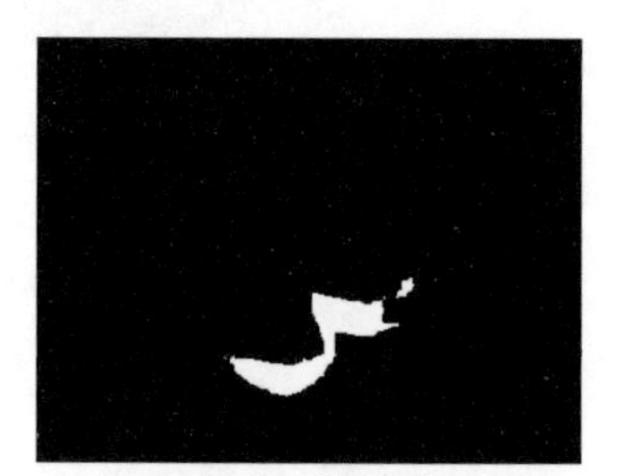

c.R/B值和V值组合下的识别效果图

图 4-88　R/B 值与 V 值组合下的识别示例

5.1.3.3　不同光照条件下的苹果提取结果分析

设置顺光弱光照、顺光中光照、顺光高光照、逆光弱光照、逆光中光照、逆光高光照共 6 个条件，其中不同光照强度的划分以时间为基准，即 10:00—11:00 获取的图像为弱光照、11:00—12:00 及 14:00—15:00 获取的图像为中光照、12:00—14:00 获取的图像为强光照。每个条件下随机从选取的 160 幅图像中选择 10 幅图像进行基于 R/B 值和 V 值组合下的成熟苹果识别。其识别效果如表 4-7 所示。

表 4-7　不同光照条件下的识别效果比较　　单位：%

条件	$R_{Detection}$	R_{Succes}	R_{Error}	R_{Miss}
顺光弱光照	84.7	78.4	7.5	21.6
顺光中光照	91.7	87.7	4.4	12.3
顺光高光照	87.7	85.3	2.7	14.7
逆光弱光照	84.0	78.0	7.1	22.0
逆光中光照	89.3	85.3	4.5	14.7
逆光高光照	81.0	75.8	6.6	24.2

由表 4-7 可以看出，一方面，4 个评价指标除弱光照下误识率外，其他指标在顺光条件下的识别结果均好于在逆光条件；另一方面，不管是顺光还是逆光，在中光照条件下，除误识率外其他评价指标均高于弱光照和高光照条件。对于识出率，顺光中光照条件下的效果最好，达到 91.7%；而逆光高光照条件下的效果最差，只有 81.0%，这可能与该条件下识别物整体发暗且 R/B 值对比不明显有关。对于识别成功率，虽然顺光中光照条件下的效果还是最好，但顺光高光照条件和逆光中光照条件均与其差异不大，尤其是顺光高光照条件下虽然其识出率不高，但识别成功率较高，这可能是因为该条件下苹果、树叶、树枝等表面整体偏白使 R/B 值对比不明显，导致不易被识别出，而只要识别出的目标物光照不会成为其限制条件；与这形成对比的是在弱光照条件下，虽然其识出率不低，但识别成功率不高，这与该条件下部分树叶、树枝容易被误识有关，这一点可以在误识率方面得到很好的验证，即顺光弱光照和逆光弱光照条件下误识率分别达到了 7.5%和 7.1%。漏识率是与识别成功率密切相关的，其差异与识别成功率的变化一致。

5.2　基于圆拟合分析的单果识别

5.2.1　自然生长下苹果的遮挡与重叠分析

通过对自然生长的苹果观察可以发现，成熟苹果的遮挡和重叠大致可以分为 4 种情况：①单个果实被遮挡但不形成分离（图 4-89a）；②单个果实被遮挡且形成了分离（图 4-89b）；③多个果实粘连重叠（图 4-89c）；④多个果实前后重叠（图 4-89d）。

对于图 4-89a 的情况，已有文献中探讨了相关研究方法；对于图 4-89b 的情况，在形成分离的场景下，进行果实识别时很容易被误识别为两个或两个以上的果实；对于图 4-89c 的情况，当多个果实基本处于同一平面而粘连时，进行果实识别时很容易被误识为一个果实；对于图 4-89d 的情况，当多个果实处于不同平面而重叠时，其误识率更高。本研究主要针对图 4-89b～d 的情况进行分析。

5.2.2　苹果圆曲率分析

圆拟合的基础是获取圆心和半径，由于苹果是不规则圆形，且圆心和半径不易直接得到，因此本研究采用曲率（curvature）分析的方法获取拟合圆的圆心和半径。曲率是

图 4-89　自然场景下苹果遮挡与重叠示意图

针对曲线上某个点的切线方向角对弧长的转动率，通过微分来定义，表明曲线偏离直线的程度，数学上表明曲线在某一点的弯曲程度的数值。曲率越大，表示曲线的弯曲程度越大。轮廓线上某一点 p 的曲率 k 计算如下：

$$\begin{cases} \theta_1 = \tan^{-1}\left[\dfrac{y_2 - y_1}{x_2 - x_1}\right] \\ \theta_2 = \tan^{-1}\left[\dfrac{y_3 - y_2}{x_3 - x_2}\right] \\ k = \dfrac{\theta_2 - \theta_1}{\Delta S} \end{cases} \tag{4-31}$$

式中：（x_i，y_i）为分割点的坐标；θ_i为分割点处切线角；ΔS 为两个相邻分割点间的弧长。

以识别出的苹果为例，其轮廓线由于各种遮挡存在着不规则的凹凸状（图 4-90）。以苹果轮廓线左上方的点作为起始点，按顺时针方向，对苹果轮廓线进行跟踪，间隔采样，计算曲率。图 4-90a 展示的封闭曲线为两个粘连苹果的轮廓；黑色圆点表示当前点 p_i；采样点为当前点 p_i附近的 3 个像素；计算这 3 个采样点坐标的平均值得到分割点坐标（x_i，y_i），用黑色圆点表示；间隔点表示为连续 2 次采样间隔的 5 个像素点。图 4-90b为图 4-90a 中两个粘连苹果轮廓线的曲率图。

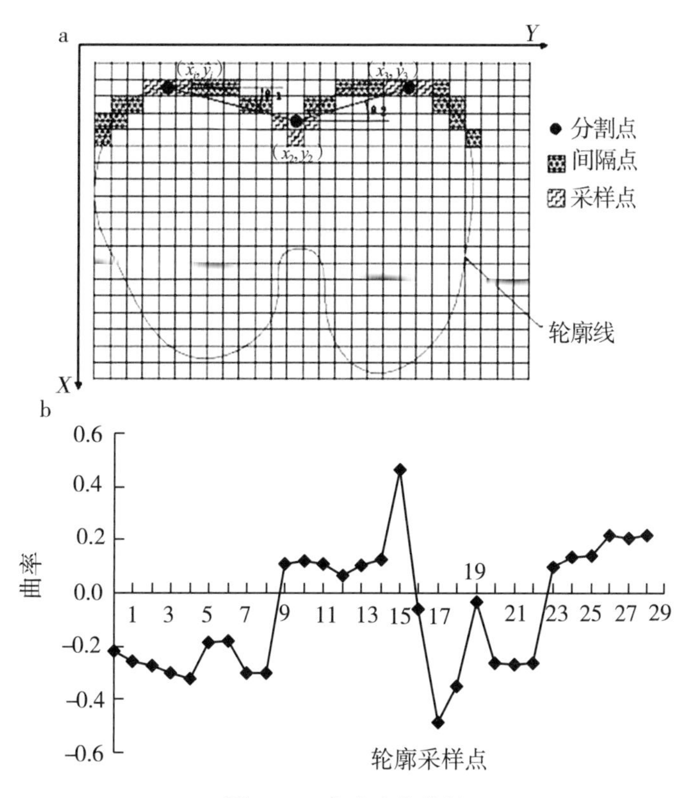

图 4-90　曲率变化分析

曲率的变化反映了轮廓线的变化情况，图 4-90b 中第 1 个采样点到第 14 个采样点之间的轮廓线的曲率线较为平坦，而在 15～20 个采样点处存在着突变，而突变点所在区域正是两个苹果的粘连部分，因此可通过分析苹果轮廓线曲率变化，将这段轮廓线识别出来，分析时将其看作圆弧，以此圆弧为基础进行圆拟合。

5.2.3　苹果识别判定模型构建

遮挡或重叠的苹果通常在边缘处存在着多处凹陷，但会存在一段或几段完整的真实苹果轮廓线，曲率变化反映了苹果轮廓线的变化情况。由于苹果轮廓近似圆形，可将存在的真实苹果轮廓线近似看作圆弧，利用分析出的曲率进行圆回归，进而可识别出被遮挡的苹果。

对于单个果实被遮挡且形成了分离的情况（图 4-90b），若采用单一的圆拟合，由于根据分离的圆弧拟合出了多个圆，因此可能会被识别为多个目标；利用同一个苹果的不同分离部分拟合出的圆存在着圆心位置较接近且半径差异不大的特点，可采用圆心位置比较的方法判定是否为同一个苹果。同时，对于存在多个苹果重叠的情况（图 4-90c，d），根据不同苹果的轮廓线拟合出的圆存在着圆心位置较远且半径存在差异的特点，因此也可采用圆心位置和半径相比较的方法判定。由以上分析可见，基于圆拟合结合圆心和半径判断进行单果被遮挡分离和多果因覆盖重叠的识别判定是可行的。其流程如图 4-91 所示。

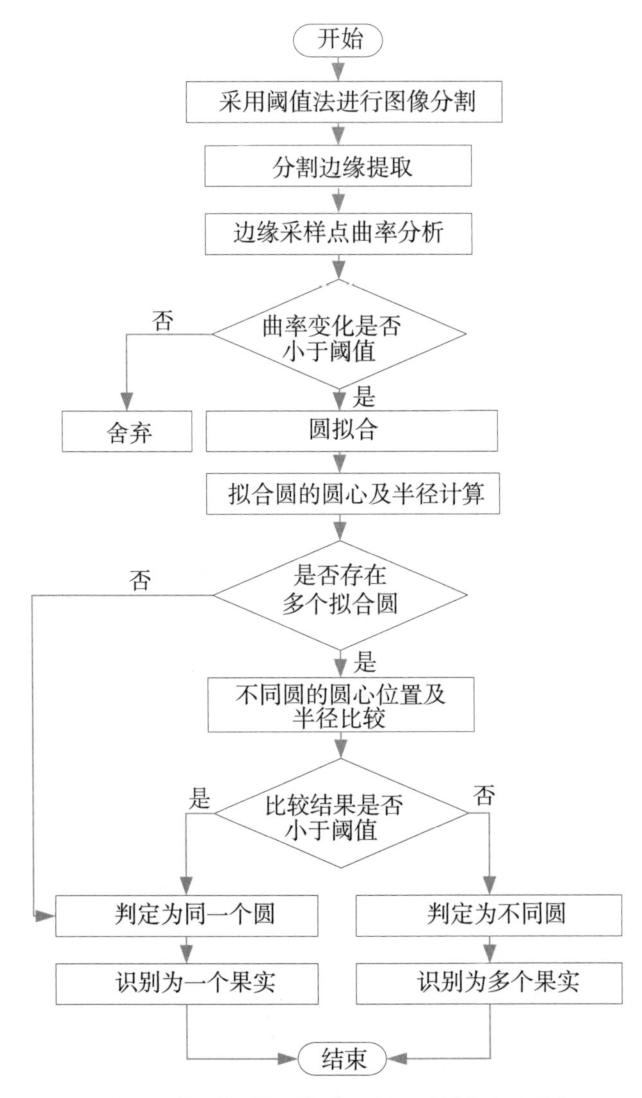

图 4-91　自然场景下苹果果实识别判定方法流程

由图 4-91 可见，单个苹果识别判定方法包括多个步骤，其中步骤 1 采用本章“5.1 自然环境下苹果区域提取”构建的方法进行图像识别。流程其余各部分说明如下。

（1）**分割边缘提取**　边缘检测算子有 Robert、Sobel、Prewitt、Log、Canny。这些算子均有不同的应用环境，本研究采用 Canny 算子进行分割边缘提取。传统的边缘检测算子如 Robert、Sobel、Prewitt、Log 等，都是基于局部窗口运算的梯度算子，对噪声敏感，在背景较复杂或噪声较多的情况下不能得到很好的效果，而 Canny 边缘检测器是高斯函数的一阶导数，是对信噪比与定位乘积的最优化逼近算子。Canny 算子主要包括 4 步：用高斯滤波器平滑图像、用一阶偏导的有限差分计算平滑后图像的梯度幅值和方向、对梯度幅值进行非极大值抑制、采用双阈值去除伪边缘得到完整轮廓。

（2）**边缘采样点曲率分析**　采用采样点曲率分析，连续两次采样间隔为 5 个像素点；采用此方法进行边缘识别时，存在伪边缘的情况，设定准则进行伪边缘判定，同时满足如下准则的被确定为正常边缘，否则为伪边缘，舍弃。

准则 1：单个采样点曲率的绝对值小于 C_{max} 且大于 C_{min}。

准则 2：相邻采样点的曲率差绝对值小于 C_{dif}。

准则 3：连续满足准则 1 和准则 2 的采样点数大于等于 m。

准则 4：若两正常边缘线段间的伪边缘点数小于 n，则将该边缘改判为正常边缘。

其中，准则 1 和准则 2 用于判断采样点曲率及其变化趋势是否正常；准则 3 用于去除伪边缘上误判为正常的噪声点；准则 4 可避免正常边缘点被误判为伪边缘点。上述参数值的确定是在参考项荣等（2012）对番茄曲率进行分析的基础上结合苹果的特点进行设定的，由于在相同的拍摄范围内，苹果半径比番茄要大，其曲率则要小，因此较之番茄识别时参数的设定的，本研究设定的 C_{max}、C_{min}、C_{dif}、m 和 n 分别设为 0.13、0.01、0.08、3 和 3。

（3）**拟合圆判定准则**　利用识别出的正常边缘进行圆拟合，计算圆心位置和半径，对拟合圆设定如下准则进行判定。

准则 1：回归圆半径大于 R_{max} 或小于 R_{min}，则认为该圆异常，剔除。

准则 2：2 个回归圆圆心间距小于 d_m，则认为这两个圆为同一个果实，将小圆舍弃，用拟合出的大圆作为目标。

准则 3：2 个回归圆圆心间距大于 d_n，则认为这两个圆为不同果实。

准则 4：2 个回归圆圆心间距大于 d_m 而小于 d_n，且其半径之差的绝对值大于 d_a，则认为这两个圆为同一个果实，将小圆舍弃，用拟合出的大圆作为目标。

准则 5：2 个回归圆圆心间距大于 d_m 而小于 d_n，且其半径之差的绝对值小于 d_a，则认为这两个圆为不同果实。

准则 6：2 个以上回归圆则进行两两比较，按准则 2~5 处理。

其中，准则 1 用于去除半径异常的回归圆，如噪声产生的过大和过小回归圆；准则 2 用于单果被遮挡分离而形成不同回归圆的判定；准则 3 用于自然分离或存在轻度重叠下的 2 个目标的判定；准则 4 用于去除因边缘异常而产生的大回归圆全部或部分嵌套小回归圆的情况；准则 5 用于存在中度或重度重叠下的 2 个目标的判定；准则 6 用于存在多个回归圆情况下目标的判定。

（4）**果实判定**　根据圆回归准则进行判定，判定为同 1 个圆的识别为 1 个果实，判定为多个圆的识别为多个果实。

5.2.4 图像获取

图像采集于 2011 年 10 月 11—12 日 10: 00—15: 00，在晴朗天气下进行，采集地点为山东试验苹果园。利用 Cannon G7 数码相机获取 123 幅图像，图像拍摄距离果树前端 0.6 m，图像分辨率为 640×480 像素。123 幅图像中存在单果因遮挡分离的有 58 个区域，存在多果因重叠覆盖的有 79 个区域。58 个遮挡分离区域中有 29 个区域分离为 2 个目标、18 个区域分离为 3 个目标、11 个区域分离为 4 个目标，79 个重叠覆盖区域中有 25 个为两果粘连、12 个为三果粘连、21 个为前后遮挡小于 25%、12 个为前后遮挡大于 25%且小于 50%、9 个为前后遮挡大于 50%。

5.2.5 圆回归参数设定

为了不至于将半径较大的苹果排除，通过在距离为 0.5 m（小于 0.6 m）的条件下拍摄无遮挡的普通成熟苹果，计算其拟合圆半径作为 R_{max}；由于成熟苹果树其冠层半径约 1.3 m，而由于遮挡等因素的存在，在用普通数码相机从一边能拍摄到的范围一般为其冠层中心位置，因此在距离为 1.9（0.6+1.3）m 的条件下拍摄无遮挡的普通苹果，计算其拟合圆半径作为 R_{min}；在距离为 0.6 m 的条件下拍摄 10 个无遮挡的普通成熟苹果，计算其拟合圆半径的平均值作为 R_{aver}，以 $2/3R_{aver}$ 作为 d_m，以 $5/3R_{aver}$ 作为 d_n，以 $1/2R_{aver}$ 作为 d_a。根据以上规则，得到 R_{max}、R_{min}、d_m、d_n 和 d_a 分别为 45、20、27、67 和 20。

5.2.6 判定结果分析

5.2.6.1 单果被遮挡分离的判定结果分析

判定结果如表 4-8 所示，随着分离目标的增多，其判定正确率也表现出下降趋势，但判定正确率均在 60%以上。分离为 2 个目标的判定正确率为 89.7%，3 个不能被正确判定的区域是因为遮挡部分较多，正常边缘偏短且边缘锯齿状明显导致拟合出的两个半径差异不大的小圆被当作两个目标处理。分离为 3 个目标的判定正确率为 72.2%，2 个不能被正确判定的区域的原因与分离为 2 个目标的相同，另外 3 个不能被正确判定的区域是因为遮挡严重，正常边缘过短导致不能拟合出正常的圆或拟合出的圆过小被剔除。分离为 4 个目标的判定正确率为 63.6%，4 个不能被正确判定的区域的原因与分离为 3 个目标的两种状况相同。

表 4-8 单果被遮挡分离下的判定结果

条件	实际区域数	判定正确区域数	判定正确率（%）
分离为 2 个目标	29	26	89.7
分离为 3 个目标	18	13	72.2
分离为 4 个目标	11	7	63.6

5.2.6.2 多果重叠覆盖下的判定结果分析

判定结果如表 4-9 所示。总体来说，粘连重叠情况下的判定正确率高于前后重叠情况下的判定正确率。两果粘连重叠下的判定正确率达到 92.0%，这是由于两果粘连时其重叠较少且两果基本处于同一平面，因此拟合出的圆其圆心间距较大且半径差异不大，容易被判定。三果粘连的判定正确率也达到了 83.3%，其原因与两果粘连类似，但将三果粘连分解为两两比较两果粘连时存在着被误判为两果的情况。两果前后重叠时，其重叠部分不同导致判定正确率差异较大，其中两果前后重叠在 25%~50%的情况下判定正确率为 41.7%，而在两果前后重叠＞50%的情况下判定正确率只有 33.3%。

表 4-9 多果因重叠覆盖下的判定结果

条件	实际区域数	判定正确区域数	判定正确率（%）
两果粘连重叠	25	23	92.0

（续表）

条件	实际区域数	判定正确区域数	判定正确率（%）
三果粘连重叠	12	9	83.3
两果前后重叠≤25%	21	17	81.0
两果前后重叠 25%～50%	12	5	41.7
两果前后重叠＞50%	9	3	33.3

进一步对两果前后重叠的情况进行分析，在重叠≤25%时，若前后距离较近，则其半径差异不大，因此容易被判定；不能被判定的 4 个区域是因为前后距离较远且后部的目标存在着遮挡，导致后部的目标不能被拟合或拟合出的圆过小被剔除（图 4-92a，c）。在重叠＞25%时，不能被判定的 13 个区域中，有 7 个是因为重叠部分过多导致圆心间距较小被误判为同一个目标（图 4-92b，d），其余 6 个是因为前后距离过远或正常边缘过短而无法拟合出后部的目标或拟合出的小圆半径过小被剔除。

图 4-92　判定错误示例（彩图见附录）

5.3　基于图像识别的富士苹果产量估测模型构建

5.3.1　图像获取

本研究以山东省试验苹果园中的 39 棵富士苹果树为试验对象，果树树形为篱壁形或近似篱壁形，树势和栽培管理措施基本一致，不存在严重病害的情况，成熟果实为红色。本试验选择在 2011 年 10 月 11—12 日 10: 00—15: 00 进行苹果果期数码照片的获取，此时苹果树长势良好，果实已摘袋并着色良好，与其他生长植被及树叶、树干等存在明显差异。利用 Cannon G7 相机从东南和西北两个方向获取图像，拍摄时相机保持同一焦距，尽可能把整株果树的所有果实都包含在图像中，且尽量将周围果树的果实排除在外。获取的图片格式为.jpg，分辨率为 800×600 像素。每株果树每个方向获取图像 2 幅，共获取图像 156 幅；从每株果树每个方向获取的 2 幅图像中选出效果较好的 1 幅，共选出 78 幅图像用于图像识别。

5.3.2 图像识别与果实特征参数提取

试验区的苹果着色良好，大部分为红色，与背景差别较大，因此采用基于颜色特征的图像识别，并统计识别出的果实数量及像素面积。图像处理使用 Matlab V7.0，其流程如图 4-93 所示。

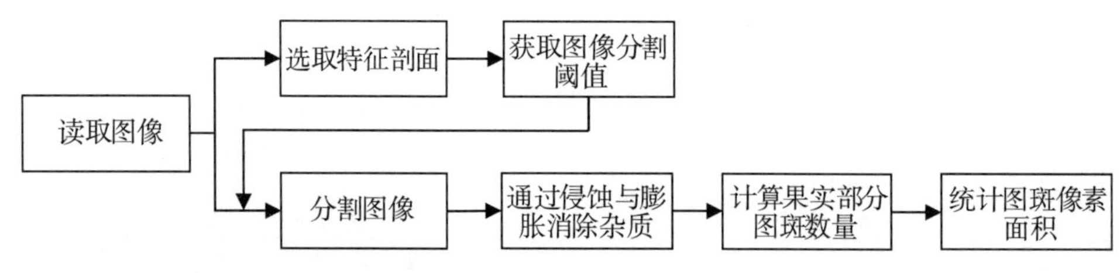

图 4-93 果实特征参数提取流程

由图 4-93 可知，整个图像识别与果实特征参数提取可分为 7 步，其中获取图像分割阈值是关系到图像分割效果的重要步骤。采用本章“5.1 自然环境下苹果区域提取”所述的基于混合颜色空间的成熟期苹果识别方法进行图像分割和形态学滤波处理。对于分割和滤波处理的图像，通过采用本章“5.2 基于圆拟合分析的单果识别”进行单果识别判定并进行果实数量统计；通过 Matlab V7.0 提供的 bwlabel 方法计算识别图斑数量，采用如下公式计算识别出的图斑像素面积：

$$AreaF = 800 \times 600 \times PerF \tag{4-32}$$

式中：*AreaF* 为识别出的图斑像素面积；*PerF* 为识别出的图斑部分占整个图片的百分比。

5.3.3 单株产量信息获取

于 2011 年 10 月 13—25 日进行试验果园采收，在采收时，由果园管理人员按株记录每次采收的果实重量；采收完成后，统计每次采收的重量，得到各株产量。

5.3.4 苹果单株产量估测模型构建

将 39 株果树按产量由小到大进行排列，从 1 到 39 顺序对各果树进行编号。由于数据量限制，为了更好地构建模型，采用轮巡方式对 39 组数据进行 3 次建模和验证，每次建模数据采用 26 组、验证数据采用 13 组。3 次建模的数据处理如表 4-10 所示。

表 4-10　轮巡建模数据处理

模型组别	建模数据			验证数据		
	编号	平均产量（kg）	标准偏差（kg）	编号	平均产量（kg）	标准偏差（kg）
第 1 次建模	1、2、4、5、7、8、10、11、13、14、16、17、19、20、22、23、25、26、28、29、31、32、34、35、37、38	57.27	14.64	3、6、9、12、15、18、21、24、27、30、33、36、39	59.08	14.85
第 2 次建模	2、3、5、6、8、9、11、12、14、15、17、18、20、21、23、24、26、27、29、30、32、33、35、36、38、39	58.53	14.81	1、4、7、10、13、16、19、22、25、28、31、34、37	56.56	14.48
第 3 次建模	1、3、4、6、7、9、10、12、13、15、16、18、19、21、22、24、25、27、28、30、31、33、34、36、37、39	57.82	14.72	2、5、8、11、14、17、20、23、26、29、32、35、38	57.98	14.76

从第 1 次建模的数据来看，建模数据和验证数据的平均产量分别为 57.27 kg 和 59.08 kg，标准偏差分别为 14.64 kg 和 14.85 kg，表现相似的数据分布特征。第 2 次建模数据和第 3 次建模数据与第 1 次建模数据的分布特征较为一致。

采用线性回归构建苹果产量估测模型。采用决定系数（R^2）、相对均方根误差（Relative Root Mean-Squared Error，RRMSE）进行模型评价，其中 R^2 越大表明模型越好，而 *RRMSE* 越小则表明模型的估测效果越好。其中 *RRMSE* 的计算公式如下：

$$RRMSE = \frac{\sqrt{\frac{1}{N}\sum_{i=1}^{N}(Y_i - {}'Y_i)^2}}{\sqrt{\frac{1}{N}\sum_{i=1}^{N}(Y_i - \bar{Y})^2}} \tag{4-33}$$

式中：N 为样本数；Y_i 为第 i 个样本的实际值（kg）；$'Y_i$ 为第 i 个样本的估测值，kg；$\bar{Y}$ 为样本预测值的平均值（kg）。

5.3.5　结果分析

分别以从东南方向识别出的果实数量、从西北方向识别出的果实数量、从两个方向识别出的果实数量之和、从东南方向识别出的图斑像素面积、从西北方向识别出的图斑像素面积、从两个方向识别出的图斑像素面积之和为自变量，以单株果树产量为因变量进行回归分析，3 次建模共建立 18 个模型（图 4-94 至图 4-96）。评价结果如表 4-11 所示。

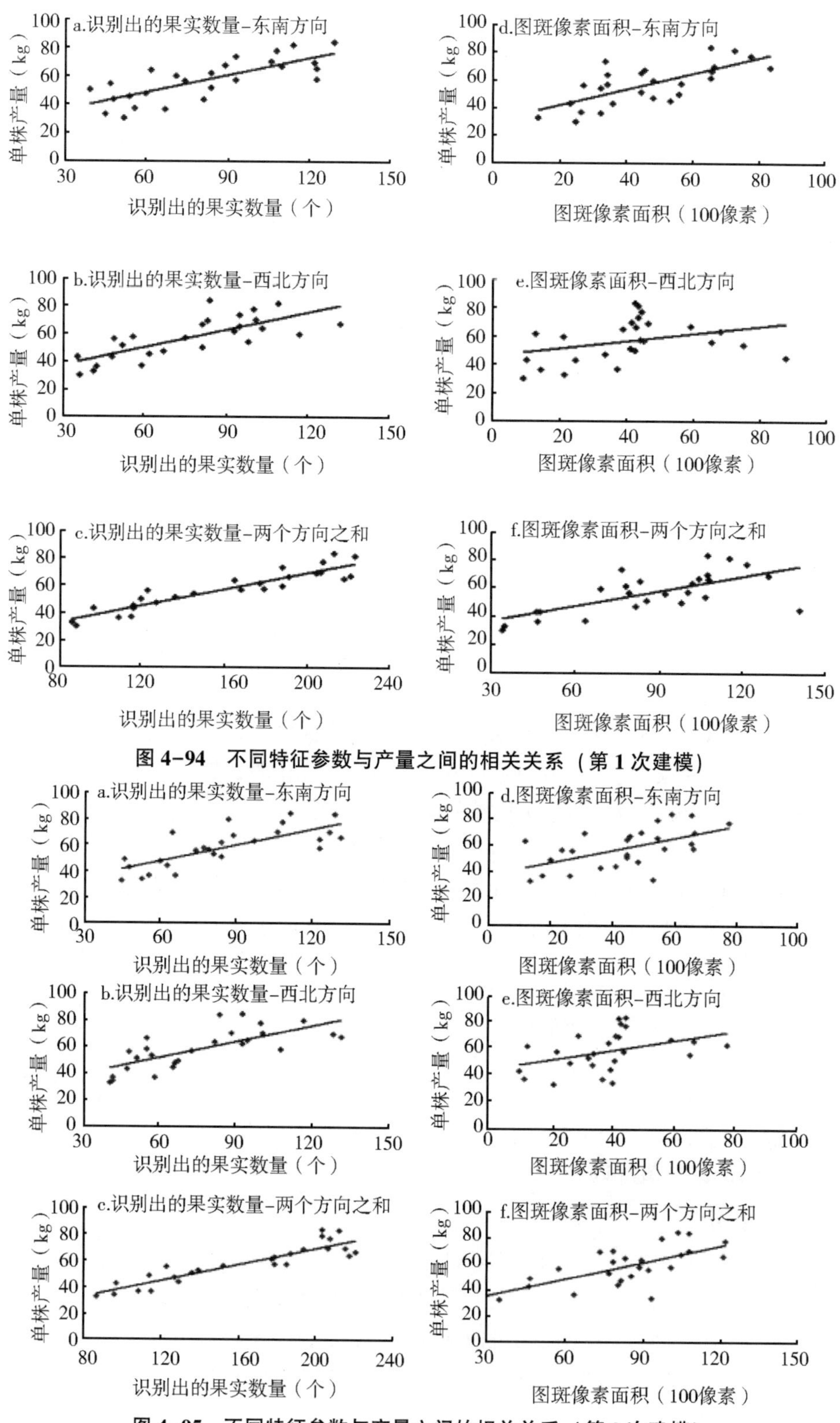

图 4-94　不同特征参数与产量之间的相关关系（第 1 次建模）

图 4-95　不同特征参数与产量之间的相关关系（第 2 次建模）

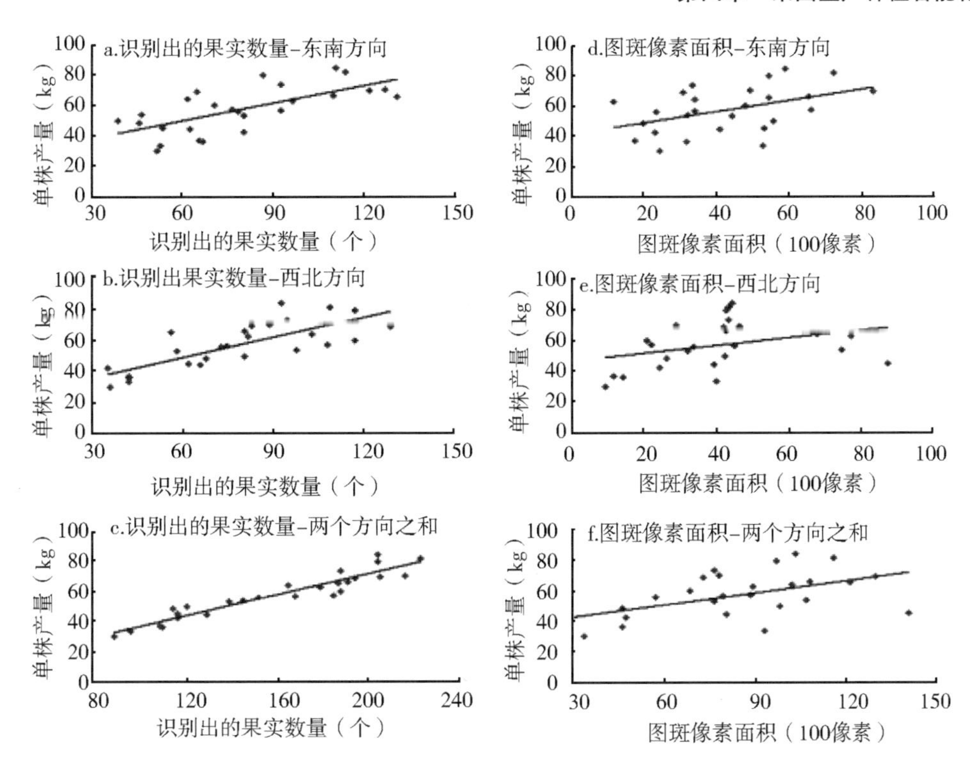

图 4-96　不同特征参数与产量之间的相关关系（第 3 次建模）

表 4-11　不同模型评价结果

模型组别	参数	拟合方程	R^2	*RRMSE*
第 1 次建模	识别出的果实数量-东南方向	$Y=0.408x+23.774$	0.591	0.831
	识别出的果实数量-西北方向	$Y=0.422x+24.889$	0.582	0.847
	识别出的果实数量-两个方向之和	$Y=0.305x+8.915$	0.862	0.401
	图斑像素面积-东南方向	$Y=0.575x+30.591$	0.510	0.980
	图斑像素面积-西北方向	$Y=0.258x+46.816$	0.115	2.771
	图斑像素面积-两个方向之和	$Y=0.356x+26.383$	0.474	1.053
第 2 次建模	识别出的果实数量-东南方向	$Y=0.418x+23.009$	0.580	0.851
	识别出的果实数量-西北方向	$Y=0.409x+27.065$	0.538	0.928
	识别出的果实数量-两个方向之和	$Y=0.309x+8.538$	0.834	0.446
	图斑像素面积-东南方向	$Y=0.473x+37.824$	0.323	1.447
	图斑像素面积-西北方向	$Y=0.371x+44.271$	0.161	2.283
	图斑像素面积-两个方向之和	$Y=0.427x+23.411$	0.477	1.047

（续表）

模型组别	参数	拟合方程	R^2	*RRMSE*
第 3 次建模	识别出的果实数量-东南方向	$Y=0.385x+26.930$	0.464	1.075
	识别出的果实数量-西北方向	$Y=0.431x+23.987$	0.598	0.819
	识别出的果实数量-两个方向之和	$Y=0.345x+3.131$	0.894	0.345
	图斑像素面积-东南方向	$Y=0.372x+41.845$	0.206	1.961
	图斑像素面积-西北方向	$Y=0.246x+47.699$	0.109	2.859
	图斑像素面积-两个方向之和	$Y=0.270x+35.171$	0.269	1.649

由表 4-11 可以看出，以识别出的果实数量为特征参数的模型其相关性好于以图斑像素面积为特征参数的模型，3 次建模均表现出这样的特征。以识别出的果实数量一两个方向之和构建的产量估测模型的相关系数最高，3 次建模的 R^2 分别为 0.862、0.834、0.894。而以西北方向识别出的图斑像素面积为特征参数构建的产量估测模型，其 R^2 最低，3 次建模的 R^2 分别为 0.115、0.161、0.109。

进一步用 *RRMSE* 对不同模型进行评价，结果显示，以识别出的果实数量为特征参数的模型其 *RRMSE* 均小于相同条件下以图斑像素面积为特征参数的模型，这说明以识别出的果实数量为特征参数的模型其估测效果好于以图斑像素面积为特征参数的模型，这与通过 R^2 评价的结果是一致的。在 3 次建模的以识别出的果实数量为特征参数的 9 个模型中，以东南方向和西北方向识别出的果实数量之和为特征参数的模型，其估测效果最好，3 次建模 *RRMSE* 分别为 0.474、0.340 和 0.427。这是因为果树自然生长的特性，其在不同方向的结果率存在较大差异，以单方向识别出的果实数量为特征参数构建整株果树产量的模型，存在着估测结果偏高或偏低。比较以东南方向识别出的果实数量为特征参数的模型和以从西北方向识别出的果实数量为特征参数的模型的估测效果，在第 1 次建模和第 2 次建模中前者均好于后者，这可能与从东南方向获取图像时大部分时间处于顺光或侧顺光，有利于提高成熟果实的识别率有关。

5.3.6 模型验证

根据模型构建过程的估测效果分析，采用估测效果最好的图斑像素面积两个方向之和为特征参数对 3 次建立的模型进行验证。3 次模型的估测产量平均值分别为 58.33 kg、56.60 kg、59.02 kg，*RRMSE* 分别为 0.474、0.340、0.427，估测结果较好，实际产量与估测产量的比较如图 4-97 所示。

由图 4-97 可知，虽然估测产量变化趋势与实际产量变化趋势基本一致，但也存在估测产量较大波动的情况。在第 1 次建模验证中，估测产量高于实际产量的果树有 6 株，其中编号为 21 的果树偏差最大，为 7.34 kg；估测产量低于实际产量的果树有 7 株，其中编号为 39 的果树偏差最大，为 13.57 kg。在第 2 次建模验证中，估测产量高于实际产量的果树有 7 株，其中编号为 22 的果树偏差最大，为 6.40 kg；估测产量低于实际产量的果树有 6 株，其中编号为 34 的果树偏差最大，为 7.28 kg。在第 3 次建模验

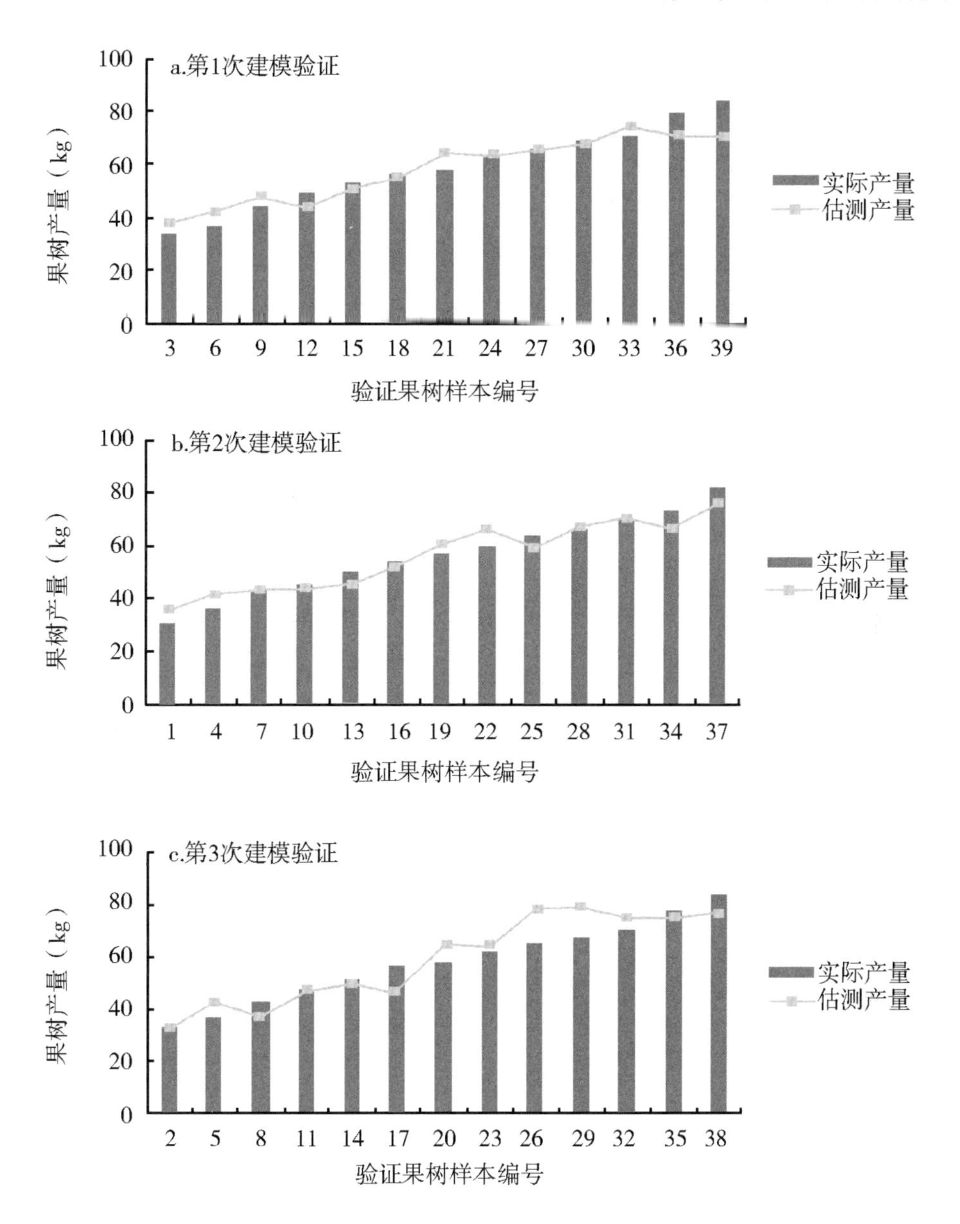

图 4-97　实际产量与估测产量比较

证中，估测产量高于实际产量的果树有 6 株，其中编号为 26 的果树偏差最大，为 13.00 kg；估测产量低于实际产量的果树有 7 株，其中编号为 17 的果树偏差最大，为 10.70 kg。

5.3.7　误差分析

通过对成熟期苹果的识别，利用识别出的两个方向果实数量之和为特征参数构建富士苹果产量估测模型，其效果较好，但也存在着偏大或偏小的情况，这种情况主要是由以下 2 个方面引起的。

首先，对于估测产量高于实际产量，一方面，可能是因为单个果实存在被树叶或枝干遮挡的情况，在这种情况下进行识别时单个果实可能被识别为多个图斑，采用本章“5.2 基于圆拟合分析的单果识别”的圆拟合方法虽然在一定程度上能区分遮挡情况，但对于遮挡较为严重的情况不能很好判定，导致单个果实可能被判定为多个果实；另一方面，从两个方向采集识别出的总图斑数量存在重复计算的情况，特别是在果树中间位置，这种现象较为明显；这两种情况导致识别出的果实数量增加，从而引起估测产量偏高的情况。

其次，对于估测产量低于实际产量，一方面，可能是因为多个果实存在复杂的重叠或粘连现象导致其被识别为一个果实；另一方面，由于果实遮挡得过于厉害，识别出的果实图斑面积过小，导致图斑被当作杂质腐蚀掉。另外，即使从两个方向进行图斑识别，也存在较多被遮挡的果实，也会导致识别出的图斑数量小于实际果实数量。这些情况在果实较多的情况下更容易发生。

6 采前果实品质预测

6.1 利用高光谱相机获取采前猕猴桃果实光谱数据

高光谱技术将影像技术与光谱技术合二为一，通过图像信息可以判断待测对象的大小、形状等外部品质；通过光谱信息则可以判断待测对象成分、含量等内部品质，在农产品无损检测方面有重要意义。

试验对象为贵长和金桃两个品种猕猴桃。贵长猕猴桃试验区地形为相对平缓的山坡，园区果树树龄约 8 年，试验当年（2021 年）没有出现异常气候，为猕猴桃生长正常年份。金桃猕猴桃试验区位于河南省南阳市西峡县丁河镇丁河村，该基地所处地势平坦，果树种植较为规范，但由于试验当年（2022 年）当地气候较为干旱，猕猴桃发育程度存在一定的不均一性。

使用 Rikola 便携式高光谱成像仪（北京德中天地）等仪器设备（表 4-12）进行数据采集，采集装置如图 4-98a 所示。

表 4-12 试验仪器

仪器设备	品牌	型号	关键技术指标	用途
高光谱成像仪	北京德中天地	Rikola	拍摄光谱范围 500~900 nm；最大波段数 380 个；图像分辨率 100 万像素（1 000×1 000）	采集高光谱图像数据
相对辐射传感器	北京德中天地	Rikola		为高光谱成像仪提供辐亮度校正
标准漫反射白板	广州景颐光电	JY-WS1	各波段光谱反射率 99%以上	高光谱图像数据校正，消除不同光照影响

（续表）

仪器设备	品牌	型号	关键技术指标	用途
三脚支架	思锐	R2004	三脚支架及托盘	为高光谱成像仪提供支撑稳定平台
笔记本电脑	微星	GL63-8RE	CPU：Core i7-8750H GPU：Geforce GTX1060	控制高光谱成像仪采集数据、处理数据
果实品质无损检测仪	北京阳光亿事达	H100-C	检测波段范围 650~950 nm；检测精度±0.5%	测量采前猕猴桃干物质含量及可溶性固形物含量

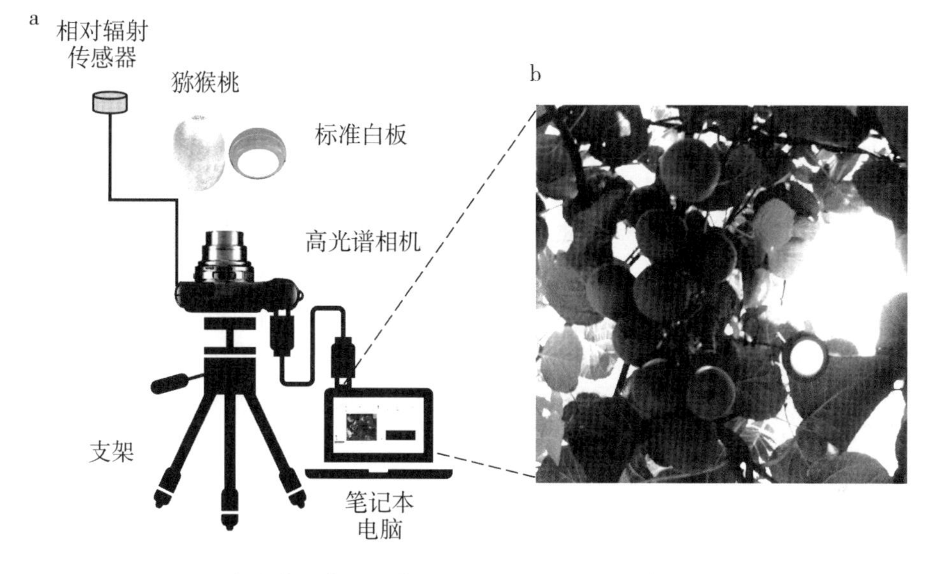

图 4-98　高光谱图像采集装置（a）及采前猕猴桃高光谱图像（b）

数据采集方法具体如下。

（1）**采样点选取**　为提高数据采集效率，应尽量使相机视野尽量覆盖数量更多的果实，因此，数据采集选择在果园内果实数量相对密集的点位进行；同时，为尽量减少因自然条件或人为失误导致的光谱图像采集效果不佳，对每个采样点均进行多次拍摄。

（2）**拍摄准备**　确定采样点后，搭建高光谱图像采集装置。将 Rikola 高光谱成像仪连接电池、相对辐射传感器，并通过数据线与安装有高光谱相机操控软件 Rikola HSI 的笔记本电脑连接；将三脚支架组装好后，置于果实下方，调整相机水平角度，使其与猕猴桃果实垂直；将相对辐射传感器置于可以直接受到太阳光照的位置，以保证高光谱相机采集数据的准确性。

（3）**光谱数据采集**　尽量选择光照条件良好的时间进行拍摄，以减少不同光照条件对数据产生的影响，综合考虑采样地环境及天气条件后，贵长猕猴桃的数据采集时间选定为 13:00—16:00，金桃猕猴桃数据采集时间选定为 9:00—11:00 及 13:00—16:00。高光谱图像采集装置搭建完成后，在 Rikola HIS 软件中设置光谱采集范围 500~900 nm，波长间隔 2 nm，贵长猕猴桃共采集了 193 个光谱波段，金桃猕猴桃共采集了 195 个光谱波段。首先用黑板完全覆盖高光谱相机镜头，采集黑板数据以供高光谱相机进行暗电流校正，再采集猕猴桃果实高光谱数据及标准漫反射白板高光谱数据。从采集的贵长猕猴桃原始高光谱图像数据中，最终选取了 8 幅高光谱图像，共 42 个猕猴桃样本；金桃猕猴桃两次光谱数据采集最终分别选取了 14 幅、7 幅高光谱图像及 104 个、66 个猕猴桃样本，图 4-98b 为其中一幅采前猕猴桃样本果实的原始高光谱图像。

（4）**品质指标数据采集**　为实现试验全程的果实无损测量，在光谱图像采集结束后，使用 H100-C 果实品质无损测定仪，测定采前果实干物质含量及可溶性固形物含量，并与对应果实匹配记录，作为果实品质指标的实测值，用于后续预测模型的构建及模型预测效果验证。

6.2　高光谱数据的处理

6.2.1　白板校正

Rikola 高光谱成像仪在采集待测对象的高光谱数据时，会根据首先拍摄的黑板数据自动进行暗电流校正，生成包含辐亮度信息的高光谱图像数据。由于自然光照条件的不稳定，原始辐亮度数据对物质含量的反映会存在一定偏差，因此，需要通过各波段反射率均在 99%以上的标准漫反射白板进行数据校正，即将辐亮度数据校正后，转换为光谱反射率数据。白板校正通过 ENVI 5.3 完成，在包含标准白板的高光谱图像中，选择白板部分 10 个以上像素点，将白板像素点在各波段的辐亮度值与已知的相应波段下的反射率相匹配，进而对图像中其他像素点在各波段的反射率进行校正，计算公式为：

$$R=\frac{R_w}{L_w}\times L \tag{4-34}$$

式中：R 为待计算像素点的反射率；R_w 为白板反射率；L_w 为白板像素点辐亮度值；L 为待计算像素点辐亮度值。

原始的高光谱图像经白板校正后，消除了光照条件不稳定对数据造成的影响，同时获取了包含光谱反射率信息的高光谱图像数据，以进行后续分析。

6.2.2　果实光谱数据提取

经过白板校正的高光谱图像，每个像素点均包含了其在不同波段的光谱反射率信息。因此，需要从整幅图像中提取猕猴桃样本果实的光谱反射率数据。样本果实光谱数据提取通过 ENVI 进行，将校正后高光谱图像中猕猴桃果实部分选取为感兴趣区域（Region of Interest，ROI），并计算该 ROI 内所有像素点在各波段的光谱反射率的平均值，以获取整个 ROI 区域在各波段的光谱反射率均值，将其与对应样本果实匹配，作为采前猕猴桃样本果实的原始光谱反射率数据。

6.2.3　多元散射校正

高光谱相机采集的数据，易受到光散射及基线漂移的影响，因此需对原始光谱反射率数据进行处理。多元散射校正（Multiplicative Scatter Correction，MSC）是一种多变量散射校正技术，通过理想光谱来消除样品散射所导致的基线漂移现象，能够提高光谱数据的信噪比，使其包含更多与待测成分或含量相关的光谱信息。

MSC 的处理步骤具体如下。

（1）**获取理想光谱**　在实际应用中，理想光谱通常是无法确定、获得的，因此，本研究在 MSC 处理过程中，首先计算全部样本果实在各光谱波段的光谱平均值，并将其作为该次采样的理想光谱，以进行后续计算：

$$\bar{A}_{i,j}=\frac{\sum_{i=1}^{n}A_{i,j}}{n} \tag{4-35}$$

式中：i 为样本果实；j 为光谱波段；$A_{i,j}$为样本果实在各光谱波段的光谱值；n 为样本果实个数；$\bar{A}_{i,j}$ 为样本果实在各光谱波段的平均值。

（2）**计算偏移量**　将原始高光谱数据与理想光谱进行一元线性回归，求取倾斜偏移量和线性平移量：

$$A_i=m_i\bar{A}_{i,j}+b_i \tag{4-36}$$

式中：A_i为各待测样本的光谱值；m_i、b_i分别为求取的倾斜偏移量和线性平移量。

（3）**校正数据**　先用样本果实原始高光谱数据与线性平移量作差，以去除线性平移，再计算去除线性平移后的结果与倾斜偏移量的比值，便得到经 MSC 校正后的样本果实高光谱数据：

$$\bar{A}_i=\frac{(A_i-b_i)}{m_i} \tag{4-37}$$

式中：$\bar{A}_i$ 为经 MSC 处理后的样本果实高光谱数据。

经 MSC 处理后的高光谱数据，作为样本果实光谱反射率数据，用于后续特征波段提取及干物质含量预测模型的建立和验证。

6.2.4　样本数据划分

通过随机数排序方法，将所采集的全部样本果实划分为训练集与测试集。利用训练集样本果实进行特征波段提取及预测模型的构建，利用测试集对模型的预测效果进行验证。

6.2.5　特征光谱波段提取

特征光谱波段提取的主要目的是对高维光谱数据进行降维，从而解决高光谱信息数据量大、冗余性强等问题。为获取反映采前猕猴桃品质指标的特征光谱波段，本研究使用竞争性自适应重加权（Competitive Adaptive Reweighted Sampling，CARS）、移动窗口偏最小二乘（Moving Window Partial Least Square，MWPLS）、蒙特卡罗无信息变量消除（Monte Carlo Uninformative Variables Elimination，MCUVE）、随机青蛙（Random Frog，RF）4 种不同的特征波段提取方法，从经 MSC 处理后的光谱数据中，提取样本果实品质指标的特征光谱波段。提取后，利用不同方法提取的波段分别进行建模预测，对比并选取预测效果最好的方法，并将该方法提取的波段，作为反映该项品质指标的特征光谱波段。

6.2.6　预测模型建立方法

采前猕猴桃果实的光谱数据经白板校正、MSC 处理、数据划分、特征波段提取后，采用偏最小二乘回归法进行建模预测。偏最小二乘法通过求取最小误差平方和来寻找一组数据的最优函数匹配方法，结合了主成分分析（Principal Component Analysis，PCA）、典型相关分析（Canonical Correlation Analysis，CCA）、多元线性回归（Multiple Linear Regression，MLR）3 种方法的优点。PCA 方法中，只针对光谱矩阵 X 进行分析，忽略了对成分浓度矩阵 Y 的分析，PLS 方法实现了对光谱矩阵 X 和成分浓度矩阵 Y 同时进行主成分分析，同时使分别从 X 和 Y 提取出的主成分之间的相关性最大化，建立自变量的潜变量关于因变量的潜变量的线性回归模型，间接反映自变量与因变量之间的关系。PLS 方法可以在样本变量多重相关性高的情况下对光谱数据进行建模分析，已经成为光谱分析中常用的建模方法。

6.3　采前猕猴桃干物质含量预测

干物质含量是反映猕猴桃成熟度的重要指标，直接决定了猕猴桃采后可以达到的最终品质，确定采前果实干物质含量对判定果实发育情况有重要意义。本小节基于预处理后的光谱数据，通过不同方法分别提取最能反映贵长猕猴桃、金桃猕猴桃干物质含量的特征光谱波段，再利用 PLS 方法对果实干物质含量进行预测，以此实现通过高光谱技术预测采前猕猴桃的干物质含量。同时，为了验证不同品种猕猴桃间光谱波段的通用性，使用贵长猕猴桃干物质含量特征波段对金桃猕猴桃干物质含量进行了预测。具体流程如图 4-99 所示。

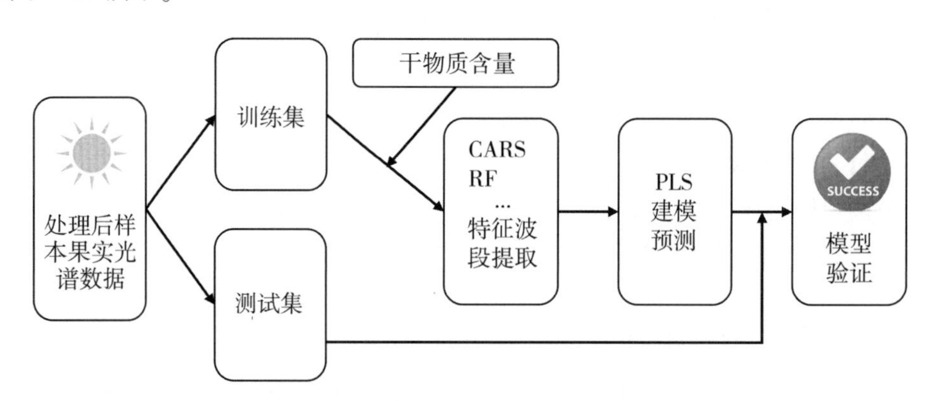

图 4-99　采前猕猴桃干物质含量预测流程

不同品种猕猴桃干物质含量预测流程相似，仅在预测结果上存在差别，因此以贵长猕猴桃干物质含量预测流程为例进行说明。

6.3.1　贵长猕猴桃样本数据划分

从贵长猕猴桃采前果实高光谱图像中，共提取了 42 个样本果实。通过随机数排序方法，将其中 30 个划分为训练集，12 个划分为测试集。

6.3.2　贵长猕猴桃干物质含量特征光谱波段提取

分别使用 4 种不同的方法，对经预处理后的贵长猕猴桃训练集样本果实进行干物质含量特征波段提取，提取结果如图 4-100 所示。

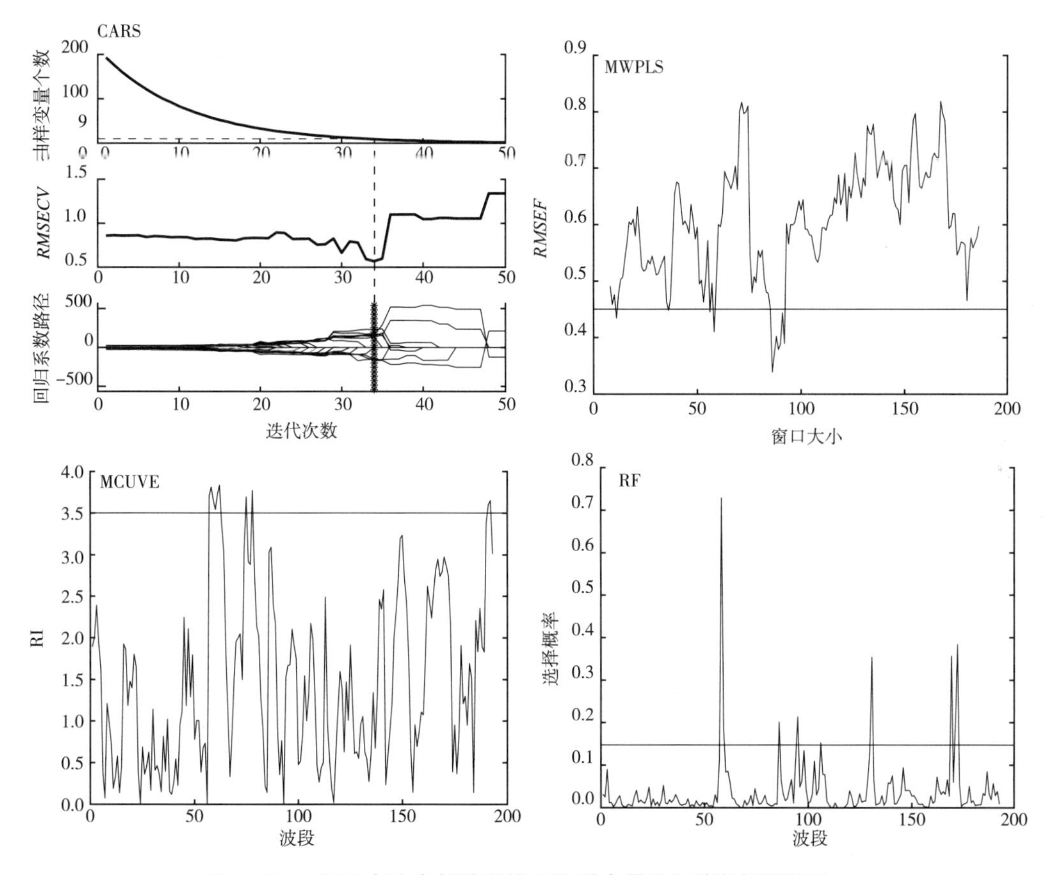

图 4-100　不同方法贵长猕猴桃干物质含量特征波段提取结果

注：MWPLS 方法中，*RMSEF* 越低，对应波段重要性越高，MCUVE 方法中，RI 越高，对应波段重要性越高，RF 方法中，选择概率越高，对应波段重要性越高。

CARS 方法的结果图中，随着迭代次数的增加，剩余波段数量从 193 个不断减少，观察 *RMSECV* 在第 34 次计算时达到最小值（图中星形竖线对应处），此时剩余 9 个波段，将这 9 个波段作为 CARS 方法提取的特征波段；MWPLS 方法中，根据总的波段数量，将窗口大小设置为 15，结果图中曲线代表随着窗口位置在光谱上的移动，对应的 *RMSEF* 变化情况，以尽量选取相近数量的特征波段为原则，将 *RMSEF* 在 0.45 以下（图中横线对应处）时对应的 11 个波段，作为 MWPLS 方法提取的特征波段；MCUVE 方法的结果图中，以相同原则将 RI 值在 3.5 以上（图中横线对应处）时对应的 10 个波段，作为 MCUVE 方法提取的特征波段；RF 方法中，同上将选择概率大于 0.15（图中横线对应处）的波段进行提取，共提取了 9 个特征波段。特征波段提取结果如表 4-13 所示。

表 4-13　贵长猕猴桃干物质含量特征波段提取结果

方法	波长（nm）										
CARS	620.59	622.60	765.09	807.05	809.08	858.86	871.19	884.87	899.31		
MWPLS	524.75	574.87	614.82	620.59	686.54	689.43	691.38	693.41	695.39	697.38	699.45
MCUVE	619.21	620.59	622.60	624.53	627.06	629.03	665.09	671.14	897.22	899.31	
RF	620.59	622.60	686.54	704.71	726.68	777.28	852.64	856.80	858.86		

将 4 种方法提取的波段分别在全部样本果实的平均光谱曲线上进行标注，如图 4-101所示。在特征波段分布上，在 600～700 nm 及 800～901.34 nm 特征波段分布数量较多，而在 504.78～600 nm 及 700～800 nm 特征波段分布数量较少，其中，620.59 nm、622.60 nm、686.54 nm、858.85 nm、899.31 nm 这 5 个波段同时被两个或以上的特征波段提取方法选为特征波段；此外，4 种方法均提取 620.59 nm 及邻近的波段作为特征波段，但部分方法在特定的波长区域提取的特征波段较多，如 MWPLS 方法将 686.54～699.45 nm 全部选为特征波段，MCUVE 方法在 619.21～629.03 nm 选择了过多的特征波段，使得这两种方法提取的特征波段可能存在一定的冗余情况；CARS 方法及 RF 方法提取的特征波段则相对均匀地分布在整个光谱曲线上，冗余情况相对较少。

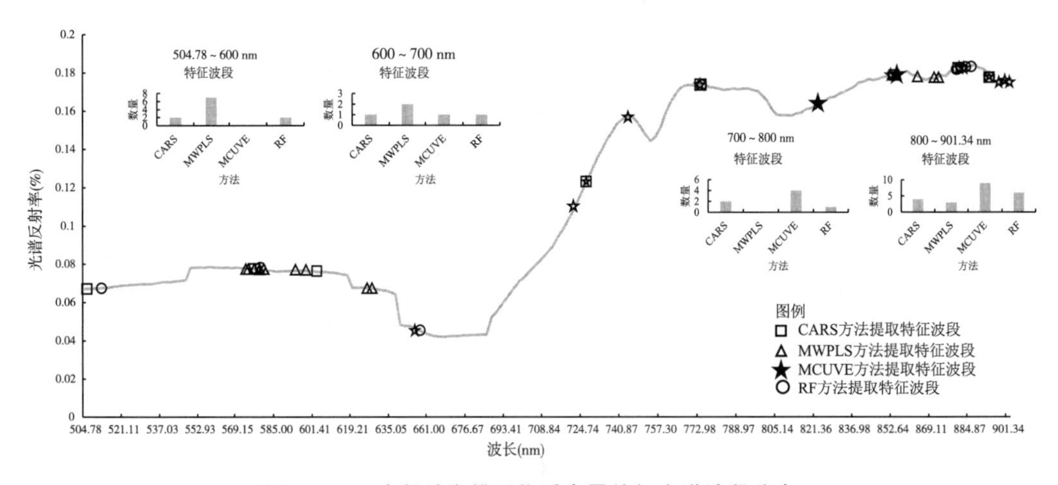

图 4-101　贵长猕猴桃干物质含量特征光谱波段分布

6.3.3　贵长猕猴桃干物质含量预测模型构建及预测结果分析

把 4 种方法所提取的特征波段所对应的经 MSC 处理后的光谱反射率以及对应的样品果实干物质含量作为输入量，使用 PLS 方法对样品果实干物质含量进行建模预测；同时，为研究重合特征波段用于预测的准确性，将 5 个同时被两个或以上方法提取的特征波段一起加入建模。对不同方法提取的特征波段的预测结果进行比较，选择预测效果最好的方法，然后利用测试集对预测结果进行验证。

6.3.3.1　训练集预测结果

将训练集30个样本果实光谱数据的全光谱波段以及4种方法提取的特征波段分别输入PLS模型进行预测，结果如表4-14所示。

表4-14　贵长猕猴桃干物质含量训练集预测结果

方法	R^2	*RMSE*
全光谱波段	0.917 4	0.419 4
CARS	0.945 2	0.341 5
MWPLS	0.865 2	0.535 6
MCUVE	0.819 9	0.619 2
RF	0.937 6	0.366 9
重合特征波段	0.799 2	0.653 7

在全部6种方法中，使用全光谱波段进行PLS建模预测结果的R^2为0.917 4，*RMSE*为0.419 4，模型已经显示出较好的预测效果。在4种方法提取特征波段的预测结果中，CARS方法及RF方法所提取的特征波段，在PLS模型的预测效果超过了全光谱波段，其中使用CARS方法的预测效果最佳，预测模型R^2达到0.945 2，*RMSE*为0.341 5；使用RF方法的预测模型R^2和*RMSE*也分别达到0.945 2及0.341 5，显示出对样本果实干物质含量较好的预测性能；MWPLS方法及MCUVE方法所提取的特征波段由于冗余性较大，无法较好地反映猕猴桃果实的干物质含量，因此模型预测效果不佳；重合特征波段的预测效果在所有方法中表现最差，说明将不同方法提取的特征波段进行组合，无法提高预测准确性。计算结果表明，通过CARS方法提取贵长猕猴桃干物质含量特征光谱波段，可以在极大减少波段数量、提高预测效率的同时，保证模型预测的准确性。

6.3.3.2　测试集预测结果

基于前述对预测结果的分析，选择CARS方法提取的620.59 nm、622.60 nm、765.09 nm、807.05 nm、809.08 nm、858.86 nm、871.19 nm、884.87 nm、899.31 nm 9个波段，作为反映贵长猕猴桃果实干物质含量的特征波段，对测试集12个样本果实进行特征波段提取后，利用PLS模型进行预测。预测模型的R^2为0.938 6，*RMSE*为0.266 0。计算结果表明，通过CARS方法进行特征波段提取，可以在极大减少波段数量、提高预测效率的同时，保证模型预测的准确性。图4-102显示了部分样本果实预测值与实测值的差异，图中果实区域颜色代表了该果实的干物质含量，图中数字代表了预测值与实测值的差值（预测值－实测值）。

6.3.4　金桃猕猴桃干物质含量预测结果

对金桃猕猴桃原始数据进行处理后，利用PLS模型进行预测。预测模型的R^2为0.851 8，*RMSE*为0.503 1，预测结果体现了模型较好的性能，其中，通过RF方法进

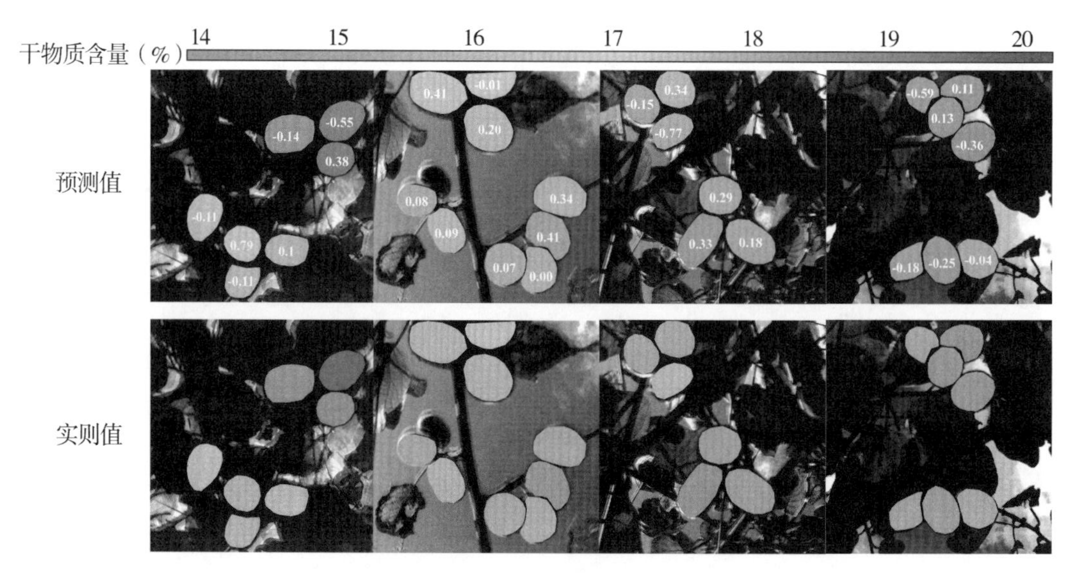

图 4-102　采前贵长猕猴桃干物质含量预测效果（彩图见附录）

行特征波段提取，能够在减少特征波段数量的同时，保证模型预测的准确性。图 4-103 显示了部分样本果实预测值与实测值的差异，图中果实区域颜色代表了该果实的干物质含量，图中数字代表了预测值与实测值的差值（预测值－实测值）。

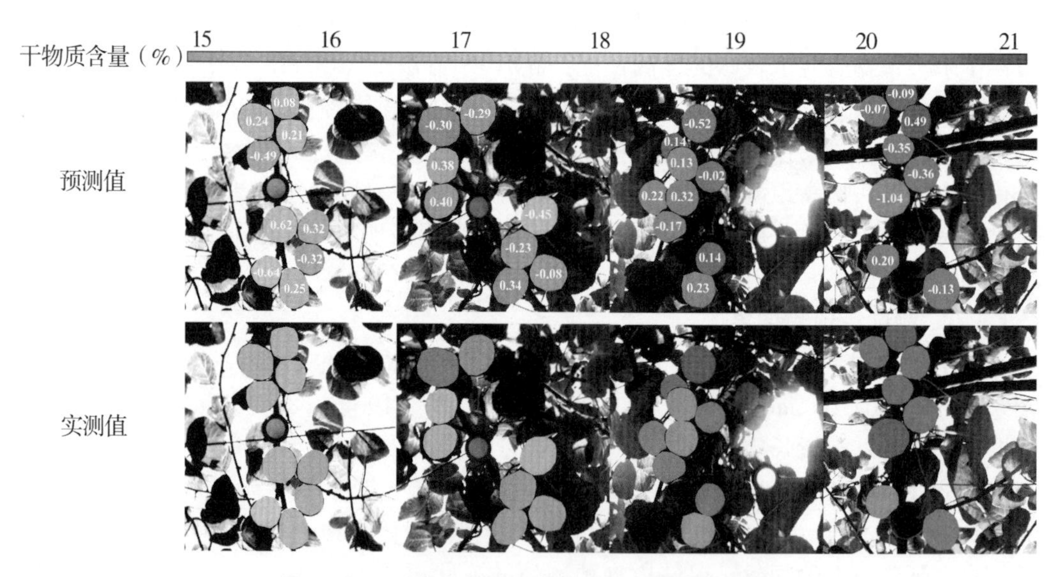

图 4-103　采前金桃猕猴桃干物质含量预测效果

6.4　采前猕猴桃可溶性固形物含量预测

可溶性固形物含量是反映猕猴桃品质的重要指标。通常来说，在猕猴桃没有腐坏的情况下，可溶性固形物含量越高，果实甜度越高，酸度、淀粉感越低。确定采前果实可溶性固形物含量，对判定果实是否采收有重要意义。本节基于预处理后的光谱数据，通过不同方法提取最能反映贵长猕猴桃可溶性固形物含量的特征光谱波段，再利用 PLS 方法对果实干物质含量进行预测，以此实现通过高光谱技术预测采前猕猴桃的可溶性固形物含量，具体流程如图 4-104 所示。

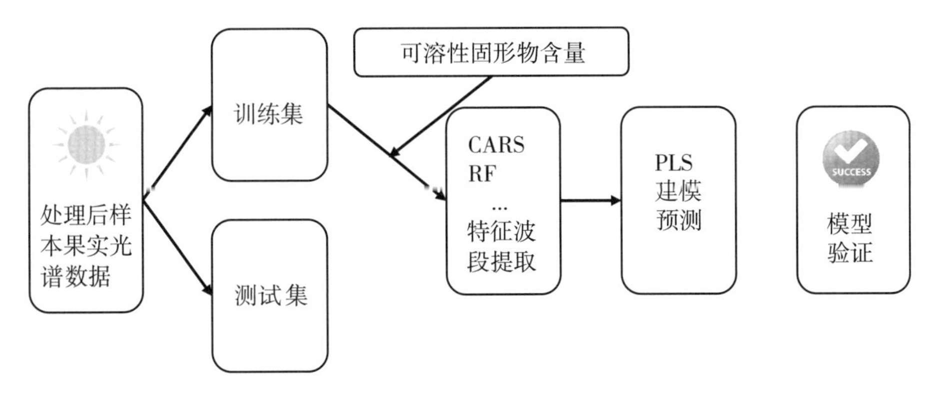

图 4-104　采前贵长猕猴桃可溶性固形物含量预测流程

6.4.1　贵长猕猴桃可溶性固形物含量特征光谱波段提取

分别使用 4 种不同的方法，对经预处理后的贵长猕猴桃训练集样本果实进行可溶性固形物含量特征波段提取，提取结果如图 4-105 所示。

分别利用 CARS、MWPLS、MCUVE、RF 4 种方法，采用同干物质含量预测中相同的波段提取原则，对经预处理后的贵长猕猴桃训练集样本果实进行干物质含量特征波段提取。其中，CARS 方法共提取 9 个特征波段，MWPLS 方法选择 *RMSEF* 在 0.97 以下时对应的 12 个特征波段，MCUVE 方法选择 RI 在 1.6 以上时对应的 14 个波段，RF 方法提取了选择概率大于 0.09 的 10 个特征波段。特征波段提取结果如表 4-15 所示。

表 4-15　贵长猕猴桃可溶性固形物含量特征波段提取结果

方法	波长（nm）									
CARS	504.78	578.57	603.50	728.61	775.16	854.72	878.56	880.65	893.15	
MWPLS	574.87	576.77	578.57	581.30	583.16	594.64	599.44	627.06	629.03	862.95
	871.19	873.31								
MCUVE	655.07	722.84	728.61	745.08	775.16	825.40	854.72	858.86	878.56	880.65
	893.15	897.22	899.31	901.34						
RF	511.07	578.57	656.84	775.16	854.72	878.56	880.65	882.81	884.87	893.15

将 4 种方法提取的波段分别在全部样本果实的平均光谱曲线上进行标注，如图 4-106 所示。不同方法所提取的特征光谱波段大多分布在光谱曲线的两端，即 504.78～600 nm 以及 800～901.34 nm，光谱曲线中间部分提取的特征波段数量相对较少；在 854.72～901.34 nm，特征光谱波段分布较为密集，总体来说，除 CARS 方法外，其他方法提取的特征波段均有在特定的波段区间选取了数量较多的特征波段的问题，可能导致一定的冗余。

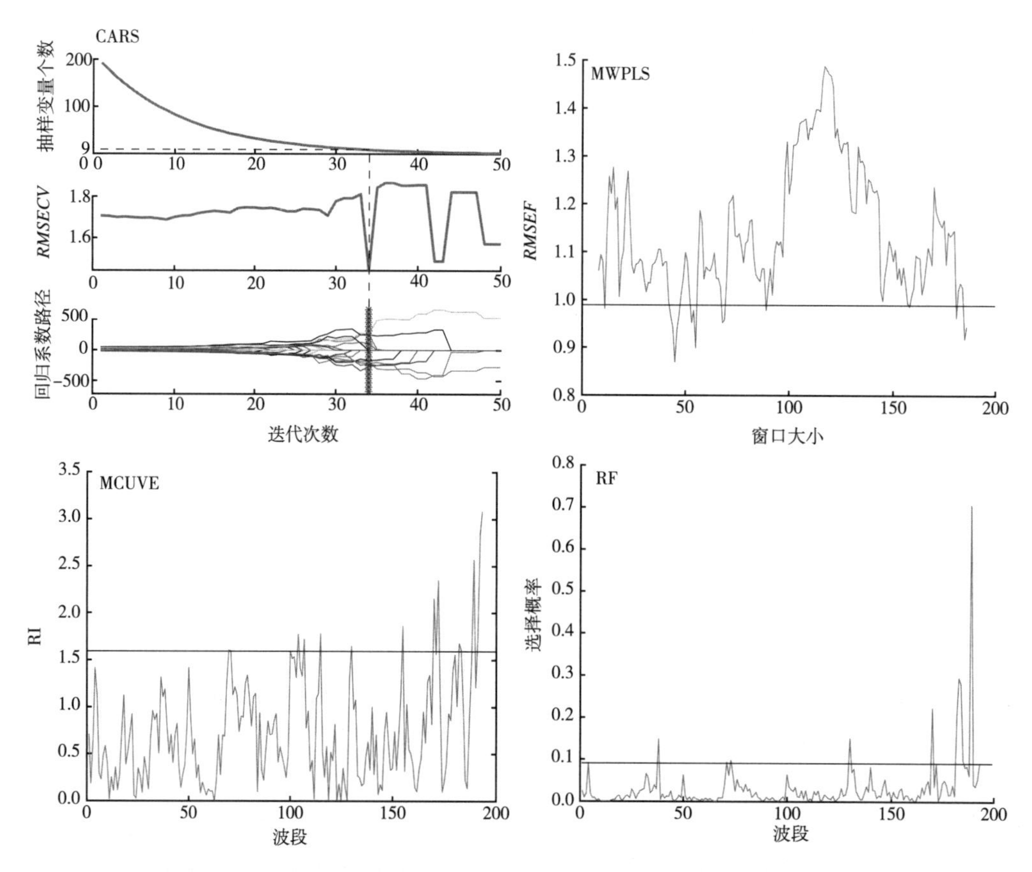

图 4-105　不同方法贵长猕猴桃可溶性固形物含量特征波段提取结果

注：MWPLS 方法中，*RMSEF* 越低，对应波段重要性越高，MCUVE 方法中，RI 越高，对应波段重要性越高，RF 方法中，选择概率越高，对应波段重要性越高。

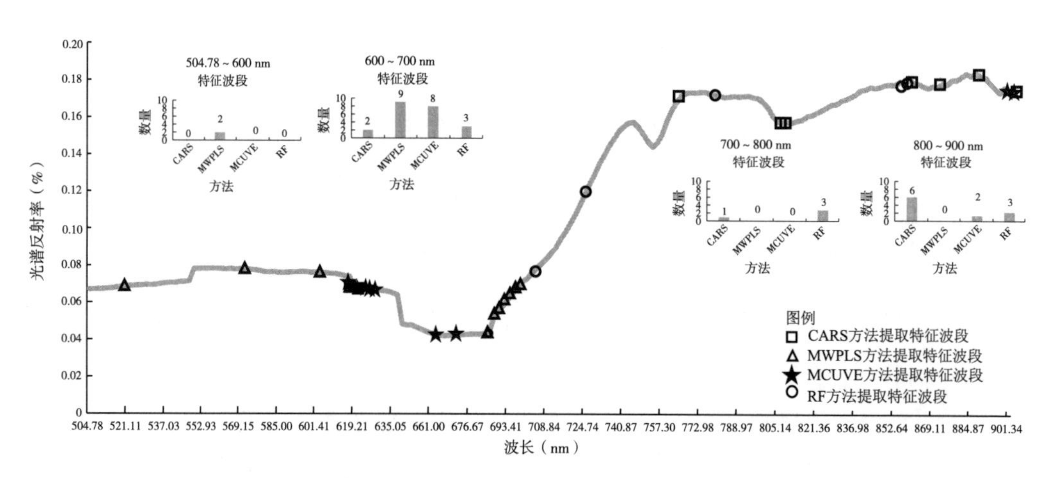

图 4-106　贵长猕猴桃可溶性固形物含量特征光谱波段分布

6.4.2　贵长猕猴桃可溶性固形物含量预测模型构建及预测结果分析

使用PLS方法对训练集样本果实可溶性固形物含量进行建模预测，选择预测效果最好的方法，然后利用测试集对预测结果进行验证。

6.4.2.1　训练集预测结果

将训练集30个样本果实光谱数据的全光谱波段以及4种方法提取的特征波段分别输入PLS模型进行预测，结果如表4-16所示。

表4-16　贵长猕猴桃可溶性固形物含量训练集预测结果

方法	R^2	*RMSE*
全光谱波段	0.611 5	1.071 7
CARS	0.721 8	0.907 0
MWPLS	0.693 8	0.951 4
MCUVE	0.466 9	1.255 4
RF	0.686 1	0.963 3

在全部5种方法中，使用全光谱波段进行PLS建模预测结果的R^2为0.611 5，*RMSE*为1.071 7，显示模型预测效果欠佳。在提取特征波段进行预测后，使用CARS、MWPLS、RF方法提取的特征波段，模型的预测效果较使用全光谱波段均有一定程度的提升。其中，使用CARS方法的预测效果最佳，预测模型R^2达到0.721 8，*RMSE*为0.907 0，显示出了对样本果实可溶性固形物含量较好的预测性能；MCUVE方法提取的贵长猕猴桃可溶性固形物含量特征光谱波段在预测模型中预测效果较差，其R^2仅为0.466 9，而*RMSE*却达到了1.255 4。

6.4.2.2　测试集预测结果

基于前述对预测结果的分析，选择CARS方法提取的504.78 nm、578.57 nm、603.50 nm、728.61 nm、775.16 nm、854.72 nm、878.56 nm、880.65 nm、893.15 nm 9个波段，作为反映贵长猕猴桃果实可溶性固形物含量的特征光谱波段，对测试集12个样本果实进行特征波段提取后，利用PLS模型进行预测。预测模型的R^2为0.744 1，*RMSE*为0.476 3。计算结果表明，通过CARS方法提取贵长猕猴桃可溶性固形物含量特征光谱波段，可以在减少波段数量、提高预测效率的同时，较好地保证模型预测的准确性。图4-107显示了部分样本果实预测值与实测值的差异，图中果实区域颜色代表了该果实的可溶性固形物含量，图中数字代表了预测值与实测值的差值（预测值－实测值）。

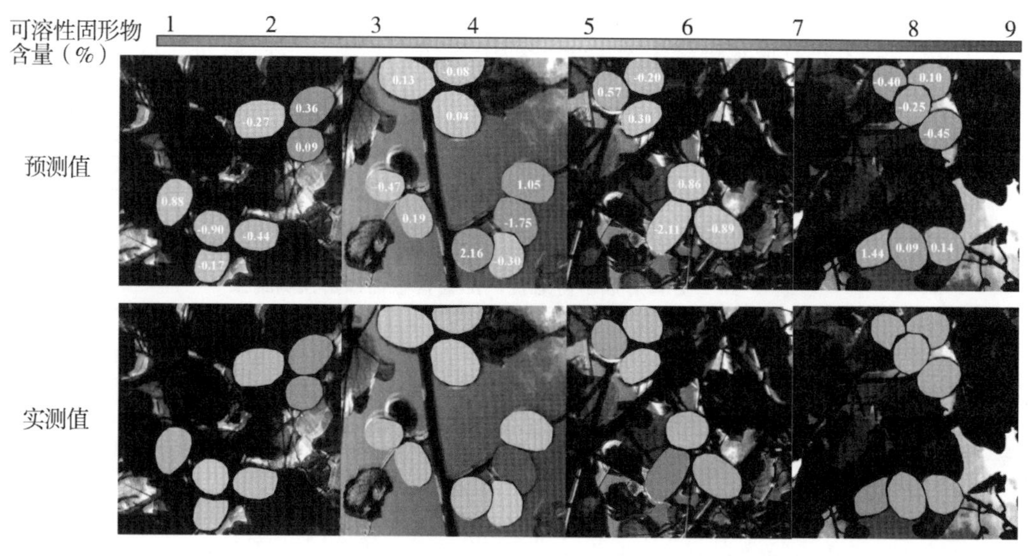

图 4-107　采前贵长猕猴桃可溶性固形物含量预测效果

7　数字化果园管理系统

7.1　数据库设计

基于 WebGIS 的数字化果园管理系统的数据可分为空间数据和属性数据。空间数据主要包括果园分布图、果树分布图、环境监测设备分布图等果园管理的基础图层数据；属性数据主要包括果树数据和气象数据。本系统中，空间数据以 shapefile 格式进行存储使用，与存储在 SQL Server 2008 中的属性数据之间通过唯一公共标识进行关联。

系统的属性数据以数据表形式给出，包括区域表、果园信息表、果树信息表、农事操作表、果园设施表、气象数据采集表等，主要表之间的关系如图 4-108 所示。其中最主要的关系是果园、果树、农事操作和气象数据之间。每株果树都有一个唯一的树体编号，用来与果园、农事操作相关联；气象数据是由分布在果园中的各个气象站点采集得到的，与果树之间通过果园进行关联；农事操作包括施肥、灌溉、防治病虫害和采收 4 种类型，每种操作需要记录操作相关的信息，并保存在农事操作表中，例如，对于某次施肥操作，需要记录施肥的树体编号、肥料名称（即农事操作表中的操作材料）、施肥量（即表中操作量）、施肥日期（即表中操作日期）等相关信息。

7.2　功能设计

数字化果园管理系统主要包括果园地图操作、果树信息查询、环境信息展示、生产日志生成、产量统计、追溯条码生成等功能。

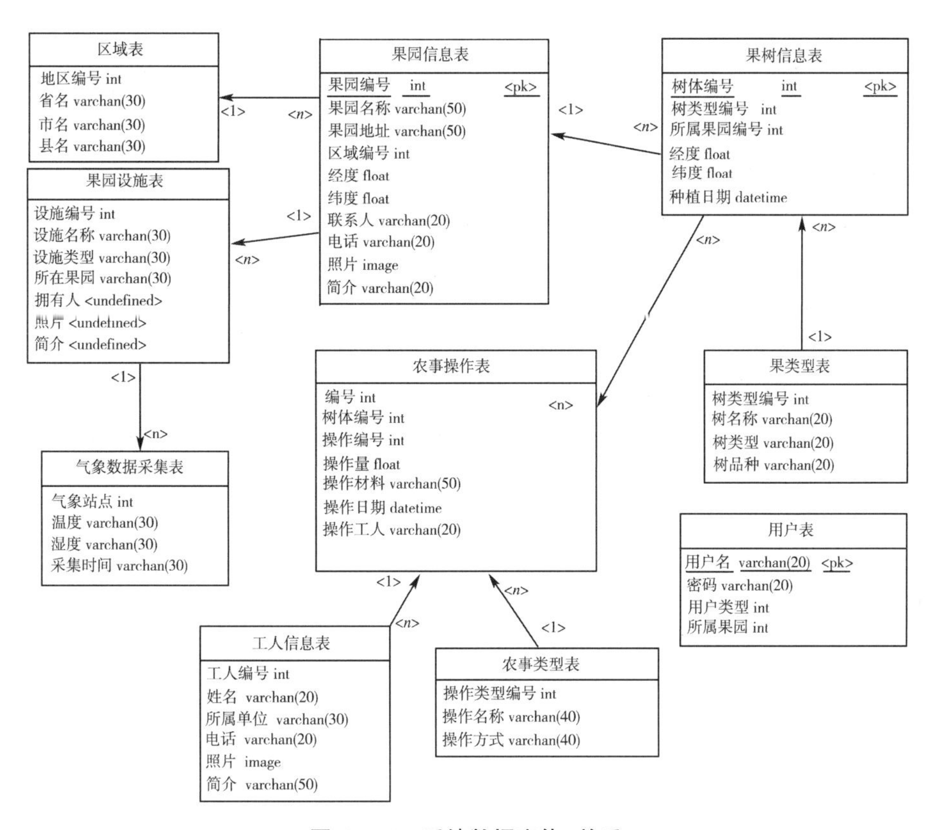

图 4-108　系统数据实体-关系

7.2.1　果园地图操作

用地图形式管理果园、果树及设施，该功能包括基础操作、果园浏览、果树浏览和设施浏览。其中，基础操作提供了地图缩放、信息查询、距离量算等；果园浏览用于管理人员对区域内的各个果园的总体信息进行快速查看；果树浏览用于查看果树的地理位置分布情况、按照位置查看果树的品种、农事操作情况等信息；设施浏览用于查看果园内的固定设施如房屋、水源、气象站点等的地理位置及当前的使用情况等。

7.2.2　果树信息查询

通过时间、树体编号、负责人等关键字查询，可以在地图上快速定位到相关的果树，并能查看每株果树的农事操作，如施肥、防治病虫害、灌溉、采收等信息。

7.2.3　环境信息展示

以图表形式展示果园中所部署传感器采集的温度、湿度、光照等信息，并可按时间进行统计展示。

7.2.4　生产日志生成

以采集的施肥、防治病虫害、灌溉、采收等农事操作为基础，以时间为主线，生成生产日志，便于直观查看果树在一个时间周期内的农事操作变化。

7.2.5 产量统计

通过构建的产量估测模型对产量进行估测，生成单株果树估测产量统计表等。

7.2.6 追溯条码生成

在读取采收筐 RFID 后，系统自动关联对应的产品编号、果树编号、采收日期等，按追溯码编码规则生成追溯号，并调用条码打印控件打印追溯标签，从而实现追溯号与采收批次的映射。

7.3 系统开发关键技术

7.3.1 ExtJS 与后台数据交互技术

为了减少多用户请求时服务器和带宽的压力，提高地图响应速度及网络的传输速度，增强与用户友好交互和连续操作的能力，构建比传统 Web 应用更丰富的客户端，本系统采用 OPOA（One Page，One Application，即一个应用使用一个页面）思想，基于 ExtJS 框架和 RSA 技术开发。ExtJS 是一种用于富应用网络（Rich Internet Application，RIA）开发的 JavaScript 技术，它不需要为客户端安装任何插件就可以实现丰富多彩的界面效果，是进行 RIA 开发的理想选择之一。

由于 ExtJS 是一个纯前台的 JavaScript 框架，没有提供后台部分的实现，因此在本系统实现时 ExtJS 与后台数据的交互是一个关键问题，尤其是在有地图数据的情况下。ExtJS 中数据的提取和获取使用 AJAX 方式，AJAX 引擎负责异步交互的数据转换，将用户触发的 JavaScript 事件转换成 HTTP 请求发送至服务器；同时将 Web 服务器反馈回来的 XML 数据转换成用户界面所需的 HTML 和 CSS 数据。除了接收 AJAX 引擎发送的请求数据，还需要将系统服务处理结果以 XML 和 JSON 等通用格式反馈给客户端。

7.3.2 果树查询及高亮显示技术

果园中的果树较多，因此表现在系统的地图上显示为密密麻麻的示意点。为了便于快速查找到某棵果树，系统提供按果树编号进行查询及查询后在地图上用不同的颜色将要素高亮显示。

ArcGIS Server 中，实现高亮查询要素有两种思路。一是在 Manager 中新建一个 GraphicLayer 层，这个层是在内存层中的，然后在这个层上将需要高亮显示的要素重新画一遍。二是利用资源绘图功能 MapDescription 属性中的 CustomGraphic 属性。本文采用第一种方法实现，分三步：获得 Manager 中的 GraphicResource，并在 Resource 里获取 GraphicLayer；获得查询要素的信息，并转化为 Element，添加到 ElementLayer 中；刷新地图。

7.4 系统应用测试

该系统的突出特点是通过连接单株果树地图文件，实现了基于单株的信息管理，便于系统使用者直观了解每棵果树及园内设施信息。如图 4-109a 所示，在地图上点击编号为 115 的果树，可查看其详细信息，包括果树编号、所在果园、果树品种、负责人及各项农事操作信息。由于园内部署有环境监测设备，系统可实时接收来自监测设备的数据，并以图形或表格形式显示到页面中。

果园精准管理需要记录每棵果树在不同时间的生产操作信息，系统提供了界面供操作。如在2011年6月23日对编号为115的果树进行了施肥，则先在地图上选择115号果树，再在农事操作面板的施肥模块中输入施肥日期、肥料名称、施肥量、施肥方式等即可，如图4-109b所示。

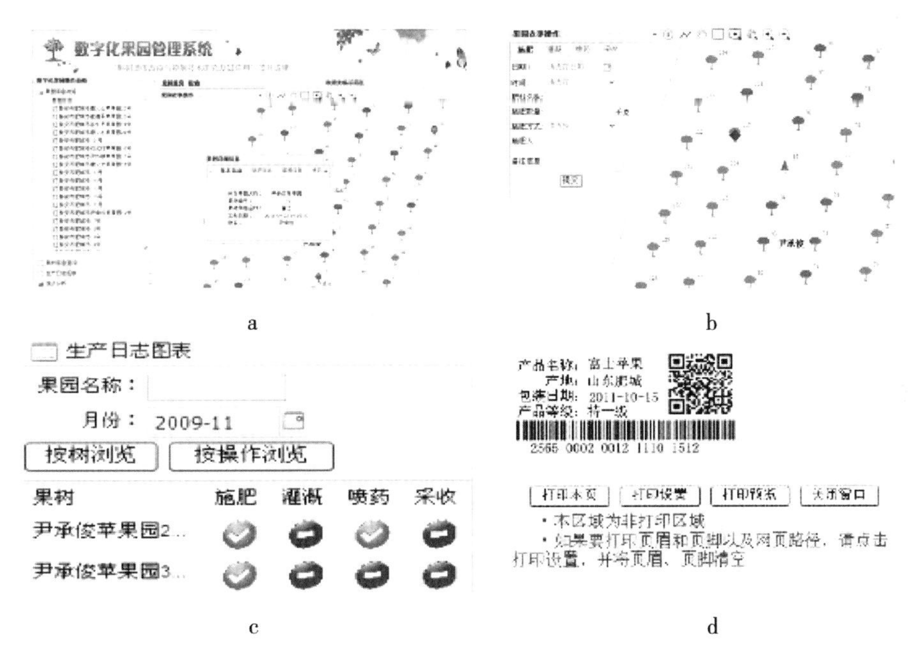

图4-109　数字化果园管理系统界面

对采集到的生产操作信息、环境信息等进行统计分析，有利于进行辅助决策。系统根据用户日常对果树施肥、防治病虫害、灌溉、采收等操作的记录，生成生产日志，用户可以采用按树浏览、按操作浏览等多种方式对每棵树的操作日志进行查看。其中，按树浏览是指在用户选定果园和月份的基础上，系统分页列出果园中所有的果树编号和与果树相对应的每一天的操作日志；按操作浏览采用双层窗口实现对操作日志的浏览，系统以表格的方式列出每棵果树在当月是否有施肥、灌溉、喷药、采收信息，用户可以通过点击对应的单元格查询当月具体的详细操作信息，如图4-109c所示。同时，用户可以查看当月施肥、灌溉、喷药、采收的定量信息，以及每天操作数量的变化趋势等。

对采收到的装入采收筐中的苹果，检测合格后，读取采收筐RFID标签，点击“追溯码生成与打印”按钮，系统生成一维条码和二维条码混合的追溯标签，连接条码打印机后，即可打印追溯标签（图4-109d）。

参考文献

包晓安，张瑞林，钟乐海，2004. 基于人工神经网络与图像处理的苹果识别方法研究[J]. 农业工程学报，20(3)：109-112.

蔡健荣，周小军，李玉良，等，2008. 基于机器视觉自然场景下成熟柑橘识别[J]. 农业工程学报，24(1)：175-178.
冯学民，蔡德利，2004. 土壤温度与气温及纬度和海拔关系的研究[J]. 土壤学报，41(3)：489-491.
黄鑫，2022. 植保无人机避障及侧喷技术研究[D]. 镇江：江苏大学.
李兴荣，张小丽，梁碧玲，等，2008. 深圳夏季多层土壤温度及其垂直结构日变化特征[J]. 科学技术与工程，8(22)：5996-6000.
连雅茹，2020. 基于高光谱成像技术的番茄内部品质检测研究[D]. 杨凌：西北农林科技大学.
钱建平，吴晓明，杨信廷，等，2012. 果树无线射频标签不同悬挂方式对读取率的影响[J]. 农业工程学报，28(增刊1)：170-174.
钱建平，杨信廷，吴晓明，等，2012. 自然场景下基于混合颜色空间的成熟期苹果识别方法[J]. 农业工程学报，28(17)：137-142.
司永胜，乔军，刘刚，等，2009. 基于机器视觉的苹果识别和形状特征提取[J]. 农业机械学报，40(8)：161-165.
宋金龙，2015. 水肥一体化通用控制设备研发[D]. 哈尔滨：东北农业大学.
王亚新，杨莎，乔星星，等，2023. 基于高光谱技术的土壤蛋白酶活性估测[J]. 山西农业科学，51(2)：185-191.
王衍安，李明，王丽辉，等，2005. 果树病虫害诊断与防治专家系统知识库的构建[J]. 山东农业大学学报(自然科学版)，36(3)：154-159.
项荣，应义斌，蒋焕煜，等，2012. 基于边缘曲率分析的重叠番茄识别[J]. 农业机械学报，43(3)：157-162.
荀一，陈晓，李伟，等，2007. 基于轮廓曲率的树上苹果自动识别[J]. 江苏大学学报（自然科学版)，28(6)：461-464.
闫景珂，2022. 基于四旋翼植保无人机的玉米病虫害防治系统研究[D]. 哈尔滨：东北林业大学.
于昊，赵乃良，陈小雕，2012. 类曲率在曲线相似性判定中的应用[J]. 中国图象图形学报，17(5)：701-714.
张馨，郭瑞，李文龙，等，2015. 可装配式土壤温度传感器设计与试验[J]. 农业工程学报，31(z1)：205-211.
张亚静，邓烈，李民赞，等，2009. 基于图像处理的柑橘测产方法[J]. 农业机械学报，40(增刊)：97-99.
AMPATZIDIS Y G, VOUGIOUKAS S G, 2009. Field experiments for evaluating the incorporation of RFID and barcode registration and digital weighing technologies in manual fruit harvesting[J]. Computers and Electronics in Agriculture, 66(2): 166-172.
CUNHA C R, PERES E, MORAIS R, et al., 2010. The use of mobile devices with muti-tag technologies for an overall contextualized vineyard management [J]. Computers and Electronics in Agriculture, 73(3): 154-164.
FRÖSCHLE H K, GONZALES-BARRON U, MCDONNELL K, et al., 2009. Investigation of the

potential use of e-tracking and tracing of poultry using linear and 2D barcodes [J]. Computers and Electronics in Agriculture, 66(2): 126-132.

LI M, QIAN J, YANG X, et al., 2010. A PDA-based record-keeping and decision-support system for trace ability in cucumber production [J]. Computers and Electronics in Agriculture, 70(1): 69-77.

QIAN J, YANG X, WU X, et al., 2015. Farm and environment information bidirectional acquisition system with individual tree identification using smartphones for orchard precision management [J]. Computers and Electronics in Agriculture, 116: 101-108.

QIAN J, XING B, WU X, et al., 2018. A smartphone-based apple yield estimation application using image features and ANN method in mature period [J]. Scientia Agricola, 75(4): 273-280.

YE X, SAKAI K, GARCIANO L O, et al., 2006. Estimation of citrus yield from airborne hyperspectral images using a neural network model [J]. Ecological Modelling, 198(3/4): 426-432.

第五章　果品分级加工智能化

果品加工范围较广，既包括果品采后检测、分级、包装等，也包括干制、酿酒、制汁、糖制、罐藏、速冻等深加工过程。本章重点讨论果品采后的分级加工，不涉及深加工过程。果品在生长过程中，受自然、栽培等因素的影响，其外观、品质存在较大差异，通过采后分级加工使果品达到商品标准化，以提高果品品质、降低果品损耗、增强市场竞争力。果品分级经历了人工分级、机械分级后，融合外部感官指标与内部品质指标的智能分级设备已成为提高分级效率、增强分级精度的重要手段。智能分级设备的不断应用，使果品分级加工企业向规模化方向发展，这也迫切需要果品分级企业优化流程、提升企业效益。

1　果品商品化加工处理流程分析

水果的商业价值主要通过商品化处理得来，产后加工是决定其市场竞争力的关键因素。因此，发达国家把水果的商品化处理工作放在农业生产过程的重要位置，并投入了大量人力物力。其中，美国农业产前和产后的投入比例为 3∶7，荷兰、意大利的投入比例为 4∶6，西欧国家普遍为 5∶5。美国的水果产业发展非常成熟，不同种类的果树均按照其生理特点种植在最适合的地区，这是优质水果产出的基础，如华盛顿州的苹果、俄勒冈州胡德山地区的梨。经过多年的研究和实践，我国也逐渐认识到采后商品化处理的重要性和紧迫性，开始在此方面投入大量的人力和财力。以苹果为例，其采收运到包装厂之后的一般商品化加工流程如图 5-1 所示。

图 5-1　苹果采后商品化加工流程

1.1　预冷

预冷是去除水果原料田间热的有效手段，对后续的加工非常有利。用于加工的水果原料应先置于预冷库或暂存库中进行预冷，库温通常设为 0~5 ℃，需预冷 24 h 以上。普通冷库预冷，由于其投入少、操作简单，仍是目前我国果蔬预冷的主要方式，但在操作过程中应注意码垛方式和码垛密度，合理地利用冷源，提高预冷效果。

采用强制通风预冷，可提高预冷效率。当制冷量足够并且空气以 1~2 m/s 的流速在库内和容器间循环时，大部分水果的温度会在 6 h 以内降至 5 ℃以下。强制通风预冷需要建造专业的预冷设施（图 5-2）。

图 5-2 冷库预冷（左）和压差预冷（右）

采用冷水喷淋预冷，将极大地缩短预冷时间，大部分水果将在 1 h 以内完成预冷过程。例如，小果型樱桃采用小型移动式喷淋装置可在 30 min 降至 5 ℃；中果型梨和番茄需要 60 min 降至 5 ℃；大果型西瓜（麒麟品种）需要 4 h 降至 15 ℃。冷水喷淋系统需要建造专业的喷淋设备，也可以采用冷水浸泡预冷方式，可将冷水预冷系统集成到清洗生产线中，清洗同时实现果品的预冷。

1.2 分选

水果等级是消费者衡量水果价值的重要依据。相同等级的水果按同一规则定价，也可以规范贸易市场，降低交易风险。目前常用的分级类别分为外部品质检测和内部品质检测两方面。其中，外部品质按水果的大小、重量、色泽来区分，内部品质按水果的糖度、酸度和缺陷等指标来区分。以机械化和智能化为支撑的水果分级已成为重要趋势，主要通过电荷耦合器件相机（CDD）相机，采用无损检测和计算机分析技术来判断水果品质（图 5-3）。

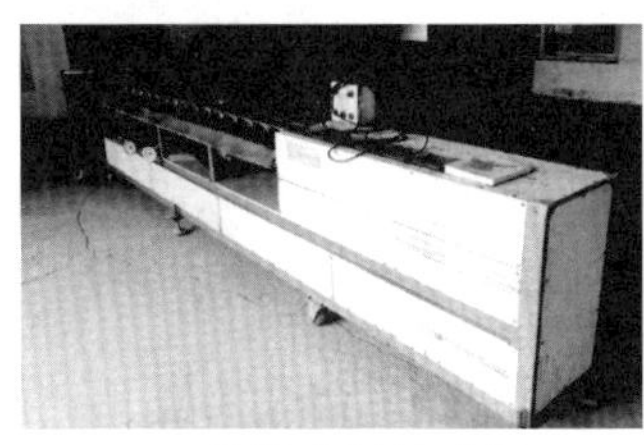

a.果品重量分选机

b.柑橘品质分选线

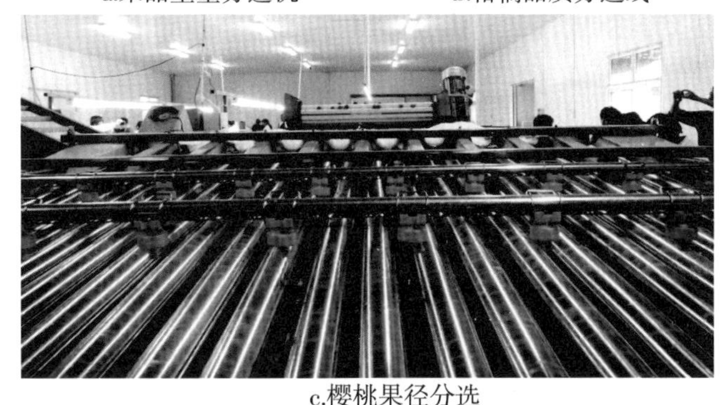

c.樱桃果径分选

图 5-3 以机械化和智能化为支撑的果品分级

1.3 包装

良好的包装能减少水果因磕碰、挤压而产生的损耗，减少虫害和病菌的蔓延，便于运输、贮藏和销售。设计精美、功能合理的包装还能美化产品，扩大品牌宣传效益，提升产品价值。水果作为特殊商品，含水量高，易破损，不耐挤压、磕碰，长时间包裹还会腐烂变质。因此，水果对包装的容器有着更加特殊的要求，既需要单个独立包裹，也需要多个包装。目前水果包装的常见材料有复合型保鲜纸袋、塑料箱、泡沫箱、钙塑箱、网袋等，包装容器的尺寸根据运输和销售的需要进行设计。

水果包装应该在冷凉、清洁的环境里进行，包装过程中仍要人工对水果进行筛选，保障包装进袋进箱的水果都是清洁新鲜的，无前期清洁打蜡过程中造成的损伤。包装时需充分利用包装容器的空间，在用纸包裹水果后，小心放入容器。为减少因震动引起的碰撞，还应在容器内填充瓦楞插板、泡沫塑料、塑料薄膜、泡沫网套等支撑物。

包装后的水果在搬运时，也应做到小心轻放。目前，进口水果和本地高档水果都非常注重包装的作用，其外形趋向小型化，以 5 kg 以下为主，不仅外观设计精美，材料选用优良，还在显著位置注明了品牌、产地等信息，国外水果的包装还会标注生产农场的信息，通过条形码扫描追溯该箱水果的生长环境、生长周期、是否为有机等。图 5-4 为蓝莓和樱桃的自动化包装线。

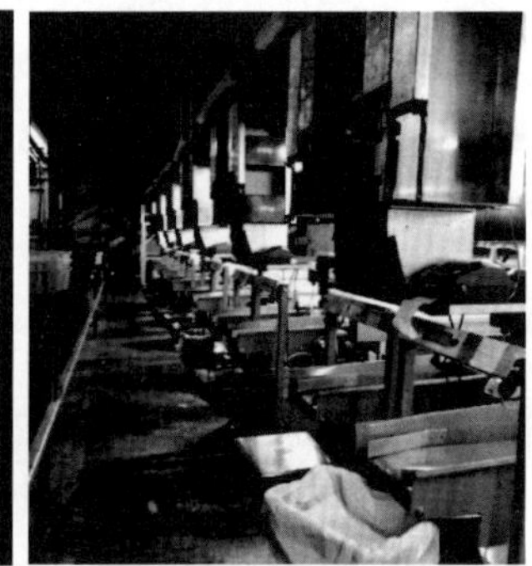

图 5-4 蓝莓自动化包装（左）和樱桃自动化包装线（右）

2 采后检测信息自动获取与追溯

2.1 基于实时检测数据的信息获取框架

产品检测信息是农产品质量安全信息的重要组成部分，对消费者来说也是最直观的信息。随着检测设备的不断配备，检测尤其是快速检测越来越普遍，快速检测一般记录检测编号、检测产品名称、检测时间、检测值、检测结果、检测人等信息。由于果品每天的采收量大且同一生产单元生产的产品具有同质性，因此现有检测多以批次抽检为主。通常情况下检测编号与产品批次号是不关联的，因此导致产品追溯时，无法有效实现检测信息的对应，进而使追溯信息不直观。另外，一般检测设备与供应链各环节的管理系统不能实现有效的数据交换，检测仪显示的检测数值还需手工录入到管理系统中，二次录入容易出错；且手工录入也存在着篡改的风险，导致即使能追溯检测数据，也存在不正确风险。

针对上述问题，重点需解决通过快速检测仪器进行检测数据的无缝集成，保证消费者追溯出准确的检测信息。一方面，通过检测编号、批次号及产品追溯号的有效关联，实现追溯号与检测编号的对应；另一方面，实现检测数据在供应链系统中的自动存储，并一起上传到追溯中心数据库。经过编码关联和信息记录，便可实现通过追溯号追溯出包括检测信息在内的多种信息。检测数据与供应链系统的集成框架如图 5-5 所示。

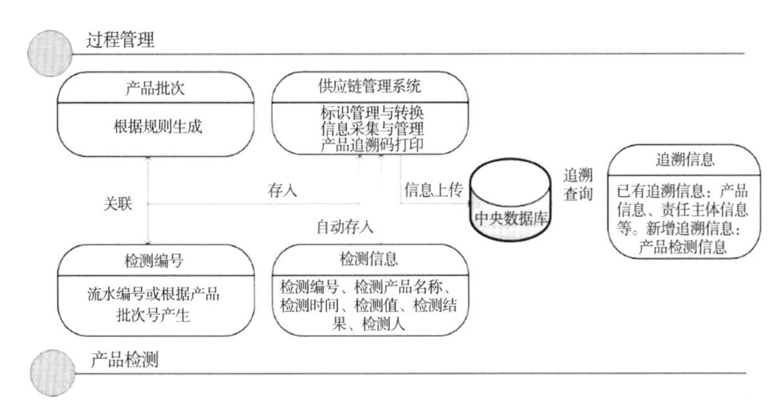

图 5-5　检测数据与供应链系统集成框架

2.2　检测信息自动读取与解析

一般果蔬农药残留快速检测仪主要是检测抑制率。在一定条件下，有机磷和氨基甲酸酯类农药对胆碱酯酶正常功能有抑制作用，其抑制率与农药的浓度呈正相关关系。酶抑制法是利用有机磷农药的毒理特性建立的一种快速检验方法，具有检测速度快、成本低、操作简单等特点。检测仪存储的信息主要有检测序号、通道号、抑制率、样品名称等。要实现数据检测信息自动读取与解析，其流程如图 5-6 所示。

由图 5-6 可知，流程总体可分为检测仪与系统连接检测、产品检测、数据监听与解析、数据入库等部分。在启动检测仪后，首先进行自检，此步由检测仪自带程序实现；自检通过后，测试检测仪与系统连接情况，包括检测仪与安装有数据管理系统的计算机的连接及数据传递接口的打开情况；连接正常即可进行产品检测，同时在系统中启动数据获取流程进行检测数据监听；在监听过程中上位机程序按指定时间间隔调用数据获取方法。若数据不存在，读取程序会在休眠一段时间后继续调用数据获取方法；若数据存在，一次检测完成后，检测仪产生的数据被监听到，并根据检测仪数据的结构规则进行解析，同时将检测数据显示到检测仪的显示屏上，并存储到检测仪的内存中，便于在解析数据发生丢失时作为备份添加；检测仪数据的结构规则是关键，一般来说，数据结构规则分 3 部分，第一部分为检测时间，用年-月-日 时: 分: 秒；第二部分为对照通

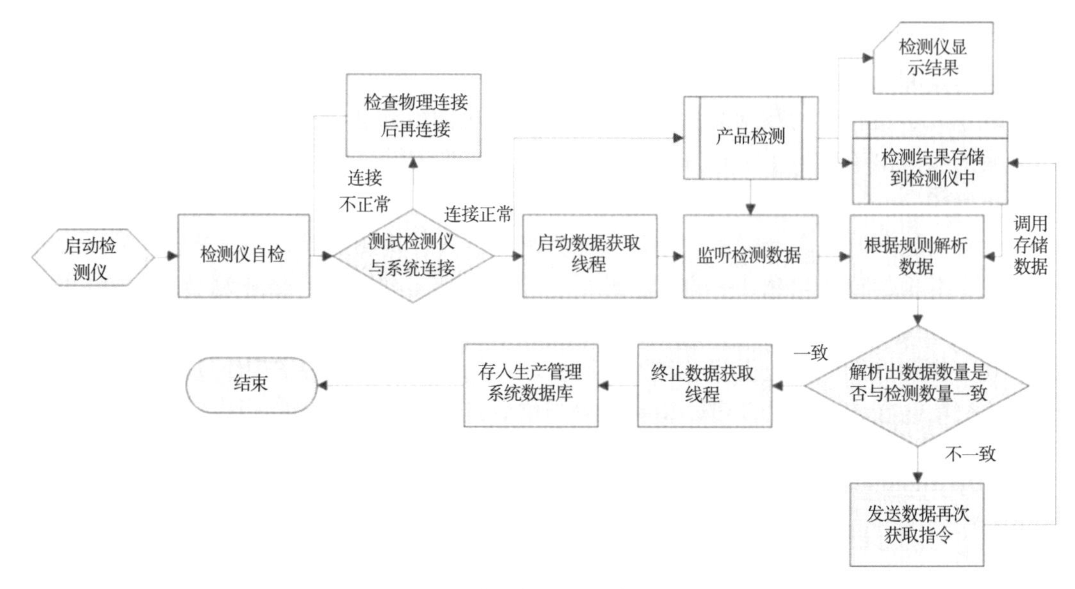

图 5-6　检测数据自动获取流程

道检测基准值；第三部分为样品检测值，一般包括样本序号、通道号、抑制率、样品名称索引号等内容。

在数据解析时，进行解析数据数量与检测数量的检测，对于检测一致的，终止数据获取线程，并将数据存入数据管理系统数据库中；对于检测不一致的，发送数据再次获取指令，从检测仪自带的内存中获取数据，获取后进行数据比对，对于新增的数据进行添加，从而完成整个检测数据自动读取与解析。

2.3　检测信息与追溯标识关联

快速检测一般在采收后和产品包装前进行，这就涉及果树种植批次与检测编号及包装后产品追溯号的关联，只有有效实现三者的关联，才能实现对检测信息的追溯。一般果品生产中以同一地块（温室）同一时间定植并同一时间采收的同一果树品种为一个批次，同一批次的果品在采后可能被分成多个单元进行包装，不考虑果品包装存在少量的“料头料尾现象”（即前一批次的剩余果品不足以包装一个整包装，需用到下一批次的部分果品），果树种植批次与包装追溯号之间是 1 对多的关系；而一般同一个种植批次的产品由于生产操作基本一致，只检测一次，因此包装批次与检测编号是 1 对 1 的关系，批次之间结构如图 5-7 所示。

通过建立上述果品种植批次、包装追溯号和检测编号的关联，便可实现在产品追溯时精确追溯出产品检测信息。在追溯时通过输入包装上的产品追溯号，系统查询与之对应的果品种植批次，通过种植批次即可查询到检测编号，检索检测编号对应的检测信息，即可完成对检测信息的精确追溯。

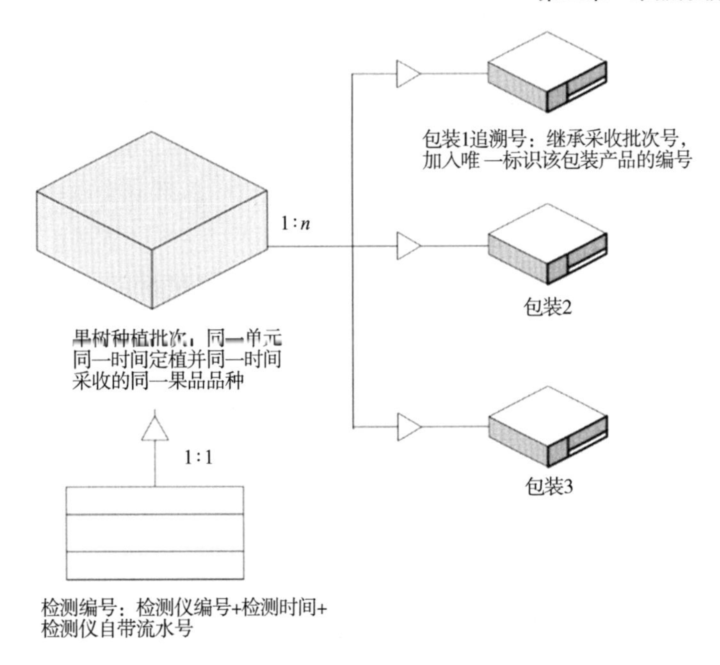

图 5-7　“果品种植批次-检测编号-追溯号”之间的批次关联关系

2.4　检测数据自动获取接口实现

基于.Net 框架，通过编写检测数据获取数据接口，开发数据管理系统界面，升级检测信息获取与管理功能。

2.4.1　检测仪连接

检测仪与安全生产管理系统的数据传输采用串口通信的方式，将检测仪与计算机连接的端口号、检测员、农户信息、检测仪通道数量等信息配置完成后，系统在读取数据时会打开配置好的端口号，并根据检测员、农户信息、检测仪通道数量将数据自动填充至检测列表。检测仪连接配置页面如图 5-8a 所示。

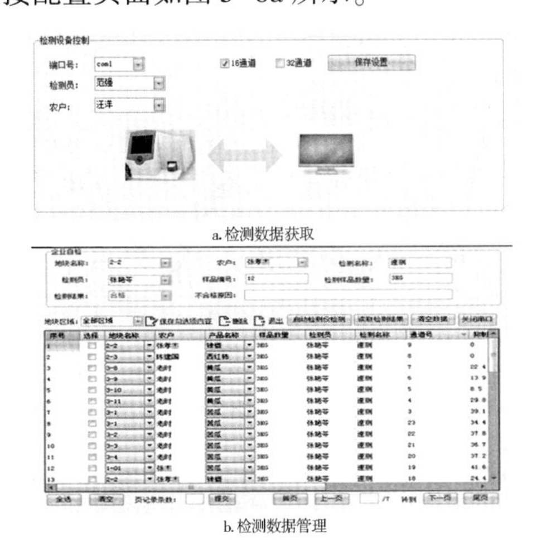

a.检测数据获取

b.检测数据管理

图 5-8　检测数据获取与安全生产管理系统界面

2.4.2 检测数据获取

从检测仪中获取的数据格式分为字段头和检测数据区两部分，其中字段头为检测时间、检测对照通道信息；检测数据区每列分别代表检测序号、通道号、抑制率、样品名称索引号。

2.4.3 检测数据管理

检测数据管理功能界面如图 5-8b 所示，在点击“读取检测结果”后，检测员、农户信息、检测仪通道号将会以列表方式列出，用户只需选择地块名称、产品名称等信息后，点击“保存勾选项内容”按钮，系统将对所编辑的检测信息进行更新。其中检测日期、通道号、检测值（抑制率）、检测结果都无法更改，从而避免数据篡改等现象的发生。

2.5 接口测试分析

改进后的系统在天津市 153 家果蔬生产基地得到了应用。系统部署在计算机上，检测仪与计算机通过串口连接。在 2014 年 3 月 1 日至 5 月 30 日，153 家果蔬生产基地共检测样品 28 038 个，系统从检测仪自动获取数据 28 038 条，数据获取成功率为 100%。

进一步通过对使用改进系统前后企业自检数据和政府抽检数据的比较，发现采用该系统具有降低误录入和防篡改特点。如图 5-9 所示，随机选择 20 个检测样本，每个样本有 2 个数值，分别为企业自检值与政府抽检值，其中 1～8 号样本为使用改进系统前的，9～20 号样本为使用系统后的。同一批次产品在企业自检值和政府抽检值比较结果的差异很大。在采用改进系统前，由于企业自检流程是先将检测仪的检测数据记录到数据本上，再在一批检测完毕后将记录本上的数据录入系统中，因此数据记录系统中记录的企业自检数据是经过人为操作的；采用在改进系统后，系统直接读取检测仪数据并自动添加到系统数据库中，因此中间不存在人为操作。

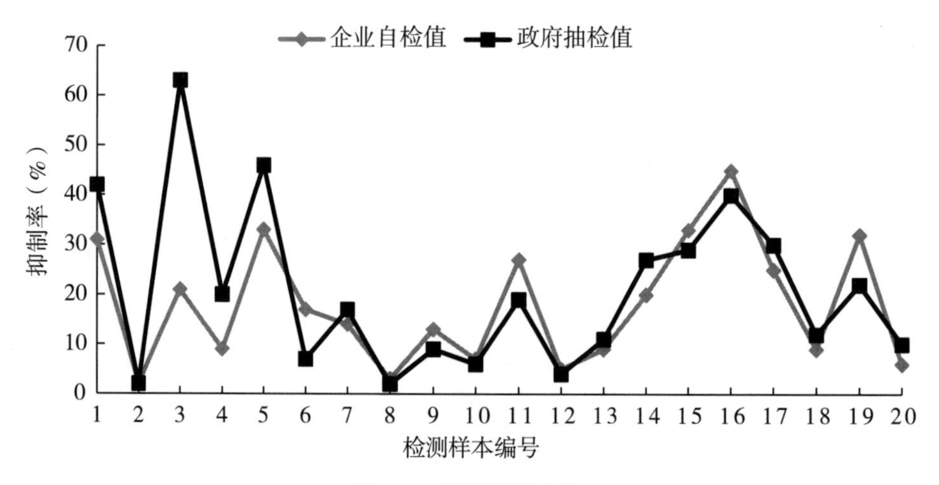

图 5-9 检测数据比较

由图 5-9 可知，使用改进系统前后，企业自检数据和政府抽检数据均存在一定差异，这与农残快速检测的检测时间、检测仪器和检测员操作不同有一定关系，即使同一个样品，也存在差异。总体来说，在使用改进系统后检测值偏差小于使用改进系统前，其偏差绝对值分别为 4. 37 和 10. 27。在使用本系统后，两者之间的偏差相对较小；而在使用系统前，偏差相对较大，尤以样品 3 为最。样品 3 的偏差值最大，在企业自检中酶抑制率为 21%，而在政府抽检中酶抑制率为 62%，其差值为 41%。这表明样品 3 可能农药残留超标，进一步通过气相色谱法验证，结果显示该样品确实农药残留超标，因此对于样品 3，企业自检和政府抽检有不同性质的检测结果，即企业自检结果为合格，政府抽检结果为不合格，这可能与未使用改进系统时的人工数据误输入有关，也不排除篡改数据的可能。这也验证了使用改进系统前不能有效解决数据误录入和防篡改问题。在使用改进系统后偏差较大的样本为 11 号和 19 号，偏差分别为 7. 6%和 10%，这与取样时间、操作等有很大关系，虽然偏差相对较大，但没有改变检测结果的性质，抑制率均为 50%以下。

3 果品智能化分级

果品智能化分级是在机械分级的基础上，进一步采用计算机视觉技术、计算机图像处理技术、核磁共振技术、近红外、电子鼻技术、介电特性、X 射线等进行一系列系统处理，对果品内部的品质，比如糖度、酸度、破裂程度以及虫蛀状况等进行检测，通过模拟人的视觉、嗅觉系统对农产品进行检测分级。

果品智能化分级过程通常包括以下关键步骤：数据采集、数据处理、模型训练、分级系统、质量控制和数据反馈，如图 5-10 所示。数据采集是指使用传感器、相机、光谱仪等设备采集水果的各种数据，包括外观特征（如颜色、大小、形状、皮质状态）和内在品质特征（如口感、甜度、香味、成熟度）。数据处理则是将采集到的数据输入到计算机系统进行处理和分析，这可能涉及图像处理、光谱分析、机器学习等人工智能算法的应用，以提取水果的关键特征。模型训练是使用人工智能算法训练一个能够准确识别和分类水果不同品质等级的智能模型，这需要大量的标记数据，以帮助模型学习正确的分类规则。分级系统需要基于训练好的模型，开发一个智能分级运行系统，该系统可以自动将水果分为不同的等级或分类。质量控制通过设置标准和指标，以确保水果符合质量要求。不符合要求的水果可以自动剔除或进行人工处理。数据反馈是关键环节，系统可以提供有关水果品质的详细信息，包括内、外部品质数据。这些信息可以用于改进农业管理和采摘策略，以提高未来水果的品质。

发达国家水果生产强调规模性的专业化生产，拥有机械化生产设备、冷库、气调库、选果包装车间和各种机械，其中在选果包装车间已经具备水果品质的无损检测技术手段。目前，国外分级技术和设施较为完备，如日本开发了可见光和近红外线测定梨、苹果成熟度的传感器，率先实现了水果高度自动化的无损检测。目前，国际上可实现无损检测分选的设备厂商主要有迈夫诺达（MAF Roda）、富士包装（Fuji Machinery）、JBT International、Turatti、Greefa、GP Graders、BBC Technologies、康派（Compac）及Unitec。美国 Autoline 公司的水果分级设备技术先进，能够同时按照水果的形状、重量、

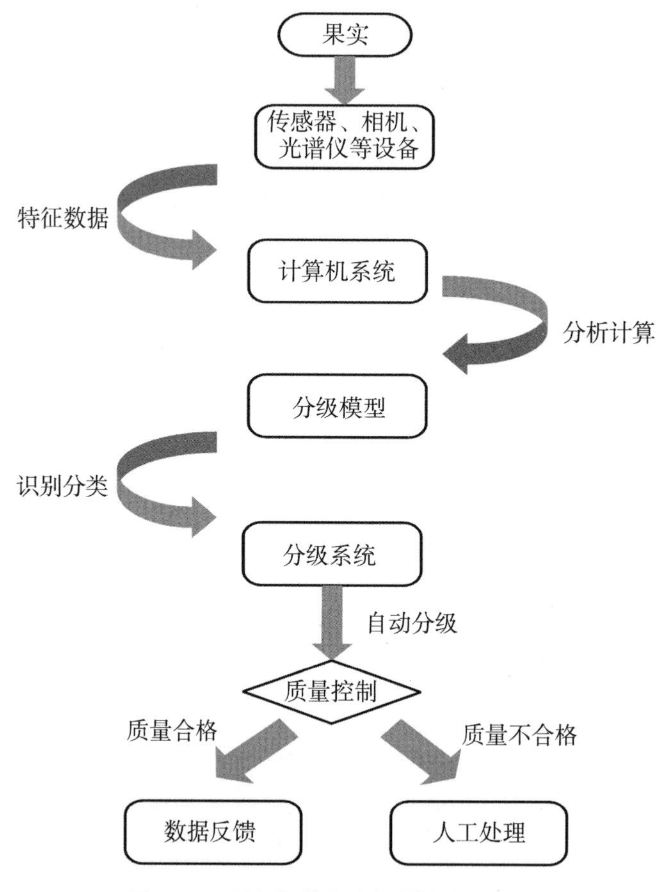

图 5-10　果品智能化分级关键流程步骤

颜色进行分级，其设备的传输系统能够保障不同大小的水果通过，视觉系统能准确计算出水果的大小。日本最新研发的图像处理分级采用了无损伤检测技术，由计算机进行水果等级的主要数据区分处理。韩国 SEHAN-TECH 株式会社主要研制多通道分选机、单通道分选机和小型分选机等水果分选设备，其设备的分析系统能够计算出水果分选的各类信息。

智能化水果分级生产设备在我国起步较晚，2004 年由浙江大学、美国 Industry Vision Automation Corp 等多家单位联合研制了智能化水果分级生产线，用于脐橙的品质检测和分级，实现了农产品在加工环节的增值。该生产线能对水果大小、缺陷、果形、色泽进行动态检测与分级。由计算机视觉系统、高速分级系统、机械输送系统和自动控制系统等几部分组成，可根据需要，配套对水果的清洗、喷蜡、抛光等辅助设备。

图 5-11 为樱桃智能化分选设备和苹果内部品质分选设备。

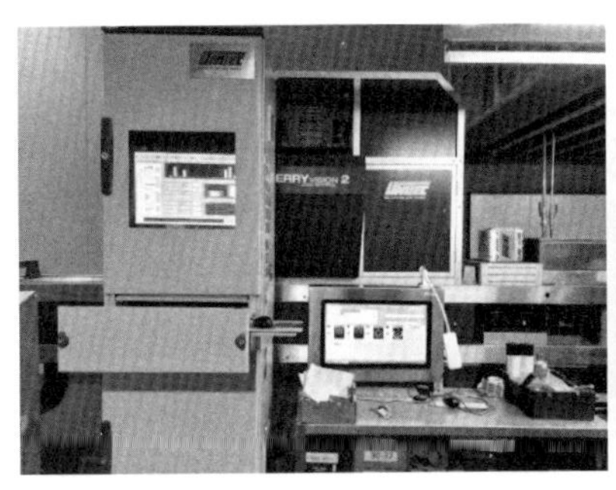

图 5-11　樱桃智能化分选设备（左）和苹果内部品质分选设备（右）

3.1　基于计算机视觉的果品外部品质检测

3.1.1　果品外部品质指标

果品外部特征直接影响产品品质与价值，除了通过明显的外观缺陷检测对果品进行分选，也可通过分析果品的颜色、形态、纹理等外部品质特征指标，实现果品品质分级。常见的基于外部品质指标的果品分级方法如下。

3.1.1.1　颜色分析法

颜色是判断果品品质的重要指标之一，因此，颜色分析法是一种常用的基于图像处理的果品外部品质检测方法。该方法通过采集水果的图像数据，将水果图像转化为数字图像数据，然后利用计算机对数字图像进行处理和分析，得出水果的颜色值，最终进行品质判断。颜色分析法常用于评测果品的成熟度。

3.1.1.2　形态学方法

形态学方法是一种以形态学原理为基础的图像处理方法。该方法通过对水果图像的形态特征进行分析，以此来评估水果的品质。例如，对于水果外观的表面形态特征的评估，可以通过形态学方法来实现。

3.1.1.3　纹理特征法

纹理特征法是一种利用水果表面纹理信息进行品质评估的方法。该方法通过提取水果表面的纹理特征，来评估水果的品质。例如，对于苹果等水果，可以通过纹理特征法来评测水果硬度、成熟度等重要指标。

3.1.2　计算机视觉技术

针对果品外部品质特征指标的智能分级分选，其核心是获取相关图像，并利用计算机进行图像特征处理及分析，这涉及计算机视觉技术。20 世纪 70 年代初在遥感图片和生物医学图片分析两项技术取得显著成效后，计算机视觉开始在科学研究、工农业生产、医疗卫生、信息技术等领域得到广泛应用。在水果品质检测方面，计算机视觉主要用于果品大小、形状、颜色、表面缺陷等外部品质指标检测。

图像识别是计算机视觉的关键应用，需要经过图像获取、数据预处理、背景分割、特征提取、数据分析、分类、识别等一系列过程，对原始对象进行识别，其基本流程如图 5-12 所示。

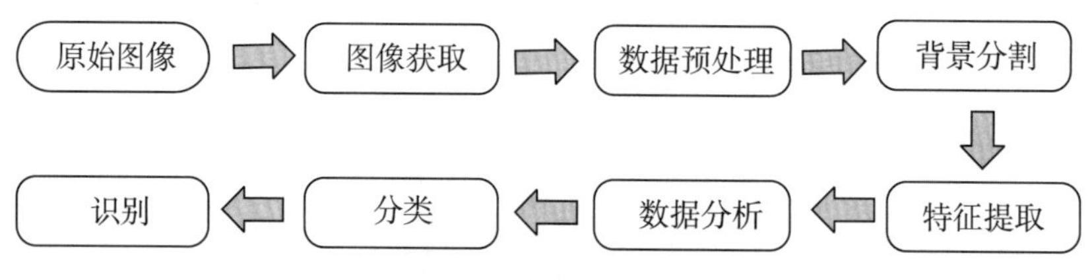

图 5-12　图像识别流程

基于神经网络算法的图像识别类似于大脑识别过程，两者最大的差异在于技术算法只可模仿人的思维与行为。图像识别技术在应用过程中需要注意，与大脑相比，神经网络算法对图像的提取识别具有不稳定性，继而影响识别精度。因此，为提升图像识别的实效性，需通过训练与学习不断优化神经网络算法，逐渐缩小图像识别误差。

基于神经网络算法的图像识别过程包括 4 个步骤，如图 5-13 所示。第一步，为了获取需要的信息数据，图形识别通过各类传感器，以获取信息数据为基础将光声等特殊信号转化成电信号。在图像识别技术中，由计算机来存储图像特征和特殊数据，并存储在数据库中，图像特征和特殊数据是需要获取的信息。其中，信息数据可区分图形之间的不同特征，便于进行图像识别过程。第二步，通过预处理信息数据，来凸显图像中的重要信息及特征，进行去噪、平滑及变换等图像处理操作。第三步，在图像识别技术中，抽取及选择特征具有核心作用，尤其在识别模式中，它决定了图像的识别效果，具有严格的要求，即提取不同图像中的特殊特征来选择图形的区分特征，并为了使计算机对这种特征具有记忆性，还应将图形特征存储在计算机中。图像识别的最后一个步骤是设计分类器及决策分类。其中，设计分类器可按照有效程序制定识别规则，根据某种规律识别图像，而不是盲目和混乱地来识别图像信息。同时，在图像识别过程中，基于此规律设计分类器对相似特征种类进行识别、凸显，促使图像识别过程具有更高的辨识率，从而实现评价和确认图像的目标。

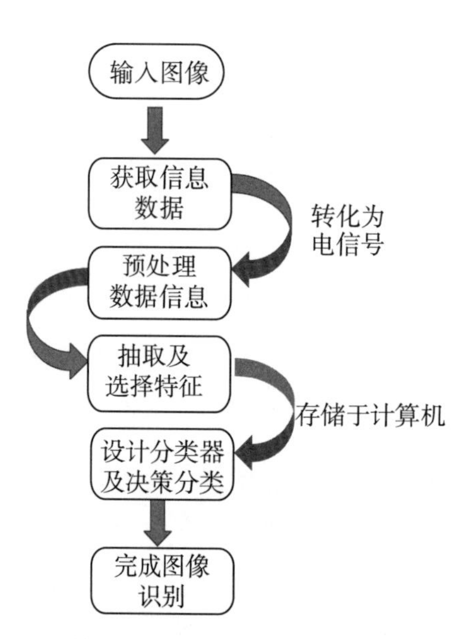

图 5-13　基于神经网络算法图像识别技术流程步骤

卷积神经网络是一种基于卷积操作提取图像特征的深度神经网络，广泛应用在图像分类、图像检索、目标检测、图像分割、图像特征迁移等计算机视觉研究中。卷积神经网络可直接将原始图像作为输入，避免传统识别算法中烦琐的数据处理过程，实现图像特征的自动提取，并且能进行自我学习，对图像具有极强的数据表征能力，是一种高效的识别方法。卷积神经网络的中间层可细化成卷积层、池化层和全连接层，是在神经网络的基础上发展起来的，其与普通神经网络的区别在于卷积层的卷积操作。输入的图像通过卷积层提取图像的底层特征后，经池化层降低图像的维度，中间的卷积层和池化层可有多次重复堆叠，逐层传递输入图像信息，再到全连接层综合图像特征最后输出结果。

图 5-14 为卷积神经网络的图像识别流程图。

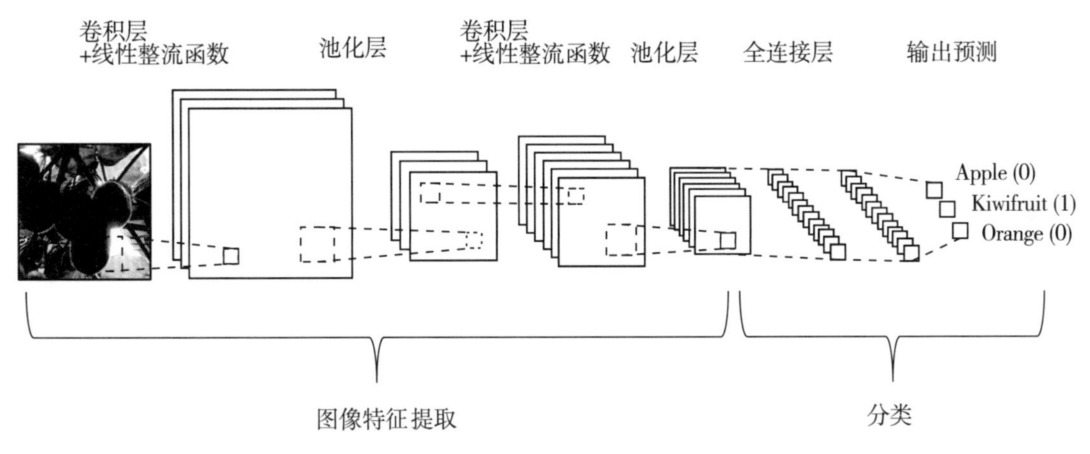

图 5-14 卷积神经网络的图像识别流程

3.1.3 计算机视觉技术的果品智能化分级应用

计算机视觉技术的信息含量相对较大，速度要求很高，且具有多功能的特性，主要用于果品的大小、形状、颜色以及表面损伤等相关分级检测。水果分级中采集到的原始水果图像往往很多区域过于模糊，无法进行图像分割，需要进行预处理，也就是进行灰度处理后进行滤波。为了能够得到完整清晰的水果图像，清除与果品分级无关的信息，便于之后的果品分级，需对水果图像进行背景分割的处理操作。边缘检测以初始图像为对象，基于图像像素的灰度阶跃变化，利用算法提取出图像中对象与背景间的交界线。边缘检测技术能够有效地提取图像的边缘，获得数字图像的边缘信息，并对这些信息进行更深层次的分析。图像边缘检测的主要任务是对图像中的对象进行分析和理解，为此需要将目标的外轮廓提取出来，通过提取果品边缘可方便快捷地实现对果品的辨别与定位，边缘检测的质量直接影响果品分级的准确度，然后从水果的大小、水果外观特征以及表面缺陷 3 个方面对水果进行相应的分级。常用的边缘检测算子有 Roberts 算子、Prewitt 算子、LOG 算子和 Canny 算子等。

3.2 基于近红外光谱的果品内部品质检测

近红外光谱（Near-Infrared Spectroscopy，NIRS）是由 Friedrich Wilhelm Herschel

于1800年首次发现的，100多年之后才被首次运用于农业当中，即Norris使用近红外光谱技术对谷物中的水分进行检测。自那时起，近红外光谱技术逐渐应用于农业和食品领域中水分、蛋白质以及脂肪等的含量检测。在早期的应用中，一些研究者注重一些物质含量、可溶性固形物以及水分含量的检测。随着仪器制造业的发展以及光谱技术的深入，相关研究发现近红外光谱对果蔬照射后收集的一些光信号可以有效反映其内部的微观结构，于是利用近红外光谱技术对果蔬其他品质的检测逐渐扩展开来，比如果实硬度、新鲜度、不明显的碰伤等内部损伤以及其他感官性状的检测，实现了水果品质的快速无损分析、水果分级、生产监控、加工质量控制等。近红外光谱分析技术作为一种非破坏性的分析方法，可以快速、准确地对农产品的产地和果品品质进行鉴定，已得到了较为广泛的研究和应用，被认为是未来能够代替传统化学分析的无损检测方法。目前，基于近红外光谱分析的水果产地鉴别及品质检测技术在精确度上仍然存在着提升的空间。

3.2.1 近红外光谱分析原理

近红外光谱指可见光谱区到中红外光谱区之间的电磁波，美国材料实验协会（ASTM）将近红外谱区的范围定义为780~2 526 nm。该技术的主要原理是通过物质对光的吸收、散射以及反射、透射等相关特性来确定成分含量，果实中构成糖和酸的含氢官能团（C—H、N—H、O—H）对于近红外光谱（NIR）的吸收特性不同，这些差异主要体现在吸收光谱的波段位置、能量强度上，利用这些差异可实现检测样本的定量与定性分析，这也是一种非破坏性的检测技术，可以有效地检测苹果和梨等相关水果的品质，并且能够对这些水果的外观、含糖量、含酸量以及水果内部可溶性固形物的含量及含水量等进行测量。农产品的近红外吸收主要来源于物质分子中含氢基团（—OH、—NH、—CH）振动的合频和各级倍频吸收，通过扫描近红外光谱，可以得到样品中分子的含氢基团信息，从而对其品质进行高效检测。当光照射到水果样品时会产生光的吸收、散射、折射、衍射和偏振等现象，每种现象产生的贡献率取决于水果的化学及物理性质。当光照射到水果时，通常会产生光辐射的衰减，而产生光辐射的衰减主要是由两种作用造成的：吸收和散射。图5-15为苹果品质近红外扫描。

3.2.2 近红外光谱分析模型的建立

光谱分析技术主要通过建立模型对未知样本进行定性或定量分析。近红外光谱分析模型的建立一般包括以下4个步骤，如图5-16所示。

步骤1：样品准备及光谱测量，即通过合适的方法选择有代表性的样本建立校正集，并按一定的测定模式（如透射模式、漫反射模式、透反射模式等）得到其近红外光谱。

步骤2：采用标准或公认的方法测定待测组分的性质数据（如浓度等）。

步骤3：建模，即根据测量得到的光谱和已知的性质数据，通过合适的方法建立校正模型，包括进行鉴别分析的定性模型和进行多元校正的定量模型等。建模是其中最为重要和复杂的部分，通常包括光谱预处理、特征选择、校正模型建立3个部分。

由于受到样品背景、散射光、仪器响应速度及外界环境等多种因素干扰，从近红外

图 5-15　苹果品质近红外扫描

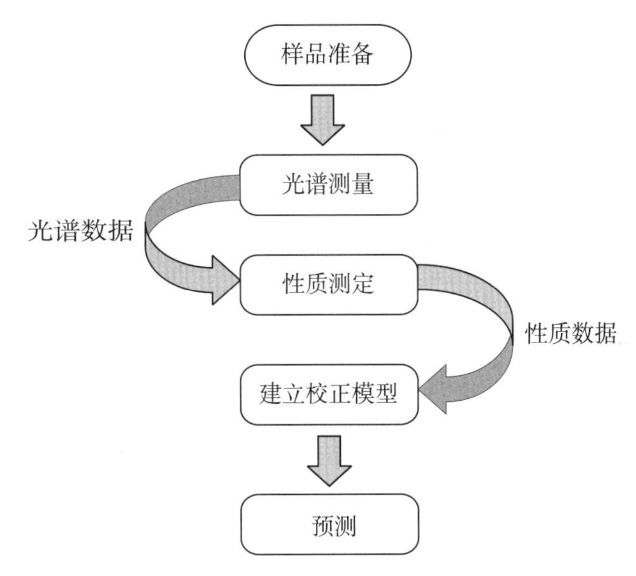

图 5-16　近红外光谱分析模型的建立流程步骤

分光仪中获取的光谱数据除含有样本本身的大量信息外，往往还含有与测试样本无关的成分，从而导致光谱出现了基线偏移和严重重叠。为减弱或者消除这些无关的非目标因素并获取一个稳定、可靠和准确的校正模型，对原始的光谱信息进行预处理是近红外光谱分析中的重要步骤。

近红外光谱中通常含有大量的信息，波段的点数往往超过了该类训练样本的个数。这些高维的数据分布不仅带来严重的波段重叠现象，而且存在着许多与目标函数不相关或者共线性的变量。进行样本特征的抽取并保留最有价值的波段信息，不仅可以使训练数据得到简化从而加快训练的过程，而且使训练模型具有更佳的泛化性能，使其预测结果更加准确。目前常采用机器学习方法对有效的光谱范围进行选择，包括主成分分析

（PCA）算法、遗传算法（GA）、无信息变量消除方法（UVE）等。

校正模型是光谱分析中最为重要的部分，根据其预测任务，可分为定性分析模型和定量分析模型。它是基于获取的近红外光谱数据中隐含着样本组成成分或者结构的信息，通过光谱分析方法将测试样本中的组成成分或者结构信息与采集的光谱数据建立某种联系，并通过已知样本的学习确立其关系模型。

步骤4：预测，即通过对新的样本测定近红外光谱，结合所建的分析模型对新样本的未知属性进行鉴定。

3.2.3 近红外光谱分析技术的果品智能化分级应用

近红外光谱分析技术具有快速、无损、高效的特点，它不需要样品制备过程，或者仅仅需要很简单的样品预处理就能实现样品的快速检测，既能在一定程度上达到检测精度要求，也能大大减少人力、耗材，降低物资成本和时间成本。近红外设备的款式多样，包括手持式、便携式、台式或者在线式等近红外仪器，可满足各种应用需求、场地和定价标准。便携式近红外光谱仪携带方便、价格适中、操作简单，比较适应目前中国水果分选的初级需求。果农可将便携式近红外仪器带到田间地头，监测水果的生长态势来指导果树的精细化栽培，根据水果中特定物理化学性质的变化规律来判断灌溉水的用量、营养液的临时喷洒或者农药的安全降解期等，实现水果科学化种植，提高水果单产及果实质量。同时，农户还可通过便携式近红外光谱仪对水果成熟期敏感的参数进行定标，实现果实及时、有效地采摘，既可保证采摘果的口感和营养价值，也可在一定程度上缩短水果上市时间，避免因大批量统一采收而造成的劣质果浪费。此外，超市、批发商、零售商或消费者均可使用便携式近红外光谱仪对购买的果品进行逐一检查，确定商品的实际品质，按质论价，按需购买。当然，近红外还可凭借漫反射、漫透射、反射、透射等多种采集方式研制便携式分级设备，满足不同表皮、不同形状水果的检测需求。与传统有损测定方法相比，近红外光谱由于其无损、快速、高效、环境友好、操作简便等特点，客观测量和较高的准确性，提升了我国水果的竞争力，推动我国水果行业的发展，也是目前最常用的光谱分析技术。国外近红外动态在线检测技术的试验对象从早期的苹果拓展到西瓜、油桃、樱桃等，并且检测精度及检测指标都得到了较大程度的完善。表5-1罗列了商业便携式近红外光谱仪在果蔬品质检测中的应用。

表5-1 商业便携式近红外光谱仪在果蔬品质检测中的应用研究

便携式近红外光谱仪		检测对象	检测指标	检测结果
型号	公司			
SupNIR-1000	聚光科技（中国杭州）	苹果	酸度、抗坏血酸	$R_P \geq 0.9$ $RMSEP \leq 0.45$
SupNIR-1520	聚光科技（中国杭州）	红枣	水分含量	平均偏差0.41%
Micro NIR TM 1700	JDSU（美国）	无花果	糖度 硬度	$R_P^2=0.51$ $R_P^2=0.57$

（续表）

便携式近红外光谱仪		检测对象	检测指标	检测结果
型号	公司			
Phazir-1018	Thermo Fisher Scientific（美国）	南非鳄梨	成熟度	$R^2=0.732$ $RMSEP=1.83$
LabSpec 4	Analytical Spectral Devices Inc.（美国）	橙	可溶性固形物含量	$RMSEP=0.87$
			酸度	$RMSEP=0.13$
			可滴定酸度	$RMSEP=2.47$
			成熟度指数	$RMSEP=1.54$
			果肉硬度	$RMSEP=1.82$
			果汁体积	$RMSEP=8.38$
			水果质量	$RMSEP=43.51$
			果皮质量	$RMSEP=16.07$
			果汁体积与水果质量比	$RMSEP=6.48$
			水果和果汁颜色指数	$RMSEP=55.69$
Luminar 5030	Brimrose Corp（美国）		可溶性固形物含量	$RMSEP=1.12$
			酸度	$RMSEP=0.40$
			可滴定酸度	$RMSEP=2.07$
			成熟度指数	$RMSEP=2.57$
			果肉硬度	$RMSEP=1.53$
			果汁体积	$RMSEP=12.13$
			水果质量	$RMSEP=32.63$
			果皮质量	$RMSEP=14.71$

数据来源：刘妍等（2020）。

利用近红外动态在线检测技术对水分及颜色等因素的敏感性，不仅能够将缺陷水果与正常水果进行无损定性分类，实现内部品质如糖度、硬度等的定量预测，也能够将碰伤水果按照碰伤时间进行分类，根据碰伤时间的集中程度反推出水果是在采摘、包装、运输还是贮藏过程中容易发生碰伤，进而对该过程进行针对性的改进，实现水果的按质定价，克服传统人工分选主观性强、效率低且不能进行隐性缺陷分级的巨大弊端。

3.3 基于内外部品质融合的果品智能化分级

针对水果单一性状品质的评价及分级容易因信息片面而导致误判，不能实现果品分级的真正意义。因此，通过结合多方面的检测技术评价水果品质，比如果实大小、形状、颜色、伤痕（擦伤、撞伤、瘀伤）等外部品质，硬度、酸度、可溶性固形物等内部品质，进行更为准确和全面的分析判断，实现内外品质融合的果品智能化分级，有利于促进果品分级技术的进一步发展。内外部品质融合的果品智能化分级主要包括核磁共振技术、X 射线成像技术和高光谱成像检测技术等。

3.3.1　核磁共振技术

3.3.1.1　核磁共振技术原理

核磁共振技术是指在静磁场中磁性原子核存在不同的等级，通过特定频率的电磁波对样品进行照射，在电磁波的能量与能级差相等时，原子核可以有效吸收电磁波产生能级跃迁，从而发出共振吸收信号。发生核磁共振时，频率取决于外加磁场的强度；如果频率固定，对不同的原子核来说，磁矩大的原子核发生共振所需的外加磁场的强度小于磁矩小的原子核，即原子核发生共振所需要的频率（共振频率）是由外加磁场强度和磁矩决定的。

根据分辨率，可将磁共振分为高场（场强大于 1 T）核磁共振和低场（场强小于 0.5 T）核磁共振。从理论上讲，核磁共振技术要用到的主要参数有化学位移（δ）、偶极-偶极间接相互作用（J）、偶极-偶极直接相互作用（DD）和横向弛豫时间（T2）、纵向弛豫时间（T1）以及扩散系数（D）。其中，高场核磁共振是基于前 3 个参数来进行研究的，它反映的是分子结构信息；低场核磁共振是基于后三者的应用，反映的是分子动态信息。

3.3.1.2　核磁共振技术的果品智能化分级应用

目前该技术主要应用在医学中核磁成像的检查，而在进行果品检测及分级的时候，主要是用来检测果品的损伤、重塑，以及内核空隙与成熟度等。核磁共振技术可对水果样品进行快速、无破坏性的定量分析检测，且操作简便、灵敏度高。目前，^{1}H、^{11}B、^{13}C、^{17}O、^{19}F、^{31}P 是可用于核磁共振检测的原子核，其中氢核最为常用。水果中的氢原子主要来源于水分子、糖类物质、油和淀粉，核磁共振的信号强度直接与被测样品中原子核（氢核）数量有关，所以原子核磁共振技术可用于检测水分子、糖类物质、油和淀粉等的自旋密度分布信息以及自旋和细胞组织间的关系信息，进而实现水果品质检测和分级。

由于核磁共振仪器的造价昂贵，维护成本高，利用核磁共振进行果品品质检测还处于理论研究阶段，一般将水果置于低于 0.5 T 的恒定磁场强度下进行检测。目前，相关学者已研究了该技术对库尔勒香梨内部褐变、樱桃内部水分变化与迁移、人参果可溶性固形物等果品内、外部品质的智能化检测。

3.3.2　X 射线成像技术

3.3.2.1　X 射线成像技术原理

X 射线是由伦琴在 1895 年发现的，X 射线的发现为整个科学研究提供了一种重要的手段，从而使科学研究向前迈了一大步。时至今日，X 射线成像技术已经在生产生活的各个领域得到了极为广泛的运用，军事、农业、医学、制造业等都无法离开 X 射线成像技术的应用。

X 射线是一种波长相对较短但能量非常大的电磁波。水果检测中所需的 X 射线强度比工业用的弱很多，因此一般称之为低能 X 射线或者软 X 射线（soft X-ray）。X 射线的波长相对于可见光的波长要更短一些，大概为 0.001~100 nm，射线是存在一定穿透能力的，物质密度也会直接影响X射线的穿透量。用穿透量来进行分析，就可以有效了解到物质内部的基本情况，这种方法可以使用在对果品伤痕及破裂的检测方面，同时还可以有效探测果品内部是否出现虫蛀或是否已经腐败等相关情况。该技术往往能够和图像识别、人工智能、现代通信技术等联系在一起。待检测物体的密度和厚度不同，透射的X射线量也就不同，所得图像的灰度值也就不同，X射线测厚仪的原理就是基于X射线的这个特性。X射线在果品的内部品质检测方面拥有巨大的优势，因为X射线具有穿透物料的特性，因此对于检测农产品这种易于损坏的物体来说，能够做到无损检测其内部品质。

3.3.2.2　X射线成像技术的果品智能化分级应用

基于该技术的果品分级检测正受到众多研究者的关注。X射线强度较高，传送速度比较慢，这些特点可以有效分析出正常果实与皱皮果之间波形的差异，这是一种比较有效的检测皱皮果的方式。X射线技术也可以对表皮相对比较坚硬的果品进行内部品质的无损检测，有效地获取坚硬果皮内部的图像，同时对图像实施一定分割，把果品整体的轮廓特征提取出来，使用面积阈值法来区分正常果、空壳果以及破损果等，可确保各种果品总体的识别率，其正确度甚至可以达到80%。目前该技术还用于无损检测桃子的内部品质、柑橘皱皮果的自动检测等。

3.3.3　高光谱成像技术

3.3.3.1　高光谱成像技术原理

高光谱成像（Hyperspectral Imaging，HSI）检测技术结合光谱技术及成像技术，利用光谱仪或者待测样品的位置变化，通过紫外至近红外波段范围的光在同一时段对样品进行持续的扫描，对样品的空间信息、光谱信息和光强度信息进行采集，收集样品在每一段有效波长下的图像信息和每一个检测位置的光谱信息，从而达到对物品的快速无损检测。

1983年，由美国成功研制的航空成像光谱仪获取了全球第一幅高光谱影像，象征着第一代高光谱成像仪的诞生。1987年，航空可见光/红外成像光谱仪的成功研制代表着第二代高光谱成像仪的产生。2000年以来，美国国家航空航天局通过发射卫星所搭载的高光谱成像仪在矿物定量填图领域实现了成功应用。虽然高光谱成像技术最初仅服务于军事领域，但随着高光谱成像技术的快速发展，近年来开始在民用方面应用。

3.3.3.2　高光谱成像技术的果品智能化分级应用

高光谱成像技术是一种融合技术，除了能够对物品的外部特征进行分析处理，还能对其内部品质进行检测，因此在果蔬的水分、机械损伤、糖/酸度、变质、虫害等方面也进行了相关的探索、研究和应用，尤其是在水果品质的检测方面取得了较大的进步和发展。利用高光谱成像获取的数据是通过逐行扫描第二空间维度得到的三维数据块，由2个空间维度和1个波长维度构成，因此，适用于对传输带上的果品进行品质检测，进而实现智能化分级。其中，在利用高光谱反射成像进行果品品质检测过程中，400~1 000 nm的可见/近红外及1 000~2 500 nm的短波红外最适用于果蔬外部缺陷和内部品质的检测。

目前，高光谱成像技术已经广泛应用于瘀伤、碰伤、撞伤、虫害、病害、疤痕等水果外部品质与可溶性固形物、硬度、成熟度等内部品质的无损检测，并且取得了大量的研究成果，对提高果品分级技术水平具有积极的意义。

4 果品分级加工流程建模及优化

4.1 基于 Flexsim 的苹果加工过程仿真建模

通过对苹果分级加工企业进行调研分析，其整体流程如图 5-17 所示。苹果分级加工需要经过苹果收购、转筐入库、水线清洗、自动分级、成品包装、冷库存储和冷链销售。具体流程为：在苹果收获期企业进行集中收购后，通过专用车辆运输至冷库，经过初检后转筐入库进行冷藏存储；根据订单要求苹果按批次出库进入生产线分级加工，首先，利用水线进行苹果包括去网袋和臭氧杀菌的清洗，完成后进行烘干去水分处理，之后，进入自动分级线，光电设备根据着色度、缺陷程度等特征进行苹果自动分级，自动进入不同的包装线后，人工按生产规格进行包装，最后，苹果成品入冷库暂存或直接冷链运输后入市销售；另外，整个加工环节对苹果进行抽检以达到生产要求。

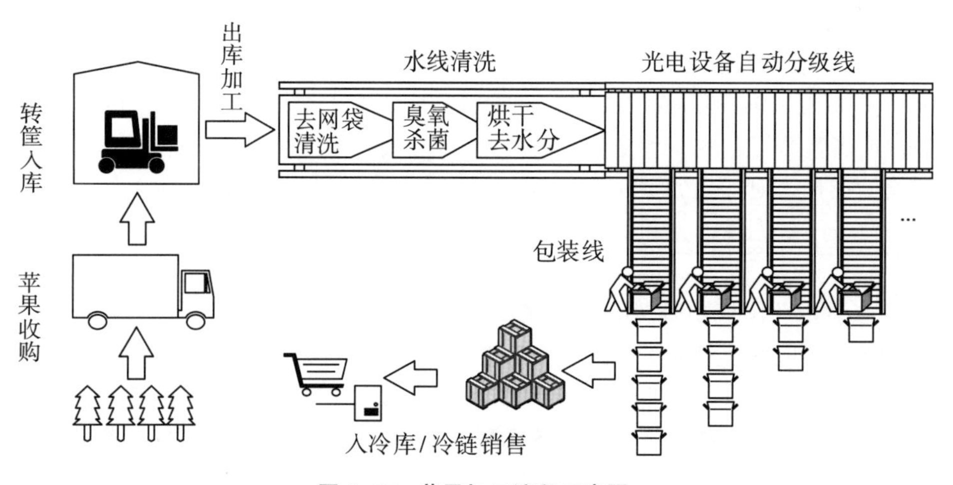

图 5-17 苹果加工流程示意图

4.1.1 建模流程

Flexsim 是一个基于 Windows 的面向对象的仿真建模工具，是在图形建模环境中集成了编译器和 C++IDE 的仿真系统软件，软件内部定义了生产制造经营管理等各种实际生产场景的模型，而且可以针对不同作业平台，实现全窗口三维仿真。

Flexsim 模型由 Flexsim 实体组成，实体是对现实系统中各元素的抽象化，是组成模型的基本模块，支持自定义属性、变量和可视化，具有行为继承性，临时实体是模型中流通的物品，例如产品、客户、订单、文件等。模型的基本组成如图 5-18 所示。

其中，实体是执行处理的个体，不会随着模型的运行而产生和消失，固定实体是指生产流程中固定的实体，能够接受临时实体和发送临时实体；执行类实体是生产流程中

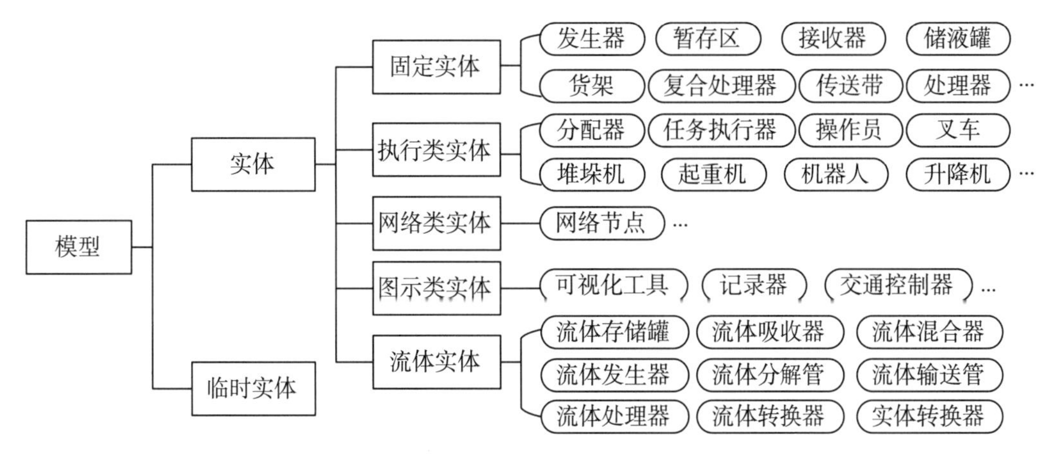

图 5-18　Flexsim 模型基本组成

执行特定任务的实体，可以移动临时实体；网络类实体则用于对执行类实体设定移动路径；图示类实体具有显示系统各种信息、图表等作用；流体实体主要用于流体物质移动的系统仿真。临时实体是被处理的对象，是模型中临时产生的实体，其随着模型的运行而移动、产生（发生器）或消失（吸收器）。

本小节以苹果分级加工为例，利用 Flexsim 软件建立分级过程仿真模型，收集模型运行结果并对布局进行优化，为企业加工设备和管理流程优化起到参考作用，其建模步骤如下。

4.1.1.1　创建布局

确定建立仿真模型目的，通过企业现场调研分析加工流程，研究模型背景，选择 Flexsim 实体对应企业实体设备；之后，在 Flexsim 窗口的实体库中拖拽实体到模型视图窗口，并对实体的位置、尺寸和旋转角度进行调整。

4.1.1.2　端口连接，即定义实体流程

利用 Flexsim 连接模式拖动实体间的端口连接，从发送实体到接收实体建立连接，即用来定义关联实体之间的流程。

4.1.1.3　编辑实体参数

定义每个实体的相关属性参数，利用现场收集数据和分析结果，在属性窗口编辑和查看实体的信息（包括临时实体流、标签、统计、停留时间、触发器等）。

4.1.1.4　编译、运行仿真模型

重置、运行仿真模型，可以通过滑动控制条来控制模型运行速度，节约时间，这对仿真结果没有影响。

4.1.1.5　查看、分析仿真结果，优化模型

用统计菜单可创建报告，完成相关实体的数据收集工作。根据模型运行数据分析模型运行瓶颈，进行优化。

4.1.2　模型假设

在苹果收购过程中采用分级收购的方法，被调研企业的苹果收购地区主要为陕西延

安地区和宝鸡基地，根据果径这一基本分级标准，粗略分为 70 mm、75 mm 和 80 mm，周转筐大小为 20 kg，要求下树 24 h 以内入冷库，运输方式为非冷链运输。原料到达根据苹果产量、公司订单要求及收购站集中收购有所不同，故不同级别运输车辆到达具有随机性，苹果收购完成后由专门车辆运输到加工企业，经过初检（重量、外观、内在品质；采用抽样方式，100 件抽样 3 件）合格入冷库，批次大小为 140 kg（木筐大小），存在批次混合，将同一地区同果径大小苹果 7 个周转筐混合入 1 个木筐中，根据苹果产地和规格条件等分别入库，加工企业冷库数量为 48 间，每个冷库要求果品留样，放入观察窗，按月度定期检测（糖度、硬度、内部病害、酸度）同一时间同一地块同一级别为同一批次，为实现批次的精准追溯，定义 140 kg 原料为同一批次。

另外，仿真模型假设生产线产品为初级分类中 75 mm 苹果，模型具有如下假设：①苹果原料出入生产线为先进先出（FIFO）；②以 140 kg 周转木筐大小为进入生产线原料批次单位，批次大小一致；③不考虑机器故障。

4.1.3 实体设备与相关参数设定

苹果生产加工过程中实体设备用 Flexsim 仿真软件中的实体和临时实体对象表示，两者的对应关系如表 5-2 所示。

表 5-2 苹果加工实体设备与 Flexsim 实体库对象对应表

实体设备	Flexsim 仿真实体对象	实体设备	Flexsim 仿真实体对象
苹果个体（原料）	临时实体	分级后生产线	传送带
苹果周转木筐	发生器	苹果包装	合成器
苹果冷库	暂存区	成品存放库	暂存区
进入生产线运输工具	叉车	下游客户	吸收器
苹果清洗池	处理器	包装辅料生产线	传送带
苹果分级	分拣传送带		

上游苹果运输到企业卸载，周转木筐用实体发生器代替，临时实体代表苹果个体，在分选分级之前用同一颜色，140 kg 为一个批次，换算成苹果个数大约为 280 个，苹果进入冷库贮存看作进入暂存区的过程，之后进入生产线为先进先出；进入生产线后首先是水线处理，包括去网袋清洗、臭氧杀菌和烘干去水分处理，水线用处理器代替；用分拣传送带模拟仿真光电分级设备，根据着色要求和苹果缺陷程度对苹果进行分级，分为 7 个外观等级，在本研究中合为 4 个，分别为 C 级、1A 级、FA 级（包括 F3A 级、F4A 级）和 EXFA 级（包括 EXF3A 级、EXF4A 级和 EXF5A 级），分级完成后进入不同的生产道，分级比例暂定为 2∶3∶3∶2；最后用合成器模拟人工包装的过程，将箱子等辅料和 5 个苹果个体进行合成为箱装苹果。成品苹果以箱为单位存入暂存区（代表苹果贮存仓库），吸收器代表配送到苹果销售单位的车辆。仿真模型相关参数如表 5-3 所示。

表 5-3 仿真模型参数

编号	设备名称	参数
1	处理器（清洗池）处理时间	uniform（30.0，50.0，0.0）
2	处理器（清洗池）处理数量	最大容量 200
3	发生器（批次）大小	280
4	叉车一次运输数量	10
5	分拣传送带分拣比例	2∶3∶3∶2
6	合成器包装数量	5
7	合成器加工时间	5

4.1.4 建立 Flexsim 仿真模型

以上定义了实体和参数，确定了苹果生产加工的逻辑流程，即可构建苹果加工过程 Flexsim 仿真模型，如图 5-19 所示，加工机器按不同类型进行摆放。

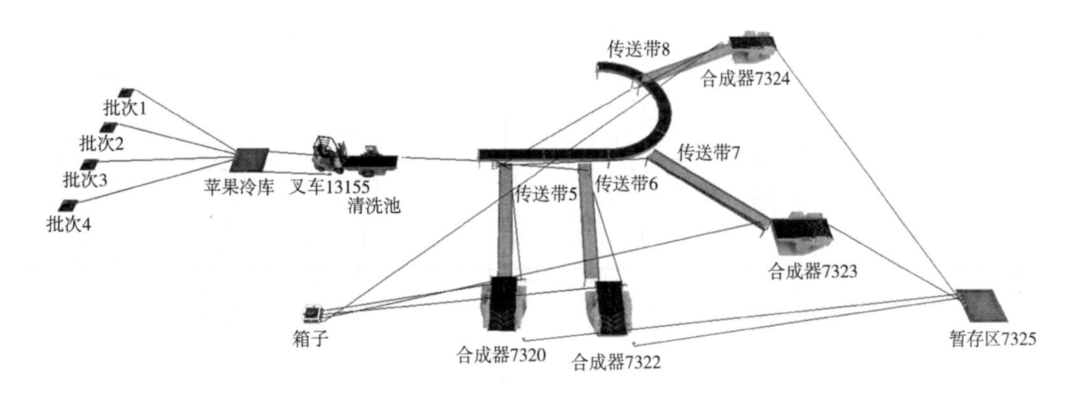

图 5-19 Flexsim 仿真 3D 模型

苹果加工生产线仿真模型的运行时间单位为分钟，为仿真运行结果的准确性和可靠性考虑，苹果发生器初始设置是 4 个批次的产品，模型运行时间为 1 770 min，为了尽快得出模型的研究数据，可适当提高模型运行速度，这样并不会改变模型运行结果。

4.2 苹果分级加工流程优化

4.2.1 仿真模型数据收集

Flexsim 仿真模型运行结束后进行相关设备的数据收集，结果如表 5-4 和表 5-5 所示。

表 5-4　苹果加工设备工作状态　　单位：%

设备名称	空闲时间	加工时间	阻塞时间	预置时间	收集实体时间	传送时间
苹果清洗	0.7	79.1	11.0	9.2	—	—
合成器 1	—	16.5	—	—	83.5	—
合成器 2	—	24.3	—	—	75.7	—
合成器 3	—	23.9	—	—	76.1	—
合成器 4	—	17.9	—	—	82.1	—
分拣传送带	3.0	—	0.0	—	—	97.0
传送带 1	16.6	—	4.6	—	—	78.8
传送带 2	8.1	—	9.1	—	—	82.7
传送带 3	10.1	—	9.0	—	—	80.9
传送带 4	16.2	—	6.2	—	—	77.6

表 5-5　暂存区工作状态　　单位：%

苹果采购	空闲率	利用率
苹果冷库 1	0.1	99.9
包装苹果暂存区	5.5	94.5

通过仿真模型多次运行后的数据收集结果可知，苹果清洗设备的加工时间占比为 79.1%，其阻塞时间占比达到 11.0%；原因为叉车运送苹果数量过多，导致清洗设备无法及时处理；传送带 1、传送带 2、传送带 3、传送带 4 的阻塞时间占比分别为 4.6%、9.1%、9.0%、6.2%，原因为合成器加工时间较长，即设备打包效率较低。其余设备运行指标合理。

为了提高相关设备利用率，合理利用资源，需要对苹果生产过程仿真模型进行优化改进，达到提高整体运作效率和节约成本的目的。经过数据分析结果及多次优化对比，得出如下最终优化方案：①苹果清洗设备阻塞率较高，降低叉车运输苹果数量，叉车运输数量减少为 8；②通过增加人员或提高打包人员素质来提高打包效率，即降低合成器加工时间，合成器加工时间降为 3。

模型优化后收集数据，结果如表 5-6 所示。

表 5-6　优化后苹果加工设备工作状态　　单位：%

设备名称	空闲时间	加工时间	阻塞时间	预置时间	收集实体时间	传送时间
苹果清洗	0.5	78.2	6.8	14.4	—	—
合成器 1	—	7.7	—	—	92.3	—
合成器 2	—	12.2	—	—	87.8	—

（续表）

设备名称	空闲时间	加工时间	阻塞时间	预置时间	收集实体时间	传送时间
合成器 3	—	11.8	—	—	88.2	—
合成器 4	—	7.8	—	—	92.2	—
分拣传送带	4.2	—	0.0	—	—	95.8
传送带 1	27.9	—	1.0	—	—	71.1
传送带 2	13.5	—	2.8	—	—	83.8
传送带 3	14.1	—	2.9	—	—	83.0
传送带 4	27.0	—	1.5	—	—	71.4

4.2.2 模型优化结果分析

由图 5-20 可知，苹果清理设备、传送带 4、传送带 3、传送带 2、传送带 1 的阻塞时间占比分别从 11.0%、6.2%、9.0%、9.1%、4.6% 下降至 6.8%、1.5%、2.9%、2.8%、1.0%，阻塞率有了明显的下降，即说明设备的利用率有所增加，提高了设备和人员的生产效率。

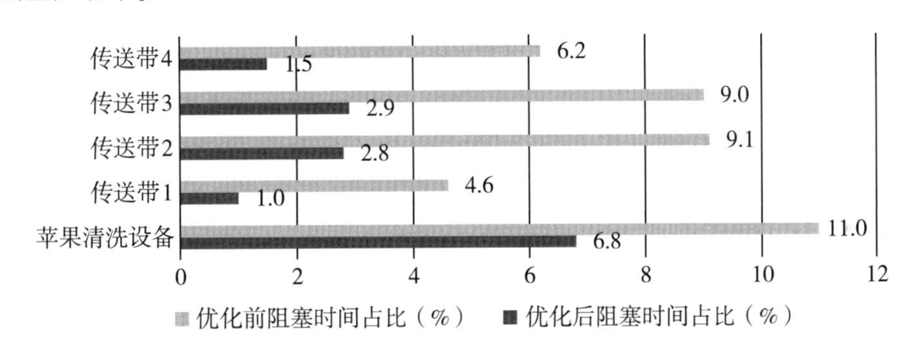

图 5-20 苹果加工设备优化前后阻塞率

5 果品分级加工管理系统

5.1 系统技术架构

果品分级加工管理系统采用 B/S 结构，应用模块化的体系结构，不同模块间采用标准的数据交互接口实现模块间的信息交互。此体系结构的优点是系统各个模块功能任务明确，降低了各个模块间的耦合性，增加了系统扩展的便利性。

图 5-21 展示了系统的技术架构。由于 Java 语言具有跨平台性与成熟性，因此整体平台选用 Java Web 的技术，并使用 Java EE、SpringMVC、Hibernate 等技术开发实现。系统前端页面选用页面美观、部署快速的 Metronic 框架；整个平台使用 MySQL 数据库。

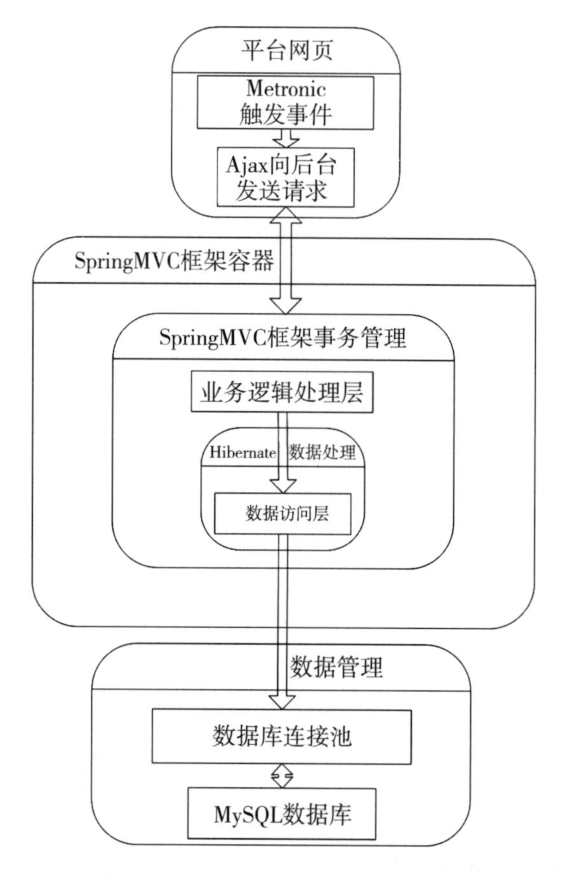

图 5-21　果品分级加工管理系统技术架构

5.2　系统功能开发

5.2.1　原料管理

查询：按出/入库单编号、出/入库日期查询。

重置：清空查询条件。

新增入库：点击“新增出/入库”进入新增出/入库页面。选择原料来源、出/入库人、出/入库日期、批次码、类型、品种、出/入库仓库、出/入库量、备注，点击“保存”保存信息，点击“返回”放弃新增。

果品区块链追溯平台系统原料管理功能界面如图 5-22 所示。

5.2.2　果品分级

查询：按加工批次、生产日期、原料批次查询。

重置：清空查询条件。

添加：点击“添加”进入新增页面。选择原料来源、加工品、类型、品种、仓库、库存、加工数据、生产线、选择负责人、生产日期，点击“保存”保存信息，点击“返回”放弃新增。

果品区块链追溯平台系统果品分级功能界面如图 5-23 所示。

图 5-22　果品区块链追溯平台系统原料管理功能

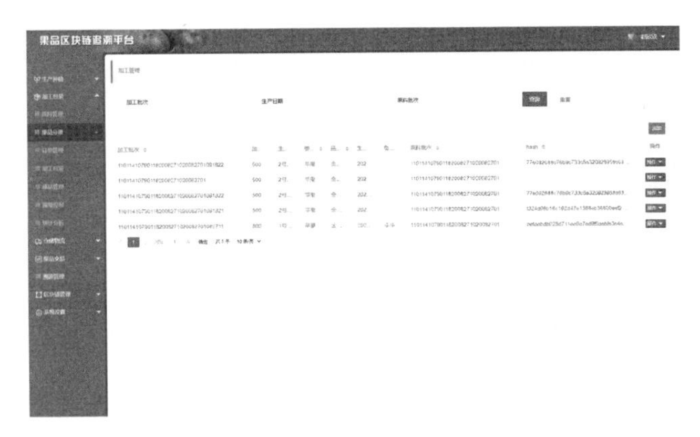

图 5-23　果品区块链追溯平台系统果品分级功能

5.2.3　订单管理

查询：按销售单号或客户、下单日期、订单类型查询。

重置：清空查询条件。

添加订单：点击“添加订单”，打开添加订单页面。录入下单日期、发货日期、选择订单类型、客户名称、交货地址，选择商品。点击“保存”，保存信息，点击“返回”取消新增。

果品区块链追溯平台系统订单管理功能界面如图 5-24 所示。

图 5-24　果品区块链追溯平台系统订单管理功能

5.2.4 加工包装

加工包装功能可按照今天、明天、未来一周 3 个维度对不同果品需求量进行分析。果品区块链追溯平台系统加工包装功能界面如图 5-25 所示。

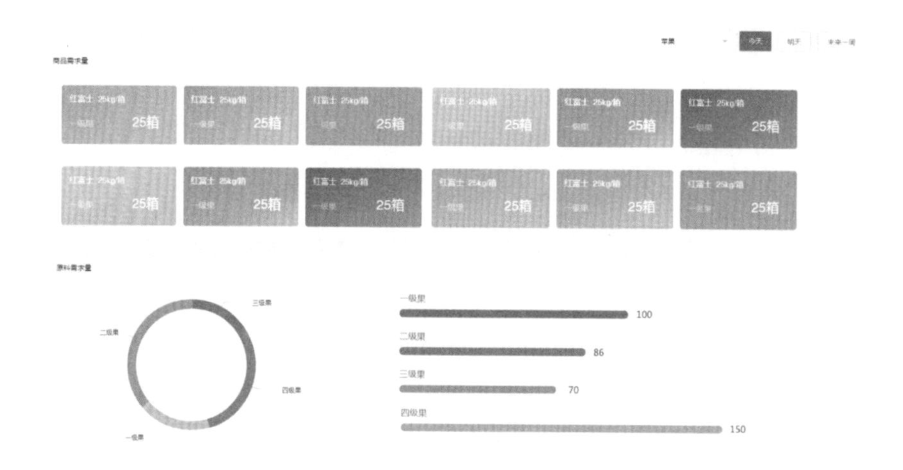

图 5-25 果品区块链追溯平台系统加工包装功能

5.2.5 成品管理

成品管理功能可通过成品出入库、报损等管理措施，统计并展示成品库存信息，包括库存总量、本月入库量、本月出库量、过期预期、果品报损、环境监测。果品区块链追溯平台系统成品管理功能界面如图 5-26 所示。

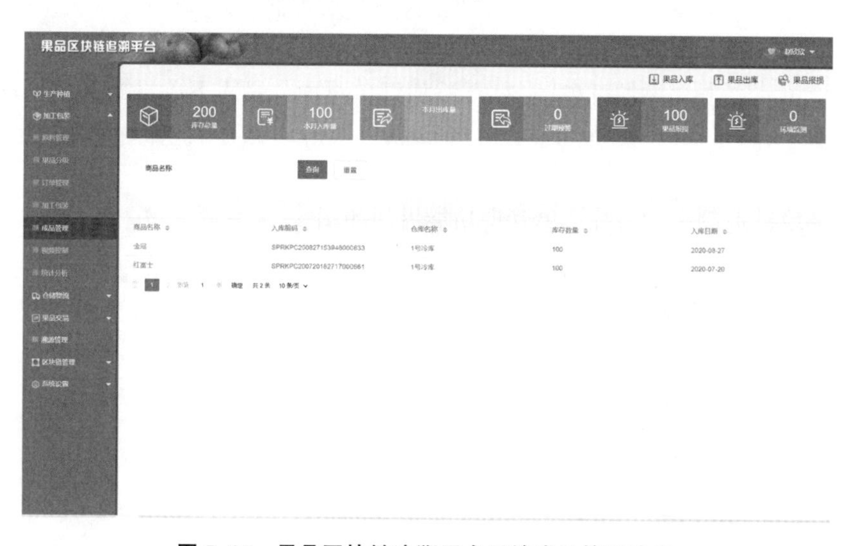

图 5-26 果品区块链追溯平台系统成品管理功能

5.2.6 视频控制

果品区块链追溯平台系统视频控制功能界面如图 5-27 所示。

图 5-27　果品区块链追溯平台系统视频控制功能

5.2.7　统计分析

该功能可按查询区间统计分析不同果品销售额、销售量，以供果品管理决策。

果品区块链追溯平台系统统计分析功能界面如图 5-28 所示。

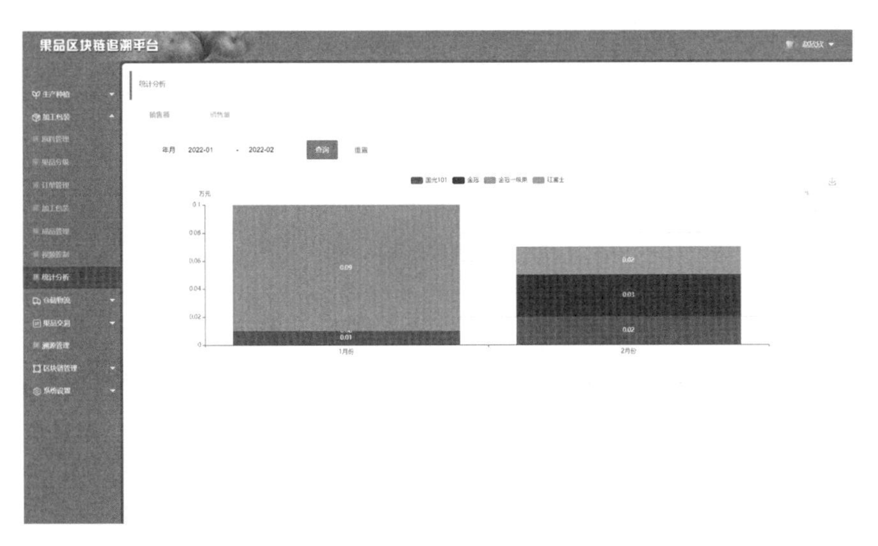

图 5-28　果品区块链追溯平台系统统计分析功能

5.3　系统应用效果分析

该系统在某企业部署应用了 6 个月后，通过问卷调查、随机采访等对系统应用效果进行分析。结果表明，系统对企业提高质量安全管理和监控等方面具有较大的作用，使企业在面对质量安全关键点时，具有更加有效的监管和应对措施（表 5-7）。

表 5-7　果品区块链追溯平台应用前后的质量安全管理效果比较

关键步骤	安全隐患	原有监测效果	现有方式监测效果
原料采购	农残超标	抽检，不全面且滞后	快速、实时，可对每一个订单进行抽检
	数量问题	人工盘点和记录，容易出错	通过条码进行扫描核查并自动记录，不容易出错，效率更高且方便后期查看
原料入库	耗时过长	人为监督	扫描入库，从开始扫描到完成扫描自动计时和存储信息
	温度不当	人为检查和定时记录	温湿度环境自动监控和报警
成品出库	出库数量问题	人工盘点和记录	根据出库单扫描产品，自动记录出库产品，避免出错
分级加工	工人卫生问题	责任人监督并人工记录	责任人监督并录入系统
	环境卫生问题	人为监督和定时记录	环境自动监控采集并报警
	加工工艺问题	无	增加果品自动分级设备，提高分级效率
订单处理	数量问题	人工盘点并记录	根据订单明细进行条码扫描，自动核查，避免出错
	产品问题	人工检查	根据产品条码进行溯源，在系统中可一键查出是否存在问题

由以上分析比较可知，通过对果品分级加工企业的信息化建设，提高了企业在质量安全方面的应对能力，在原材料的采购、仓储出入库、分级加工过程、订单处理等不同阶段，通过软硬件配合，一方面减少了传统管理方式中人工操作产生的错误，另一方面提高了订单的处理分配效率。

参考文献

刘妍，周新奇，俞晓峰，等，2020. 无损检测技术在果蔬品质检测中的应用研究进展[J]. 浙江大学学报:农业与生命科学版,46(1)：27-37.

刘学馨，范蓓蕾，钱建平，等，2016. 净菜加工质量安全信息管理平台的构建[J]. 中国农机化学报，37(10)：156-161.

钱建平，宋英卓，王姗姗，等，2019. 风险矩阵和流程分析法挖掘小麦粉加工中质量安全追溯信息[J]. 农业工程学报，35(2)：302-308.

王姗姗，吴保国，钱建平，等，2018. 基于 Flexsim 的小麦粉生产过程仿真与优化[J]. 浙江农林大学学报，35(5)：942-947.

王姗姗，赵春江，钱建平，等，2018. 批次清单结合 Petri 网追溯模型提高小麦粉加工过程追溯精度[J]. 农业工程学报，34(14)：263-271.

QIAN J P, SHI C, WANG S S, et al., 2018. Cloud-based system for rational use of pesticide to guarantee the source safety of traceable vegetable [J]. Food Control, 87: 192-202.

第六章 果品仓储物流智能化

采后果品是一个活的有机体，其生命代谢活动仍在有序进行；与发达国家 95%以上的果蔬冷链流通率和 5%左右的产后流通腐损率相比，我国果蔬产后流通腐损率偏高，达到了 20%~30%。降低物流过程损耗、维持果品产后品质已成为提升我国果品产业整体优势、增强产业国际竞争力亟待解决的问题。适宜低温可有效降低呼吸强度、减缓代谢过程，冷链物流已成为果品提质降耗的有效手段。对冷链环境等参数的精准感知、果品自身的货架期预测、仓储物流过程的智能管理，是促进仓储物流整体提升的关键。

1 果品冷链环境监测与模拟

1.1 果品冷链环境分析

对于果品来说，呼吸作用是维持果实活体特征的主要生理代谢方式，因此要长期贮藏果品，就要通过适宜的低温减弱呼吸作用，降低呼吸消耗延长保鲜时间。湿度对于果品冷链来说也同样重要，若环境中的湿度过高，则会使水分凝结在果品的表面，引起霉菌生长，导致腐败变质，同时包装纸箱吸潮后抗压强度降低，可能使果品受伤；若环境中的湿度过低、空气过干，则会使果品极易蒸腾失水而发生萎蔫和皱缩，导致组织软化。表 6-1 为不同果品的适宜贮藏温度和湿度；但不同种类果品采后生理特性不同，亦受品种、成熟度影响。

表 6-1 不同果品适宜冷链环境

种类	贮藏温度（℃）	相对湿度（%）	种类	贮藏温度（℃）	相对湿度（%）
苹果	-1~0	90~95	甜橙/柑类	4~7	90~95
梨	-1~0.5	90~95	橘类	3~5	85~90
桃/李/杏/樱桃	-0.5~0.5	90~95	西柚/柠檬	12~13	85~90
冬枣	-2.5~-1.5	85~90	沙田柚	6~8	85~90
鲜枣	-1~0	90~95	莱姆	9~10	85~90
葡萄/柿子	-1~0	90~95	香蕉/杧果/山竹	13~15	85~90
猕猴桃	-0.5~0.5	90~95	菠萝	10~13	85~90

（续表）

种类	贮藏温度（℃）	相对湿度（%）	种类	贮藏温度（℃）	相对湿度（%）
草莓/蓝莓	0~2	90~95	番木瓜	13~15	85~90
山楂	-1~0	90~95	枇杷	0~2	90~95
石榴	5~6	85~90	杨梅	0~1	90~95
西瓜	8~10	85~90	荔枝	1~2	90~95
薄皮甜瓜	5~10	80~85	龙眼	3~4	90~95
厚皮甜瓜	4~5	80~85	榴莲	4~6	85~90
伽师瓜	0~1	80~85	番荔枝	10~12	90~95
板栗	-2~0	90~95	红毛丹	10~13	90~95
无花果	-1~0	85~90	鳄梨	7~9	85~90
哈密瓜	3~5	75~80	橄榄	5~10	90~95

乙烯（C_2H_4）是一种化学结构非常简单的植物激素，正常情况下以气体状态存在。几乎所有高等植物的器官、组织和细胞都能产生乙烯，生成量非常微小，但对农产品的成熟与衰老起着极为重要的调节作用。幼嫩果实组织中乙烯含量很低，当果实成熟时，乙烯的形成迅速增加。乙烯能使原生质膜透性增强，而使水解酶外渗，此外还使呼吸作用增强，导致果内有机物强烈转化，最后达到可食程度。不同产品对乙烯的反应不一，每个产品都有一个引起生理作用的乙烯阈值（表 6-2）。促进果实成熟所需乙烯浓度很低，但只要浓度达到阈值就启动成熟，因此对乙烯含量的监测也是果品采后环境监测的重要内容。

表 6-2　几类果实引起成熟的乙烯阈值

种类	乙烯阈值（mg/dm^3）	种类	乙烯阈值（mg/dm^3）
甜橙	0.1	杧果	0.04~0.4
柠檬	0.1	梨	0.4
油梨	0.1	番茄	0.5
香蕉	0.1~0.2	甜瓜	0.1~1

1.2　多源环境要素感知

环境感知是实现冷链合理调控的基础。冷链环境监测已由单点向多点、有线向无线、延时向实时方向发展。无线传感器网络（Wireless Sensor Network，WSN）技术具有易于布置、方便控制、功耗低、通信灵活等特点，可为冷链过程温度的实时在线监测提供支撑；而 RFID 是利用射频信号进行空间耦合实现非接触信息传递的自动识别技术；集成温度传感器的 RFID 感知标签是实现定时离线温度监测的有效方式。

1.2.1　基于 LoRa 的果品冷链环境实时感知装置设计

为了实现空气温度、空气湿度、乙烯浓度、光照度等多个环境参数的监测，自主研发了由电源、传感器和通信模块 3 部分组成的多参数冷链环境监测装置。装置通过低功耗 LoRa（Long Range Radio）无线调制技术将采集到的信息发送给通信网关，并由后者将监测数据发送到云端。装置结构如图 6-1 所示。

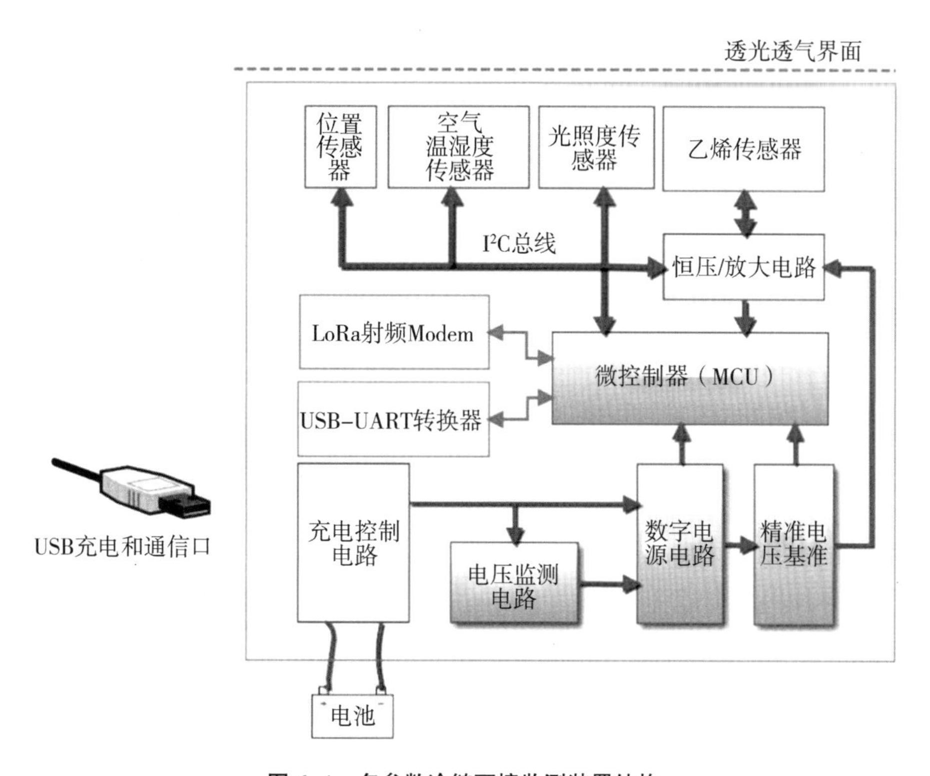

图 6-1　多参数冷链环境监测装置结构

电源部分由充电控制电路、电压监测电路、数字电源电路和精准电压基准组成，实现电池充电控制和电路电源分配。电池充电控制电路采用高效的锂电池专用充电芯片，使用 CC/CV 充电模式，最大充电电流 400 mA，在电池中内置了过流、过压、过温保护电路，并提供了充电指示；电压监测电路用来监测电池工作状态，以确保电池的安全，并在电量过低时自动关断电源，保护设备。

微控制器通过 I²C（Inter-Integrated Circuit）总线接口与空气温湿度、光照度传感器、乙烯传感器通信，并根据需要进行参数设置及数值测量。乙烯浓度采用电化学传感器，该传感器由恒压电路激励输出 nA 级信号，该信号经由放大电路放大后输出到微控制器的 A/D 转换器，并由后者转换为乙烯浓度。射频 Modem 采用支持 LoRa 的 SX1278 芯片，利用直序扩频方式进行通信，实现射频信号的发送和接收；USB-UART 转换器用于实现 USB 与微控制器的通信，将 USB 协议转换为 UART。

1.2.2　装置开发与功能实现

所研发的冷链物流传感器为一款小体积、低功耗无线感知节点，该节点可测量空气温度、空气湿度、光照度、乙烯浓度 4 个环境参数，并通过低功耗 LoRa 无线调制技术发送给通信网关，并由后者将监测数据发送到云端。

传感器由壳体、主板、传感器板和电池组成，传感器壳体采用 ABS 材料，整体为圆柱形，圆柱体直径 60 mm、高 40 mm，壳体上盖透明并具有透气孔（图 6-2）。USB 充电孔位于节点模块侧面，采用 Micro USB 接口，配备橡胶保护塞。电池为聚合物锂电池，容量为1 000 mAh/3.7 V。

图 6-2　传感器装置示例

该节点配备可充电的 1 000 mAh/3.7 V 聚合物锂电池，工作状态下平均功耗仅 40 μA，在 10 min 采集 1 次数据的情况下，该节点单次充电工作时长可达到 120 h。传感器采用广泛使用的 Micro USB 接口作为充电和通信接口，通过该接口，用户可以在 2 h 内为节点完成充电，并可以连接到 PC 机进行初始化配置。

传感器采用 LoRa 直序扩频技术，这使得节点在相同功耗下的有效通信距离和抗干扰性大幅度增加，传感器采用 ISM 433 MHz 频段，具有 10 dBm/14 dBm/17 dBm/20 dBm 4 种无线发射功率，有效通信距离可以达到数千米。传感器采用空中唤醒技术，唤醒间隔为 2 s，在通信延迟和功耗之间取得了良好的平衡。

传感器采用高精度的空气温湿度传感器，在 -20～60 ℃ 范围内温度的精度可达到±0.2 ℃，湿度精度可达到±1.5%；传感器采用高灵敏度的电化学乙烯气体传感器，测量范围 0～10 mg/dm³，分辨率优于 0.1 mg/dm³。同时，传感器还具有可见光传感器，可以有效监测运输途中的开关门事件。装置详细功能参数具体如下。

1.2.2.1　电池参数

容量：1 000 mAh/3.7 V。

充放电最大电流：500 mA。

单次充电可工作时间：10 min 采集 1 次数据，120 h。

1.2.2.2　空气温度

测量范围：-40～80 ℃。

精度：20～60 ℃，±0.1 ℃；-40～80 ℃，±0.2 ℃。

1.2.2.3　空气湿度

测量范围：0~100%。

精度：0~80%，±1.5%；0~100%，±2%。

1.2.2.4　光照度

测量范围：0.01~83 klx。

精度：5%×读数。

1.2.2.5　乙烯浓度

测量范围：0~10 mg/dm³。

精度：±0.1 mg/dm³。

1.2.3　装置测试分析

利用自主研发的传感器监测节点，在北京市农林科学院林业果树研究所的试验冷库对其性能进行了测试。在乙烯传感器校正试验中，使用的对照仪器为美国 Felix 的 F-950 型便携式乙烯/O_2/CO_2分析仪（以下简称乙烯测量仪）。将带有乙烯传感器的节点 1、2、3 以及风扇置于密封箱中，分批逐渐通入浓度分别为 20 mg/dm³、30 mg/dm³的乙烯，通入乙烯约 10 min 后，使用乙烯测量仪测量约 5 min，每次使用乙烯测量仪后在通风的室外运行约 10 min，将测量仪内残留的乙烯排除。共进行 19 次测试，结果如图 6-3 和表 6-3 所示。

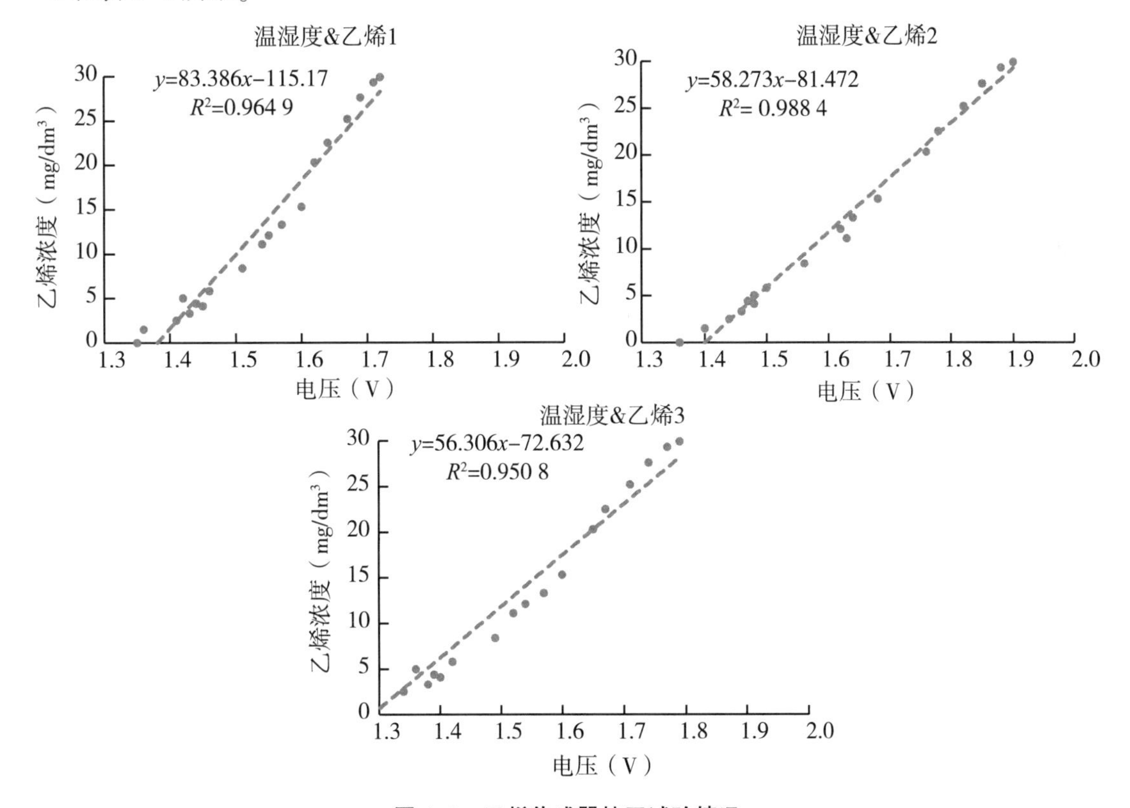

图 6-3　乙烯传感器校正试验情况

表 6-3　乙烯传感器校正实验数据

项目	实验 1	实验 2	实验 3	实验 4	实验 5
乙烯测量浓度（mg/dm^3）	0.0	1.5	5	4.1	3.3
温湿度乙烯 1（电压，V）	1.35	1.36	1.42	1.45	1.43
温湿度乙烯 2（电压，V）	1.36	1.40	1.48	1.48	1.46
温湿度乙烯 3（电压，V）	1.2	1.26	1.36	1.40	1.38
项目	实验 6	实验 7	实验 8	实验 9	实验 10
乙烯测量浓度（mg/dm^3）	2.5	4.4	5.8	8.4	11.1
温湿度乙烯 1（电压，V）	1.41	1.44	1.46	1.51	1.54
温湿度乙烯 2（电压，V）	1.44	1.47	1.50	1.56	1.63
温湿度乙烯 3（电压，V）	1.34	1.39	1.42	1.49	1.52
项目	实验 11	实验 12	实验 13	实验 14	实验 15
乙烯测量浓度（mg/dm^3）	12.1	13.3	15.3	20.3	22.5
温湿度乙烯 1（电压，V）	1.55	1.57	1.60	1.62	1.64
温湿度乙烯 2（电压，V）	1.62	1.64	1.68	1.76	1.78
温湿度乙烯 3（电压，V）	1.54	1.57	1.60	1.65	1.67
项目	实验 16	实验 17	实验 18	实验 19	
乙烯测量浓度（mg/dm^3）	25.2	27.6	29.3	29.9	
温湿度乙烯 1（电压，V）	1.67	1.69	1.71	1.72	
温湿度乙烯 2（电压，V）	1.82	1.85	1.88	1.90	
温湿度乙烯 3（电压，V）	1.71	1.74	1.77	1.79	

通过对乙烯测量仪测量的乙烯浓度与节点所测得的电压进行回归分析，得到线性回归方程（y 为换算乙烯浓度，x 为节点测量电压）。节点 1 的回归方程为 $y=83.386x-115.17$，$R^2=0.9649$；节点 2 的回归方程为 $y=58.273x-81.472$，$R^2=0.9884$；节点 3 的回归方程为 $y=56.306x-72.632$，$R^2=0.9508$。三者 R^2 均大于 0.95，回归方程具有可靠性。基于初步测试结果分析，节点对乙烯浓度的测量较为准确。

在多精度感知测试试验中，使用的对照仪器为北京农林科学院林业果树研究所提供的 RC-4HA 温湿度记录仪及试验冷库内安装的温度、湿度传感器探头。将带有乙烯测量功能的节点与没有配备乙烯传感器的节点两两一组，均匀地放置于试验冷库内，放置位置分别为：节点 1&102 位于冷库北侧墙壁中间偏右，高度约 0.2 m；节点 2&104 位于冷库正中央，高度约 1.5 m；节点 3&103 位于冷库南侧墙壁中间偏左，高度约 2.5 m，接近冷库左温度探头 2。试验方法：将冷库温度设定为 12 ℃，冷库湿度设定为 90%，乙烯浓度设定为 10 mg/dm^3，每间隔一定时间调整冷库温度，间隔一段时间后调整乙烯浓度，再次间隔一定时间后调整冷库温度，以此类推。由于物理条件限制以及试验时间有限，冷库内湿度逐渐上升，但未达到 90%；本次试验为预试验，主要目的是测试节点测量数据的可靠性，故调整温度与乙烯浓度的间隔时间没有相对固定。

对温度的测量结果如图 6-4 及表 6-4 所示。节点测量温度与 RC-4HA 温湿度记录仪所测温度十分接近，与冷库所安装的传感器探头所测温度有一定差别。分析原因可能为：①节点与 RC-4HA 温湿度记录仪的传感器位于仪器内部，与外界有塑料外壳隔离，导致温度变化不能同室温同步；②冷库传感器探头自身温度测量不准确。具体结果有待进一步试验确定。但是，从节点测量温度与 RC-4HA 温湿度记录仪所测温度较为一致方面考虑，节点测量结果较为精确。

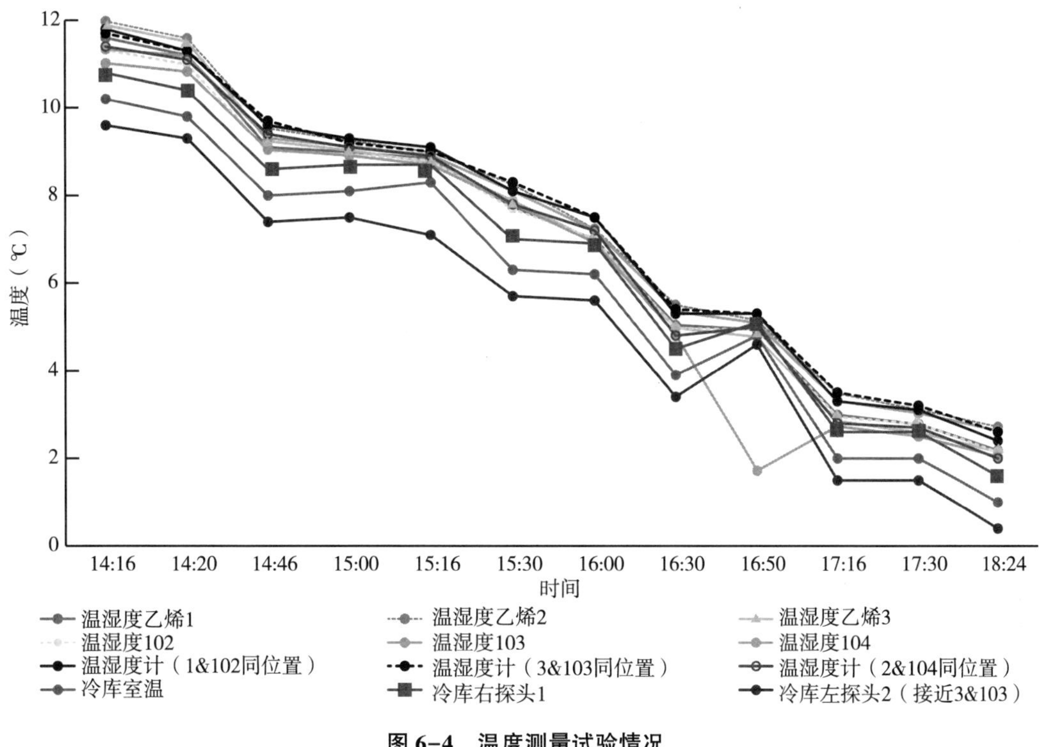

图 6-4　温度测量试验情况

表 6-4　温度测量试验数据　　单位：℃

项目	14:16	14:20	14:46	15:00	15:16	15:30
温湿度乙烯 1	11.6	11.2	9.1	9.0	8.8	7.7
温湿度乙烯 2	12.0	11.6	9.5	9.3	9.0	8.3
温湿度乙烯 3	11.9	11.5	9.2	9.0	8.8	7.9
温湿度 102	11.3	11.0	9.0	8.9	8.8	7.7
温湿度 103	11.0	10.8	9.1	8.9	8.7	7.8
温湿度 104	11.3	11.2	9.3	9.1	8.9	8.1
温湿度计（1&102 同位置）	11.8	11.3	9.6	9.3	9.1	8.1
温湿度计（3&103 同位置）	11.7	11.3	9.7	9.2	9.0	8.3

（续表）

项目	14:16	14:20	14:46	15:00	15:16	15:30
温湿度计（2&104 同位置）	11.4	11.1	9.4	9.1	8.9	7.8
冷库室温	10.2	9.8	8.0	8.1	8.3	6.3
冷库右探头 1	10.8	10.4	8.6	8.7	8.7	7.0
冷库左探头 2（接近 3&103）	9.6	9.3	7.4	7.5	7.9	5.7
项目	16:00	16:30	16:50	17:16	17:30	18:24
温湿度乙烯 1	7.0	5.0	4.9	3.0	2.8	2.2
温湿度乙烯 2	7.2	5.5	5.2	3.5	3.1	2.7
温湿度乙烯 3	7.0	5.0	4.8	2.9	2.6	2.2
温湿度 102	7.0	5.0	4.9	2.9	2.8	2.1
温湿度 103	6.9	4.8	4.7	2.7	2.5	2.0
温湿度 104	7.2	5.4	5.1	3.3	3.0	2.6
温湿度计（1&102 同位置）	7.5	5.3	5.3	3.3	3.1	2.4
温湿度计（3&103 同位置）	7.5	5.4	5.3	3.5	3.2	2.6
温湿度计（2&104 同位置）	7.2	4.8	5.0	2.8	2.7	2.0
冷库室温	6.2	3.9	4.8	2.0	2.0	1.0
冷库右探头 1	6.9	4.5	5.1	2.6	2.6	1.6
冷库左探头 2（接近 3&103）	5.6	3.4	4.6	1.5	1.5	0.4

对湿度的测量结果如表 6-5 及图 6-5 所示。节点测量湿度与冷库所安装的传感器探头所测湿度较为接近，与 RC-4HA 温湿度记录仪所测湿度有一定差别。RC-4HA 温湿度记录仪所测湿度值普遍较节点及冷库传感器探头偏低，可能与所使用的传感器型号不同有关。

表 6-5　湿度测量试验数据　　单位：%

项目	14:16	14:20	14:46	15:00	15:16	15:30
温湿度乙烯 1	47.8	48.6	56.9	57.6	58.8	60.9
温湿度乙烯 2	46.9	47.6	53.3	54.9	56.3	57.4
温湿度乙烯 3	46.4	47.4	54.1	55.8	57.3	58.7
温湿度 102	43.6	44.8	53.8	55.2	56.1	59.2
温湿度 103	44.7	45.3	52.5	54.4	55.8	57.8
温湿度 104	54.5	53.8	58.3	59.7	60.9	61.9
温湿度计（1&102 同位置）	41.6	42.5	50.3	52.7	54.1	56.8
温湿度计（3&103 同位置）	43.7	45.2	51.9	54.3	55.7	57.4
温湿度计（2&104 同位置）	40.0	41.0	46.9	49.3	51.3	53.0

（续表）

项目	14:16	14:20	14:46	15:00	15:16	15:30
冷库湿度	42.7	43.7	52.7	54.5	55.5	58.2
项目	16:00	16:30	16:50	17:16	17:30	18:24
温湿度乙烯 1	63.0	66.0	66.4	67.0	67.4	68.4
温湿度乙烯 2	59.8	61.5	62.5	62.6	63.3	64.1
温湿度乙烯 3	61.3	63.9	64.6	65.1	65.8	66.4
温湿度 102	61.4	65.4	65.5	66.5	67.0	67.8
温湿度 103	61.2	65.0	65.8	66.8	67.8	68.4
温湿度 104	64.3	66.0	66.9	67.1	67.8	67.6
温湿度计（1&102 同位置）	58.6	63.2	63.2	64.2	64.6	65.3
温湿度计（3&103 同位置）	59.6	62.9	63.7	64.3	64.3	65.0
温湿度计（2&104 同位置）	56.7	59.6	60.1	61.9	61.9	63.5
冷库湿度	60.2	65.1	65.7	66.0	66.4	67.1

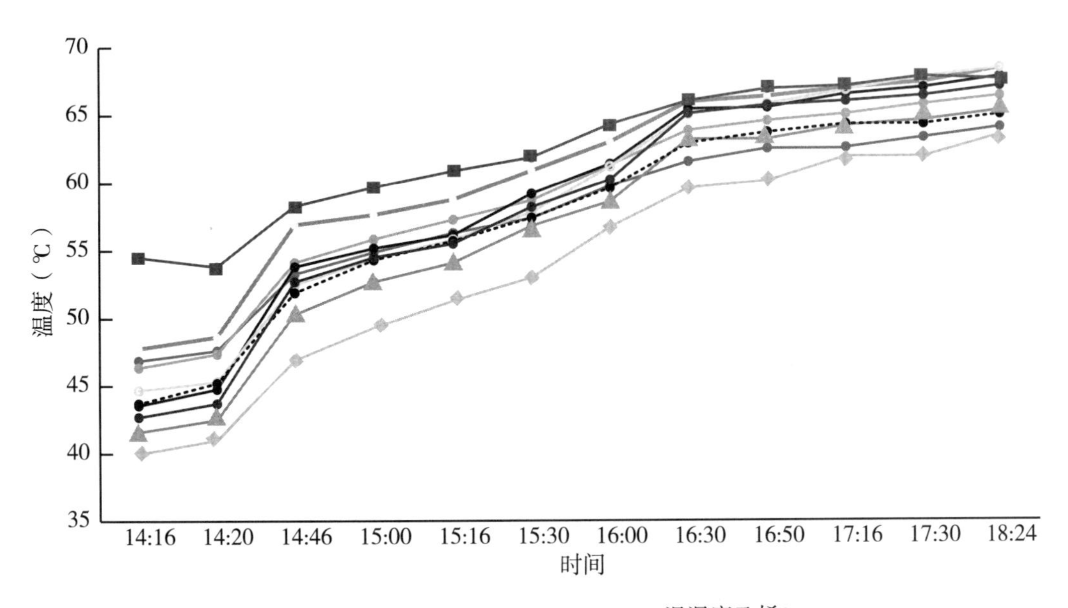

图 6-5　湿度测量试验情况

1.3 乙烯传感校准

根据传统电化学传感器原理，电压与乙烯浓度之间存在明显的线性关系，部分数据结果如图 6-6 所示，随着电压的增大，不同温度环境下的乙烯浓度之间呈现发散现象，显然，12 ℃下电化学线性方程无法准确拟合其他 6 ℃、8 ℃温度环境下乙烯浓度变化，这表明传统电化学线性耦合模型难以适用果品冷链动态环境下乙烯浓度的精准监测。

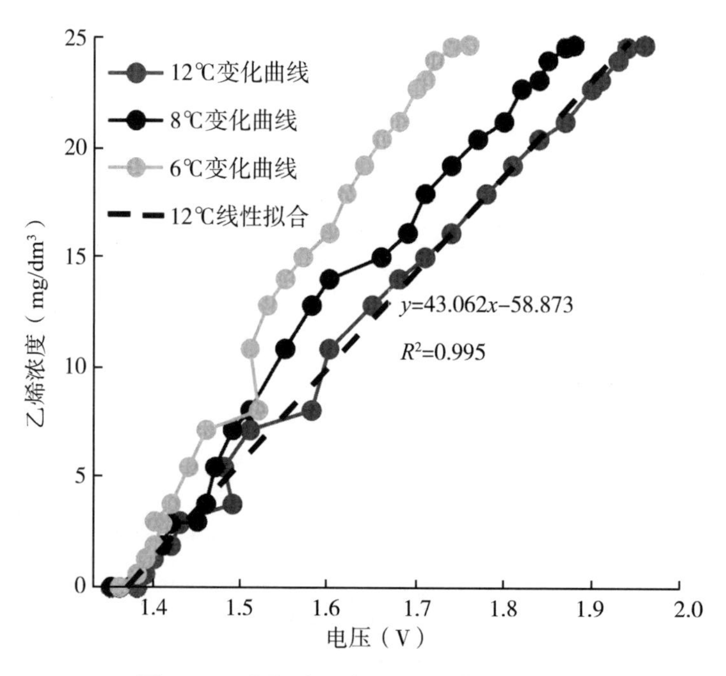

图 6-6　不同温度下电压-乙烯浓度关系变化

为提高开发设备在动态环境中乙烯监测的适用性，本节利用 ELM 神经网络替代线性方程对乙烯传感器数据进行校准。从不同温度、相对湿度、电压值和乙烯数据样本中随机选取 24 组数据为训练集和 10 组数据为测试集。如图 6-7 所示，基于 ELM 的乙烯校准模型训练效果比较理想，在 0～25 μL/L 量程范围内，训练集模型乙烯监测精度均方根误差 *RMSE* 可达到 0.16 μL/L，表明该模型具有良好的回归效果。如图 6-8 所示，该模型测试集预测值与真实值拟合度较高，在 0～25 μL/L 量程范围内，测试集模型乙烯监测精度均方根误差 *RMSE* 可达到 0.30 μL/L。结果显示，测试集预测精度略大于训练集预测精度，表明该模型具有良好泛化能力，所建立模型具有理想的乙烯传感器数据校准效果，可以满足动态环境乙烯监测适用性需求。

相对传统迭代型神经网络，ELM 乙烯校准模型在学习速度方面具有很大优势。这里，将该模型与 BP 神经网络在同等计算机配置下基于相同乙烯校准训练集进行 5 次模型训练对比，训练效率结果如表 6-6 所示。结果显示，BP 模型平均耗时 1.575 s，而 ELM 模型平均耗时 0.062 5 s，有效支撑了乙烯在线监测分析需求。

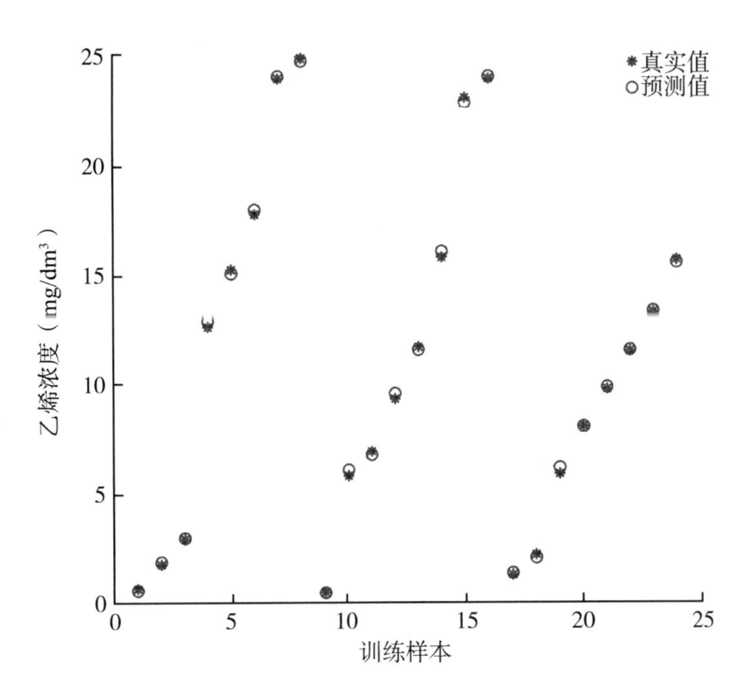

图 6-7　基于 ELM 的乙烯校准模型训练集结果

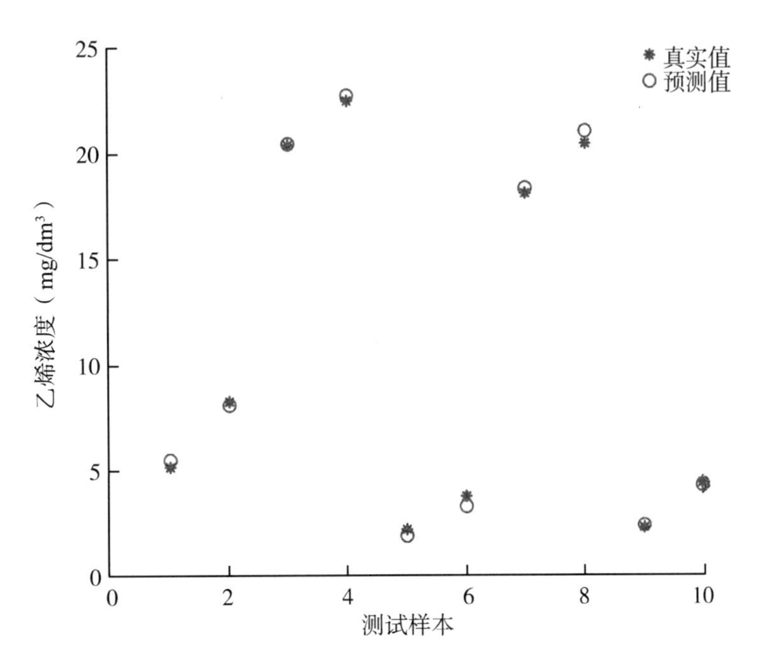

图 6-8　基于 ELM 的乙烯校准模型测试集结果

表 6-6　ELM 与 BP 神经网络乙烯校准效率对比结果　　单位：s

模型	训练次数					耗时均值
	1	2	3	4	5	
BP	1.546 9	1.500 0	1.578 1	1.546 9	1.703 1	1.575 0
ELM	0.078 1	0.062 5	0.046 9	0.031 3	0.093 8	0.062 5

将所训练模型集成到多要素监测设备进一步验证设备在实际动态冷链环境中温度、湿度、乙烯浓度多要素监测精度，相关试验在北京市农林科学院林业果树科学研究所冷链物流模拟厢体中进行。试验厢体壁面及顶面厚度 150 mm（由双面彩钢聚氨酯复合保温板组成）、地面厚度 50 mm（由高抗压挤塑泡沫保温板双层错缝铺设）。该试验厢体被虚拟横截面 T1、T2，纵截面 V1 和层截面 L1 划分为 12 个环境多要素监测单元，监测单元的中心位置为监测点，以此建立三维坐标系。冷链试验厢体结构、截面划分、监测点位置和坐标原点如图 6-9 所示。

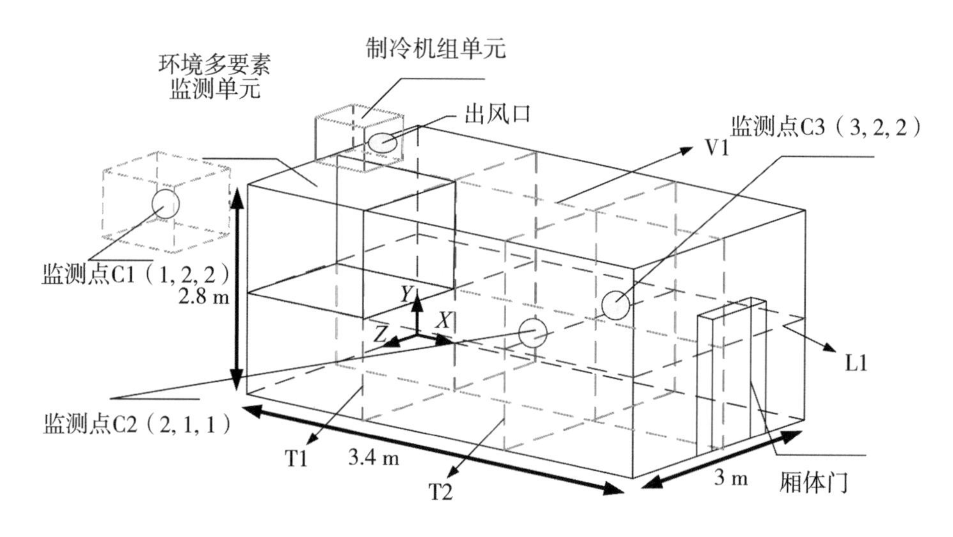

图 6-9　冷链实际环境下多要素监测试验厢体及监测点示意图

注：T1、T2 表示横截面，V1 表示纵截面，L1 表示层截面。

本测试根据厢体三维坐标系选取 3 个监测点 C1（1，2，2）、C2（2，1，1）和 C3（3，2，2），部署开发设备进行测试。以温度 0～10 ℃、湿度 75%～90%、乙烯浓度 0～25 mg/dm^{3}范围的动态冷链（1 月 11 日 10:00—18:00）为基础，每隔 20 min 采集一次温度、湿度、乙烯浓度数据，共 3 个点位 24 组 216 条数据样本；同时，以精度较高的 RC-4HA 型温湿度记录仪、Felix-F-950 型乙烯分析仪测量数据为参考，分析 3 个点位设备（C1、C2、C3）的环境多要素监测性能，结果如图 6-10 和表 6-7 所示。

由图 6-10a 可见，各点位 C1、C2、C3 温度差的变化曲线均在初始阶段存在不稳定现象，这可能是由初始阶段温度场不均匀，冷暖气流在一定空间内交替扰动形成的；在温度稳定后，3 个点位温度差曲线均表现为明显的分布特征。同时，各点位的开发设备监测温度差大部分为负值，表明点位温度小于实际温度仪参考测量值，这是由于温度仪被悬挂在厢体制冷机组正下方，导致实际参考温度较高。由图 6-10b 可见，各点位相对湿度差的变化曲线均表现为明显稳定的分布特征，均处于 0 附近。这表明开发设备湿度监测性能比较理想。其中，点位 C1 湿度由负值迅速突破为正值并保持稳定，表明 C1 环境出现相对明显的由干燥到潮湿的过程，这是由于该点位处于厢体制冷机组一侧，冷空气遇发热机组会产生液化现象。由图 6-10c 可见，各点位 C1、C2、C3 监测乙烯浓度差表现为明显的分布特征，并在 13:00 附近出现骤变，这是由于在 13:00 人工向厢体门处补充释放纯乙烯气体，导致短时间内气体不均匀波动。

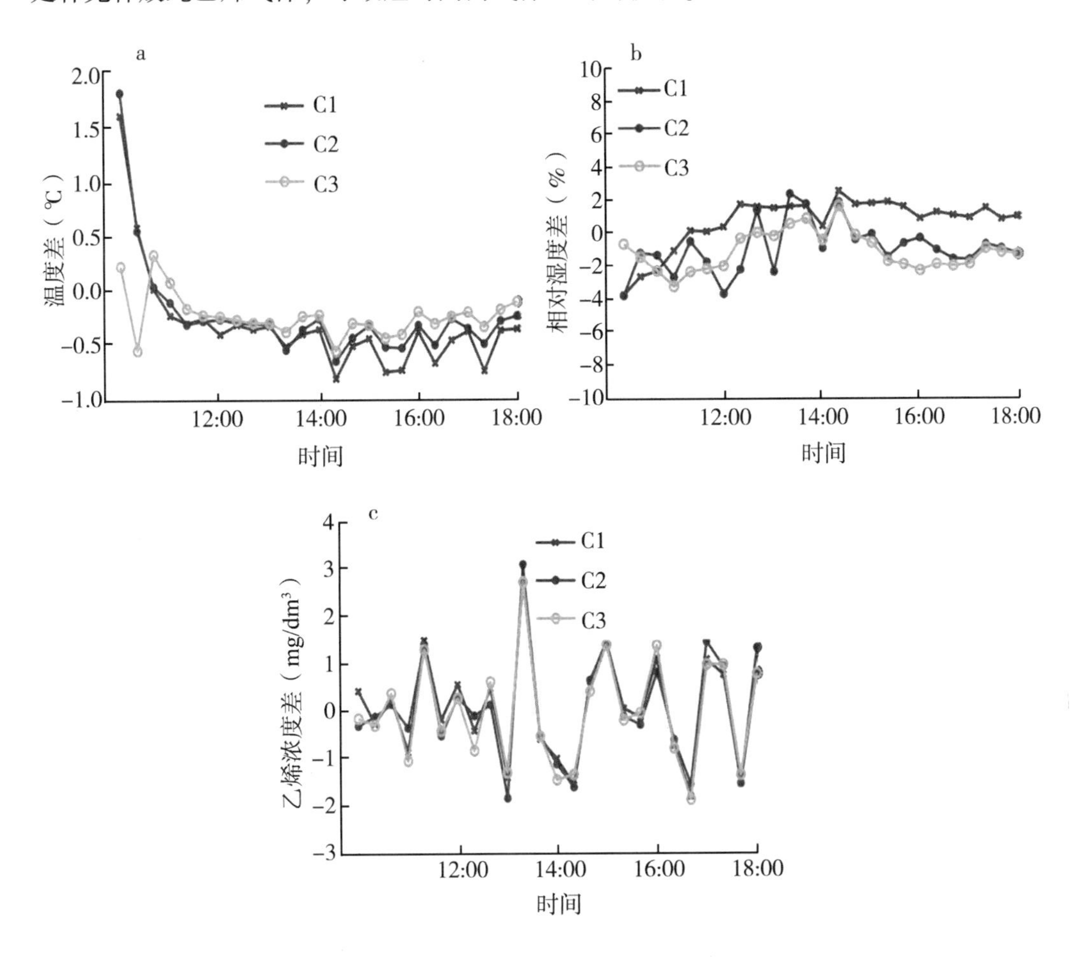

图 6-10　冷链动态环境多要素监测精度测试结果

进一步直观分析开发设备在动态冷链中多要素感知精度，不同点位 C1、C2、C3 多要素监测均方根误差 *RMSE* 结果如表 6-7 所示。所开发设备对于动态冷链的多要素监测的温度 *RMSE* 为 0.46 ℃，湿度 *RMSE* 为 1.65%，乙烯浓度 *RMSE* 为 1.11 μL/L。其中，由于气流变化、产品堆放以及外部操作等各种复杂不确定因素影响，冷链温度监测误差较大，并且乙烯浓度监测效果与校准模型测试性能存在一定差距，但可以满足实际果品冷链预冷、冷库贮存、冷链运输、销售等不同环境监测需求。

表 6-7　不同点位下开发设备多要素监测 *RMSE*

点位	温度（℃）	相对湿度（%）	乙烯（μL/L）
C1	0. 56	1. 69	1. 09
C2	0. 52	1. 72	1. 15
C3	0. 30	1. 53	1. 10
均值	0. 46	1. 65	1. 11

1.4　基于 CFD 的多层级温度场模拟

1. 4. 1　实验数据采集

本试验所用的金桃猕猴桃是在收获期从河南省西峡县统一采摘，然后，在标准冷链条件下，立即被运往北京市农林科学院农产品加工实验室对猕猴桃进行强制风冷实验，实际预冷场景如图 6-11 所示，包括猕猴桃、通风包装、冷藏库和强制冷风监测设备。

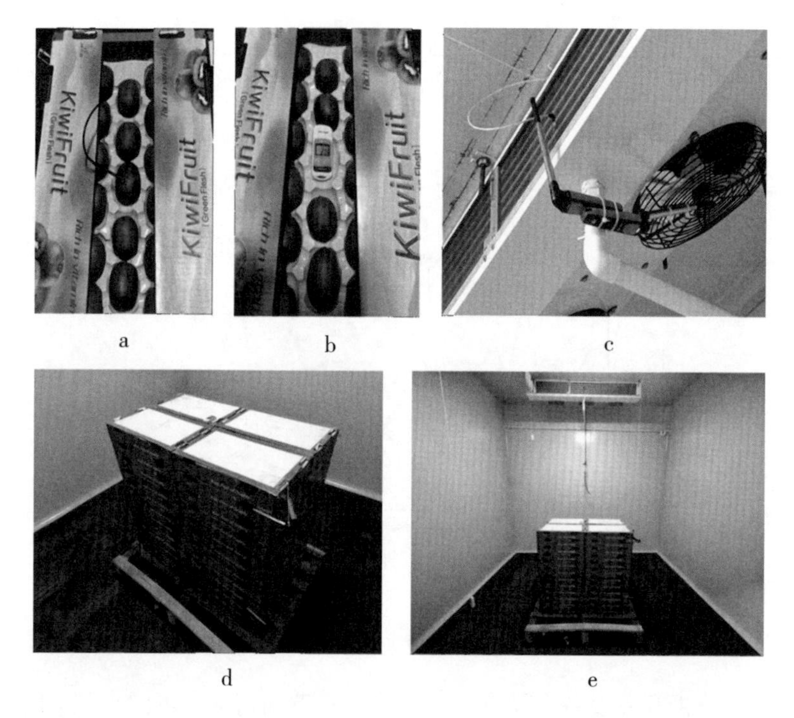

图 6-11　猕猴桃（a，b）、通风包装（c）、冷藏库（d）和强制风冷监测设备（e）实验场景

随机抽取 10 个果实进行几何测量，猕猴桃的平均形状类似于椭圆，长轴（62. 87±5. 00）mm，短轴（44. 71±3. 00）mm，鲜重（74. 20±5. 00）g。实验选用普通的波纹包装箱（50 cm×30 cm×7. 5 cm）包装猕猴桃，每个包装箱内依次装置 27 个果实。包装系

统的通风设计和水果堆垛方式如图 6-11a，b 所示。在冷库（335 cm×310 cm×300 cm）中间，全部的 48 个满载包装箱对称放置在标准木托盘（120 cm×100 cm×15 cm）上，共 4 垛，12 层，如图 6-11d，e 所示。冷藏库有一个自动制冷装置，正面有一个方形排气格栅（DAG）（180 cm×20 cm），后侧有 3 个圆形回风格栅（RAG）（直径 18 cm），带有风扇。

除几何形状和位置，猕猴桃和包装盒固有的材料特性对传热也有很大影响。猕猴桃的成分如下：83.9%的水分、1.1%的蛋白质、0.4%的脂肪、14.0%的碳水化合物和 0.6%的灰分，包装盒由纸板制成。食品的传热性能系数可以通过相关公式估算。因此，空气、猕猴桃和包装盒的密度、热容、热导率见表 6-8。

表 6-8　空气、猕猴桃和包装盒的材料特性

参数	空气	猕猴桃	包装盒
密度（kg/m³）	1.288	1 093	145
热容［J/(kg·K)］	1 004.8	3 735.86	1 338
热导率［W/(m·K)］	0.024 2	0.524 8	0.064

每隔 10 s 收集 1 次来自不同监测点的气流和传热数据，涉及不同的空间尺度：猕猴桃、包装和厢体。其中，通过将 T 型热电偶插入样品猕猴桃的果心来测量果肉温度，如图 6-12a 所示。使用 5 台穿透温度记录仪（YMP-11ED，PDF，中国，-40~125 ℃，±0.3 ℃）监测包装箱 L2-1（第二层和第一垛，以此类推）、L6-1、L10-1、L4-3、

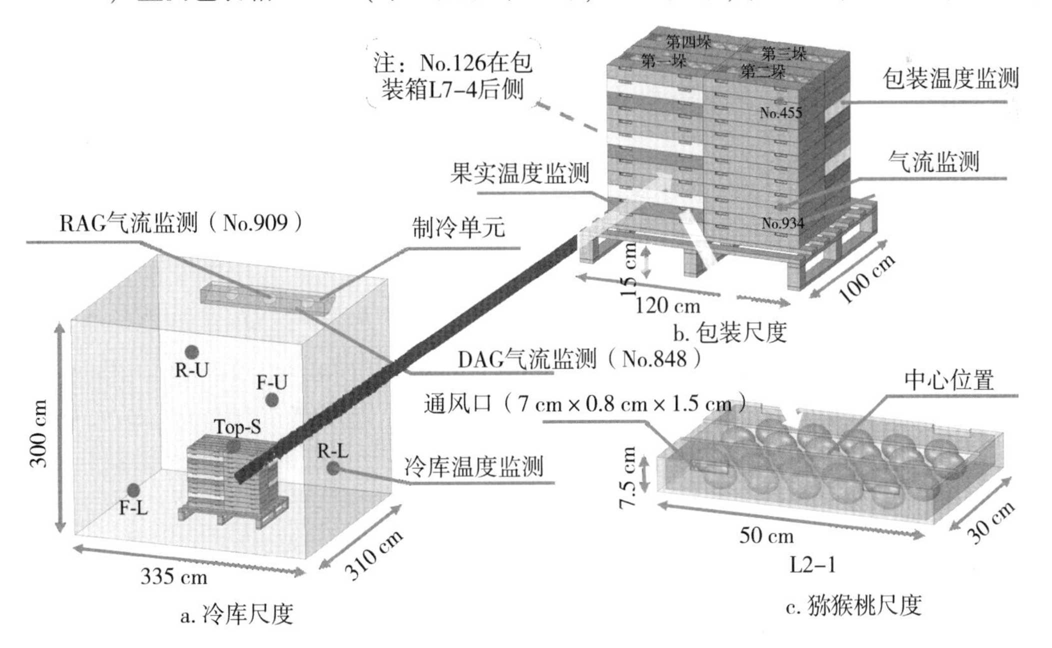

图 6-12　多尺度气流和温度监测点示意图（彩图见附录）

L8-3（图 6-12b 中的蓝色标记）中心位置的水果温度。将 5 台卡式温度记录仪（RC5，中国精创，-30~70 ℃，±0.5 ℃）放置在 L3-1、L7-1、L11-1、L5-3、L9-3（图 6-12b 中的黄色标记）的中心位置，以测量包装系统中的空气温度。另外，5 个 RC5 用于测量冷藏库 4 个中心对称位置（后上，R-U；后下，R-L；前上，F-U；前下，F-L）和整个包装堆垛顶部（顶部-S）的空气温度，具体监测点见图 6-12a 中的蓝点所示。

风速计（405i，德国 testo）可以同时测量温度（-20~60 ℃，±0.5 ℃）和气流（0~30 m/s，±5%），实际装置如图 6-11c 所示。在制冷机组的 DAG（No. 848）和 RAG（No. 909）处设置了两个风速计，如图 6-12a 所示。另外，两个风速计分别用于通风包装箱 L3-2（No. 934）和 L11-2（No. 455）的前通风口，一个用于 L7-4（No. 126）的后通风口，如图 6-12b 中的红点所示。

在数据采集之前，将果实温度均匀提高到（20±0.5）℃，以模拟田间热量。初始室内环境为温度（15±1.5）℃，相对湿度 85%~90%。FAC 实验于 2022-10-29 13:45 开始，2022-10-30 10:15 结束，总时间为 20.5 h。试验期间，冷藏温度设定为 4 ℃，全程打开所有风扇。

1.4.2 多尺度 CFD 数值模拟

1.4.2.1 模型假设

为了简化 CFD 建模以获得高效率，需要进行一些预先假设：①冷藏室墙体材料绝对隔热保温；②所有猕猴桃的形状和成分与测量平均值近似一致，并且所有物体的位置都是固定的；③传感器装置、包装箱内托盘和木托盘对气流和传热的影响可以忽略不计；④初始环境条件均匀稳定，包括入口气流的速度和方向、猕猴桃的温度、包装和厢体；⑤由于建模对象的几何对称性，数值建模可以通过对称切分一半完成；⑥忽略自然对流和黏性耗散。

1.4.2.2 控制方程

在 Boussinesq 假设下，Reynolds-Averaged Navier Stokes（RANS）被用作求解流场瞬态的控制方程。质量守恒、动量守恒和能量守恒表示如下：

$$\frac{\partial \rho_a}{\partial t} + \Delta \cdot (\rho_a u) = 0 \tag{6-1}$$

$$\frac{\partial (\rho_a u)}{\partial t} + \Delta \cdot (\rho_a uu) = - \Delta P + \Delta \cdot [(\mu_a + \mu_\tau)\Delta u] + \rho_a S_U \tag{6-2}$$

$$\frac{\partial (\rho_a c_{p,a} T_a)}{\partial t} + \Delta \cdot (\rho_a c_{P,a} u T_a) = \Delta \cdot [(\lambda_a + \lambda_t)\Delta T_a] \tag{6-3}$$

式中：ρ_a 是空气密度（kg/m^3）；u 是速度矢量（m/s）；t 是时间（s）；P 是流体压力（Pa）；μ_a 和 μ_τ 分别表示空气和湍流涡流的动态黏度［kg/(m · s)］；S_U 是动量源项（m/s^2）；$c_{p,a}$ 是空气热容［J/(kg · K)］；T_a 是空气温度（K）；λ_a 和 λ_τ 分别代表空气和湍流传热的热导率［W/(m · K)］。研究表明，剪切应力传输 SST $\kappa - \varepsilon$ 模型适用于冷室湍流传热模拟。猕猴桃在强制风冷条件下冷藏的传热过程公式如下：

$$\rho_o c_{P,o} \frac{\partial T_o}{\partial t} = \Delta \cdot (\lambda_o \Delta T_o) + S_o \tag{6-4}$$

式中：ρ_o、$c_{P,o}$、λ_o和 T_o分别表示模拟对象的密度、热容、热导率和温度；S_o代表热源项［J/(m^3·s)］，主要来源于猕猴桃的呼吸作用和蒸腾作用。

1.4.2.3　数值模拟方案

该 CFD 模型是在商业软件 ANSYS® Release 17.0（ANSYS, Canonsburg, PA, USA）中开发的，主要包括 3 个步骤：几何创建、网格离散化和数值模拟。根据描述的几何信息，以不同的网格大小一比一构建 3 个 3D 物理子模型：厢体尺度模型、包装尺度模型和猕猴桃尺度模型。其中，具有粗网格单元的大尺度模型将通过局部提取周围气流和热信息，将边界条件插值到具有细网格的小尺度模型。不同尺度模型的计算域、网格分辨率和模拟方法如下。

（1）**厢体尺度模型**　带满载托盘和制冷装置的冷藏库的几何物理细节如图 6-12a 所示。DAG/RAG 和内壁是厢体尺度模型的计算域边界。先前的研究表明，多孔介质适用于大尺度 CFD 建模，其精度与实心体方法相似，同时网格数更少。因此，在厢体尺度模型中，托盘被简化为一个多孔介质块。通过分别设置 1.503×10^6、2.257×10^6 和 4.012×10^6的网格数量，通过对 RAG 气流速度的精度比较来检验网格独立性。网格敏感性分析结果如表 6-9 所示。对计算成本和准确性进行权衡后，2.257×10^6个网格单元被用于厢体尺度的建模。多孔介质的中间网格截面如图 6-13 所示。

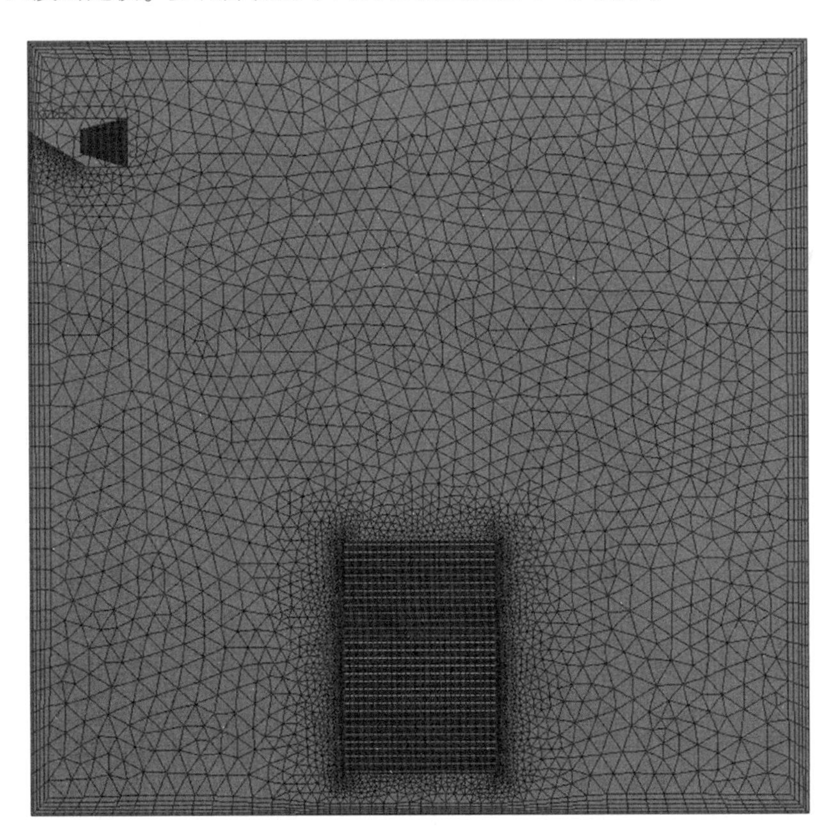

图 6-13　多孔介质下的中间网格截面

表 6-9　网格敏感性分析结果

网格数	RAG 气流平均速度（m/s）
1.503×10^6	8.21
2.257×10^6	8.56
4.012×10^6	8.57

（2）包装尺度模型　通风包装尺度的计算域主要是 48 个满载水果箱，如图 6-12b 所示。边界包括通风口和与室内空气直接接触的外部纸板。通过厢体尺度的模拟提取气流和传热的边界条件，并将其插值到包装尺度的模型中。模型中单个猕猴桃被定义为具有热源的特定固体块［6.66 $J/(m^3\cdot s)$］。

（3）猕猴桃尺度模型　猕猴桃尺度模型的域是单个波纹包装盒中的水果，盒子内壁是计算边界，如图 6-12c 所示。采用直接离散方法对水果进行精细建模，水果主要受盒子内空气环境的热约束。此外，选择半隐式 SIMPLE（Semi-implicit Method for Pressure-linked Equations）算法来解决压力-速度耦合问题。对流项的计算采用了二阶逆风离散化方法。时间步长设置为 300 s，并重复模拟，直到每个时间步长收敛。使用专门的计算资源［64 位，Intel（R）Xeon（R）CPU E5-2680 v2@2.8 GHz，128 Gb RAM，Windows 7 PC］来完成所开发的多尺度模型的瞬态计算。

1.4.2.4　性能评估

为了验证所开发模型的预测精度，需要在多尺度 3D 空间中对气流和温度分布的数值和实验结果进行综合比较。使用的指标包括平均绝对误差（*MAE*）、平均绝对百分比误差（*MAPE*）和均方根误差（*RMSE*）。

$$MAE=\frac{1}{N}\sum_{i=1}^{N}\left|Y_{t_i}-\widehat{Y}_{t_i}\right| \tag{6-5}$$

$$MAPE(\%)=\frac{\sum_{i=1}^{N}\left|\frac{Y_{t_i}-\widehat{Y}_{t_i}}{Y_{t_i}}\right|}{N}\times100 \tag{6-6}$$

$$RMSE=\sqrt{\frac{\sum_{i=1}^{N}(Y_{t_i}-\widehat{Y}_{t_i})^2}{N}} \tag{6-7}$$

式中：Y_{t_i} 表示气流速度和温度的实际测量值；$\widehat{Y}_{t_i}$ 是相应的模拟数值；N 是时间序列监控样本的数量。

1.4.3　结果与讨论

1.4.3.1　实验数据的耦合特性分析

由于续航短以及信号中断，目前只能利用风速计连续获得的部分数据。预冷过程前 100 min 的气流速度和温度的完整风速仪监测数据集如图 6-14 所示。不同监测点的气流值变化趋势基本恒定，表明流场稳定。同时，随着堆叠层数的增加（从 L3-2 到 L7-

4 再到 L11-2)，相应包装箱通风口的空气速度也在下降（从 No. 934 到 No. 126 再到 No. 455）。制冷机组出口处（No. 848）的气流和温度呈现相关的周期性波动变化。剧烈振幅的影响随着场的缓冲而逐渐减弱。在 L7-4 的通风口处，温度变化（No. 126）先是短暂上升，然后缓慢下降，这表明空气从通风包装系统的前部流向后部，温度较高的内部空气被排出。上述流场特性深刻地影响着冷库的温度分布。

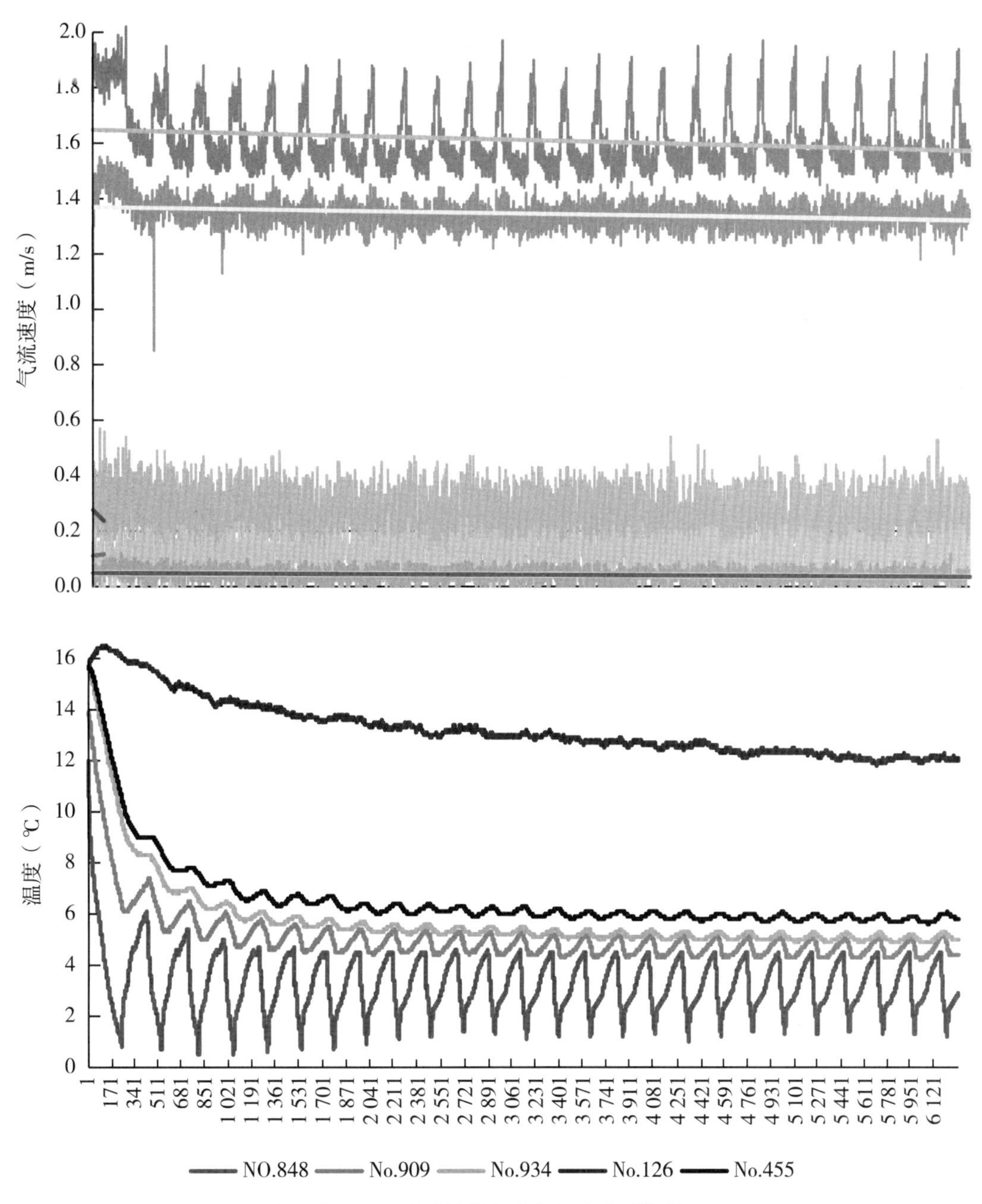

图 6-14　风速计的气流和温度监测数据

3个空间尺度上的温度分布监测数据如图6-15所示。4个对称位置（R-U、R-L、F-U和F-L）的室内空气温度迅速下降，然后接近设定温度4℃，这些数据曲线之间几乎没有滞后。不同的是，包装堆垛顶部（Top-S）的空气温度也有类似的变化趋势，但由于托盘的热传递，明显滞后。对于包装尺度和猕猴桃尺度的温度，在包装系统和果肉保护下，下降相对较慢，波动（从大到小）过渡减弱。此外，托盘下部的温度下降速度比上部快，前部比后部快，符合图6-14中的流场规律。比较图6-15中不同尺度的平均温度，可以观察到温差逐渐减小，表明温度分布趋于均匀。

根据以上数据分析，一方面，实验结果与实际冷库场景设置一致，验证了数据集的可靠性；另一方面，在不同的空间尺度上，气流和传热存在明显的差异，对其耦合特性

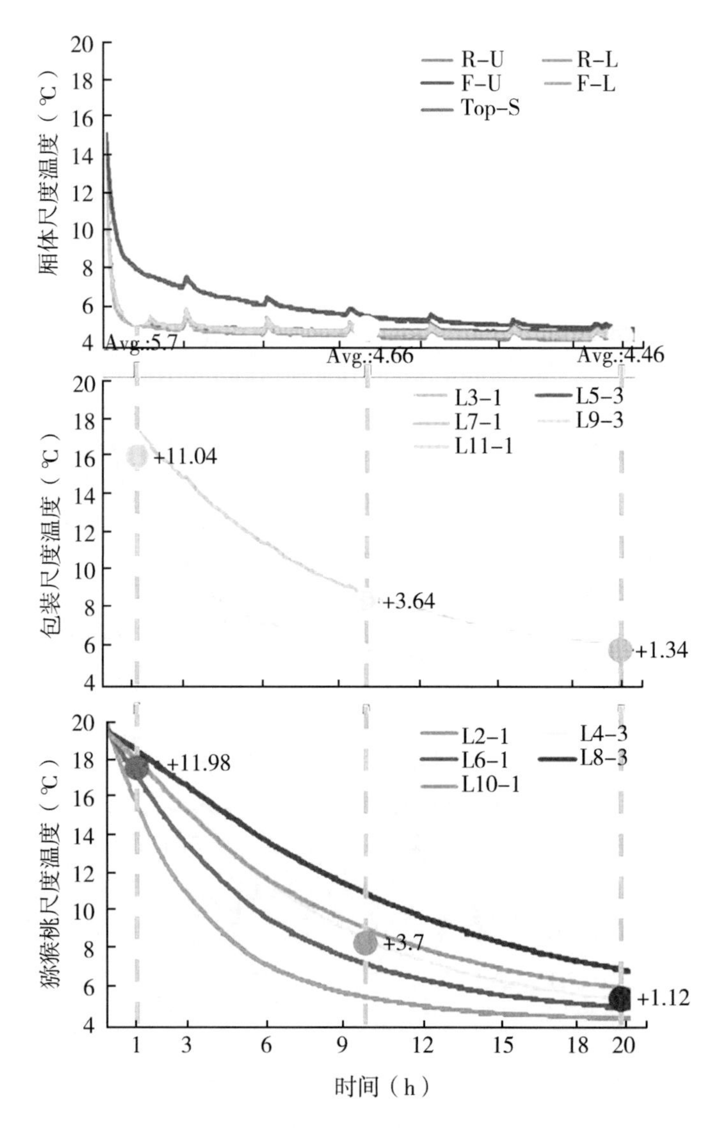

图6-15 不同空间尺度的温度监测数据

进行多尺度 CFD 建模是合理和必要的。

1.4.3.2　多尺度 CFD 建模的性能验证

为了验证所开发的多尺度 CFD 模型的性能，分析了气流和温度模拟的时空分布，并计算了 3 个空间尺度的实验监测数据和数值模拟数据之间的误差。

（1）**气流时空分布验证**　图 6-16a 显示了冷藏库中的数值三维气流场。根据气流的流线，进风气流以 1.62 m/s 速度从 DAG 流到门侧并下降，然后底部空气通过托盘，被风扇吸入，以 8.56 m/s 的速度返回 RAG。整体模拟场的稳定性符合假设预期。但是，大量空气绕过托盘，直接返回 RAG。这种气流泄漏现象导致压差不足，是当前强制风冷系统（FAC）效率相对较低的主要原因。为了更直观地揭示流体特征，图 6-16b～d 通过流线图和等高线图呈现了厢体内气流分布的不同截面图。从气流速度分布来看，高速区位于制冷单元和内壁附近；门口出现了两个漩涡。由于托盘的存在，较大的涡流变平，一些空气流过托盘，由于压降，速度衰减，如图 6-16b 所示。在没有托盘的情况下，涡流的范围扩大，如图 6-16c 所示。此外，图 6-16d 显示的气流分布轮廓比较均匀，这是因为厢体外侧额外因素（托盘和制冷装置）的影响较小。

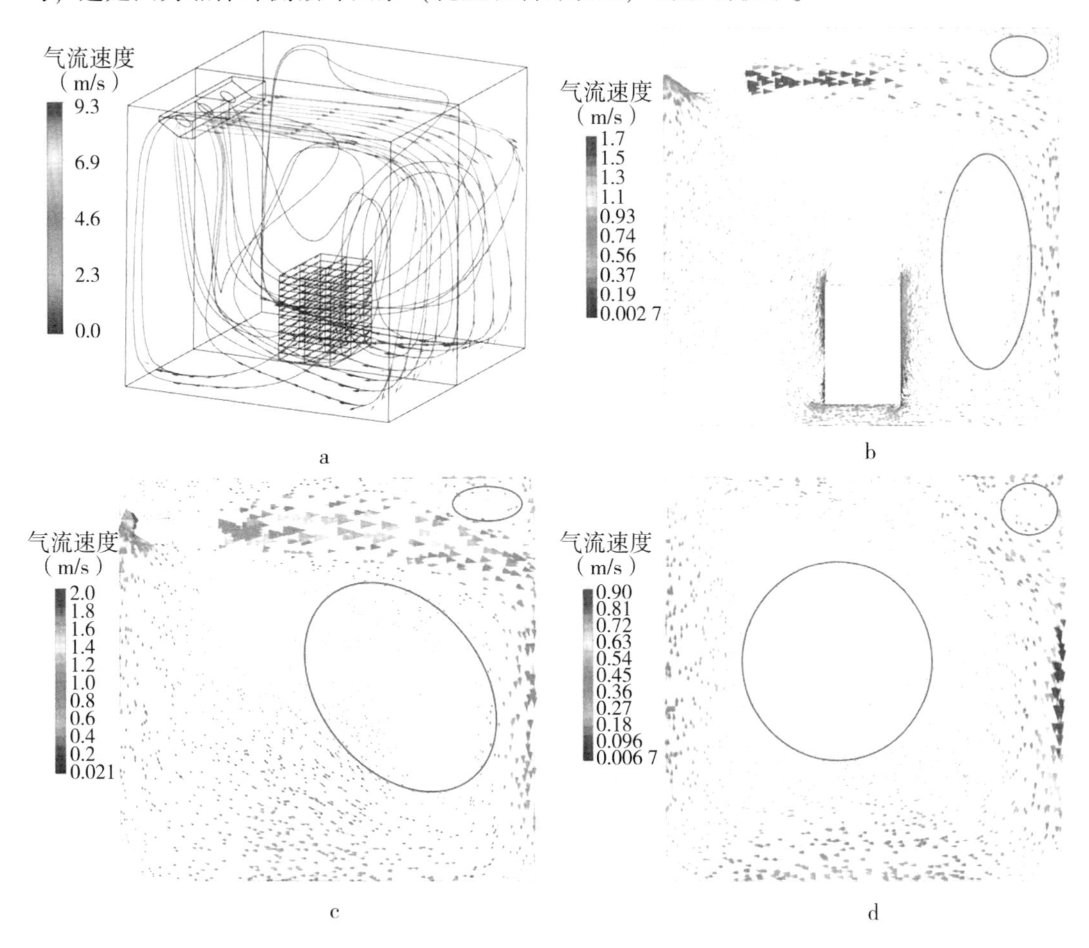

图 6-16　厢体尺度气流分布模拟（彩图见附录）

将厢体尺度模型中托盘周围的气流信息插入包装尺度模型，不同盒子通风口的气流速度分别为入口 0.01～0.37 m/s 和出口 0.01～0.56 m/s。具体而言，L3 层通风包装中的 3D 气流分布如图 6-17a 所示。可以观察到，空气以 0.17～0.21 m/s 的速度流入包装箱，进、出口之间有清晰的气流路径。最后，在压差的作用下，空气以 0.14～0.34 m/s 的速度无序地流出包装。更具体的，图 6-17b 显示了包装盒 L3-1 内的气流分布。流入的空气在猕猴桃周围扩散，形成一些清晰的水果状轮廓，这是猕猴桃冷却的主要热传导方式。然而，箱体中部几乎没有气流，表明包装系统的冷却均匀性不强。

为了验证气流分布模拟的准确性，表 6-10 显示了不同监测点测得的气流速度与模拟气流速度之间的误差。从 No. 934 到 No. 126 再到 No. 455，由于湍流效应较大，监测点位于下层，绝对误差较大。此外，实际 RAG 监测点位于湍流最高的风机外部，远离高速风眼。因此，No. 909 的实测速度远低于 8.56 m/s，但其预测结果相对准确。具体而言，多尺度 CFD 模型捕获了平均 *MAE* 为 0.116 m/s、*MAPE* 为 26.84% 和 *RMSE* 为 0.124 m/s 的速度剖面，达到了可接受的误差水平。

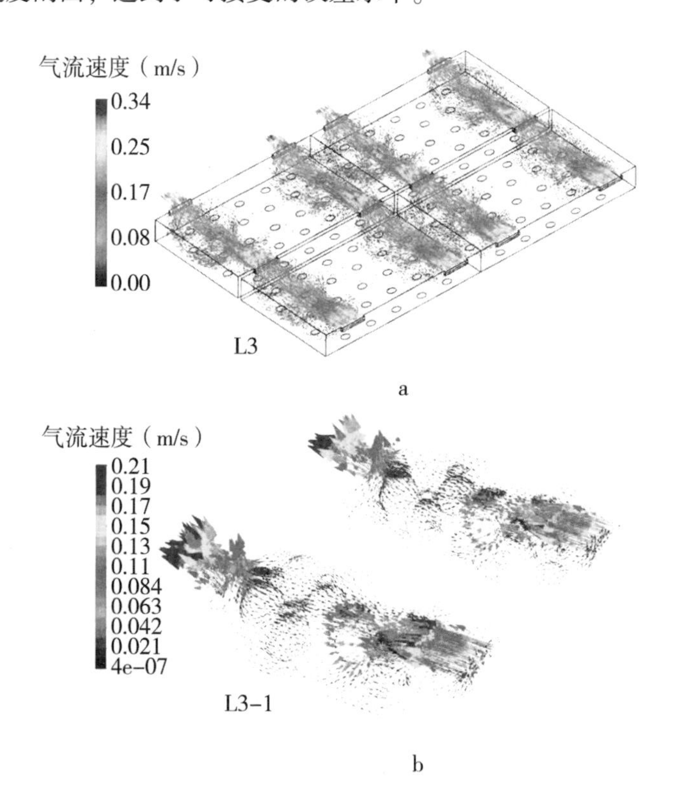

图 6-17　包装尺度下的气流分布模拟

表 6-10　不同监测点气流速度实测值与模拟值的误差比较

监测点	*MAE*（m/s）	*MAPE*（%）	*RMSE*（m/s）
No. 848	0.089	5.6	0.105
No. 909	0.022	29.5	0.026

（续表）

监测点	*MAE*（m/s）	*MAPE*（%）	*RMSE*（m/s）
No. 934	0. 356	26. 34	0. 357
No. 126	0. 080	35. 2	0. 090
No. 455	0. 035	37. 5	0. 044
平均	0. 116	26. 8	0. 124

（2）**温度时空分布验证**　图 6-18 显示了冷藏库在不同时期（0. 25 h、0. 5 h、4 h 和 16 h）的温度数值模拟分布。在冷却 0. 25 h 后，托盘仍然比厢体环境温度高，并加热周围的空气。按照气流方向，加热后的厢体空气集中在托盘后面（最高可达 10 ℃）。冷却 0. 5 h 后，室温已接近设定温度 4 ℃。从图 6-18c 中可以看出，由于不同的气流影响，托盘的温度在冷却 4 h 后具有分层分布特征。在冷却 16 h 后，温度场更加均匀，表

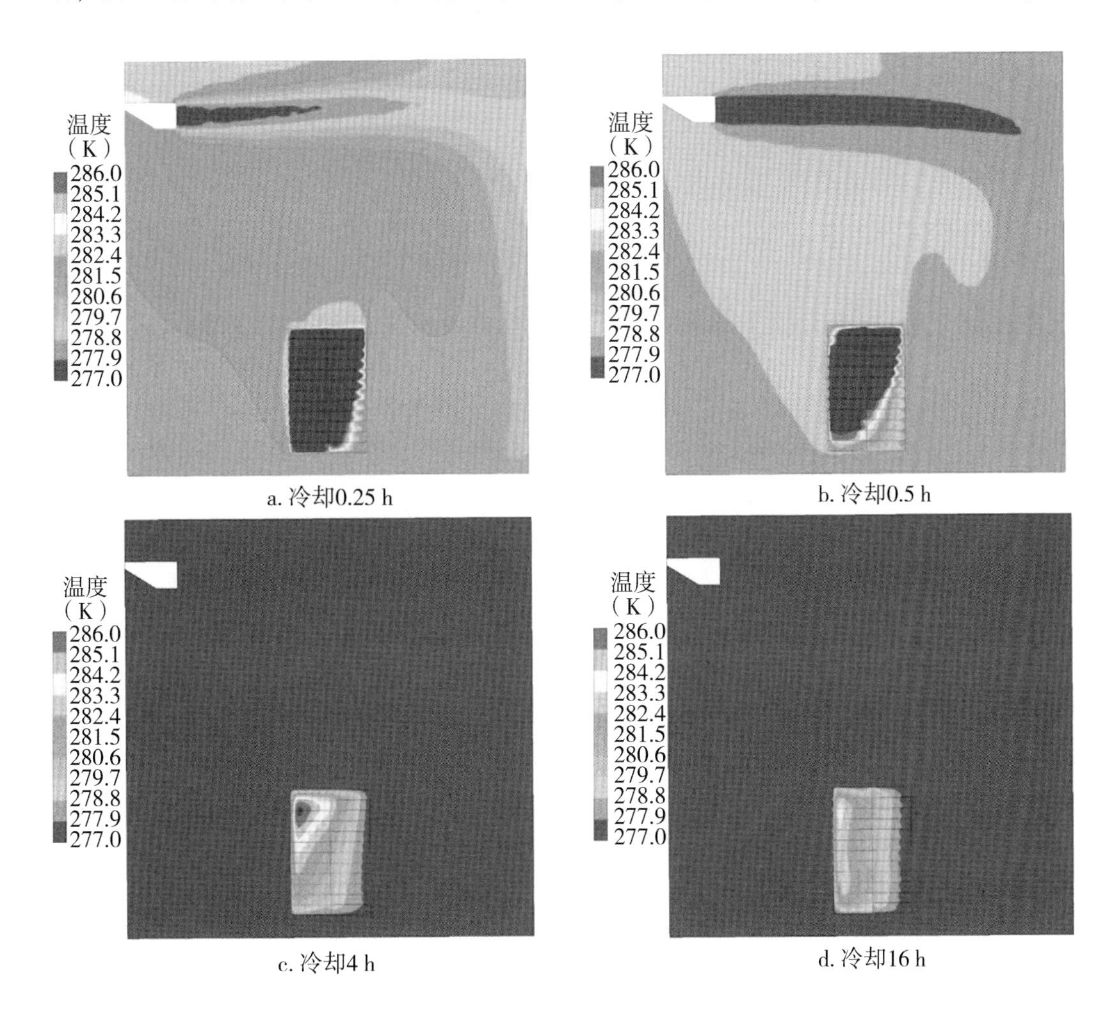

a. 冷却0.25 h　b. 冷却0.5 h　c. 冷却4 h　d. 冷却16 h

图 6-18　厢体尺度的温度分布模拟（彩图见附录）

明冷却接近结束。

从厢体尺度模型中提取边界信息，然后模拟包装尺度数值模型，图 6-19 显示了不同包装层（L3、L7 和 L11）在冷却 4 h 时内部温度的截面图。可以观察到，层数越低，总体温度通常越低。此外，剖面中出现了一些排列整齐的圆形轮廓，表明水果的温度高于包装内的空气温度。然而，盒子主通风路径上的空气温度和水果温度之间的对比度通常不高。这一现象也证实了模拟包装尺度的空气流场特性。

最后，大规模工业预冷条件下单个水果的温度模拟被实现，图 6-20 显示了冷却 0. 5 h 时猕猴桃整体温度的 3D 模拟分布。总体而言，托盘底部的水果温度低于顶部，前部的水果温度高于后部，这与前几节的实验和模拟结果一致。具体而言，图 6-21 显示了不同包装层（L3、L7 和 L11）在不同时期（冷却 4 h、8 h、12 h 和 16 h）的猕猴桃温度分布。除了图 6-20 所示的空间分布特征外，还可以观察到，盒子中部水果的温度随时间的变化明显滞后于通风路径附近的水果。同时，由于气流速度较低时存在对流，上层果实温度的均匀性较好。根据以上相关模拟结果，直观地揭示了猕猴桃 FAC 过程中传热的多尺度耦合机制。

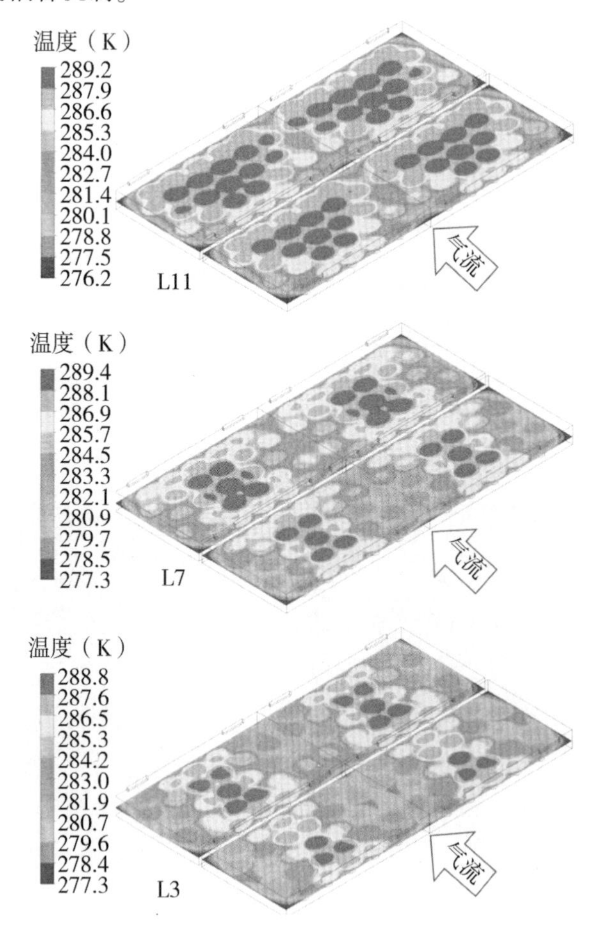

图 6-19　包装尺度下的温度分布模拟（L3、L7 和 L11 层）

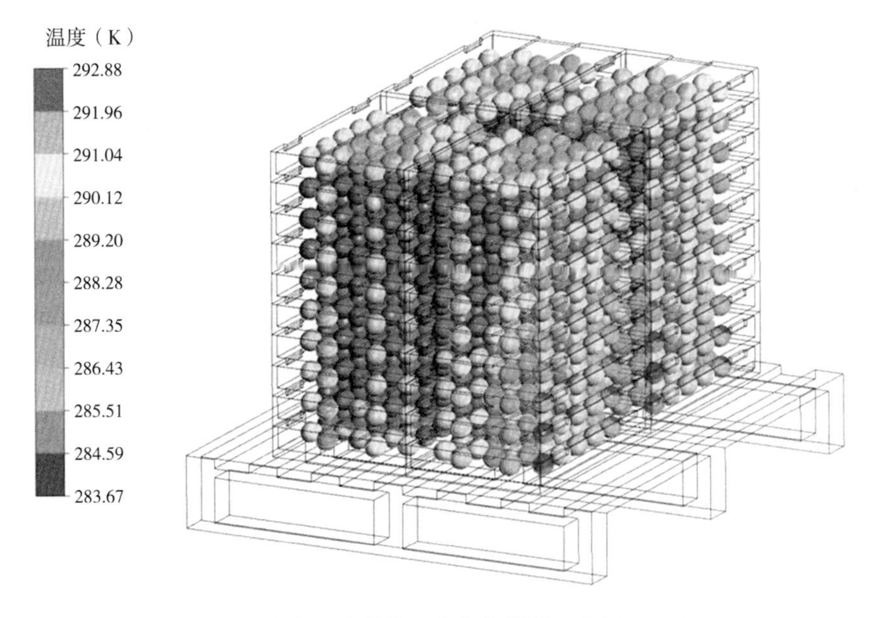

图 6-20 猕猴桃果实整体温度分布模拟（冷却 0.5 h）

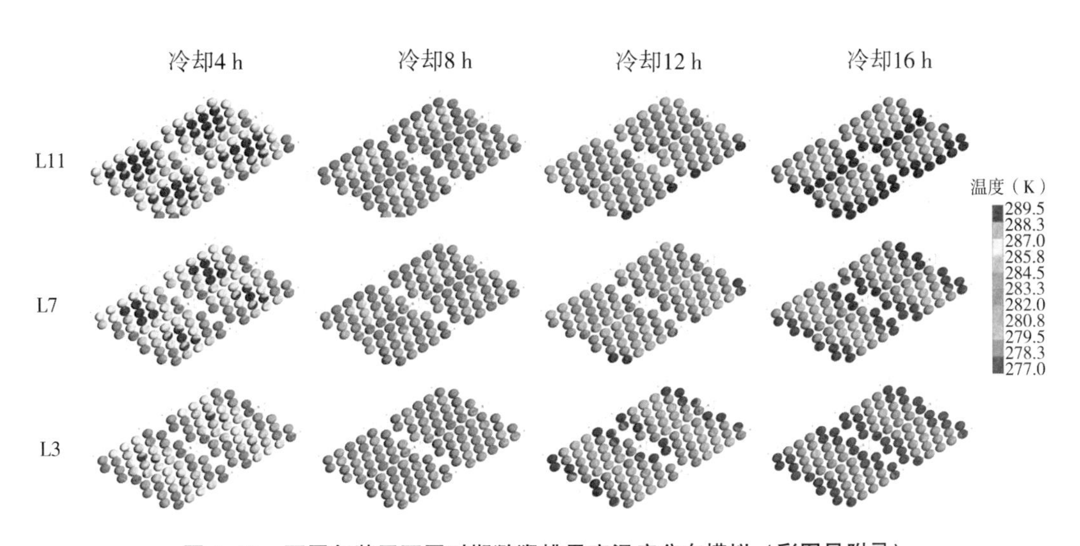

图 6-21 不同包装层不同时期猕猴桃果实温度分布模拟（彩图见附录）

对于包装系统的冷却效率分析，图 6-22 显示了通风包装内猕猴桃平均温度的模拟值和测量值随时间历程。半冷却时间（HCT）和 7/8 冷却时间（SECT）由图 6-22 中的水平线标记。HCT 和 SECT 是将初始和目标水果温度之间的温差分别降低一半和 7/8 所需的时间，其中 SECT 是至关重要的，因为它更接近目标。

使用约 14.5 h（实验）和 15.6 h（数值）的 SECT，猕猴桃的平均温度从最初的 20 ℃降至 6 ℃。为了验证传热模拟的准确性，不同监测点的温度预测误差如表 6-11 所示。所开发的多尺度 CFD 模型预测厢体尺度温度，平均 *MAE*、*MAPE* 和 *RMSE* 分别为 0.539 ℃、12.56%和 0.971 ℃，包装尺度温度平均 *MAE*、*MAPE* 和 *RMSE* 分别为 0.864 ℃、8.69%和 1.122 ℃，猕猴桃尺度温度平均 *MAE*、*MAPE* 和 *RMSE* 分别为 1.257 ℃、14.00%和 1.544 ℃。随着尺度的减小，由于随机性的累积效应，预测误差通常会增加，这些数值结果达到了以往研究的预测效果水平。

根据总体研究结果，多尺度 CFD 模型可以有效地模拟强制风冷条件下厢体-包装-猕猴桃的气流和传热。对于具有重复特征的大型部分仿真，粗网格可以有效地减少计算负担；同时，对于聚焦的小尺寸部分，所开发的模型通过精细网格确保了对猕猴桃的细节感知。多尺度耦合范式满足了大规模工业预冷中对产品级尺度的感知需求。

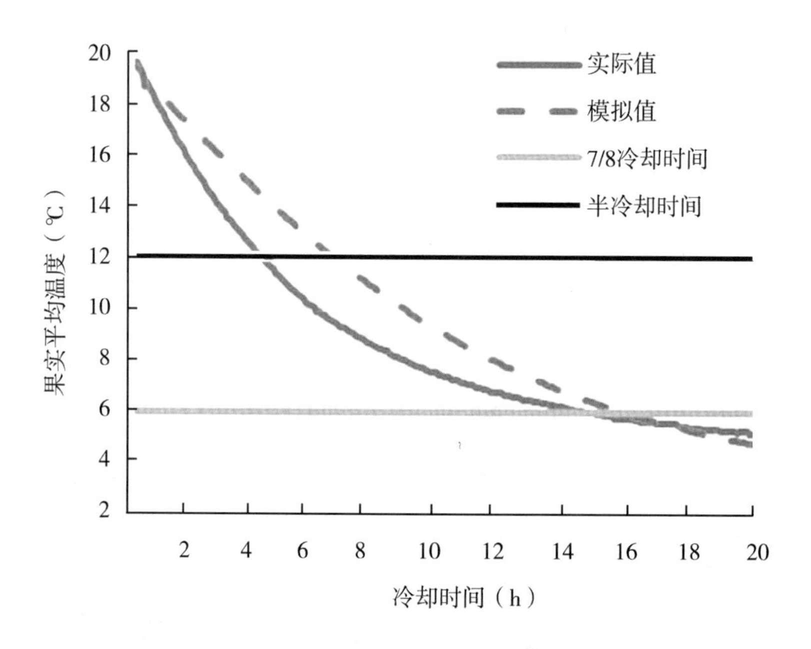

图 6-22 通风包装内水果平均温度的测量值和模拟值比较

表 6-11 不同监测点实测温度与模拟温度的误差比较

尺度	监测点	*MAE*（℃）	*MAPE*（%）	*RMSE*（℃）
厢体	R-U	0.498	10.15	0.742
	R-L	0.598	12.44	0.793
	F-U	0.731	15.39	0.928
	F-L	0.679	14.13	0.899
	Top-S	0.869	10.70	1.495
	平均	0.539	12.56	0.971

（续表）

尺度	监测点	*MAE*（℃）	*MAPE*（%）	*RMSE*（℃）
包装	L3-1	0.342	3.61	0.616
	L7-1	0.829	7.60	1.157
	L11-1	1.402	13.65	1.596
	L5-3	0.804	7.86	1.039
	L9-3	0.943	10.73	1.202
	平均	0.864	8.69	1.122
猕猴桃	L2-1	1.877	20.06	2.344
	L6-1	1.460	17.09	1.730
	L10-1	1.184	11.15	1.346
	L4-3	1.061	12.53	1.232
	L8-3	0.703	9.17	1.067
	平均	1.257	14.00	1.544

1.5　多方式冷链温度监测试验与结果分析

1.5.1　材料与方法

1.5.1.1　温度监测设备

采用2种温度监测设备，分别为RFID温度感知标签（由北京昆仑海岸科技股份有限公司生产的JRFW-1-11型，温度测量范围为-20~60 ℃、精度为±0.5 ℃，频率范围为13.56 MHz，内置锂电池供电，可持续工作1~3年，价格较低）、便携式温度记录仪［由艾普瑞（上海）精密光电有限公司生产的179-TH型，温度测量范围为-40~100 ℃、精度为±0.3 ℃，采用串口通信方式，由非可充锂锰电池供电，可持续工作10年，价格较高］。

1.5.1.2　试验厢体及设备部署

本研究以北京市农林科学院小汤山基地冷链物流模拟平台为试验厢体，厢体壁面厚度为15 cm（由双面彩钢聚氨酯夹芯保温板组成，中间为聚氨酯冷库板），制冷机组下部固定有1个循环风机，直径约0.30 m；在距离厢体底面2 m高处配置有一层格栅板；厢体中部放置12箱苹果，均采用瓦楞纸箱包装，用于根据苹果自身呼吸热特性提供稳定的热源。

在该模拟厢体中，定义3种不同的虚拟截面，分别为7个横截面（cross surface）（T1、T2、T3、T4、T5、T6、T7）、3个纵截面（longitudinal section）（V1、V2、V3）、两个层（layer）（L1、L2）。在每个截面的交叉点上部署RFID温度感知标签，共计42个监测点。同时，为了验证温度传感RFID标签监测温度的有效性，在L1层选择3个点位、在L2层选择4个点位，共7个点位，同时部署便携式温度记录仪，冷链模拟平台厢体结构、截面划分及温度监测位置如图 6-23 所示。

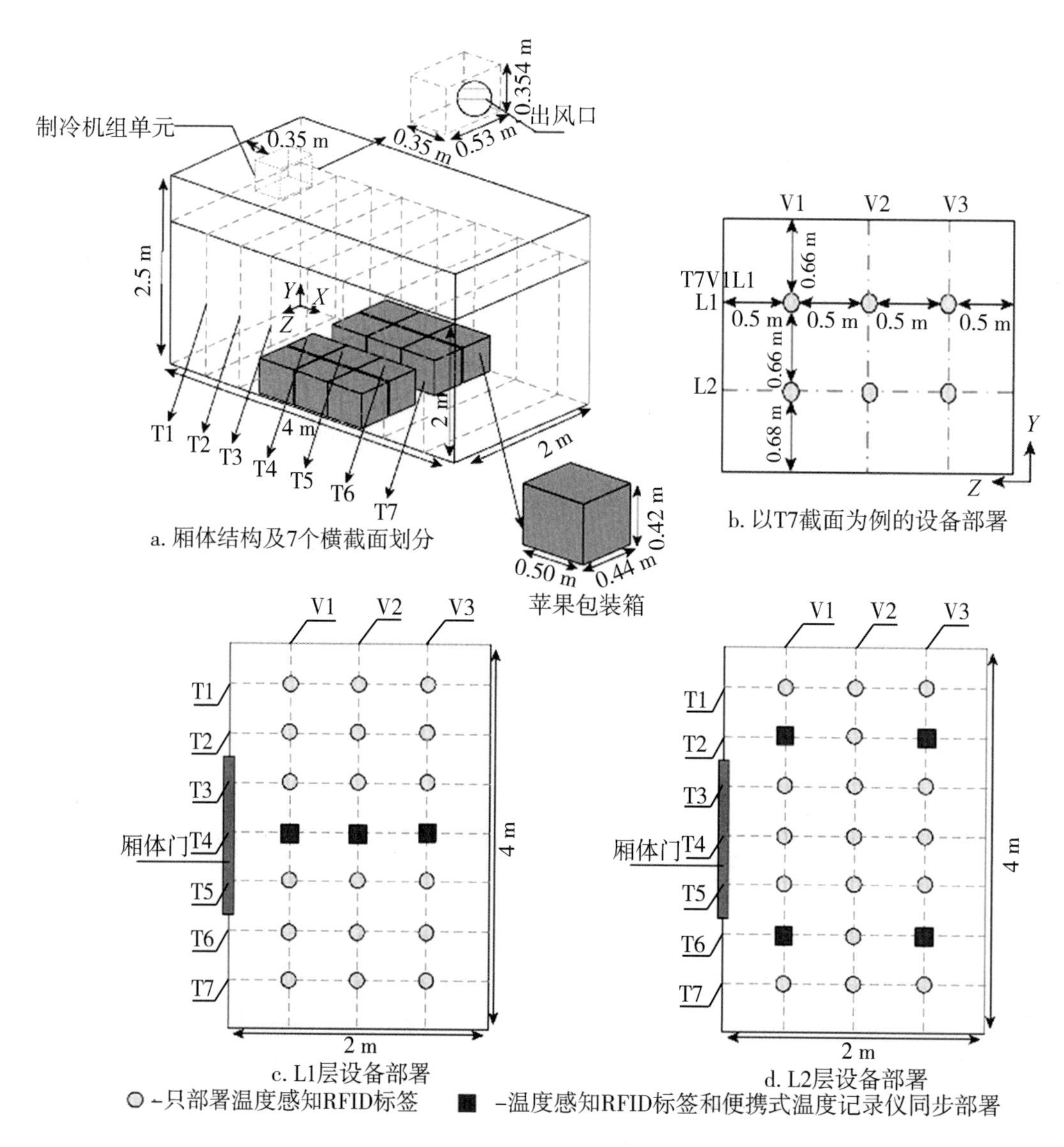

图 6-23　试验冷链厢体及温度传感设备部署示意图

1.5.1.3　试验方法

通过将温度感知 RFID 标签部署于冷链模拟平台中，设置了机械降温-冷链维持-自然回温 3 个不同阶段，在验证利用温度感知 RFID 标签进行温度采集可行性的基础上，分析了温度的时空变化特点，为实现冷链物流中低成本、连续的温度监测奠定了基础。

试验于 2016 年 12 月 7 日 14:00 至 12 月 10 日 11:00 进行，持续 69 h。采用机械降温-冷链维持-自然回温的方式，具体过程如下。①12 月 7 日 14:00 启动制冷机组进行降温，制冷机组设置为自动启停，启停阈值设置为 0~4 ℃，即温度高于 4 ℃制冷机组启动，温度低于 0 ℃制冷机组停止；此过程的前段（从室温降到温度阈值区间）为机械降温阶段，后段（在阈值区间波动）为冷链维持阶段。②12 月 8 日 10:00 关闭制冷机组，使其自然回温。

整个过程采用温度感知 RFID 标签和便携式温度记录仪进行温度自动采集，采集时间间隔为 4 min，在监测结束后将数据读出。

1.5.1.4　数据分析

数据统计分析利用 Microsoft Excel 2010 软件；采用有限元体积法的 CFD 商用软件 Fluent 进行计算，利用 Gambit 建立三维实体模型，计算时采用 SST（shear stress transport）$k-\omega$ 方程模型，基于压力的分离式求解器，动量、能量、湍动能、扩散率的离散格式为一阶迎风格式，压力速度耦合方法采用 SIMPLE 算法；对于苹果热源的加载，利用苹果呼吸热模型计算苹果呼吸热参数，通过 Fluent 中加载 UDF（user-defined function）的方式将呼吸热参数化来实现。

利用上述方法，本研究的数据分析过程如下：①比较 7 个同步采集点的数据，验证温度感知 RFID 标签用于冷链温度监测的可行性；②分析 42 个 RFID 采集点的数据，探究厢体内温度时空变化特征；③选取两个截面进行 CFD 模拟，每个截面选择 6 个点比较 CFD 模拟值与 RFID 测试值，进一步分析验证温度空间变化特点。

1.5.2　结果分析

1.5.2.1　便携式温度记录仪数据与温度感知 RFID 标签数据的比较

以冷链维持阶段（12 月 7 日 15:00 至 12 月 8 日 10:00）为基础，以每隔 20 min 取 1 次数据进行比较，共 58 组 7 个点位 406 条数据；为了更直观地分析温度感知 RFID 标签数据与便携式温度记录仪数据的差异，以精度较高的便携式温度记录仪数据为参考，分析两者在 7 个点位（T4V1L1、T4V2L1、T4V3L1、T2V1L2、T2V3L2、T6V1L2、T6V3L2）的温度差值，如图 6-24 所示。

由图 6-24 可见，两种不同监测方式在 7 个点位存在着一定的温度差值，其中温差分布于±0.5 ℃范围内的数据点最多，为 177 条，占 43.6%、温差分布于-1.0~-0.5 ℃区间的数据为 100 条，占 24.6%，温差分布于 0.5~1.0 ℃的数据为 36 条。由于温度感知 RFID 标签和便携式温度记录仪自身的温度测量精度分别为±0.5 ℃和±0.3 ℃，因此温差在±0.8 ℃范围内是可接受的；在 406 条数据中，温差在此范围的占 71.3%，因此用温度感知 RFID 标签进行冷链监测是可行的。另外，温差为负值的数据占 74.6%，远高于温差为正值的数据量，这可能与 RFID 标签中的温度传感器被封装在塑料外壳内，导致采集不敏感有关。

1.5.2.2　全过程温度变化分析

在厢体内共部署 42 个温度感知 RFID 标签采集点，每个点采集到 1 035 条数据，共采集到 RFID 标签数据 43 470条。对这些数据按 3 个纵截面、7 个横截面、2 层分别取平均值，得到各不同截面在整个过程中的温度变化，如图 6-25 所示。

由图 6-25 可见，3 种不同截面的数据均表现出从室温（约 21 ℃）到设定的阈值温度快速下降的趋势，这个过程 42 个采集点都在 1 h 以内；而在冷链维持阶段（约从 12 月 7 日 15:00 至 12 月 8 日 10:00 关闭制冷机组）大部分表现为在 0~4 ℃范围内波动的特征，这是因为制冷机组设置为在 0~4 ℃范围内自动启停；在关闭风机后的自然回温

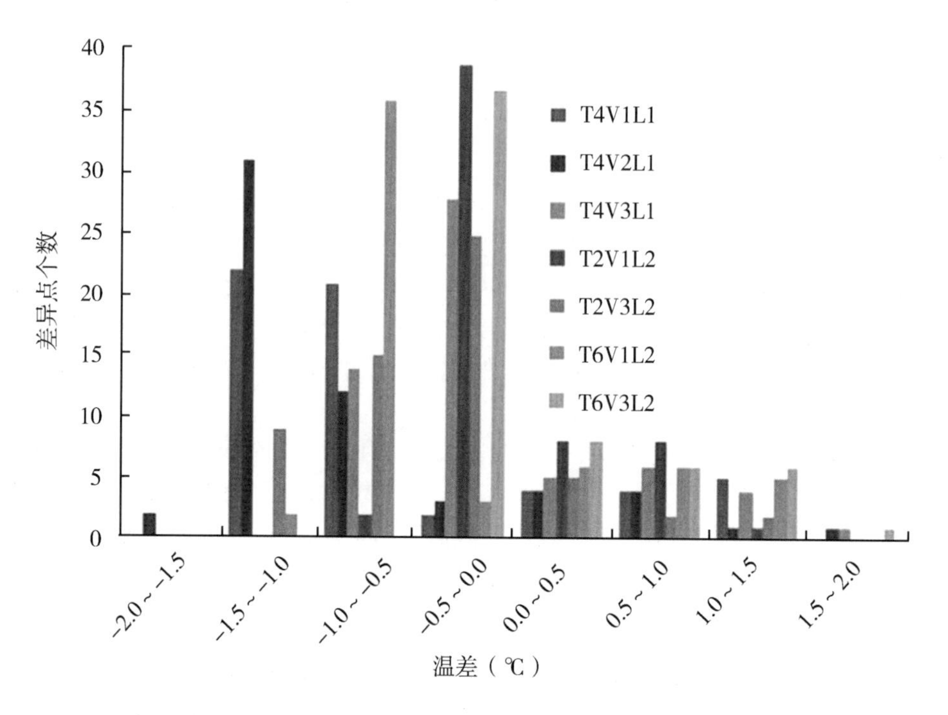

图 6-24　各点位温度感知 RFID 标签数据与便携式温度记录仪数据的温差分布

阶段，3 种不同截面数据均表现为缓慢上升的趋势，回到接近室温［（20.5±0.5）℃］约需 49 h。

1.5.2.3　机械降温和冷链维持阶段不同截面温度比较

由于实际应用中更注重降温过程及冷链维持状况，而对回温阶段关注不多，为了更直观地了解不同截面之间的温度差异，以机械降温和冷链维持阶段（从 12 月 7 日 14:00 至 12 月 8 日 10:00）为基础比较不同截面的温度分布特点，以该截面采集点的平均温度作为截面的温度。由于每隔 4 min 采集 1 次数据，其变化并不明显，为了增强数据的直观性，以每隔 20 min 取 1 次数据进行比较，每组共 61 个数据。纵截面以 V2 为基准值，分析 V1、V3 与 V2 的差值；横截面以 T4 为基准值，分析 T1、T2、T3、T5、T6、T7 与 T4 的差值；上下层面以 L2 为基准值，计算 L1 与其的差值。结果如图 6-26 所示。

由图 6-26 可见，3 种截面图均表现为降温初始阶段温差不稳定的特点，这可能是由初始阶段温度场不均匀，冷暖气流在一定空间内交替扰动形成的；在温度稳定后，3 种截面图均表现为明显的分布特征。对于纵截面，V1-V2 和 V3-V2 大部分为负值，这表明 V2 截面的温度小于 V1 和 V3，这是因为出风口位于中部，导致位于中部 V2 纵截面降温较快。对于横截面，除了 T2-T4 外，大部分差值为正值，这与 T2 横截面位于出风口下方有很大关系；与除 T2 外的其他截面相比，T7 也表现出部分向负值靠近的趋势，这可能与 T7 横截面位于厢体尾部，部分冷气流遇到阻挡后回流有关。对于上下层面，L1-L2 大部分为负值，这也符合离出风口较近降温较快的特点。

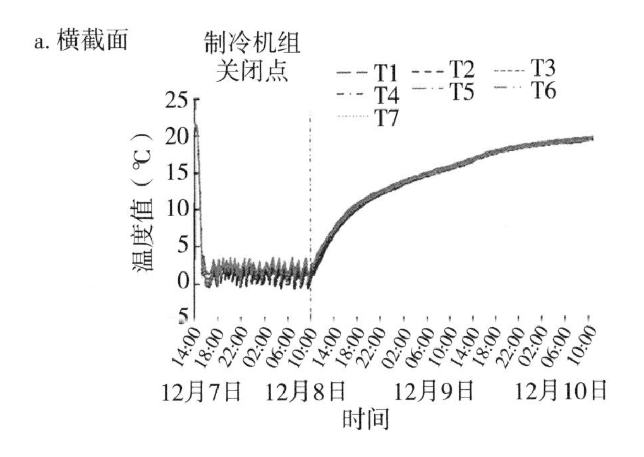

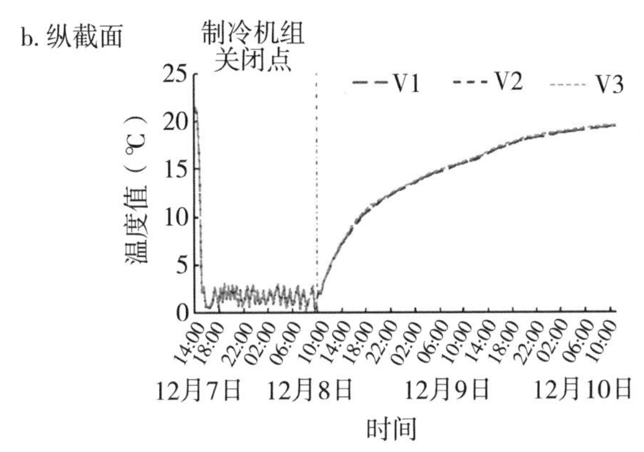

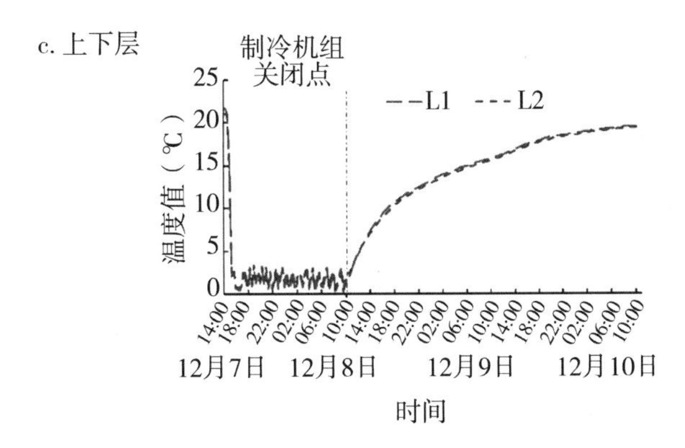

图 6-25　不同截面温度变化

1.5.2.4　利用 CFD 模拟值比较截面上温度的分布特征

为了进一步分析温度感知 RFID 标签采集到的数据在横截面上的分布特点，选取 T2 和 T6 截面，利用 CFD 进行温度场模拟，冷链维持阶段的模拟结果如图 6-27 所示。

采用均方根误差（*RMSE*）和平均相对误差（*ARD*）判定试验值与模拟值之间的关系。

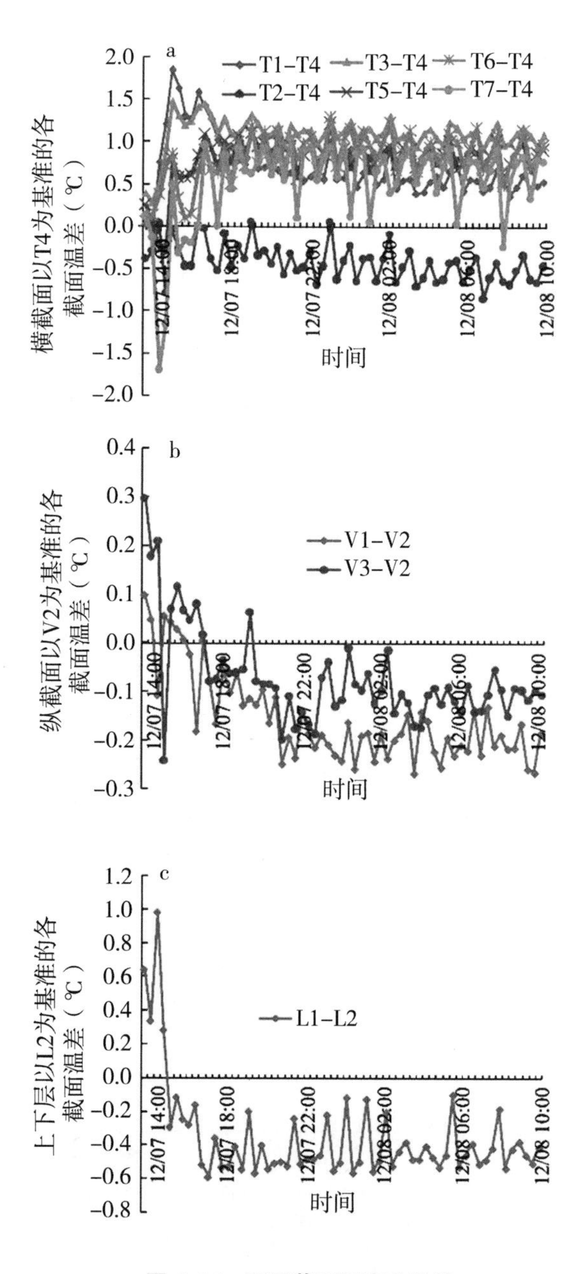

图 6-26 不同截面温度差比较

$$RMSE = \sqrt{\frac{\sum_{i=1}^{N}(t_t - t_s)^2}{N}} \tag{6-8}$$

$$ARD = \frac{\sum_{i=1}^{N}\frac{t_t - t_s}{t_t}}{N} \tag{6-9}$$

式中：t_t 为试验值（℃）；t_s 为模拟值（℃）；N 为样本点数量。

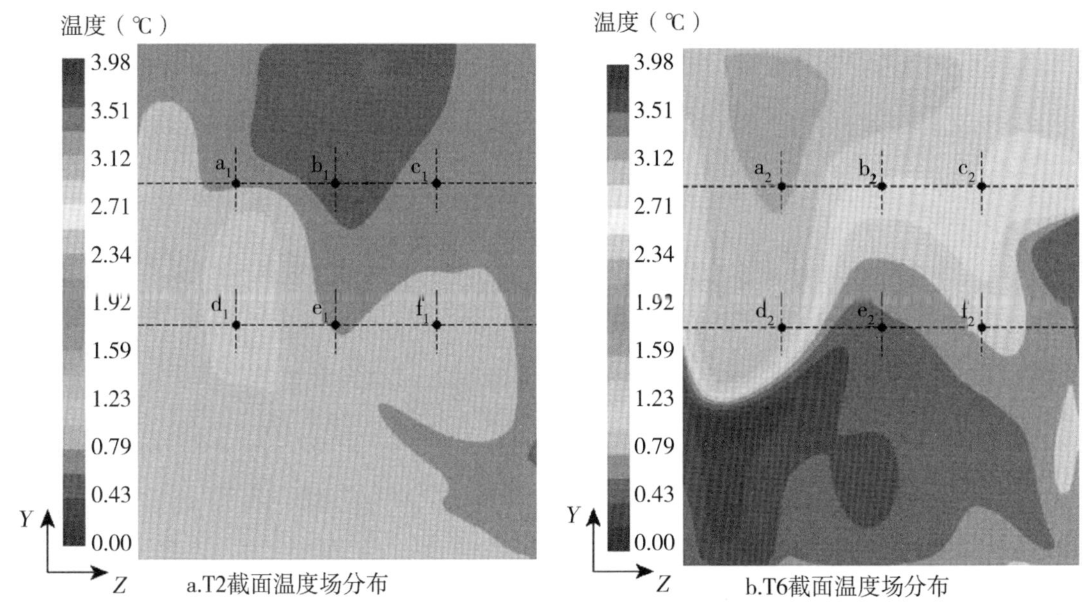

采样点位置：a_1，T2V1L1；b_1，T2V2L1；c_1，T2V3L1；d_1，T2V1L2；e_1，T2V2L2；f_1，T2V3L2；a_2，T6V1L1；b_2，T6V2L1；c_2，T6V3L1；d_2，T6V1L2；e_2，T6V2L2；f_2，T6V3L2。

图 6-27 冷链维持阶段 12 月 7 日 15:16，T2、T6 截面温度场分布

由图 6-28 可以看出，冷链维持阶段 T2、T6 截面平均温度 CFD 模拟值与 RFID 实测值大部分吻合较好，利用式（6-8）、式（6-9）计算试验值与模拟值间的误差，得到 T_2 截面的 *RMSE* 为 1.97 ℃，*ARD* 为 20.67%；截面 6 的 *RMSE* 为 1.68 ℃，*ARD* 为 18.29%；考虑到温度感知 RFID 标签自身的温度测量精度为 ±0.5 ℃，去除测量精度的干扰，T_2 截面的 *RMSE* 为 0.73 ℃，*ARD* 为 13.58%；T_6 截面的 *RMSE* 为 0.56 ℃，*ARD* 为 10.94%，表明实测值与模拟值吻合度较好，但也存在个别数据点出现偏差过大的情况，其原因还需进一步验证。

1.5.3 不同监测方法的比较分析

通过将温度感知 RFID 标签部署于冷链模拟平台中，设置了机械降温-冷链维持-自然回温 3 个不同阶段，划分横截面、纵截面和上下层 3 种虚拟面，分析了封闭厢体内的温度时空变化特点，并与便携式温度记录仪采集数据进行了比较分析，两种监测方法温差分布于±0.5 ℃范围内的数据点最多，占 43.6%，温差分布于-1.0~-0.5 ℃范围内的数据占 24.6%，考虑到两种设备自身的温度采集精度，温差在±0.8 ℃范围内是可接受的，温差在此范围的占 71.3%。结果表明，利用温度感知 RFID 标签进行冷链温度监测是可行的。

通过对 42 个位点在 3 个不同阶段的温度监测数据表明，机械降温阶段 42 个位点从室温（约 21 ℃）到设定的阈值温度用时均在 1 h 以内，冷链维持阶段大部分位点表现为温度在 0~4 ℃波动的特征，自然回温阶段用时约 49 h。以 T2 和 T6 截面平均温度为例，将温度感知 RFID 标签数据采集数据与 CFD 模拟数据进行比较，去除测量精度的干

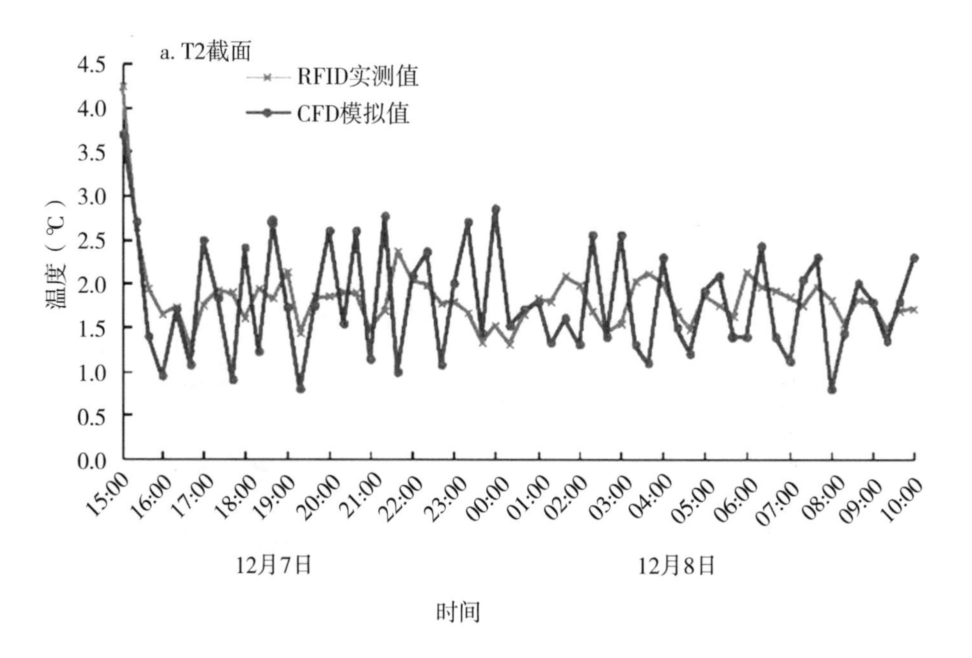

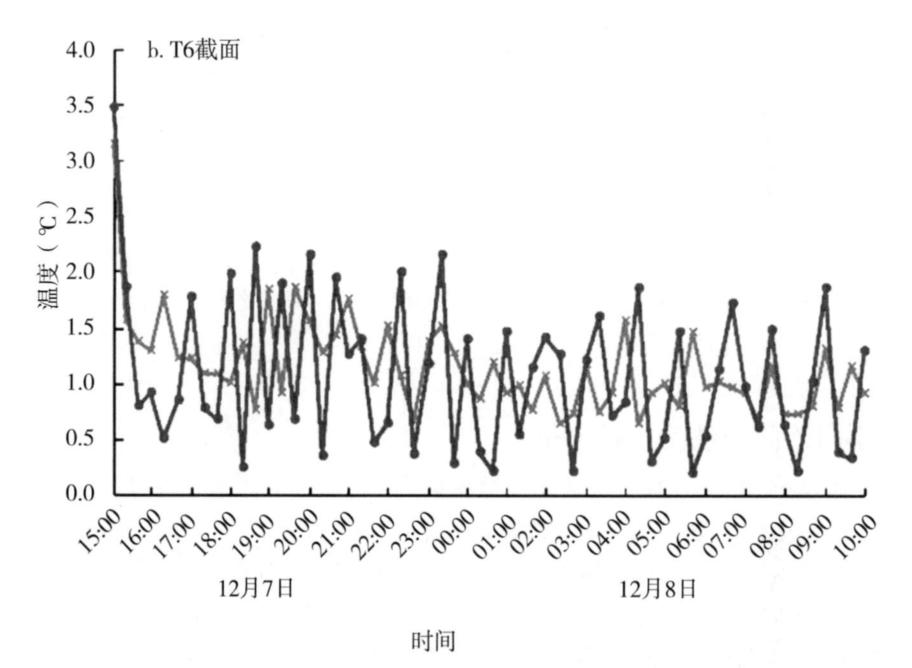

图 6-28　冷链维持阶段 T2、T6 截面平均温度 CFD 模拟值与 RFID 实测值对比

扰，T_2 截面的 *RMSE* 为 0.73 ℃，*ARD* 为 13.58%；截面 6 的 *RMSE* 为 0.56 ℃，*ARD* 为 10.94%。

温度感知 RFID 标签虽然提供了一种低成本、易部署的温度采集方式，但由于其采集精度还需提升，后期研究可通过改进标签的封装设计或利用高精度传感器进行校准，以更好应用于冷链的全程温度跟踪。

2　基于智能感官的果品贮藏期判别

2.1　智能感官分析技术

水果特有的香气是反映其新鲜程度、评判其品质的重要指标，也是决定其商品价值的重要因素。电子鼻技术作为一种非破坏性的挥发性气体检测方法近年来在果蔬等生鲜农产品的无损品质检测和分级方面有着广泛应用。近年来，多元统计分析和机器学习等方法已被广泛应用于农产品品质评价，如肉品、水产品和果蔬的新鲜度测定和品质分级等。通过选取合适的模式识别方法有助于电子鼻准确地进行品质分类和货架期判别。

通过电子鼻对不同温度条件下的果品贮藏期内挥发性气体进行检测分析，采用判别函数法（DFA）和支持向量机（SVM）建立贮藏期判别模型；并采用改进网格搜索法（GS）和遗传算法（GA）对SVM模型进行参数优化，以期得到性能更佳、耗时更少的模型，为进一步提高果品贮藏期判别准确率提供依据。

2.2　基于电子鼻的玫瑰香葡萄贮藏期判别

2.2.1　材料与方法

2.2.1.1　试验材料及样品预处理

玫瑰香葡萄于2017年8月购于北京某市场，成熟度约八成，无病虫害，无机械伤。玫瑰香葡萄采购后立即运回实验室，剔除坏果、落粒，0 ℃预冷24 h后分装于葡萄专用膜包装袋内，分别置于0 ℃、10 ℃、20 ℃（温度波动±0.2 ℃）的条件下进行贮藏，每3 d取样检测1次。

2.2.1.2　仪器与设备

FOX-4000电子鼻，法国Alpha Mos公司；HR1848多功能搅拌机，荷兰皇家飞利浦公司；MIR-254-PC高精度低温控温柜，日本松下株式会社。

2.2.1.3　电子鼻检测方法

葡萄样品随机选取300 g，室温（约25 ℃）放置30 min，清洗表面，用蒸馏水冲洗，擦干，去籽，搅拌榨汁，用8层纱布过滤2次，得到待测葡萄汁。

电子鼻顶空萃取条件：15 mL顶空容器，5 mL葡萄汁，45 ℃条件下振荡平衡300 s，振荡速率550 r/min。

电子鼻测定条件：进样量4 000 μL，进样速率2 000 μL/s，样品测试时间60 s，测试间隔1 s，气体流速150 mL/min，传感器清洗时间240 s，每组测试样本20个。

2.2.1.4　数据分析及模型构建

模式识别方法：采用主成分分析法对电子鼻数据进行模式识别，对传感器进行载荷分析。

模型构建方法：采用判别函数法和支持向量机进行模型构建。

参数优化方法：采用改进网格搜索法和遗传算法优化支持向量机模型。

数据分析及模型构建采用 Matlab 2014、Excel 2010、Alpha soft 11.0 以及 Libsvm 工具箱等软件实现。

2.2.2 结果与分析

2.2.2.1 电子鼻信号响应及传感器载荷分析

FOX-4000 电子鼻系统配备的传感器阵列由 18 个金属氧化物传感器组成，不同类型传感器与所对应的气体成分发生氧化还原反应，引起电势差变化，即产生响应，图 6-29为 18 个传感器对玫瑰香葡萄气味的响应情况。由图 6-29 可以发现，所有传感器在初期响应值均在基线附近，在 3~20 s 响应曲线急剧变化，50 s 后趋于平稳，选取每个传感器的最大响应值用于后期数据分析和模型构建。

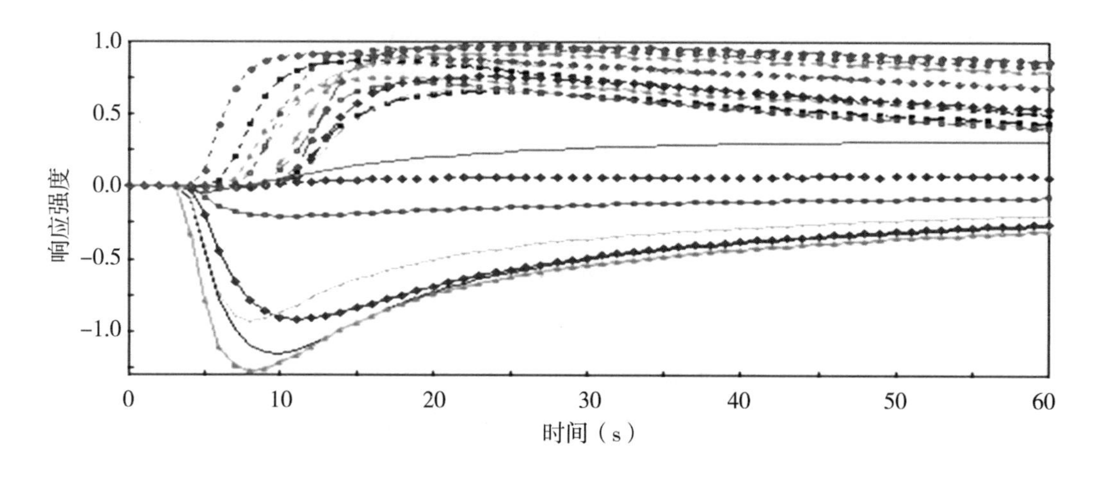

图 6-29 电子鼻传感器响应曲线

图 6-30 为不同温度下玫瑰香葡萄的电子鼻气味指纹图谱，18 个坐标轴对应 18 个传感器，将贮藏时间为 0 d、3 d、6 d、9 d、12 d 的样品检测结果进行叠加，可大致反映玫瑰香葡萄在贮藏期内的气味变化情况。TA/2 等 13 个传感器对玫瑰香葡萄气味的响应度较高，且对不同贮藏期的样品响应情况较稳定；但 LY2/G、LY2/AA、LY2/GH、LY2/gCTL 和 LY2/gCT 5 个传感器对于玫瑰香葡萄气味响应度不高。比较不同温度下贮藏期内传感器响应度的变化，发现 0 ℃条件下传感器对不同贮藏时间样品气味响应度变化波动最小；20 ℃条件下传感器对样品气味的响应度随贮藏时间延长而明显呈逐渐降低的趋势，说明对应检测气体的强度衰减较明显。

采用主成分分析法对 18 个传感器进行载荷分析，研究其在玫瑰香葡萄贮藏期判别方面的贡献，具体载荷分析结果如图 6-31 所示。每个主成分均是由 18 个传感器线性变换组合而成，第一主成分贡献率为 98.67%，第二主成分贡献率为 1.26%，总贡献率为 99.93%。其中，LY2/AA 传感器在第一主成分上响应载荷较高，T70/2、PA/2 在第二主成分上响应载荷较高，LY2/LG、LY2/gCT 和 LY2/gCTL 贡献率较低。

LY2/AA 和 PA/2 传感器主要检测气体类型为醇类化合物，T70/2 传感器主要检测

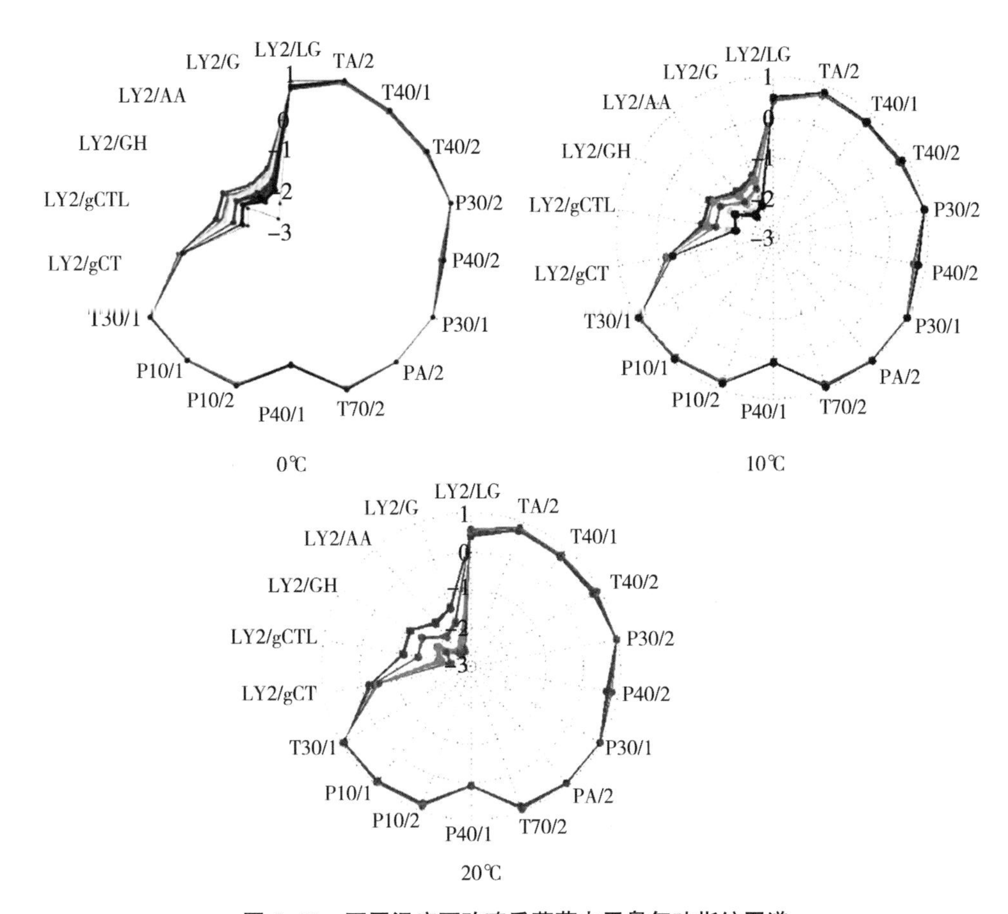

图 6-30 不同温度下玫瑰香葡萄电子鼻气味指纹图谱

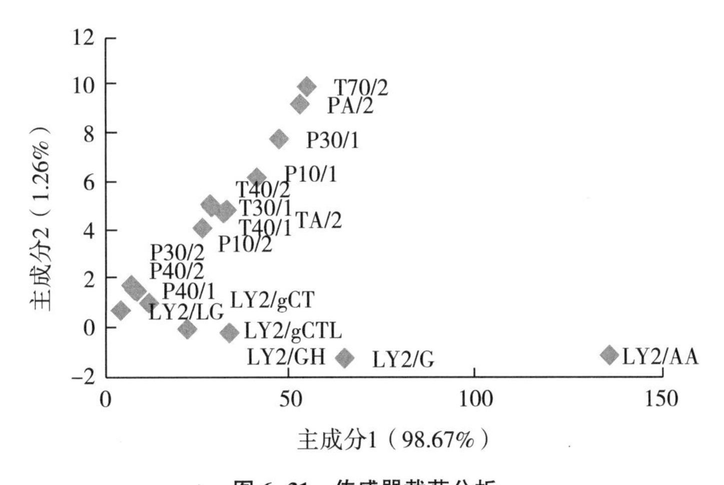

图 6-31 传感器载荷分析

气体类型为芳香族化合物。玫瑰香葡萄的水果香气和特有的玫瑰香气主要由芳樟醇等多种醇类化合物和芳香族化合物组成；而进入贮藏后期，细胞无氧呼吸强度上升，将葡萄中的糖类物质代谢转化成乙醇和乙酸等，因此检测醇类化合物和芳香族化合物的传感器在葡萄气味分类方面贡献率较高。LY2/LG、LY2/gCT 和 LY2/gCTL 3 种传感器所检测气体依次为氯气、含氮气体和含硫气体，这 3 类气体在葡萄的挥发性物质中存在较少，因此贡献率较低。

2.2.2.2　**基于 DFA 的玫瑰香葡萄贮藏期判别模型构建**

判别函数分析（DFA）是在有先验知识的前提下对原始数据进行线性变化，在充分保留现有信息的基础上，扩大不同类数据间差异，同时最小化同类数据间差异的一种分析方法。采用 DFA 对不同贮藏期的玫瑰香葡萄电子鼻数据进行分析，香气成分响应值在空间的分布状态和彼此的投影距离可直观反映葡萄气味随贮藏时间的变化规律。本试验共检测 13 组总计 260 个样本，从每组测试样品中随机抽取 15 个作为训练样本，其余 5 个作为测试样本，最终训练集为 195 个样本，测试集为 65 个样本，采用电子鼻 Alpha soft 11.0 软件进行基于 DFA 的贮藏期判别模型构建。其中，第一判别因子贡献率为 81.413%，第二判别因子贡献率为 10.730%，二者总贡献率达到 92.143%，交叉验证模型准确率为 93%，测试集 65 个样本中正确判别 55 个，准确率为 84.6%，具体结果如图 6-32 所示。

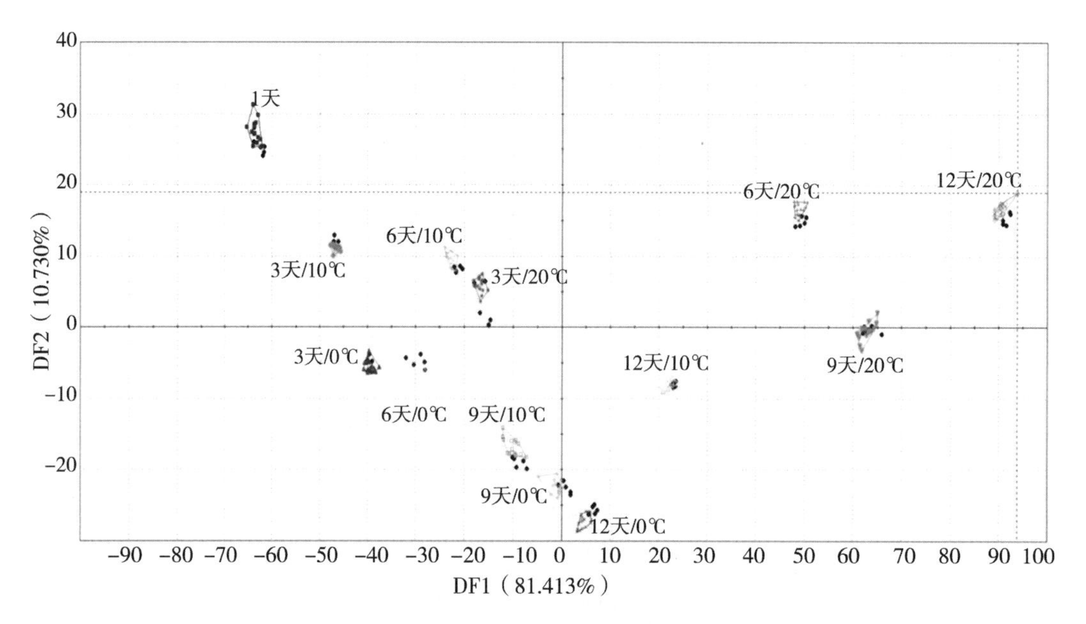

图 6-32　DFA 模型预测结果

DFA 模型对测试集的判别正确率较低，没有达到期望的分类准确性，因此，本研究尝试采用支持向量机来构建贮藏期判别模型，并采用改进网格搜索方法和遗传算法对其优化，以期得到性能更好、判别准确性更高的贮藏期判别模型。

2.2.2.3　**基于 GS－SVM 模型的玫瑰香葡萄贮藏期判别模型构建及优化**

随机在 260 个检测样本中抽取 195 个样本作为训练集，其余 65 个样本作为测试集，使用 Libsvm 工具箱进行建模。以 18 个传感器的最大响应值作为特征分量，选择径向基函数（RBF）作为核函数。惩罚参数 C 控制对错分样本的惩罚程度，实现错分样本的比例与算法复杂度之间的折中。若 C 过大则会引起过学习，影响分类器的泛化能力。

核函数参数 g 影响着 SVM 分类算法的复杂程度，是决定分类器性能的关键参数之一。因此，对惩罚参数 C 和核函数参数 g 寻优可提升分类器性能，优化模型。采用了改进网格搜索法和遗传算法对参数 C 和 g 进行优化。

网格搜索法的基本原理是在一定范围内划分网格，网格内所有点对惩罚参数 C 和核函数参数 g 进行赋值，利用交叉验证法得到训练集在此组 C、g 下的验证分类准确率，将最高准确率所对应的 C 和 g 作为最佳参数。本研究采用改进网格搜索法，首先在较大范围内采用大步距进行粗搜，寻得局部最优参数后缩小搜索区间，使用较小步距进行二次精搜，具体实现过程如下。

首先，设定网格搜索变量 C 和 g 的搜索范围为［2^{-10}，2^{10}］，搜索步距为 1；采用 5 折交叉验证进行验证，得到训练集准确率最高的局部最优参数为 $C=157$，$g=64$。

其次，根据得到的局部最优参数，再次设置 C 和 g 的搜索范围为［2^{-5}，2^{6}］，搜索步距为 0.5，进行二次寻优，经 5-CV 验证得到局部最优参数为 $C=45.2$，$g=64$，搜索过程见图 6-33。

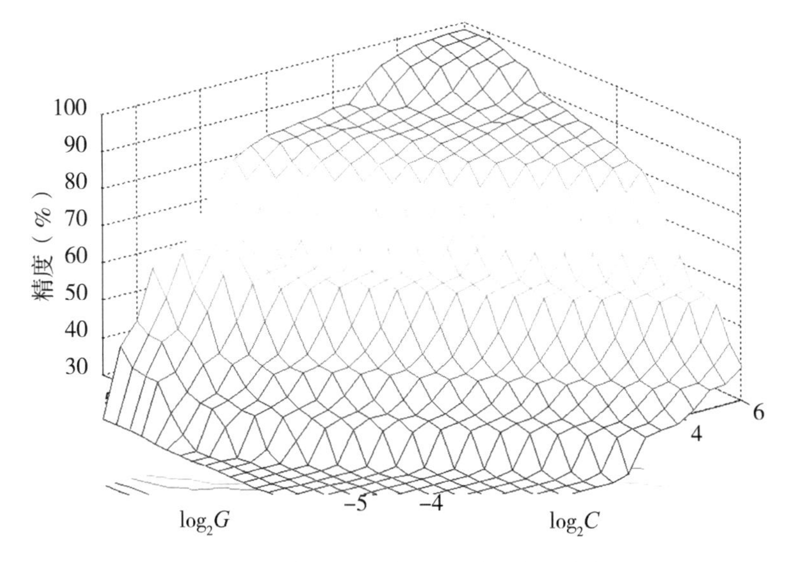

图 6-33　网格搜索法对 SVM 模型参数优化

最后，进行预测。图 6-34 所示为 GS-SVM 优化模型对测试集的预测结果，其中，° 代表样本实际分类结果，* 代表模型对样本的预测分类结果，二者未重合的点即为预测错误样本，测试集预测正确率为 96.92%（63/65）。

2.2.2.4　基于 GA - SVM 模型的玫瑰香葡萄贮藏期判别模型构建与优化

遗传算法（GA）是一种模拟遗传选择和生物进化过程，通过自然选择、交叉、变异等作用机制实现种群进化的随机搜索算法。在寻优过程中，遗传算法在解空间内随机产生多个起始点并同时开始搜索，以适应度函数作为搜索方向，能够快速寻求全局优化解而不陷入局部最优。具体步骤如下：①初始化遗传算法参数，给定 C 和 g 的取值范围；②随机产生 C、g 的初始种群；③根据适应度计算法则计算个体适应度；④判断是否满足终止条件，若满足终止条件则退出循环，优化结束，得到优化参数组合；若不满足终止条件，则

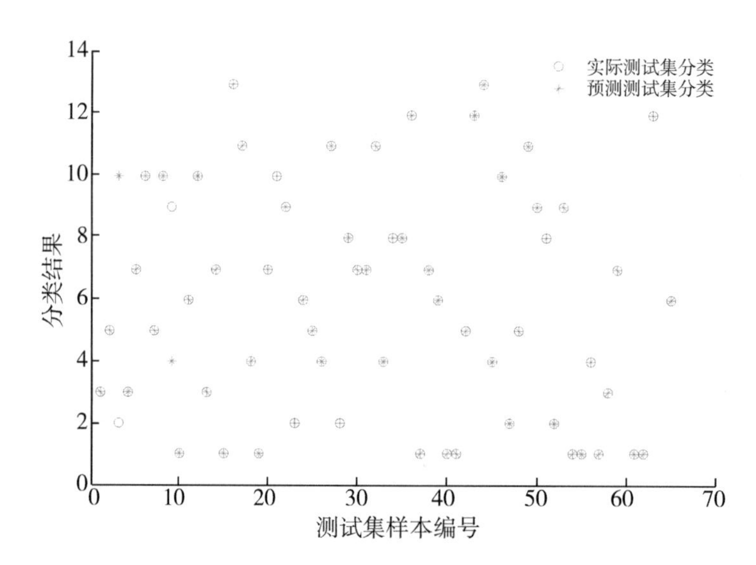

图 6-34　GS-SVM 模型预测结果

通过执行交叉、变异等操作生产新一代个体，继续迭代循环，直至达到终止条件。

本研究遗传算法参数设置如下：种群最大数量 50，迭代次数 200，交叉概率 0.4，变异概率 0.01，C 取值范围为［10^{-2}，10^{-1}］，g 取值范围为［10^{-3}，10^{-2}］，采用5-CV进行验证。

图 6-35 为遗传算法优化 SVM 参数的适应度曲线，适应度为预测模型的分类精度。

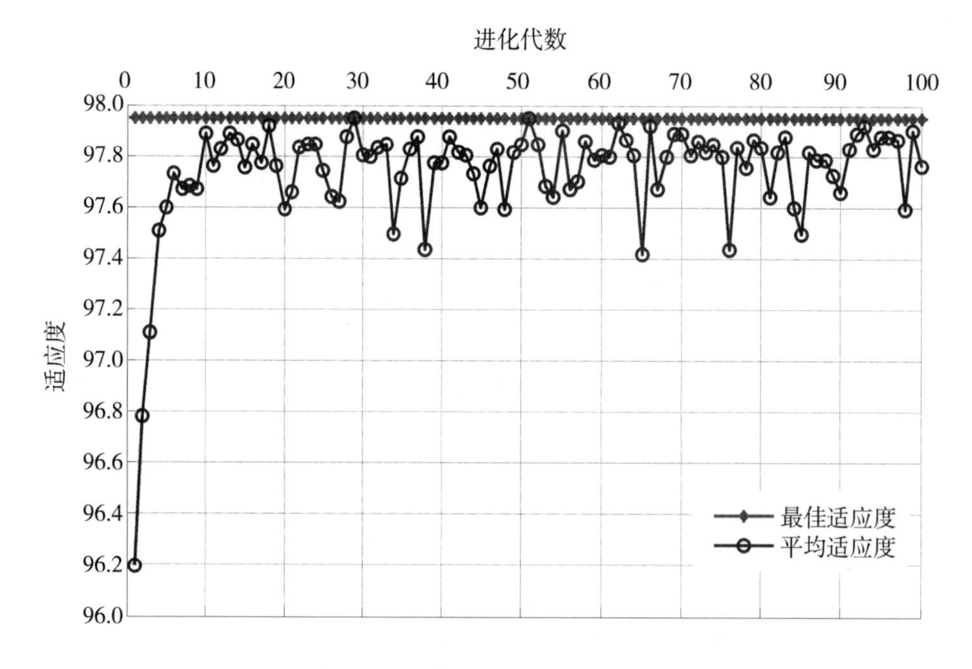

图 6-35　遗传算法的适应度曲线（终止代数 100，种群数量 50）

由图 6-35 可知，在 0~30 代平均适应度曲线呈现由低到高逐渐逼近最佳适应度的收敛趋势，并且在第 29 代达到最佳适应度。但考虑到迭代次数较少，易陷入局部最优，并且对应最高分类精度可能存在多组 C 和 g 值，应优选 C 值最小的一组。因此继续运算至最大迭代次数的 1/2，即 100 次，寻找更高分类精度和最优参数组合。经遗传算法优化得到的最优解为 $C=29.20$，$g=108.97$，测试集准确率为 96.92%（63/65）。

2.2.3　不同贮藏期判别模型的比较

从模型训练准确率、测试准确率、模型构建及判别所需运行时间以及支持向量机参数等几方面对以上 3 种贮藏期判别模型进行比较，具体结果如表 6-12 所示。

表 6-12　种玫瑰香葡萄贮藏期模型的比较

模型名称	训练准确率（%）	测试准确率（%）	运行时间（s）	惩罚参数 C	核函数参数 g
DFA	93	84.60	183.60	—	—
GA-SVM	100	96.92	53.41	29.2	108.97
GS-SVM	100	96.92	86.72	45.2	64

由表 6-12 可知，支持向量机模型各项指标均优于判别函数模型，在测试准确率和运行时间上有更加明显的优势。对不同算法优化的支持向量机模型进行比较，发现二者的训练准确率和测试准确率基本相同，但 GA-SVM 模型的惩罚参数 C 比 GS-SVM 模型小。此外，GA-SVM 模型较 GS-SVM 模型约节省一半运行时间。在实际应用中，尤其是在线智能快速检测时，模型的运行时间是一个不可忽视的重要因素，是评判模型性能的重要指标。因此，综合以上评价指标，GA-SVM 模型整体性能较好，其次是 GS-SVM 模型，DFA 模型有待进一步改善。

3　果品货架期预测

3.1　果品货架期预测指标

3.1.1　感官评价指标

感官评价通常是凭借人本身的感觉器官通过产品的外观、质地、气味和滋味来进行评定和描述。外观指标包括色泽、亮度、失水程度和果柄新鲜度等；质地指果肉的软硬度、脆韧度、弹性等；气味指果实自身释放出气体的嗅觉感受；滋味指品尝过程中的甜、酸、苦、涩等味觉感受。通过全面地、科学地评定和描述，获得客观真实的数据，利用数理统计手段，得出感官品质的综合性分值，以此来判定产品一定时间点的食用可接受性和食用愉悦感。

3.1.2 理化指标

果品在流通过程中，其质地特性、内部的营养成分和挥发性气体组分必然会发生有规律的变化，这些变化也引起产品品质变劣，从而导致货架期缩短。用于果品货架期预测的理化指标主要包括硬度、糖度、酸度、维生素 C、果胶、脂肪、蛋白质、失水率、酶活性、呼吸强度及乙烯释放量等。理论上，对于采后流通过程中易软化的果品，如香蕉、杧果、猕猴桃、鳄梨、西洋梨、甜瓜、番茄等，采用硬度、果胶等指标能更好地表征其货架期变化；对于营养品质变化比较大的果品，如樱桃、草莓、猕猴桃等，可采用维生素 C、糖度、酸度等指标进行货架期预测；对于颜色变化明显的果品，如西洋梨、杧果、香蕉等，也可以采用外观颜色指标进行货架期预测。总之，对于不同果品，需要找出能表征其货架期的关键指标，可能是单一的，也可能是多种指标的组合，这是构建预测模型的首要步骤。

3.1.3 微生物指标

在果品的腐败变质过程中，微生物的生长繁殖是最主要的因素。果品的腐败主要是由真菌性微生物繁殖导致的，研究真菌性微生物生长情况对生鲜农产品的货架期预测非常重要。果品种类不同，流通过程中易感病原种类也不同。常见果品采后流通过程病原物如表 6-13 所示。每种果品具体发生哪种病害受当地气候条件、栽培管理技术、采后流通环境条件和自身生理特性的影响，研究时应根据实际情况，选择适宜指标。

表 6-13 果品采后流通过程常见病原物

序号	病原物	病害	寄主类别
1	青霉属（*Penicillium*）	青霉病、绿霉病	仁果类、核果类、葡萄、柑橘、菠萝
2	链格孢属（*Alternaria*）	黑斑病、霉心病	核果类、仁果类、葡萄、柿子、番木瓜、柑橘、草莓、番茄
3	葡萄孢属（*Botrytis*）	灰霉病	葡萄、草莓、核果类、仁果类、柑橘、瓜类
4	镰刀菌属（*Fusarium*）	白霉病、冠腐病、小果褐腐病	甜瓜、香蕉、菠萝
5	地霉属（*Geotrichum*）	酸腐病	核果类、柑橘、荔枝、甜瓜、番茄
6	刺盘孢属（*Colletotrichum*）	炭疽病	杧果、香蕉、草莓、苹果、桃、李、杏
7	单端孢属（*Trichothecium*）	粉霉病	核果类、仁果类、香蕉、番茄、甜瓜
8	根霉属（*Rhizopus*）	软腐病	核果类、仁果类、葡萄、草莓、番茄、甜瓜、枣
9	链核盘菌属（*Monilinia*）	褐腐病	核果类、仁果类
10	球二孢属（*Botryodiplodia*）	蒂腐病	杧果、番木瓜

果品货架期的结束通常采用综合性指标进行判断。单一指标一般不能完全反映货架期，就腐烂指数而言，大多数果品流通过程腐烂指数一般要求不超过10%。

3.2　影响果品货架期的因素

3.2.1　产品自身特性

果品的货架期与自身生理代谢特性息息相关，如呼吸作用、乙烯产生能力、蒸腾作用等。不同种类水果之间货架期差异主要由它们的遗传特性决定。总体而言，仁果类（苹果、梨、山楂等）和柑橘类（柑、橙、橘、柚等）水果的货架期相对较长，而核果类（桃、李、杏、樱桃等）和浆果类（草莓、葡萄、猕猴桃、柿子等）水果货架期较短。同一种类水果，由于组织结构、生理特性、成熟期不同，不同品种货架期差异也较大。按照组织结构比较，苹果中富士系苹果最耐贮藏，货架期较长；按照成熟期比较，晚熟品种（富士、秦冠、国光）货架期较长，中熟品种（金冠、嘎啦、乔纳金等）次之，早熟品种（祝光、旭光、黄魁等）最短。

3.2.2　环境温度

环境温度是影响果品货架期的最重要因素，它能够影响果品自身的呼吸强度、酶活性、生理代谢速度以及微生物的生长繁殖进程，是环境因素中首先要考虑的因素。一般而言，反应速率随着温度的升高而加快，产品的贮存环境温度越高，货架期越短；温度越低，货架期越长。然而，不适宜低温也会导致果品产生冷害、冻害，引起品质劣变或加重腐烂，失去商品性，缩短货架期。对于果品，其贮藏温度每升高10 ℃，其自身化学反应速率可增加1倍。

3.2.3　相对湿度

新鲜水果含水量很高，依品种和种类而异，大多数水果含水量达到80%~90%。果品进入流通环节以后，自身的蒸腾作用将导致果实失水减重，使组织劣变造成直接质量损失。控制果品贮存环境中的相对湿度对降低质量损失起着非常重要的作用。一般认为，果实水分损失达到5%会直接影响水果的新鲜度，光泽度降低，果柄干枯褐变，严重时导致果实表面出现皱缩，最终失去商品价值（图6-36）。高湿条件可有效降低枇杷果实呼吸强度、失重率和木质化程度；抑制黄桃果实硬度下降，延缓果实软化进程；降低葡萄果实的落粒率和失重率。

3.2.4　气体组分

气体组分对果品流通过程中的呼吸代谢和微生物的生长繁殖影响很大。通过调整果品接触环境的气体组分比例和含量会抑制果品的呼吸代谢进程，从而在一定程度上抑制其质量损失反应。此外，由于接触环境中气体组分及含量情况不同，生长在果品表面上的微生物种类及其生长代谢能力也不相同。合适的氧气浓度会促进化学反应而加速果品腐败，但低氧或超高氧环境、高 CO_2、适宜比例的 O_2-CO_2组合或填充惰性气体能抑制微生物的生长繁殖，反而能对果品起到保鲜作用。

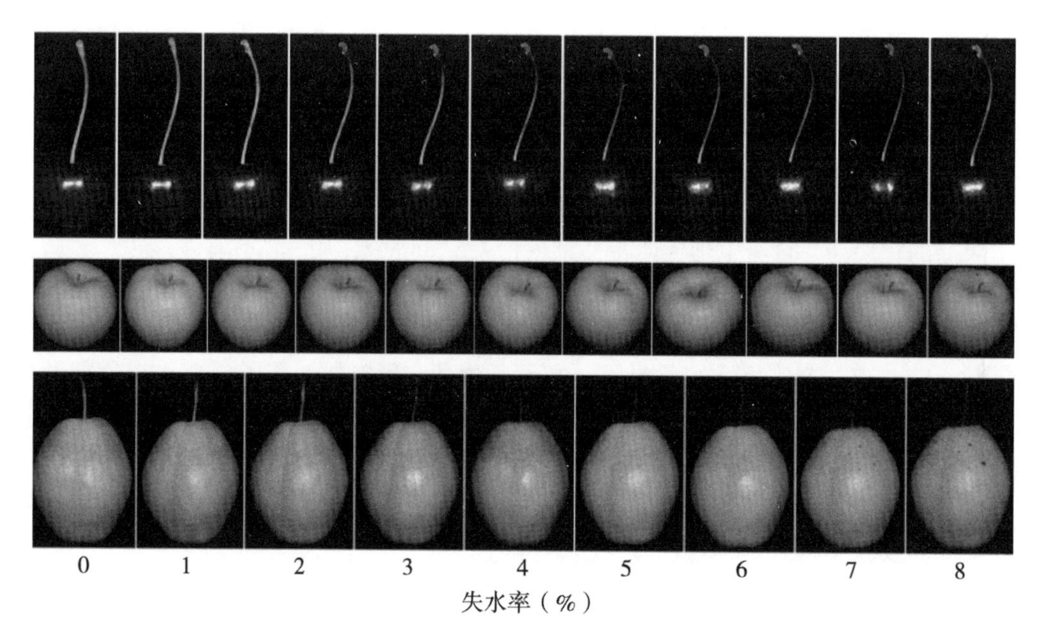

图 6-36　果品失水过程表观变化（彩图见附录）

3.3　考虑实际不确定性的动态货架期预测

3.3.1　数据与问题描述

3.3.1.1　相关数据集及特征

硬度和维生素 C 是猕猴桃的两个关键品质指标（FQI）。其中，硬度随着猕猴桃果实的成熟和衰老而变化，维生素 C 是猕猴桃最显著的营养特征。从北京市农林科学院农产品加工与食品营养研究所获取海沃德猕猴桃在长期冷藏条件下的硬度和维生素 C 的日常监测数据集。FQI 的部分数据如图 6-37 所示，具有以下特征。

（1）不确定性积累效应　在一个采样点上产生不同的平行采样结果，并且偏差随着时间的推移而逐渐增加。同一批水果的这种个体间变化源于随机因素的累积效应：①每个果实中微妙的内在随机性（如成分、形状）；②难以察觉的环境波动引起的不同品质变化；③仪器自身或操作差异引起的测量误差。

（2）离散性　检测技术的高成本和长测试周期限制了连续的数据提取。此外，频繁的检测可能会缩短采样间隔，但外部操作会加剧实际食品质量的随机变化。

（3）非线性　由于来自各个方面的随机性影响，数据曲线存在非光滑和非线性。

（4）两个实际的 FQI 时序监测数据集被使用　Dataset F 表示硬度数据：两个单元 F00#和 F04#分别在冷藏温度 0 ℃和 4 ℃下获取。Dataset V 表示维生素 C 含量数据：两个单元分别为 0 ℃和 4 ℃时的 V00#和 V04#。

3.3.1.2 问题描述

在现实世界中，动态货架期预测可以用文本描述为各种 FQI 数值的减少或增大变化加剧了食品质量与安全（FQS）的退化，一旦 FQI 的量化值达到可接受的阈值，就会发

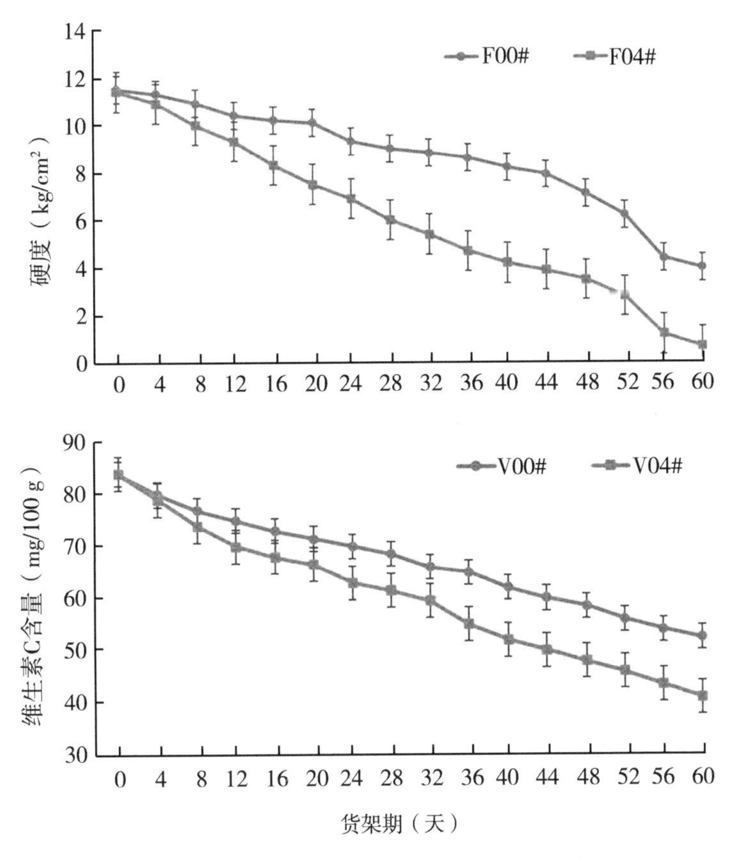

图 6-37 猕猴桃硬度和维生素 C 时序数据集

生食物损失和浪费。图 6-38 显示了恒定阈值及其首次超过阈值的时间，即货架期失效时间（SLFT）。然后，可以通过分析从当前时刻到 SLFT 的剩余货架期（RSL）来量化潜在的 FQS 退化程度。

在实际的食品工程中，FQS 退化以概率的形式受到各种随机因素的影响，并且随着时间的推移，这种影响会加剧。因此，长期仓储条件下的动态货架期预测需要考虑不确定性，并从 FQI 的实际时序监测数据集中准确提取食品品质信息。为了解决上述问题，提出了解决方案框架，如图 6-39 所示。

3.3.2 考虑不确定性的动态货架期预测建模

本小节重点研究了 FQI 的实际随机动力学建模和 RSL 分析；同时，在线运行了基于极大似然估计（MLE）的参数辨识算法。其中，随机动力学模型包括确定性动力学和不确定性累积效应两部分。

3.3.2.1 品质指标随机动力学模型

这里，果品品质指标随机动力模型包括确定性动力和随机性效应建模两部分，具体步骤如下。

（1）**确定性动力学建模** 果品理化品质指标的变化规律通常符合零级或一级反应

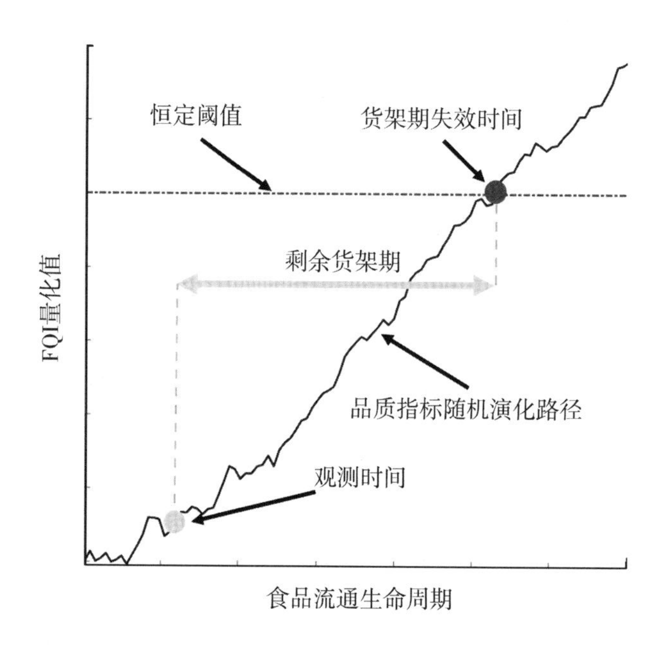

图 6-38　食品品质指标随机变化的恒定阈值和货架期失效时间

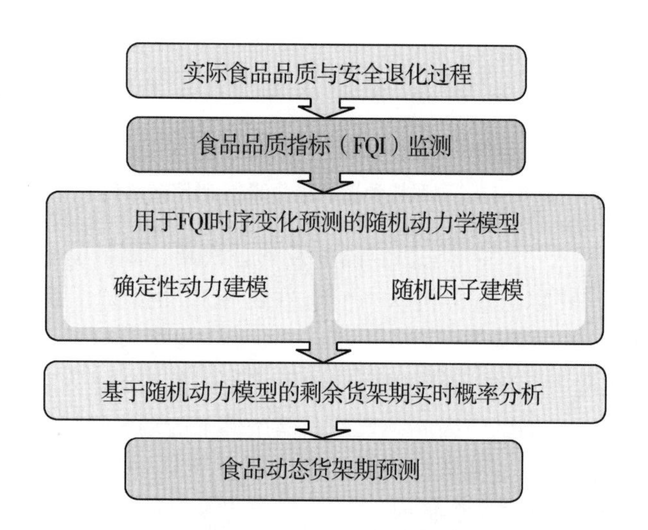

图 6-39　实际条件下动态货架期预测方案框架

动力模型，其基本动力学变化可以描述为：

$$-\frac{\mathrm{d}c}{\mathrm{d}t} = kc^n \tag{6-10}$$

式中：c 表示品质指标在时刻 t 的量化值；k 是变化率常数；n 是反应级数。

当 $n=0$ 时，零级反应动力模型如下：

$$c = c_0 - kt \tag{6-11}$$

式中：c 表示品质指标在时刻 t 的量化值；k 是变化率常数；c_0是品质指标初始值。

温度对动力学参数 k 的影响一般通过 Arrhenius 方程描述，具体公式为：

$$k = A\exp(-E_a/RT) \tag{6-12}$$

式中：A 是阿累尼乌斯常数；E_a 是反应活化能（kJ/mol）；R 是通用气体常数［8.314 J/(mol·K)］；T 是绝对温度（K）。结合式（6-10）和式（6-12）可以得到品质指标在波动温度下的动态变化模型。

为了对品质指标实际非线性变化进行建模，这里将连续变量替换为多个离散状态以获得以下近似的动力学离散模型：

$$c_{t_{i+1}} = c_{t_i} + k_{t_i}(t_{i+1} - t_i) \tag{6-13}$$

（2）随机性效应建模　考虑到实际品质指标变化受到随机性累积效应的影响，这里引入维纳过程来描述果品个体差异、环境波动差别及直接或间接测量误差三源不确定性。常规维纳过程 $\{c_t: t \in [0, \propto]\}$ 的通用表达形式如下：

$$c_t = v\Lambda_t + \sigma_B B(\Lambda_t) \tag{6-14}$$

式中：Λ_t 表示转换时间标度；v 表示确定性环境下的品质应力退化；而 σ_B 表示应力波动衍生的随机变化。作为核心算子，$B(\cdot)$ 表示品质退化过程随机动力学的标准布朗运动；满足均值为 0 的正态分布，并且具有平稳且独立的增量。

对于品质指标的实际随机变化，具体的随机动力模型可以表述为：

$$c_{t_{i+1}} = c_{t_i} + v_{t_i}(t_{i+1} - t_i) + \sigma_B B_{t_{i+1}-t_i} \tag{6-15}$$

式中：$\Lambda_t = t_{i+1} - t_i$，并且 ν_{t_i} 的概率分布可以通过具体温度应力的 Arrhenius 方程来确定。换句话说，ν_{t_i} 的均值为式（6-13）中的 $-k_{t_i}$。最终，品质指标实际测量值 Y_t 可表示为：

$$Y_{t_{i+1}} = c_{t_i} + v_{t_i}(t_{i+1} - t_i) + \sigma_B B_{t_{i+1}-t_i} + \omega_{t_i} \tag{6-16}$$

式中：ω 表示直接或间接误差，通常符合高斯分布 $N(0, Q_\omega^2)$，并且 $\Psi = \mathrm{diag}(\tilde{\omega}_{t_1}, \tilde{\omega}_{t_2}, \cdots, \tilde{\omega}_{t_i})$。

3.3.2.2　货架期实时概率分析

维纳过程对于货架期的解析式表达具有优势，因此，这里可以基于所建立的随机动力模型对货架期进行实时概率分析。首先，品质可接受阈值首达时可以描述为：

$$T_{\mathrm{slft}} = inf\{t_f: Y_f \geqslant \omega + \varepsilon \mid Y_i \leqslant \omega + \varepsilon\} \tag{6-17}$$

式中：ε 表示果品品质指标可接受阈值。货架期可定义为 $l_i = t_f - t_i \geqslant 0$，并表示为：

$$L_{\mathrm{rsl},i} = inf\{l_i: \nu_{t_i} l_i + \sigma_B B_t + \omega \geqslant \varepsilon - c_{t_i}\} \tag{6-18}$$

这里，货架期动态预测可以被认为是利用实际测量数据集实时获取 L_{rsl} 的概率密度函数。研究表明，可接受阈值首达时服从逆高斯分布：

$$f(t_f) = \frac{\varepsilon - c_{t_i}}{\sqrt{2\pi\sigma_B^2 t_f^3}} \cdot \exp\left[-\frac{(\varepsilon - c_{t_i} - \nu t_f)^2}{2\sigma_B^2 t_f}\right] \tag{6-19}$$

类似地，$L_{\mathrm{rsl},i}$ 的概率密度函数表示为：

$$f(l_i) = \frac{\varepsilon - Y_i}{\sqrt{2\pi l_i^3(\sigma_B^2 + \sigma_{\nu,i}^2 l_i)}} \tag{6-20}$$

式中：$-k_{t_i}$ 和 $\sigma_{\nu,i}^2$ 分别表示 ν_{t_i} 的均值和方差。

则货架期的预测均值可导出为：

$$E(L_{\mathrm{rsl},i}) = E[E(l_i \mid \nu)] = \frac{\sqrt{2}(\varepsilon - Y_i)}{\sigma_{\nu_i} D\left(\dfrac{\mu_{\nu_i}}{\sqrt{2}\,\sigma_{\nu_i}}\right)} \tag{6-21}$$

式中：$D(\delta) = \exp(-\delta^2)\int_0^\delta \exp(\xi^2)d\xi$ 表示道森积分。对于足够大的 δ，$D(\delta) \approx 1/(2\delta)$，则 $E(L_{\mathrm{rsl},i}) = (\varepsilon - y_i)/\mu_{\nu,i}$。

3.3.2.3 **基于极大似然估计的在线参数识别**

随机动力模型中的参数向量 $\Theta = [A,\ E_\alpha,\ \sigma_B,\ Q_\omega,\ \mu_{\nu,0},\ \sigma_{\nu,0}]^{\mathrm{T}}$ 需要初始化，包括确定性固定参数 $\{A,\ E_\alpha\}$ 和随机参数 $\{\sigma_B, Q_\omega, \mu_{\nu,i}, \sigma_{\nu,i}\}$。给定观测样本 $Y = \{Y_{t_1},\ Y_{t_2},\ \cdots,\ Y_{t_i}\}$，可以通过极大对数似然函数的偏导来估计未知参数，公式如下：

$$\widehat{\Theta} = \arg\max_\theta L(\Theta \mid Y) = \arg\max_\theta\left[\sum \ln p(\Theta \mid Y)\right] \tag{6-22}$$

$$\frac{\partial[\ln L(\Theta \mid Y)]}{\partial \Theta} = 0 \tag{6-23}$$

式中：$\widehat{\Theta}$ 是参数估计向量；$L(\Theta \mid Y)$ 表示似然函数。根据上述计算，$\{A,\ E_\alpha\}$ 将通过多维搜索获取；$\{\sigma_B, Q_\omega, \mu_{\nu,i}, \sigma_{\nu,i}\}$ 可以被实时更新。

以上所提的货架期动态预测方法流程如图 6-40 所示。

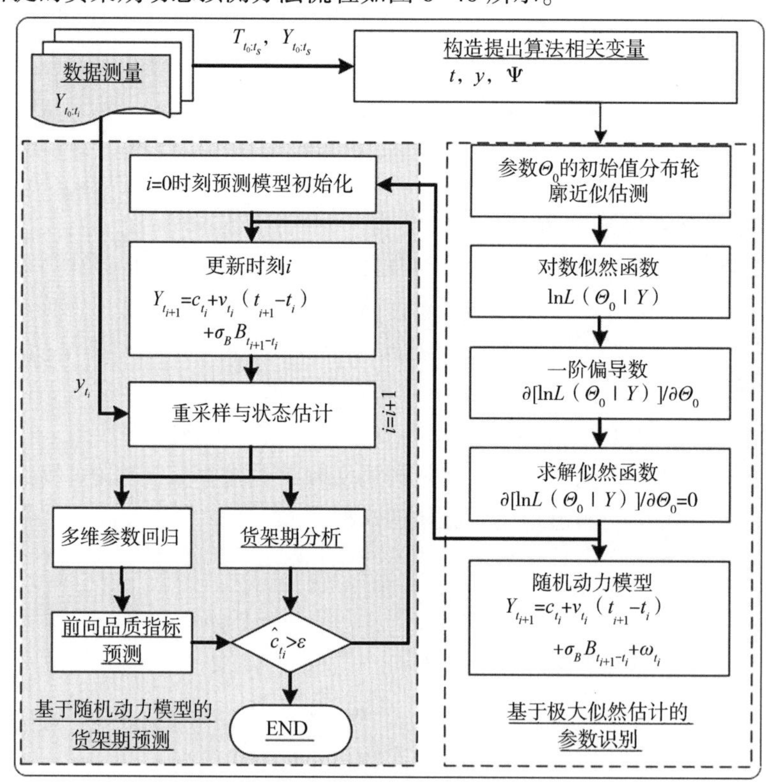

图 6-40　所提动态货架期预测方法流程

3.3.3 结果与讨论

根据专家经验，将 Datasets F 和 V 的可接受阈值设置为硬度 3.0 kg/cm^2 和初始维生素 C 含量的 50%（mg/100 g），并在相同的计算能力配置下，在软件 Matlab R2022a 中完成模型运算。利用全部实验数据，分别通过基于 ELM 的硬度和维生素 C 含量变化参数识别，获得了相应的随机动力学模型。然后，通过状态估计预测硬度和维生素 C 含量，并根据数据集的历史时序数据分析 RSL 的未来概率分布。

3.3.3.1 参数识别结果

不同样本单元用于相应冷藏温度条件下 FQI 变化模型的参数识别。表 6-14 显示了基于零级反应模型的确定动力学建模固定参数 $\{A, \ E_\alpha\}$ 。

表 6-14 针对 Datasets F 和 V 的模型确定性参数识别结果

单元	温度（K）	k	A	E_α /R
F00#	273.15	0.235 4	2.834×10^{11}	7 598.1
F04#	277.15	0.352 1		
V00#	273.15	1.001 6	$1.669\ 7\times10^{12}$	7 817.0
V04#	277.15	1.515 7		

为了描述随机效应，其他数值参数识别结果如表 6-15 所示。可以发现，每个数据单元的随机参数不同，这解释了细微随机性的存在。对于单元 F04#，随机参数的实时识别结果如图 6-41 所示。显然，对于随机动力学模型训练，随机参数 $\{\sigma_B, \ Q_\omega, \ \mu_{\nu,0}, \ \sigma_{\nu,0}\}$ 随时间趋于稳定。

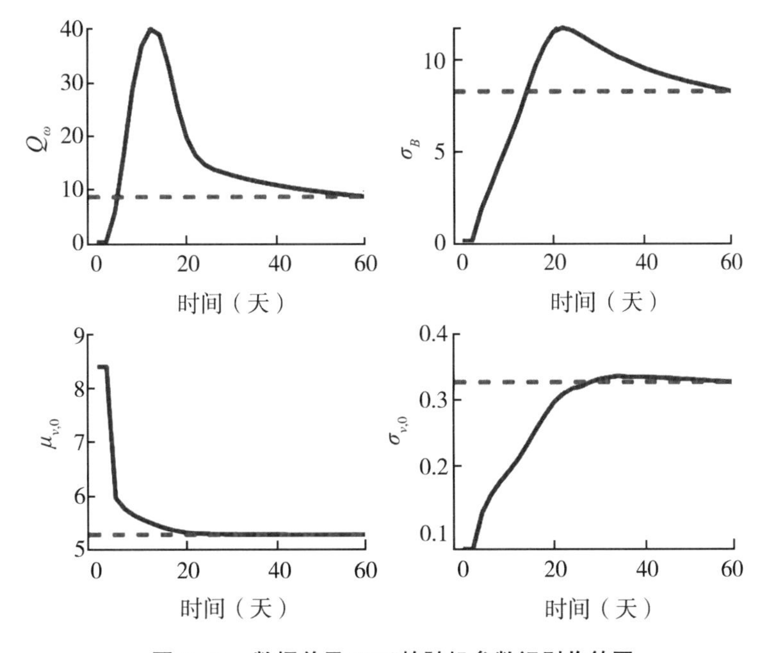

图 6-41 数据单元 F04#的随机参数识别收敛图

表 6-15　针对 Datasets F 和 V 的模型随机性参数识别结果

随机参数	Dataset F		Dataset V	
	F00#	F04#	V00#	V04#
Q_{ω}	8.688 9	8.966 2	0.496 1	0.507 7
σ_B	7.568 0	8.323 8	35.139 0	40.332 0
$\mu_{\nu,0}$	5.347 8	5.276 2	7.956 6	7.945 7
$\sigma_{\nu,0}$	0.328 4	0.326 3	0.240 0	0.237 9

3.3.3.2　**随机动力模型性能验证**

利用实际动态环境中硬度和维生素 C 品质指标的时序数据样本测试所建立的随机动力模型。如图 6-42 所示，随机动力模型预测效果比较理想，硬度指标预测的 *MAE*、*MAPE* 和 *RMSE* 分别可达到 0.084 0 m/s、0.016 2 m/s 和 0.129 8 m/s，维生素 C 指标的 *MAE*、*MAPE* 和 *RMSE* 分别可达到 0.211 4 m/s、0.002 7 m/s 和 0.738 7 m/s，如表 6-16 所示，表明该模型具有良好的回归效果。

为了进一步验证随机动力模型的可靠性，将其与零阶反应模型进行了比较。可以发现，对于不同的数据单元，零级反应模型的 *MAE*、*MAPE*、*RMSE* 均较大，如表 6-16 所示，表明随机动力模型具有更可靠和准确的预测性能。然而，由于随机累积效应，基于局部近似的回归技术具有普遍的局限性。因此，在长期动态条件下进行剩余货架期概率分析是必要的。

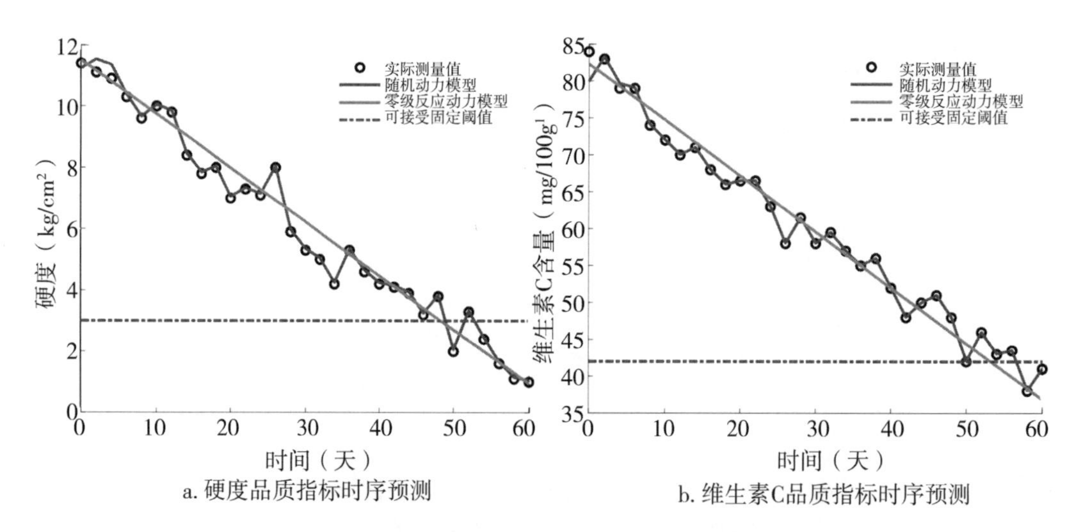

图 6-42　猕猴桃品质指标动态预测结果

表 6-16　随机动力与零级反应模型的 FQI 预测精度比较

单元	随机动力模型			零级反应模型		
	MAE（m/s）	*MAPE*（%）	*RMSE*（m/s）	*MAE*（m/s）	*MAPE*（%）	*RMSE*（m/s）
F00#	0.081 4	0.008 9	0.125 6	0.516 3	0.080 9	0.672 4

（续表）

单元	随机动力模型			零级反应模型		
	MAE（m/s）	*MAPE*（%）	*RMSE*（m/s）	*MAE*（m/s）	*MAPE*（%）	*RMSE*（m/s）
F04#	0.084 0	0.016 2	0.129 8	0.448 7	0.097 6	0.576 7
V00#	0.211 4	0.002 7	0.738 7	1.618 4	0.025 1	2.233 2
V04#	0.213 6	0.002 9	0.740 2	1.845 5	0.033 4	2.214 9

3.3.3.3　剩余货架期概率分析

传统的动力学模型只能得到单点时间序列预测结果来确定固定 RSL，而无法进行实际概率分析。基于随机动力学模型，可以直接计算 RSL 的概率分布。这里使用两个时间序列单元 F04#和 V04#来验证所提出的概率分析方法的可行性。如图 6-43 所示，基于所建立的模型进行猕猴桃的货架期实时概率分析，概率密度函数曲线能很好覆盖实际货架期（实线），预测均值（虚线）与真实值拟合度较好。更直观的，如图 6-44 所示，不同预测点的猕猴桃货架期动态预测结果接近真实值，相对 *RMSE* 可达 5%左右。结果表明，所提方法可以准确分析预测货架期概率分布，并具有良好泛化能力，可以满足复杂冷链物流果品货架期动态预测的适用性需求。

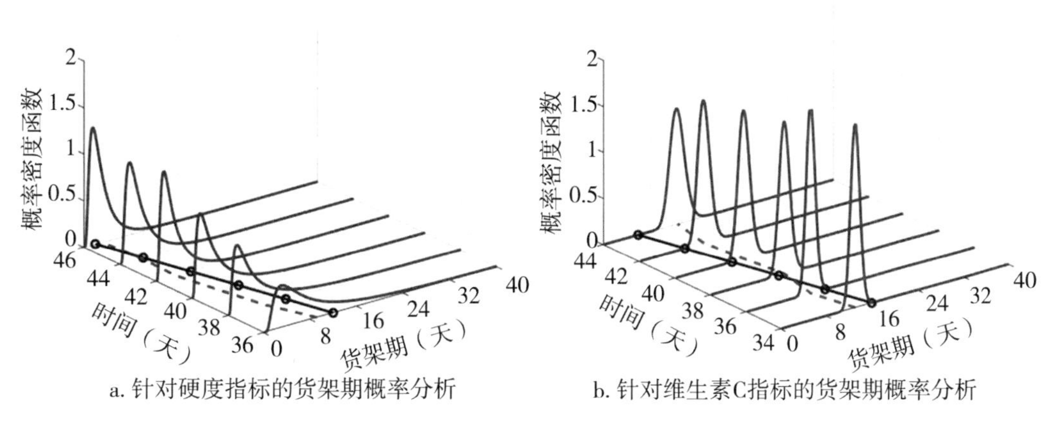

图 6-43　猕猴桃货架期在线概率分析结果

另外，所提货架期动态预测方法相对传统迭代型方法，在预测分析速度方面具有很大优势，可以满足在线概率分析。这里，将该方法与蒙特卡罗仿真在同等计算机配置下基于相同品质指标时序数据进行性能对比，预测效率结果如表 6-17 所示。所提方法耗时远低于不同迭代次数下的蒙特卡罗仿真，表明其时效性可以满足果品货架期的在线预测分析需求。

根据上述实验结果，所提出的动态货架期预测模型在 FQI 时间序列预测和 RSL 的概率分析中具有准确的性能。它可以直观地实时提供有用的食品品质信息，有助于决策系统维护易腐食品的质量和安全，减少食品损失和浪费。

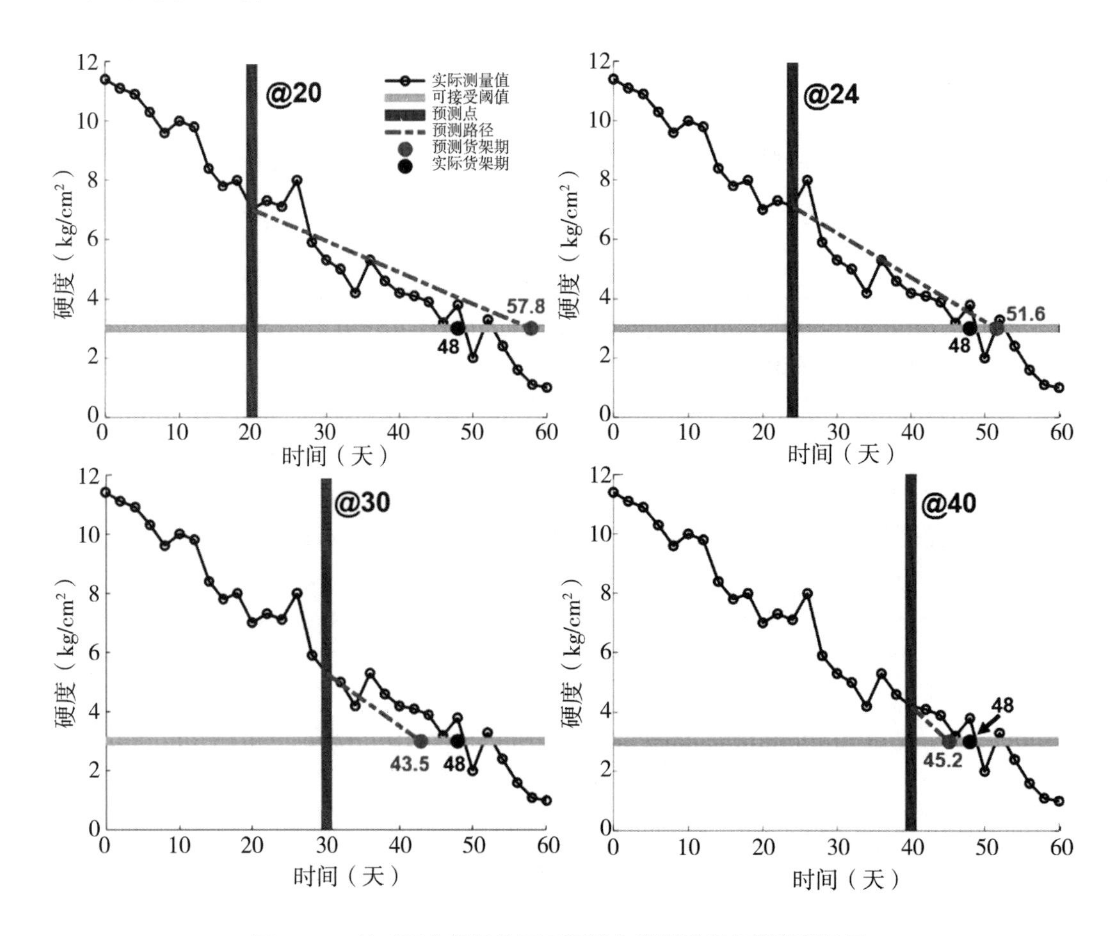

图 6-44　针对硬度指标的不同预测点猕猴桃货架期预测结果

表 6-17　所提方法与蒙特卡罗仿真的货架期预测时效性对比

耗时（s）	所提方法	蒙特卡罗仿真（迭代次数）		
		@ 500	@ 1000	@ 3000
硬度	0. 053	6. 02	8. 63	19. 13
维生素 C	0. 047	3. 14	5. 93	16. 78

4　果品冷链物流智能管理系统

4.1　系统架构

果品冷链物流智能管理系统总体框架如图 6-45 所示。该系统以主要果品的冷链仓储和冷链运输精准调控为主要目标，以不同果品冷链需求特征为核心数据，将果品冷链基础数据物化到硬件设备中，研制冷链环境监控终端，终端设备应用于不同冷链环节，实现温湿度、气体、位置、开门状态等信息的实时感知；终端采集数据传输到冷链管理云平台，云平台实现动态跟踪、实时监测、货架预测、异常报警、冷链反演、产品追溯、统计分析等智能处理功能；智能处理的结果反馈至冷链操作人员的手机 App 中，可对冷链设备状态进行动态调控。

图 6-45 果品冷链物流智能管理系统总体框架

4.2 系统功能实现

集成供应商、冷链车辆、冷库等静态资源数据，采集温度、湿度、位置、光照、乙烯气体等动态监测数据；基于公有云平台提供的虚拟化基础设施资源部署果品冷链物流智能管理系统，采用基于 Spring Cloud 的微服务器架构，结合 Docker 容器技术，为平台管理者、冷链物流委托方、上下游供应商等主体提供不同功能，实现服务业务的可伸缩、可灵活扩展。

4.2.1 系统功能

冷链云管理平台功能示意图如图 6-46 所示。

（1）**动态跟踪** 接收终端设备发送的位置信息，实时显示目前的位置状态，并在电子地图上显示，对于冷链仓库中的设备，由于其移动性不强，只采集初始位置，对于冷链车，需动态跟踪其运输路径的轨迹变化。

（2）**环境监测** 根据一定时间接收到的温度、湿度、乙烯气体等信息，在平台界面实时显示，可查看当前每个设备所采集的环境信息，可以在不同信息之间切换。

(3) 货架预测 根据产品入库时间以及所处的温度状态，建立动态货架期预测模型，预测不同果品的剩余货架期。

(4) 异常报警 对于温度偏离果品所需冷链温度、运输过程车厢门被打开等情况，平台会接收到设备发来的警报，并自动记录下警报信息。

(5) 冷链反演 选择某个时间段并选择某个仓库或车辆后，这段时间内的温度、湿度、乙烯气体等信息以统计图的形式展示出来，位置信息则以路径轨迹的方式展示。

(6) 统计分析 可对冷链仓库、冷链车辆等资源进行统计，也可以对环境变化、货架期变化等进行决策分析。

图 6-46 冷链云管理平台功能示意图

4.2.2 冷链管理 App 功能

为了便于在冷链现场进行信息查询及现场调控，开发冷链管理 App，将其安装于冷链仓库、冷链车辆的操作人员手机中，主要功能如下。

(1) 参数设定 根据所贮藏或运输的果品，设定其最佳冷链温度，并通过云端发送到冷链监控设备进行设定。

(2) 状态监测 可以实时监测所操作的冷库或车辆内的环境信息和位置信息，以动态图表的形式展示。

(3) 预警处置 对于监测到的冷链环境异常状态，App 端会在第一时间接收到云端发送的信息，并为合理调整冷链工况提供决策。

参考文献

毕阳，2016. 果蔬采后病害：原理与控制［M］. 北京：科学出版社.

蒲彪，秦文，2012. 农产品贮藏与物流学［M］. 北京：科学出版社.

钱建平，范蓓蕾，张翔，等，2017. 基于温度感知 RFID 标签的冷链厢体中温度监测［J］. 农业工程学报，33(21)：282-288.

钱建平，王宝刚，杨涵，等，2019. 基于适宜环境的果品冷链物流精准调控云平台框架设

计 [J]. 中国农业信息, 31(4): 65-73.

赵春江, 韩佳伟, 杨信廷, 等, 2013. 基于CFD的冷藏车车厢内部温度场空间分布数值模拟 [J]. 农业机械学报, 44(11): 168-173.

中华人民共和国商务部, 2012. 易腐食品冷藏链技术要求 果蔬类: SB/T 10728—2012[S].

GWANPUA S G, VERBOVEN P, LEDUCQ D, et al., 2015. The FRISBEE tool, a software for optimising the trade-off between food quality, energy use, and global warming impact of cold chains [J]. Journal of Food Engineering, 148: 2-12.

HAN J W, QIAN J P, ZHAO C J, et al., 2017. Mathematical modelling of cooling efficiency of ventilated packaging: integral performance evaluation[J]. International Journal of Heat and Mass Transfer, 111(8): 386-397.

HOANG H M, BROWN T, INDERGARD E, et al., 2016. Life cycle assessment of salmon cold chains: comparison between chilling and superchilling technologies [J]. Journal of Cleaner Production, 126(7): 363-372.

HSIAO Y, CHEN M, CHIN C, 2017. Distribution planning for perishable foods in cold chains with quality concerns: formulation and solution procedure [J]. Trends in Food Science and Technology, 61(3): 80-93.

JAMES S J, JAMES C, 2010 . The food cold-chain and climate change [J]. Food Research International, 43 (7): 1944-1956.

KADER A A, 2002. Postharvest Technology of Horticultural Crops[M]. 3rd ed. California: University of California.

THOMPSON J P, BRECHT P E, HINSCH T, 2002. Refrigerated Trailer Transport of Perishable Products [M].Oakland, CA: UCANR Publication.

第七章　果品交易销售智能化

交易销售环节是果品供应链的末端，也是果品实现价值的重要环节。长期以来，果品批发市场和农贸市场是果品交易销售的主要场所。随着人们的消费需求升级和城市规划的调整，传统农产品批发市场已难以适应时下消费需求。有数据显示，中国农产品批发市场在农产品批发交易中的市场占有率，已从 2000 年的 80%以上下滑至 2016 年的 66.9%，以电子化交易为核心的传统市场转型升级已成为必然选择。另外，互联网与各行业的融合日益紧密，电子商务、无人便利店等新型零售业态蓬勃发展，其在物流、体验和服务等方面具有先天优势，已成为果品消费的重要趋势。

1　交易价量信息一体化采集

交易价量信息的一体化采集方法在农产品市场中的果品交易销售环节具有重要作用，通过一体化采集方法，可以实时记录每个交易中的价格和交易量，并确保数据的准确性和完整性。通过硬件和软件系统，减少信息不对称的问题，提升交易的透明度和公平性，有助于信息的共享和传递，进而帮助市场参与者了解市场趋势、价格波动以及供需状况，为决策提供重要依据。

1.1　重量信息采集与转换

重量传感器采用桥式压敏电阻传感器将被测物体的重量转换为模拟电压信号，电压信号的强弱随物重的大小而变化。传感器芯片采用 HX711 重量传感器获取重量信息，将模拟信号转换为数字信号。HX711 是一款高精度的 24 位 A/D 转换芯片，内置增益控制，精度高，性能稳定。该芯片集成了包括稳压电源、片内时钟振荡器等外围电路，具有集成度高、响应速度快、抗干扰性强等优点。通过滤波、去噪将模拟转换后的数字信号发给核心控制器芯片，核心控制器芯片采用 LPC1766，核心控制芯片通过供电电路、串口电路、A/D 转换电路，在核心芯片上写入嵌入式控制软件，通过软件获取 24 位二进制中有效的信息，去噪、滤波，获取标定状态的精度值、分度值、最大量程、最小量程以及线性比值。为了降低电路复杂度、降低功耗、提高电路稳定性，采用硬件滤波的方法，以及将 A/D 转换器输出的模拟信号数字化，进行双重滤波，提高了设计的稳定性。

为了提高获取信息的精确性，除了在电路上进行信号的放大、去噪、滤波等硬件上的操作，在软件上对获取的 24 位 A/D 转换的信息进行协议上的处理，获取 24 位信息中的重量等有效信息，并对有效的信息进行零点校准、数字滤波、多点数据采集，将多点信息进行平均取值处理。获取重量信息的准确性需要进行标定校准处理，作为称重准确的依据。标定校准处理对一个传感器只需进行一次标定，标定的分度值、精度值、量程范围都会记录在核心控制器 LPC1766 的存储器中，称重的重量会根据标定过程中得出的影响因子与采集获得的有效信息进行数据的换算，得出实际的称重结果。整个重量信息采集与转换的流程如图 7-1 所示。

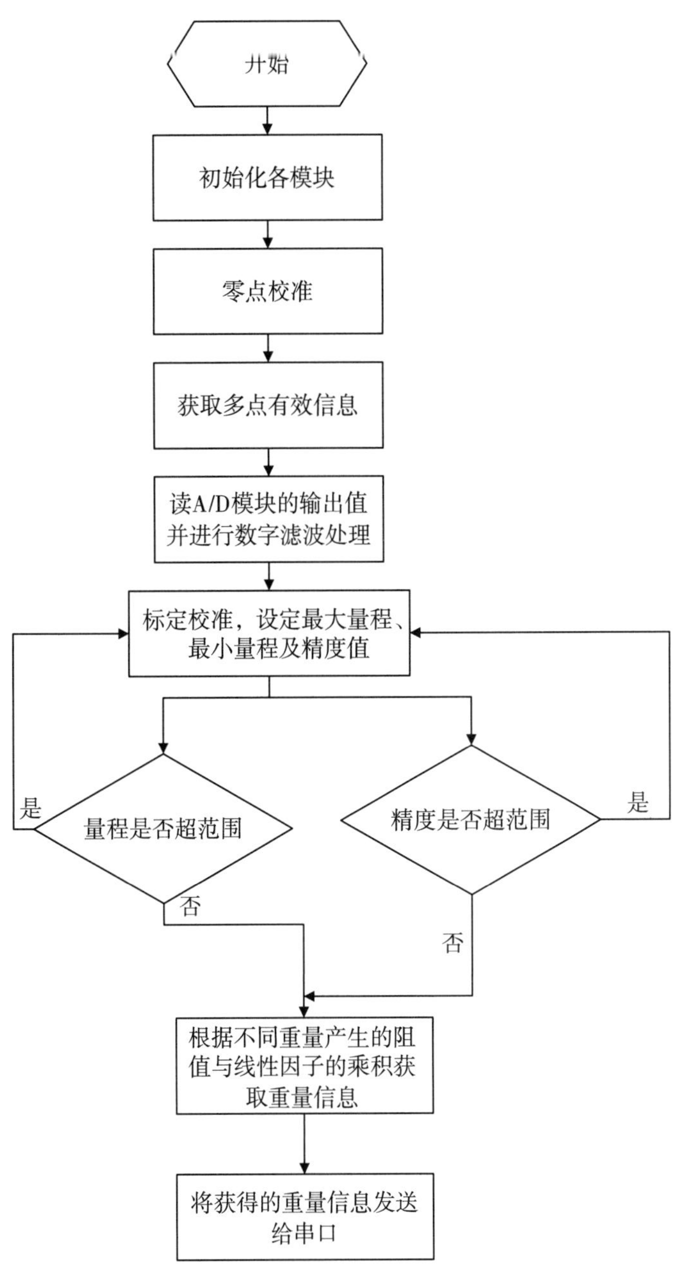

图 7-1　重量信息采集与转换流程

1.2 交易过程信息采集控制设备硬件设计

交易过程信息采集控制设备采用智能工业控制器，利用智能控制器对各个模块采集的数据进行处理，通过打印机模块进行输出控制实现对交易过程信息的实时采集。同时，将采集的信息传入后台，方便后续的核查等相关操作。各功能模块与智能工业控制器之间的数据交互和控制如图 7-2 所示。

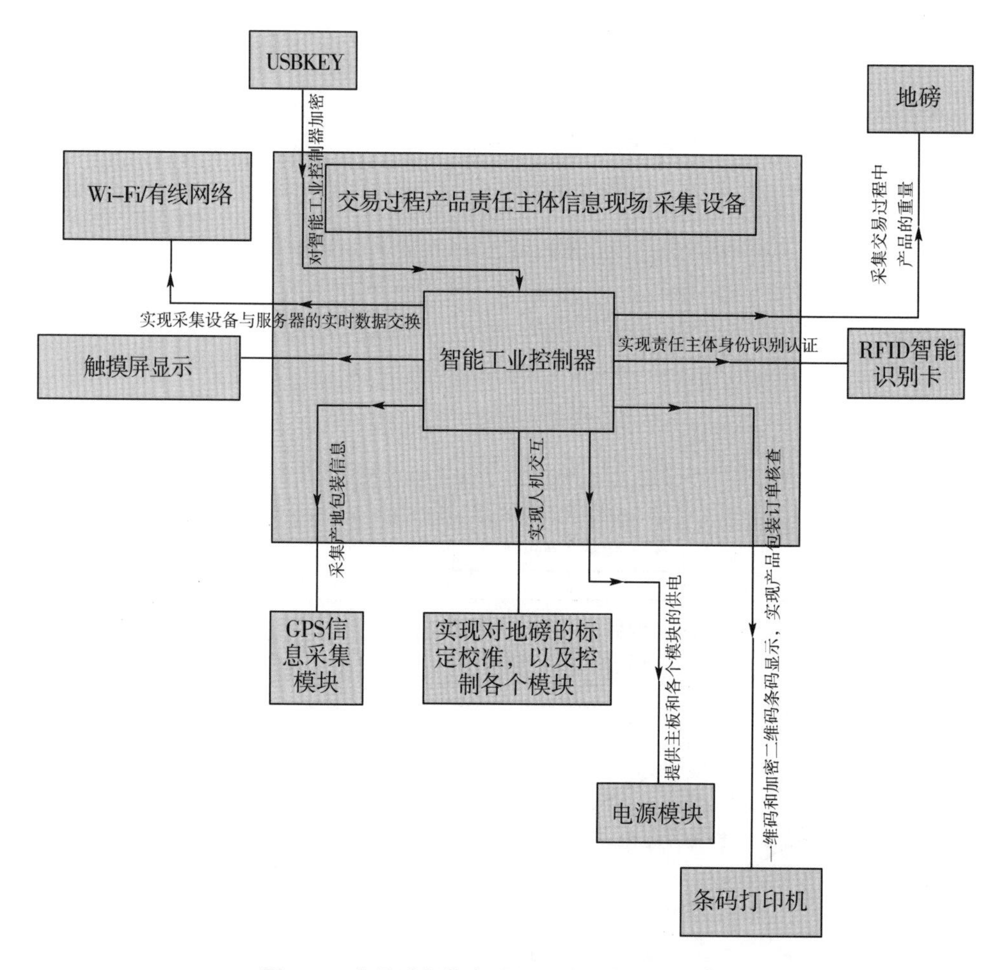

图 7-2 交易过程信息现场采集设备硬件框图

交易过程信息采集控制设备主控制板 LPC1766 上分别连接有通信模块、输入输出模块及存储模块。通信模块主要是 Wi-Fi 模块，通过 RS232 接口与主控制板连接。输入输出模块包括定位组件，通过串口与主控制板连接；打印机组件，通过 RS232 接口与主控制板连接。存储模块，通过 I^2C 总线与主控制板连接。A/D 数据采集模块，通过高速 SPI 串行数据总线与主控制板连接。该系统集 RFID、A/D 重量采集、数据存储、定位信息采集、打印、Wi-Fi 无线数据传输于一体，可以实时采集、处理数据，并能实现远程数据的实时监控，从而保证交易过程信息的真实性。

基于以上硬件结构，交易过程信息采集设备如图 7-3 所示，该设备具有嵌入式环境下的 RFID 身份识别、称重和二维条码打印等功能。其性能指标包括：

- 可支持多量程称重传感器实时信息的采集；
- 采集称重符合三级秤的标准，安全超载 150%F. S（全量程）；
- RFID 采集模块的有效距离小于 50 cm，识别率 99.99%；
- 二维嵌入式打印模块的打印速度为 Max. 4. 0LPS（激光粉末烧结）（Laser Power Sintering）技术（420 点/行），打印宽度为 Max. 420（半点）/210（全点），打印头寿命 1.5 亿字符（标准测试条件）。

图 7-3　交易过程产品责任主体信息现场采集设备

1.3　交易过程信息采集控制设备系统软件设计开发

交易过程信息采集控制设备采用模块化设计，从功能角度可将系统划分为 6 个模块：A/D 采样模块、网络通信模块、打印模块、按键控制模块、RFID 身份识别与认证模块、地理位置获取模块。

A/D 采样模块将重量传感器的模拟信号经 A/D 采样模块中的信号放大、去噪、滤波，经 24 位 A/D 转换芯片 HX711 转换为 24 位二进制数字信号。

网络通信模块实现交易过程信息采集的数据上传和下发，将采集到的数据上传到后台服务器端，或者后台服务器端将反馈信息传给交易过程信息现场采集设备，实现设备与服务器双向的数据交互。

打印模块实现三联票据打印，将采集到的重量信息、交易主体身份认证信息、产地信息、地理位置信息等以三联票据的形式打印出来。

按键控制模块实现信息采集中标定输入分度值、精度值、最大量程、最小量程等。

RFID 身份识别与认证模块实现交易主体的身份识别和认证，用于记录操作者的身份信息。

地理位置获取模块用于获取交易主体信息现场的地理位置。通过将该模块集成到交易过程信息现场采集设备当中，将产地信息与地理位置信息相关联，验证其产地真实性。

交易过程信息采集控制设备首先进行 RFID 识别，一旦识别正确，就获取 GPS 信息，称重，生成一维条码、二维条码。其次保存记录，最后可以选择是否打印条码，如果选择打印，则会进行数据传输。设备中各个功能实现的具体流程如图 7-4 所示。

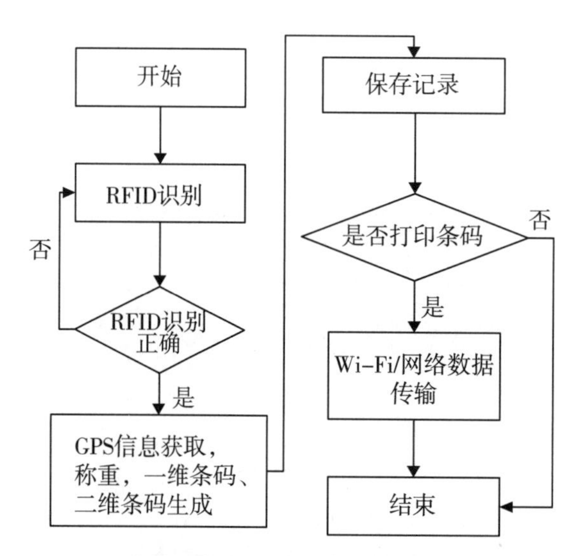

图 7-4　交易过程产品责任主体信息现场采集系统流程

交易过程设备配套软件界面如图 7-5 所示。

图 7-5　交易过程设备配套软件界面

打印出的标签格式如图 7-6 所示，标签格式可以根据用户的需求打印出不同类型的标签和格式。

图 7-6 三联式标签

2 基于社区直供模式的电子化交易平台

2.1 模式特点分析

生鲜农产品具有时令性、价格敏感、购买频率高、消费量大、损耗风险大等特点。现有生鲜农产品流通体系以农贸市场、超市等终端为主，存在着中间环节多、路线长、速度慢、成本高等不足。与传统的流通方式相比，社区直供模式下的生鲜便利店减少了物流中间环节，降低了产品损耗，具有减环节、降成本、保供应、增便利的优势，近年来得到快速发展。

在不断发展的过程中生鲜便利店也面临着生产环节质量安全无法掌控、物流配送环节损耗严重、仓储管理环节效率不高、交易环节无法追溯、末端消费者体验不佳等供应链各环节问题。另外，生鲜便利店的连锁经营已成为重要趋势，通过连锁经营可优化资源配置、提高市场占有率、强化企业形象、提高竞争实力、降低经营费用、增加就业机会、保护消费者利益。由于连锁经营是将供应链各环节有机结合、统一配置，为解决社区生鲜便利店面临的供应链问题提供了便利；同时，连锁经营的系统化、标准化和快速反应机制，也需要提升社区便利店的智能化水平。

2.2 总体框架

以社区直供为核心模式，以生鲜便利店连锁经营为依托，通过分析横向供应链上下游的协作特点和纵向连锁经营总部与各经营门店的相互关系，整合线上及线下资源，充分利用条码溯源电子秤、电脑终端、电子价签等设备，开发面向生鲜便利门店的管理系统、面向消费者的“鲜一手”App、面向连锁经营总部的智慧管理平台，从而提升生鲜便利店供应链管理水平、提高供应链反应效率、增强社区居民应用体验、实现生鲜产品可追溯。总体技术框架如图 7-7 所示。

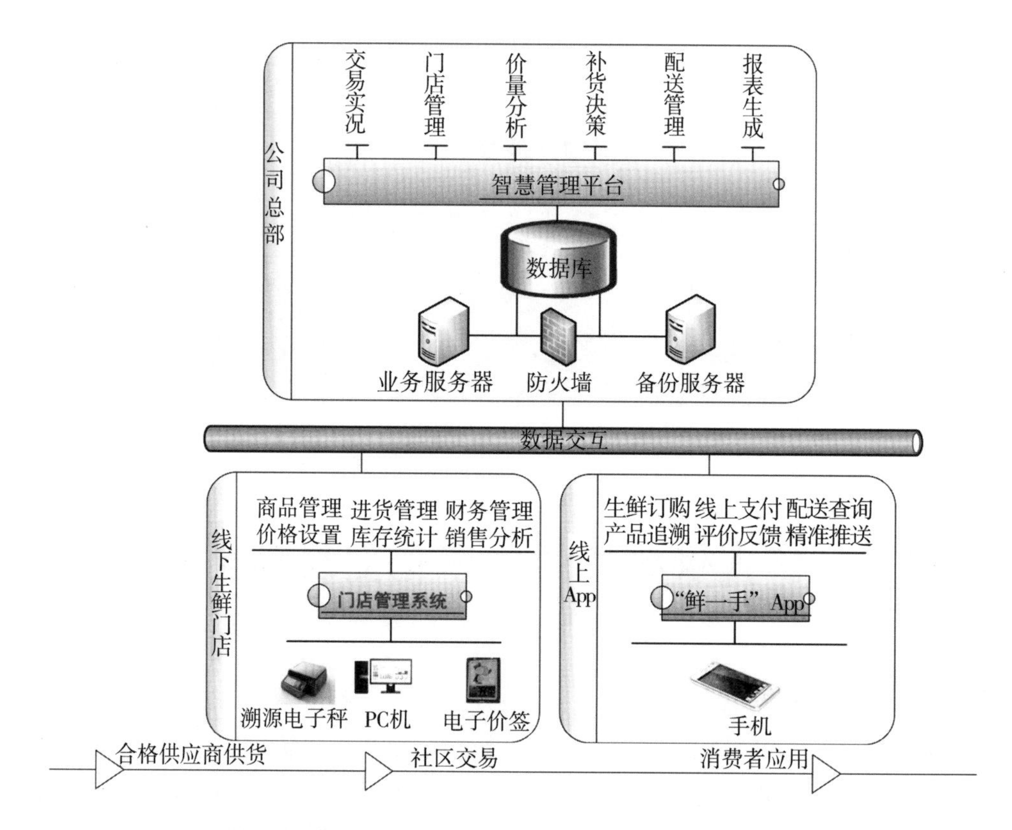

图 7-7　基于社区直供模式的电子化交易平台总体框架

2.2.1　交易过程信息采集控制设备

作为生鲜门店交易的核心设备，选择具有产品称重、二维条码追溯标签打印、身份认证、数据通信功能的条码溯源电子秤。设备支持会员卡刷卡、支付宝、微信等多种支付方式，并支持多设备并发数据传输；可选用有线或无线的通信方式。

2.2.2　社区生鲜便利门店管理系统

根据门店交易特点，系统提供商品管理、进货管理、财务管理、价格设置、库存统计、销售分析等核心功能，系统向下与交易过程信息采集控制设备、电子价签等设备具有良好的通信接口，向上与公司总部智慧管理平台能无缝进行数据交互。

2.2.3　公司总部智慧管理平台

为了保障数据安全，采用网络防火墙、业务服务器与备份服务器分离等方式；考虑到后期数据容量及数据高效访问，采用 Hadoop 的架构体系；平台汇聚各门店数据及线上 App 数据，提供交易实况、门店管理、价量分析、补货决策、配送管理、报表生成等功能。

2.3　社区生鲜便利门店管理系统

2.3.1　系统架构

门店信息系统采用面向服务的架构（SOA），该架构基于 C/S 模式运行，并采用组件化的方式进行开发。通过统一、通用的数据接口规范，将该门店系统的信息存储至该信息系统数据库中，管理后台按功能模块对信息数据进行处理。强化门店管理，规范业务流程，提高透明度，加快商品资金周转，为流通领域信息管理全面网络化打下基础。系统架构如图 7-8 所示，系统与收银 POS 机、电子价签、电子秤、打印机等硬件设备具有良好的接口，并与支付宝等第三方支付平台具有良好接口，实现面向售货员的前台管理和面向管理者的后台管理。

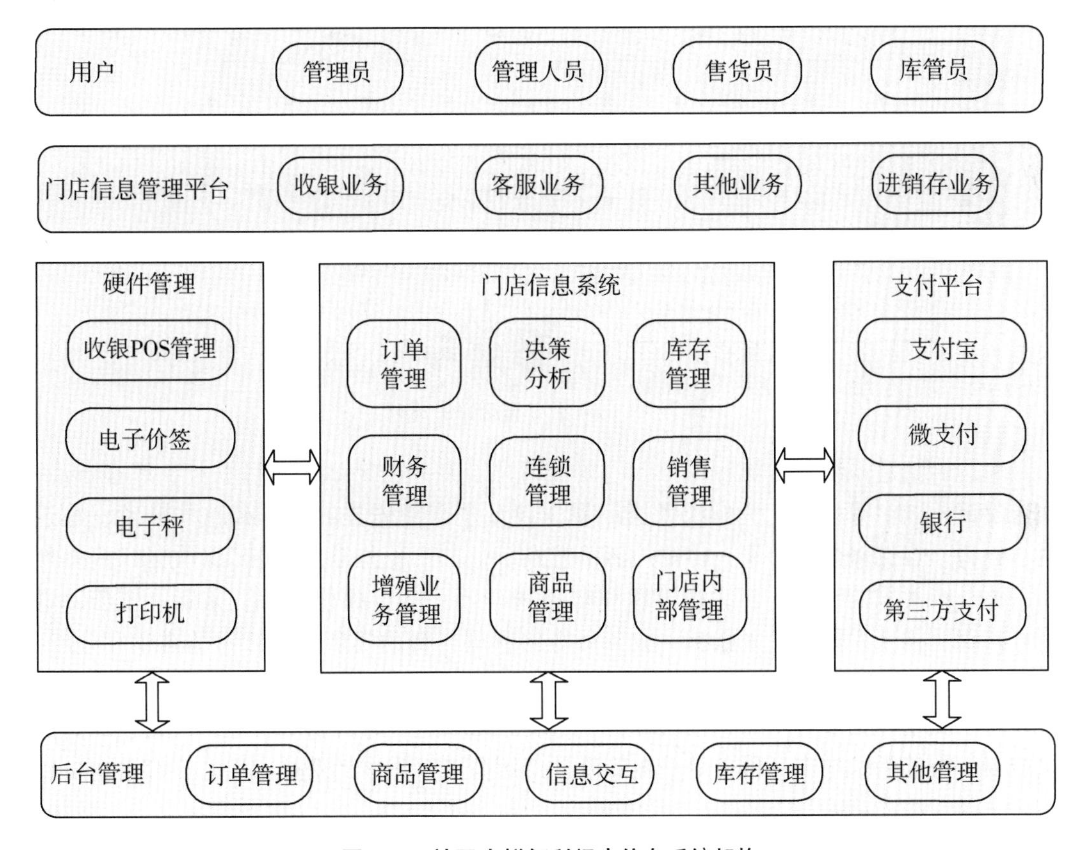

图 7-8　社区生鲜便利门店信息系统架构

2.3.2　业务流程设计

系统运行流程如图 7-9 所示，遵循门店经营流程而设计。从总店配货中心配送商品开始记录，对派送货物进行入库管理，首先对货物进行记录，然后检查，对合格的货物进行关联入库，不合格的货物记录并进行退货管理。之后存储的货物出库，继续跟踪出库记录，货物商品上架，关联货物商品信息与条码，将信息存储至库存管理中。继续跟踪记录商品称重出码、扫码收银等销售过程，将销售数据递交财务管理模块，将相关消费者数据递交会员管理模块，并将消费者退货情况反映给库存管理模块。库存管理、财务管理、会员管理模块汇总信息，信息交互反馈给总店，有利于总店了解门店库存、销售等状况，方便总店及时调整门店经营策略，提高企业工作效率。

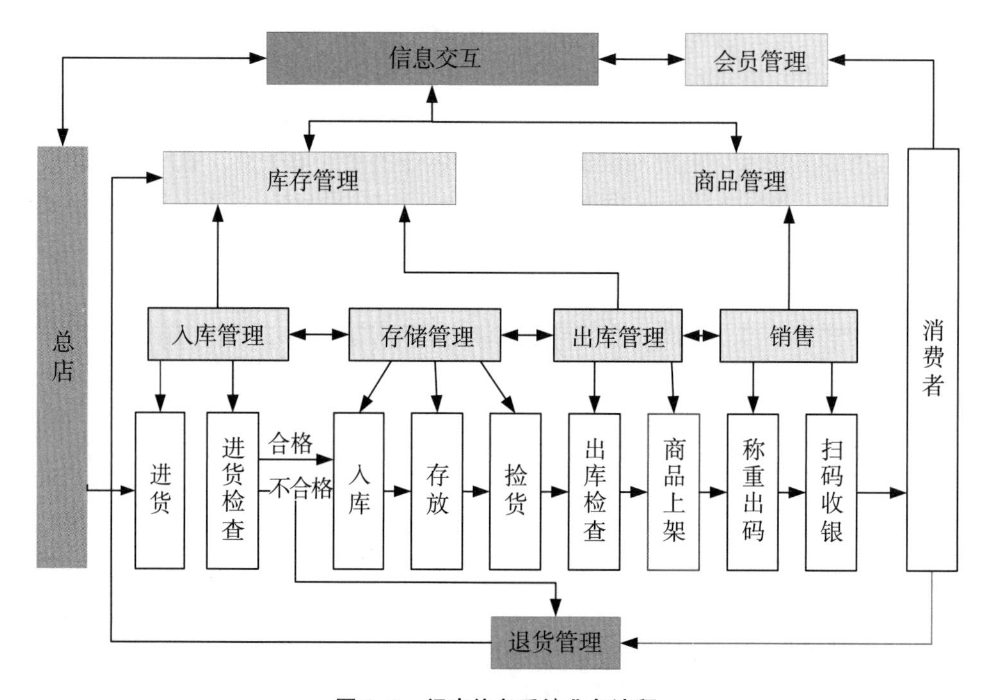

图 7-9　门店信息系统业务流程

由门店信息系统业务流程可知，门店经营环节复杂，易出现账目混乱、库存不准、信息反馈不及时等问题，为解决此类问题，设计了采用先进的计算机技术开发，集进货、销售、存储多个环节于一体的门店信息系统。门店信息系统信息流转如图 7-10 所示。该系统集采购、销售、库存管理和财务管理于一体，提供订单、采购、销售、退货、库存、往来发票、往来账款、业务员等的管理，帮助门店处理日常的进销存业务，同时提供丰富的实时查询统计功能。

系统主要包括库存分析、销售分析、订货策略与进销存分析等功能，可提供完善的供应商、市场需求与市场价格等档案管理，门店参考档案中的资料，结合库存与历史销售分析制定采购策略。

相关信息通过供应商档案收集整理供应商的详细信息，并提供单据录入的自动参照功能。门店可通过查询相关信息了解该门店所在区域的市场需求、供应商等信息。

库存分析可实现根据盘点中的历史数据和现有数据，生成盈亏数量及金额，支持自动生成相应的报损单，并反映在“库存汇总”“库存明细表”“出入库汇总”中。包括转仓、盘点、报废、损益、赠送、组/拆装和成本调价单等功能模块，实现对仓库常用事务的管理，监控库存明细、商品的具体流通情况，并支持商品库存上、下限的设置，自动对缺货或高于库存上限的商品进行报警。

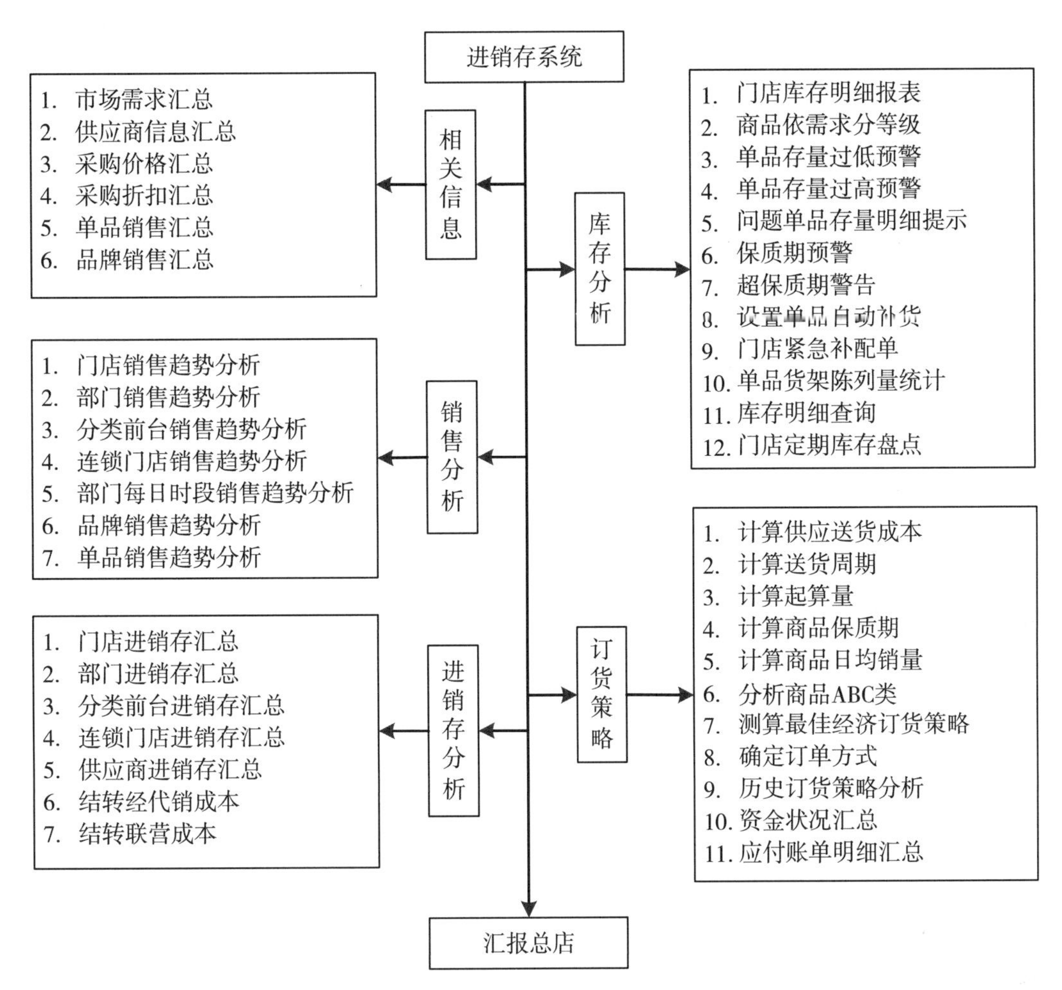

图 7-10　门店信息系统信息流转

销售分析主要实现销售订单、销售出货、客户退货、部门零售以及统计、查询与分析等功能。基本流程以客户先下订单、后出货的日常业务需求，系统自动跟踪每张单据的完成情况。支持一张销售订单，多次出货，系统会准确调整库存数量及金额，并记录每次销售、库存调整的详细情况。鉴于客户行业的多样性及客户需求的灵活性，支持客户直接零售或预先支付相应款项，再根据单据金额扣除。销售单据准确记录日常销售情况，系统准确直观地算出每次销售利润、利润率等，并进行汇总，对商品畅销情况进行记录。

订货策略可以任意组合统计项目和内容，各种统计分析结果自由转换，测算出最佳经济订货策略供门店上传给总店参考；并对应订货策略的资金状况汇总，提供应付账单明细，结合其他功能模块，门店可清晰了解财务变动情况。

进销存分析从多角度对比各商品的进货数、销售数、库存数，进而反映门店的销售经营情况；详细分析客户各个时间段的进货变化趋势，制订促销计划，赚取更高的利润；统计业务员业绩，重点培训员工，创造更高的业绩。

系统涵盖了门店的采购、进货、销售以及财务做账等，将一道道程序和环节紧紧关联，大大降低了拖延与错误的可能性，做到了准确化、快速化。此外，系统依靠多方面的智能化管理有效节约了门店资源及成本，避免了物料资源的“跑冒滴漏”问题。

2.3.3 系统功能结构设计

门店信息系统由前台管理系统和后台管理系统两部分组成，功能模块如图 7-11 所示。前台管理系统包括收银管理、综合管理和销售管理，实现门店销售过程中的脱机、联机销售，支持多种支付方式，会员卡消费管理，销售监测，销售数据管理等。后台管理系统包括订单管理、商品管理、库存管理和其他管理，实现商品信息管理，库存盘点管理，商品条码制定，支持多种订购方式订单，订货策略制定，以及新会员录入、顾客调查、投诉记录管理等功能。此外，根据生鲜产品销售的特殊性，系统还实现了称重信息与系统联机、商品加工管理、加工配方制定等功能，以满足生鲜商品销售的需求。

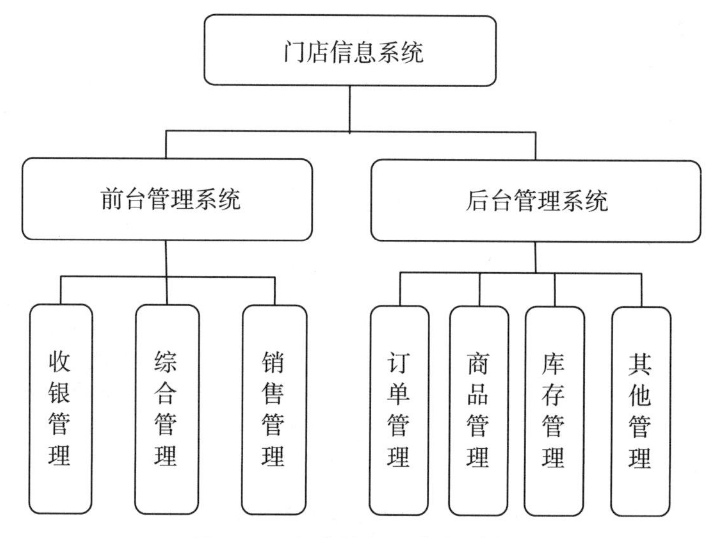

图 7-11 门店信息系统功能模块

2.3.4 系统功能实现

2.3.4.1 前台管理模块

前台管理系统为生鲜便利店的销售提供了多种支付方式选择、商品信息查询、小票设置、退换货管理、会员卡服务、水电费等增值服务，以及收银员管理、会员卡服务、销售数据统计等全方位日常业务管理，有助于提高生鲜分店的规范化管理水平和工作效率。具体功能模块如图 7-12 所示。

主要包括如下功能：

- 支持系统与交易过程信息采集控制设备的基础数据交互，实现面向生鲜产品库存与销售跟踪；
- 支持多种付款方式及混合付款，微信、支付宝、人民币、礼券、信用卡、磁卡、会员卡、内部调拨等多种付款方式均可交叉使用，并可作适当的扩充；
- 支持多种促销方式，如打折、变价、赠送等；

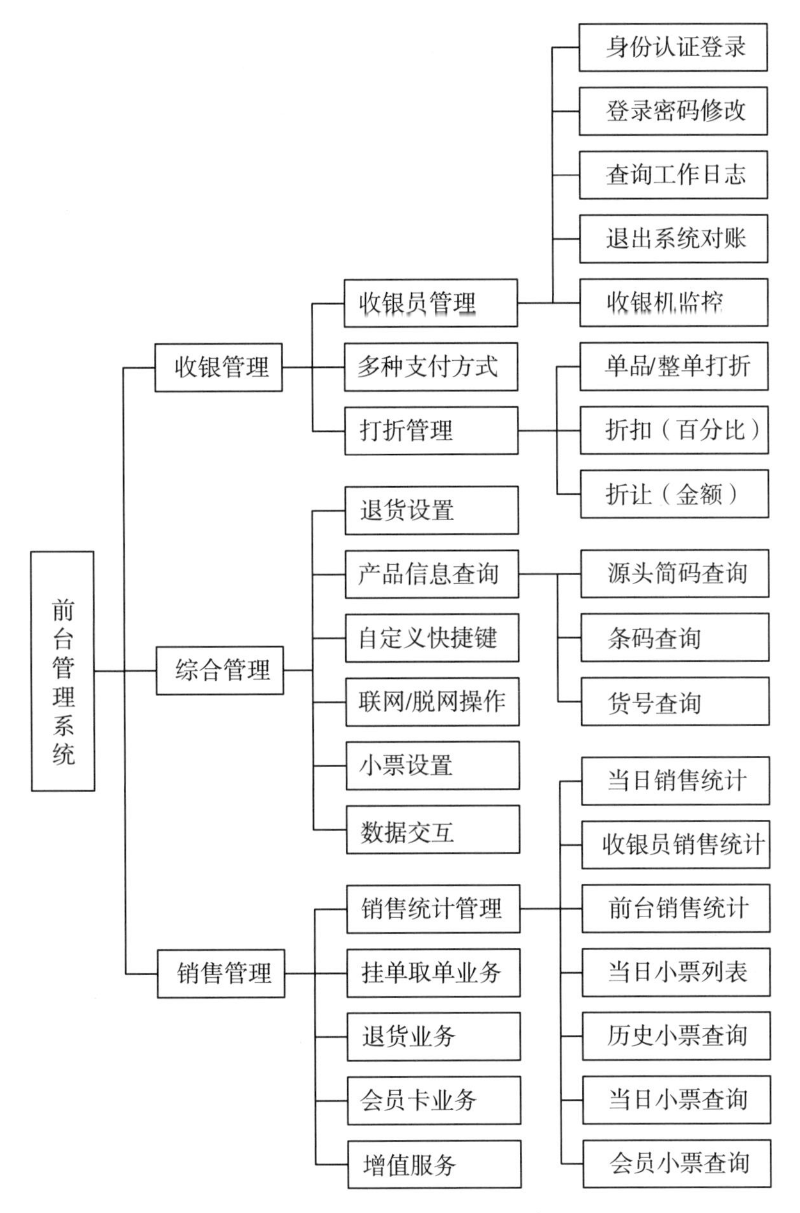

图 7-12　前台管理功能模块

- 支持商品组销售；
- 支持商品分割销售；
- 支持会员制销售方式；
- 快速的前台统计功能，支持会员消费数据查询与统计；
- 支持销售数据的挂起、恢复及收银员权限控制；
- 支持销售小票的重打印功能；
- 支持门店对账管理；
- 支持断网销售；

● 增值服务，如代收快递、缴费、充值；

● 支持门店自提，零售界面提供“自提”按钮，与线上 O2O 平台对接，根据查询条件在线获取电商订单中心的待发货订单，门店自提单保存成功后自动将电商订单中心的待发货订单更新为已发货状态，将自提单录入的表体行信息（批号、生产日期/有效期至、序列号）传给销售发货单及销售出库单。

前台管理模块支付预览图如图 7-13 所示。所有功能模块关联快捷键，可直接进入页面，功能直观，可选择支付宝、微信、现金、代金币（券）、会员卡等多种方式支付。

图 7-13　前台管理模块支付界面

2.3.4.2　后台管理模块

后台管理模块，主要用于管理需求的记录，以及所记录数据的相关处理和信息反馈。提供方便灵活的后台软件接口，支持多种第三方软件对接；记录收银员在营业销售中的销售业绩及顾客的购物信息，支持输出多种形式报表，直接为管理服务，为决策者提供客观依据。主要包括订单管理、商品管理、库存管理和其他管理 4 个部分。

（1）订单管理　订单管理能够实现采购订单和销售订单的管理，功能模块如图 7-14 所示。

采购订单模块实现门店对采购订单相关数据从各方面进行管理与分析，可查阅历史订单；根据送货成本、送货周期、起订量等因素对商品进行最佳经济订货测算；对订单进行审批管理，对交易成功的订单进行入库关联，对交易失败的订单进行订单取消记录；制定自动补货订货周期，按供应商归类，根据历史订货信息、销售情况信息等制定订货周期；与总店信息交互，将相关信息与总店通过网络交换，上传和下载订单信息，方便总店管理门店的商品采购。

销售订单模块实现门店对销售订单和商品销售进行管理与分析，可记录销售订单与退货订单，对客户订单进行严格的管理并进行追踪，查询历史订单并进行相应分析，将

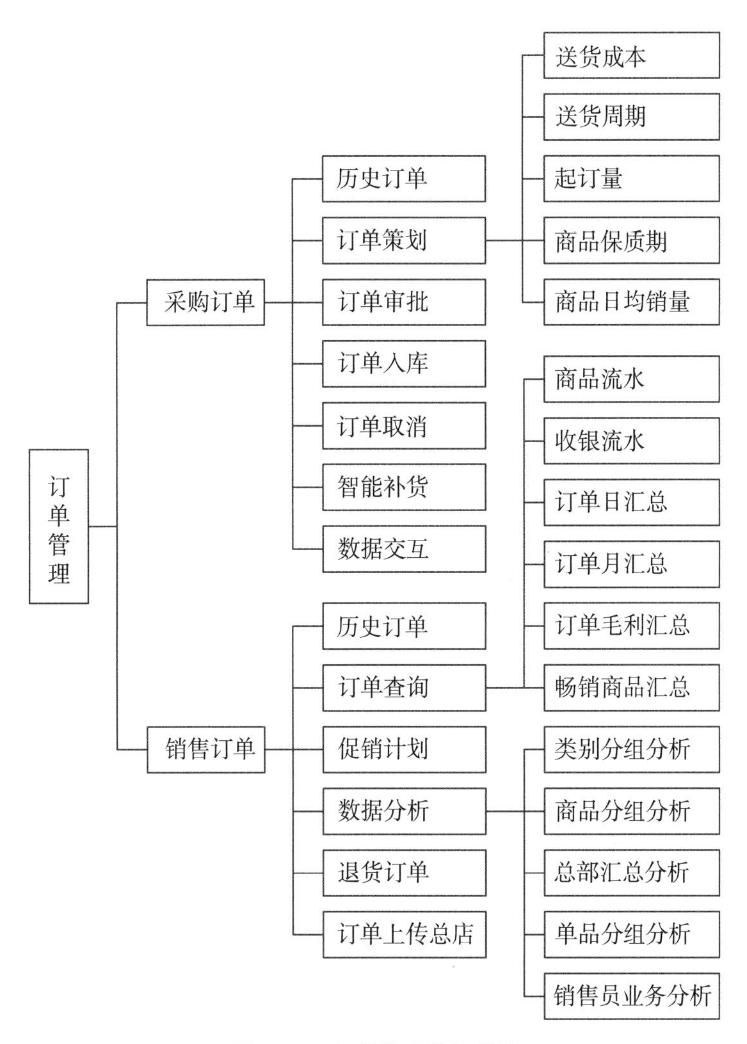

图 7-14　订单管理模块结构

历史订单汇总，统计分析商品流水与收银流水，计算销售毛利，汇总畅销商品，对商品进行畅销等级分类。从类别、商品、单品、销售员业务等多角度统计分析，制订全年销售计划，并分解到每一个销售部门甚至到业务员，也可按存货制订销售计划，可对销售计划随时进行统计分析。根据是否促销、是否断货、是否团购、是否季节性变化，得到综合性参数，计算订货系数，为生鲜门店订货方案提供指导。通过网络与门店信息交互，提供门店销售数据，供总店管理门店，汇总销售情况，对连锁店经营状态进行调整。订单管理的销售订单管理预览图如图 7-15 所示。

（2）**商品管理**　商品管理主要实现商品信息管理、商品价格调整以及信息查询，功能模块如图 7-16 所示。

商品信息管理包括对单品与组合商品的商品基础数据、自定条码等综合管理。系统支持基础数据的添加、修改、删除等操作，商品条码自动关联对应的基础数据。针对组合商品随意组合的特性，条码管理支持自定义条码规则、命名规则等功能。为实现销售

图 7-15 订单管理模块销售订单界面

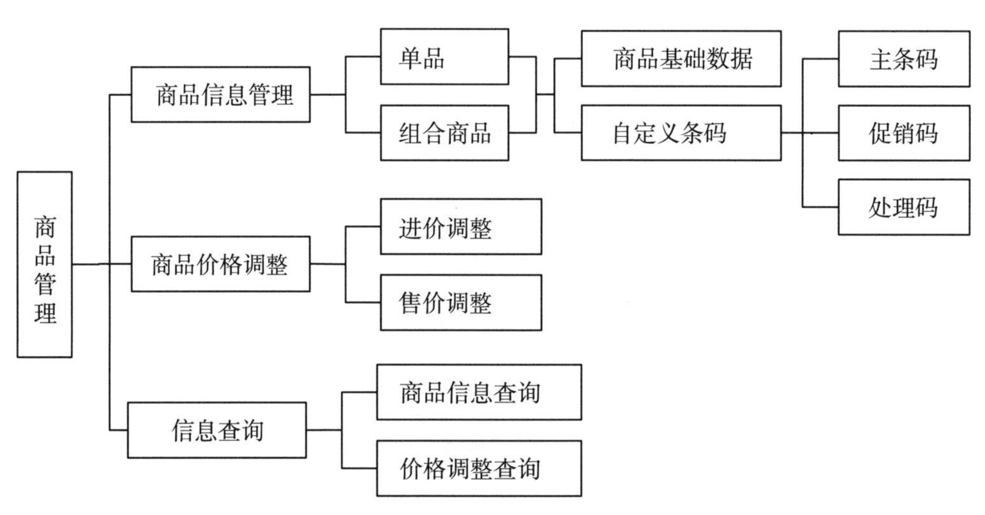

图 7-16 商品管理模块结构

计划调整，支持对应主条码、促销码、处理码等多码销售。

商品价格调整主要记录、管理商品的进价与售价，接收调整命令，对调整状况进行记录与分析，为进销存分析提供数据。

信息查询是对商品信息与价格调整进行查询，记录商品的变动，统计分析商品价格波动情况，为进销存分析提供数据。图 7-17 为商品管理模块商品基础数据预览图。

(3) ***库存管理*** 库存管理模块结构如图 7-18 所示，包括库存业务与库存查询。库存业务主要对商品入库、商品出库、调拨、库存盘点进行管理。系统支持在进货、提货过程中对库存进行查询、修改、删除等操作，同时对库存进行盘点，支持手工盘点和机器盘点，提供与盘点机进行数据交互的接口，支持盘点机与系统之间的信息双向传输。在盘点过程中，统计管理商品库存与商品信息，实现实时库存查询与分析、库存预警、

图 7-17　商品管理模块基础数据预览界面

保质期预警、智能测算库存，根据销售数据、天气、库存推荐采购商品种类和数量，提出智能补货建议。门店可依此库存对商品采购做出决策并在某些情况下对各配送中心的库存进行调配。

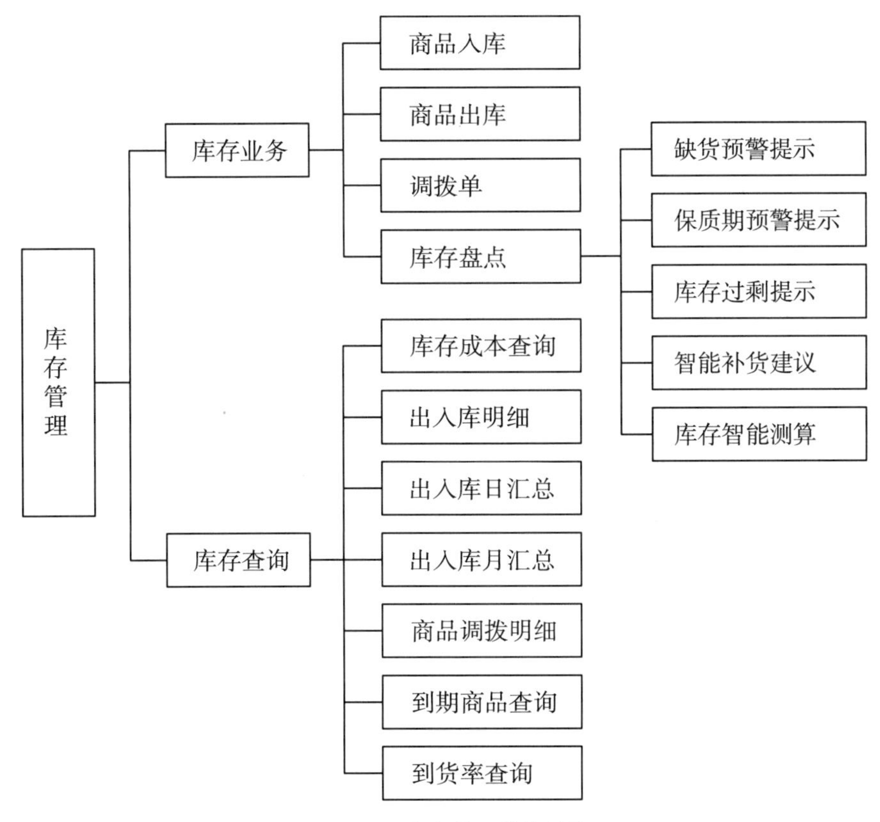

图 7-18　库存管理模块结构

库存查询从库存成本、出入库明细、出入库汇总、商品调拨明细、到期商品查询、到货率查询等多角度计算库存情况与费用，结合采购费用，为进销存分析提供数据。图 7-19为库存管理模块的产品入库管理预览图。

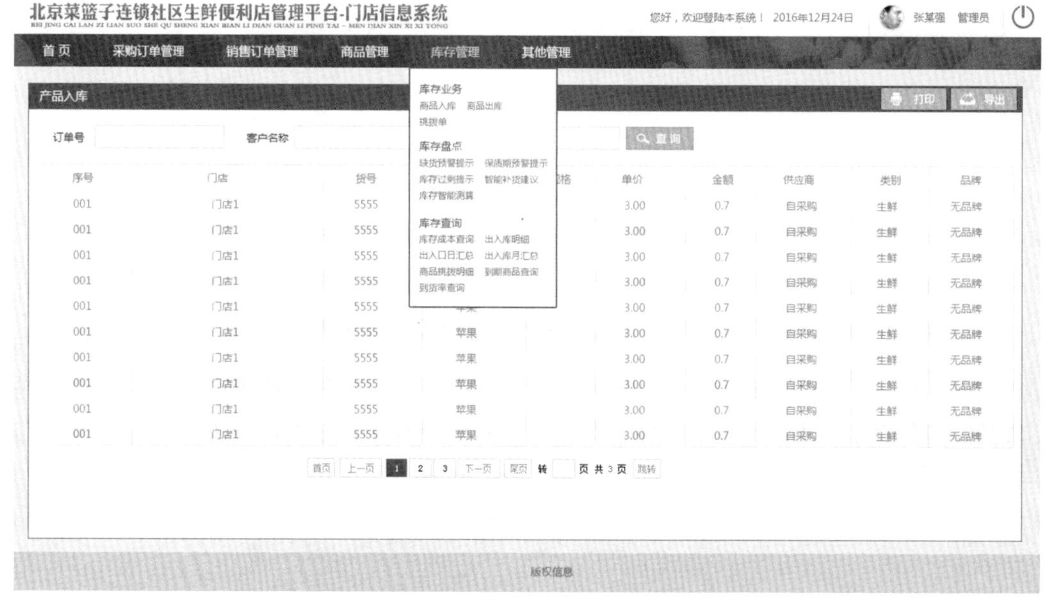

图 7-19 库存管理模块产品入库预览界面

2.4 公司总部智慧管理平台

公司总部智慧管理平台是业务统筹管理控制单位，与社区果蔬便利店门店管理系统进行数据对接，实现对所有系统资源、资料、数据、信息、人员的统一信息化管理和控制，为企业进行采购、库存、配送、销售、财务、批发等业务提供信息化管理平台，并在整合业务数据基础上为企业管理提供经营决策分析服务，以统一和规范的信息化管理手段，为企业运营保驾护航。

2.4.1 系统架构

总部信息系统采用面向服务的架构（SOA）进行设计，并采用组件化方式进行开发，基于B/S模式运行。通过统一、通用的数据接口规范，将供应链各个阶段的责任主体、产品信息以及门店经营管理信息统一整合，存储于以Oracle数据管理系统为基础的总部数据库中，采用主数据库与备用数据库并存形式，在主、备之间通过日志同步来保证数据同步，以实现快速的切换与灾难性恢复；系统支持各种网络通信协议、微信消息共享、短信通知等通信传输服务；在服务层构建低耦合基础服务模块，实现数据处理、通信处理和数据备份等公共服务，并在此基础上构建应用服务模块，包括资料管理、业务管理以及系统管理，将社区连锁便利店经营链条中的所有人、事、物进行统一管理和交互。系统架构如图7-20所示。

2.4.2 系统业务流程分析

根据业务流程，一方面，总部信息系统实现与门店信息系统之间门店铺货、商品交易信息的往来，实现与供应商系统之间供应商档案、供应商证照等信息的往来；另一方面，总部信息系统对社区生鲜便利店的整体运营起到了主要业务流程的信息化支撑作

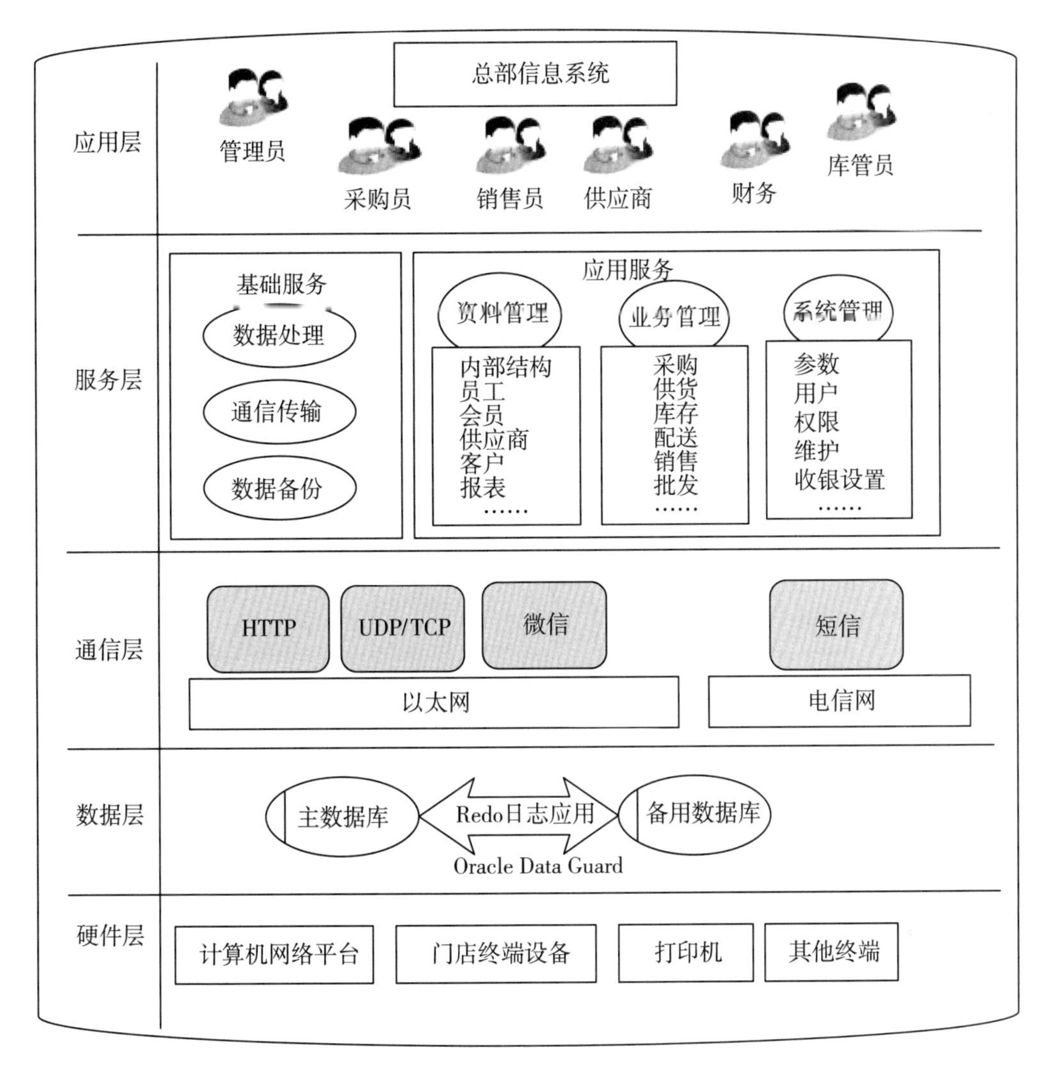

图 7-20 系统架构

用，包括采购、销售、配送、库存、价格管理等方面。各个子系统、主业务模块之间通过不同的用户权限进行信息的录入、编辑、查询等操作，主要业务的业务流程如图 7-21 所示。

2.4.3 系统功能结构设计

总部信息系统功能结构如图 7-22 所示，根据实现的功能不同，系统分为基础资料、采购管理、价格管理、库存管理、销售管理、配送管理、财务管理、会员管理、批发管理、决策分析以及系统工具等功能模块，通过权限分配，为不同的用户分配不同的功能。

2.4.3.1 基础资料

基础资料模块按照区域、分公司、门店等多层级结构，对企业组织机构、部门、门店、员工、供应商、商品等信息进行统一归档和信息管理，具体包括信息的建档、修

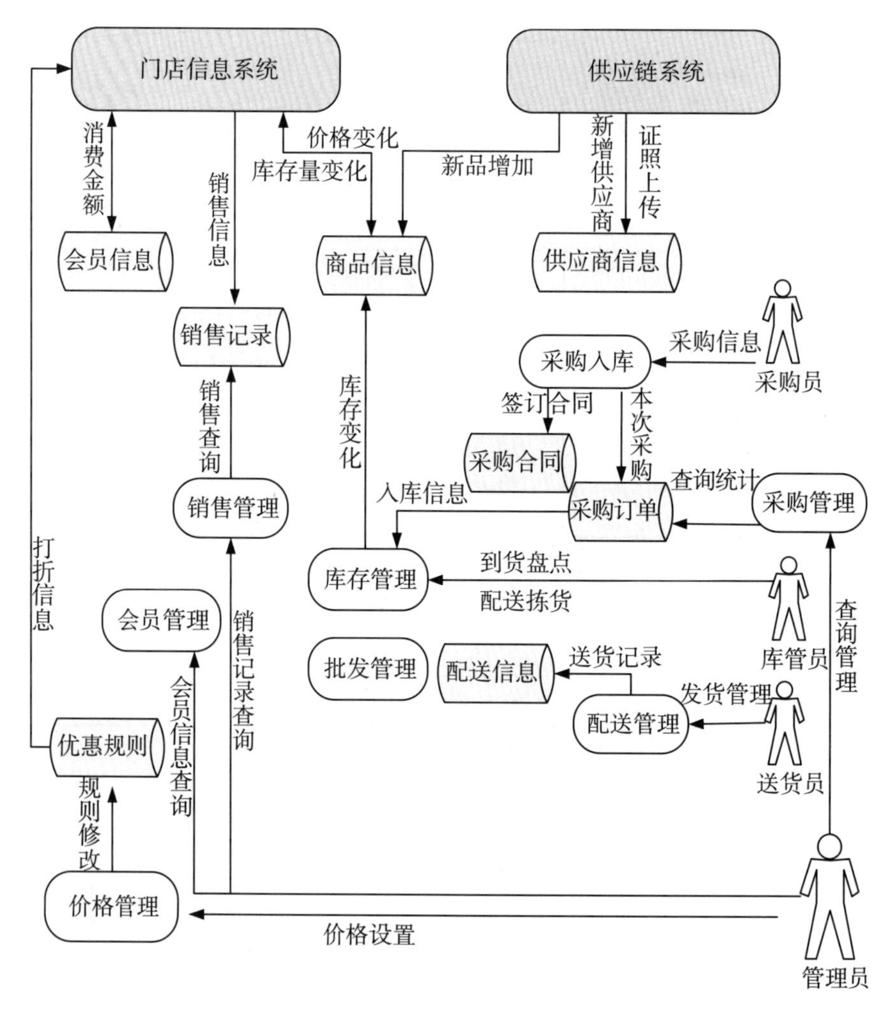

图 7-21　总部信息业务流程

改、查询等功能；并支持按需分割信息档案，将信息资料下传到下位系统。

2.4.3.2　**采购管理**

采购管理模块主要提供了对采购业务各个环节状态的严密跟踪、监督及管理，实现企业采购活动执行过程的科学管理，包括对供应商、供货、合同、费用、订单的管理。针对供应商提供了供应商档案建立和管理，供应商生命周期管理、索证管理、证照预警管理、违规记录管理和供应商 ABCD 等级综合评估管理。合同管理支持各种经营类型供应商合同的建档，如经销、代销、联销、租赁、加盟商等，并实现电子合同文本的建立、流转、审批、状态跟踪和预警等。费用管理支持多种供应商结算方式，例如预付款、现结、日结、月结等，并实现与财务结算系统的对接，可根据合同费用条款的录入，自动触发日常业务中费用扣除和支出，包括但不限于供应商销售合同、租赁合同、水电费、支付宝、微信手续费等的结算。订单管理实现了采购订单的管理，包括新订单和续订。

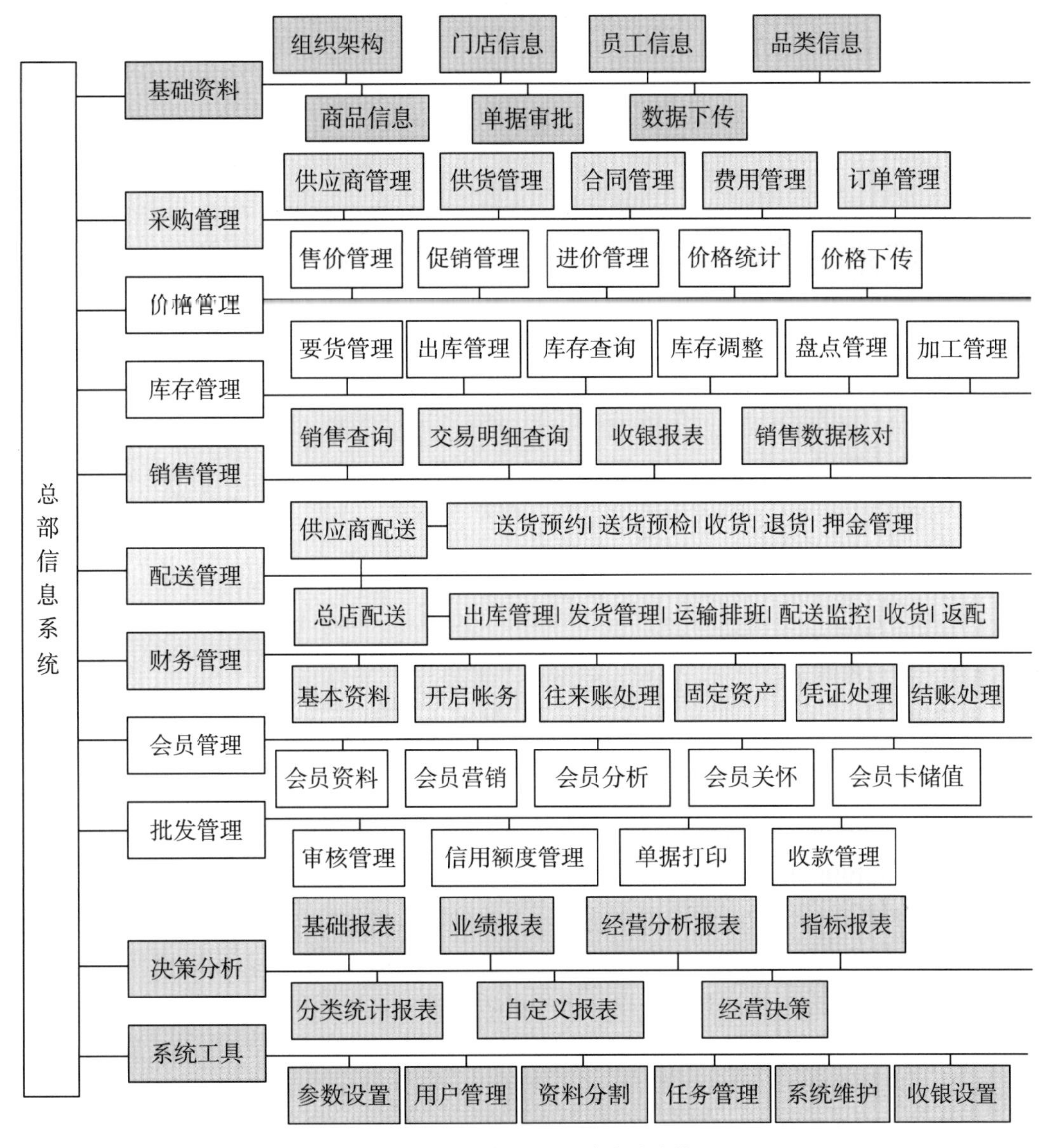

图 7-22　总部信息系统功能结构

2.4.3.3　价格管理

价格管理模块主要提供了对商品进价、商品售价的管理和控制，包括普通、促销、DM 促销、特殊促销、会员价、团购价等多种价格体系的设置，价格发布包括总部统一设置和门店单独设置两种模式，能实时下传到下位系统和门店终端 POS 机上，多种价格根据优先级执行，根据不同业务模式提供价格取值参考，并基于历史价格进行价格轨迹和促销信息查询及统计。

2.4.3.4　库存管理

库存管理模块主要用于在保证企业需求的前提下，使库存量保持在合理的水平上，随时掌握库存量动态，避免超储、缺货和损耗，减少库存空间和资金占用，减少库存周转天数，加速资金周转。库存管理主要包括要货管理、出库管理、库存查询、库存调整、盘点管理和加工管理等。

2.4.3.5 配送管理

配送管理模块提供了送货预约、送货预检、收货管理、出库管理、发货管理和运输排班等功能，实现了供应商到门店、供应商到总部、总部到门店、门店到客户的多种配送业务模式下产品、人员、单据的信息记录和管理，并为仓库库位管理、配送业务分析等功能提供了扩展开发接口。

2.4.3.6 销售管理

销售管理模块主要提供了对总部销售数据的多维度、多层次的查询功能，包括实时销售查询、时段销售查询、实时和历史交易明细查询、收银报表查询，以及销售数据核对等。

2.4.3.7 会员管理

会员管理模块提供了对会员基本资料、消费、积分、储值、优惠政策、售后服务、回访调查、会员互动等信息化管理，并根据消费数据进行多维度会员分析，提供了会员卡的储值消费功能，主要包括会员资料管理、会员营销管理、会员分析管理、会员关怀管理、会员卡储值管理等功能。

2.4.3.8 财务管理

财务管理模块提供了企业采购经营过程资金流向的管理，包括往来账、固定资产、凭证以及结账处理等功能，实现了应付款对账、付款跟踪、结账对账和付款审批流程管理、发票管理，以及银行对账、应付和应收管理，并支持与财务系统的接口连接。

2.4.3.9 批发管理

批发管理模块为客户批发、团购销售业务提供了信息化服务，包括审核管理、信用额度管理、单据打印和收款管理等功能，提供了统一的销售、退货流程审核，退货自动返回库存，各种单据的快速打印，以及多种灵活收款方式选择和客户出货金额的管控等功能。

2.4.3.10 决策分析

决策分析模块提供了对销售过程中记录的相关数据进行科学分析，提供相关业务所需的分析报表，为管理者提供相应图表，辅助其决策，并作为拟定现在到将来营销计划的基础，也作为决策者发出指令与任务的依据。包括报表管理和经营决策两部分功能，报表管理实现了多角度、多层次的销售报表统计，如基础报表、业绩报表、经营分析报表、指标报表、分类统计报表、自定义报表，经营决策功能实现了各种计划的定义和跟踪、绩效指标的完成进度、薪酬与考核指标管理、客流分析、资金分析、库存周转分析、促销分析和财务专用报表等。

2.4.3.11 系统工具

系统工具模块提供了参数设置、用户管理、资料分割、任务管理、系统维护以及收银设置功能，便于系统管理。

2.4.4　功能实现

2.4.4.1　首页

首页是总部信息系统登录后的主界面，如图 7-23 所示，是进入其他各个功能模块的入口，首页中显示用户权限范围内的功能模块，并将未完成事项和预警信息在公告栏中展示，为用户提供快速处理通道。用户可在系统工具中自定义常用功能，对主页的内容进行功能布局的个性化显示。

图 7-23　总部信息系统首页

2.4.4.2　基础资料模块

基础资料模块实现了对系统内所有资源的信息化管理，根据功能划分为组织架构、门店信息、员工信息、品类信息、商品信息、单据审批和数据下传等子功能模块，其详细结构如图 7-24 所示。

（1）**组织架构**　以机构层次结构图形式展示企业内的所有机构和部门，并可查看每个部门的基本信息和人员构成列表，可实现机构、部门、区域的信息建档、修改、查询、删除功能。在信息建档时增加了拼音简码信息作为查询检索条件，提高检索效率。

（2）**门店信息**　以地图形式展示门店地理分布，实现对门店基础信息的建档、修改、查询功能；提供了根据不同门店级别、经营类型、区域分布进行群组管理，包括社区店、医院店、学校店、商业店、加盟店等多种群组类型，支持新建和群组比较；可按照不同群组进行快速调价、建档和分析；设置了不同级别的开店模板，为不同开店模板定制不同的商品信息、群组等，可根据开店模板快速创建店铺并下传数据；对每个门店进行店内空间布局规划管理，进行货架分配、季节性商品配置、价签显示标准、店内商品图片等信息的管理；提供门店便民服务功能扩展接口。

（3）**员工信息**　提供了员工信息、岗位信息的建档、修改、查询和删除功能，为

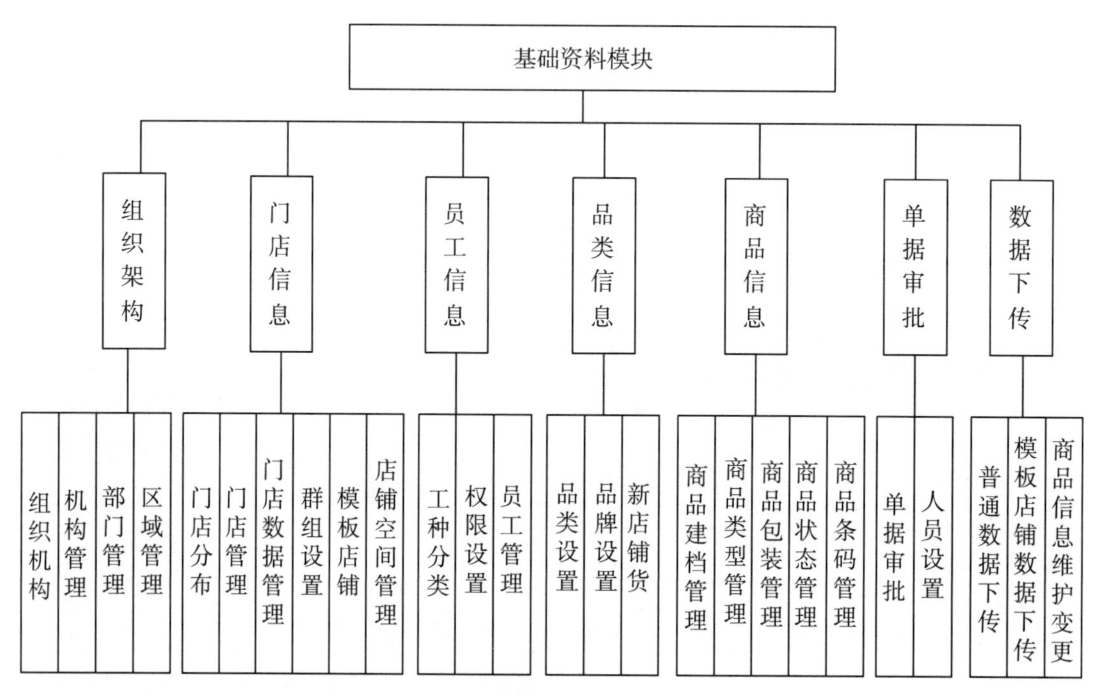

图 7-24 基础资料模块功能结构

每个员工分配岗位，为每个岗位分配功能权限，支持员工权限查询及修改。

（4）**品类信息** 提供了商品品类、品牌、经营类型等信息的建档、修改、查询和删除功能；为不同商圈设置不同铺货模式，包括新店品类配置、商品配置、价格策略和促销策略的制定等；对品类进行年度增加、删除、合并调整；根据业态、群组类型、门店等不同对象进行品种品类数量控制及毛利率限制，以及价格带的划分。

（5）**商品信息** 提供了商品建档、商品类型、商品包装、商品条码、商品状态管理。商品建档提供了商品信息的新建、修改、删除功能，并在档案中对记录商品的相关信息关联，包括供货商、渠道模式、保质期、最低订货量、送货方式、商品原料成分、品牌、品类、商品类型、商品规格、商品包装、商品状态、经营模式、是否可退等信息记录，并能够根据合同自动进行状态维护和变更，对超过保质期、合同期的商品提交到预警公告栏中。

（6）**单据审批** 提供了设置不同业务模块的审批人，以及对各种单据的审批功能，各种单据包括新供应商引入申请、新品引入申请、商品团购、领用、报损、店间调拨、商品补货、商品验收、商品进售价调整、货类调整、货区调整、商品淘汰、销售范围等，各个审批申请由不同的功能模块发起，并在该模块中统一体现和审批。

（7）**数据下传** 提供了普通数据下传、模板店铺数据下传和商品信息维护变更功能，普通数据下传根据用户自定义数据查询条件，将查询结果下传到下位系统，而模板店铺数据下传根据开店模板自动选择信息下传到下位系统，商品信息维护变更将品类和商品变更后的信息同步到下位系统。

图 7-25 为门店分布界面图，将门店根据区域划分并展示在地图上，并可在地图上

查看当前门店的信息。

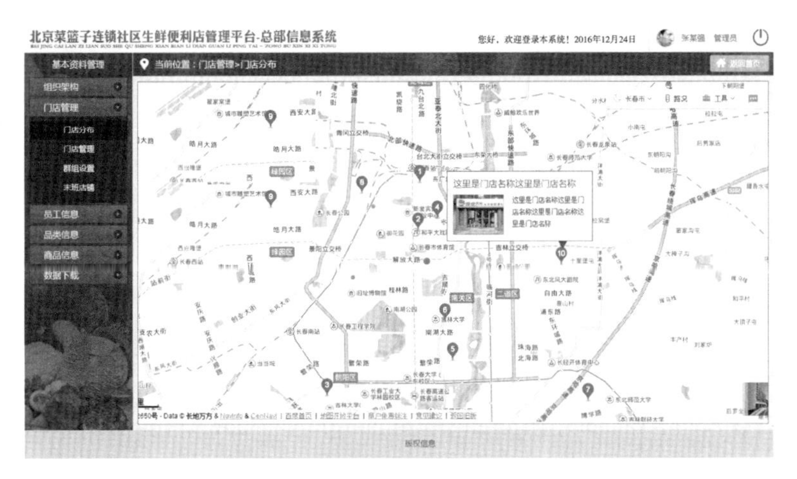

图 7-25　基础资料模块门店分布页面

2.4.4.3　采购管理模块

采购管理模块实现了采购过程中各个环节、主体信息的严密跟踪、监督及管理，包括供应商管理、供货管理、合同管理、费用管理和采购订单管理 5 个子功能模块（图 7-26）。

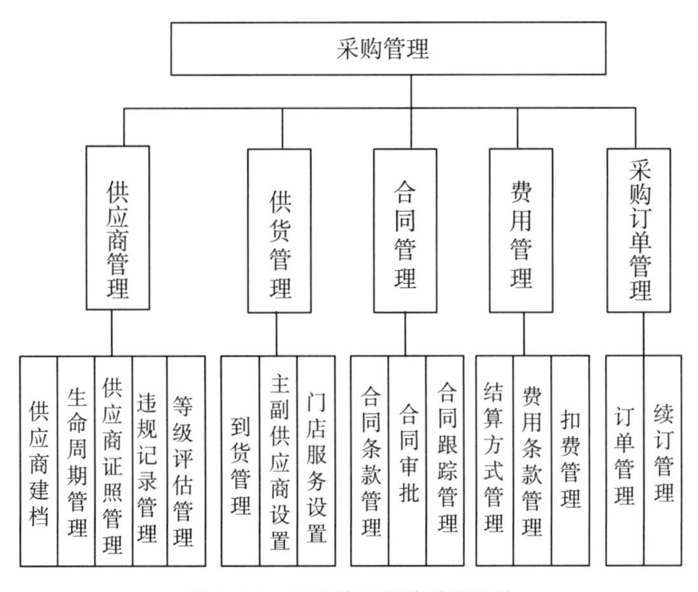

图 7-26　采购管理模块功能结构

（1）**供应商管理**　根据供应商管理的流程（图 7-27），提供了供应商建档、供应商生命周期管理、供应商证照管理、供应商违规记录管理、供应商 ABCD 等级评估管理等功能。

（2）**供货管理**　提供了供应商到货管理、主副供应商设置、供应商门店服务设置等功能。到货管理按照合同生成到货表单，对于没有按时交付的，进行违约参数设置，

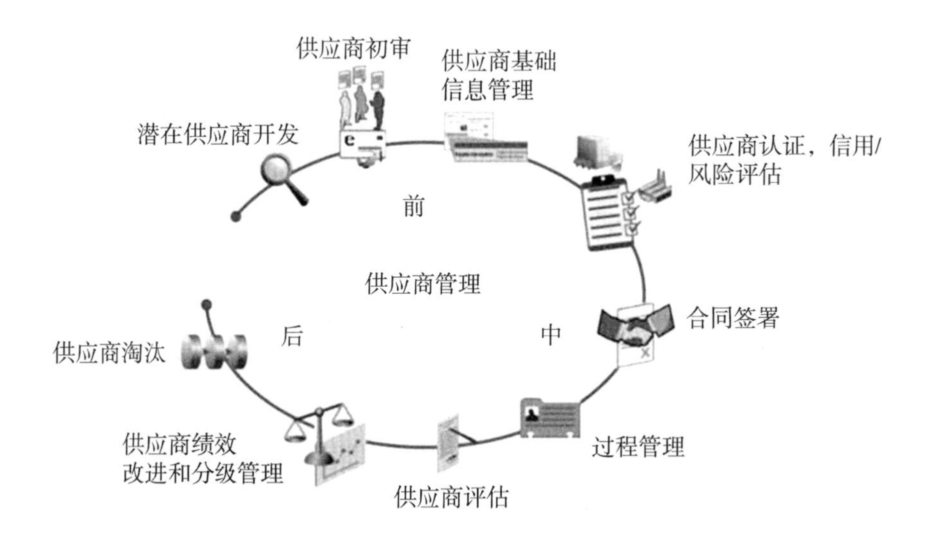

图 7-27 供应商管理流程

并对接财务系统，生成扣款单，同时作为到货违规信息保存；主副供应商设置为同一供应商，提供了按照不同合作方式、不同税率、不同结算账期、不同物流模式和跨部类供货模式，一个供应商可以按照不同模式建立不同的副本；供应商门店服务设置提供了供应商对不同门店的供货商品设置、物流模式设置等。

(3) **合同管理** 包括合同条款管理、合同审批打印、合同跟踪管理等功能。合同条款管理提供了按照不同经营类型的合同模板的建立，包括租赁合同、专柜联营合同、经销合同、代销联营合同、自采合同、加盟商合同等，并对不同类型合同添加自定义条款。合同审批打印功能提供了自动生成电子合同（包括自动测算商品起定量和订货周期）、审批合同、流转合同、打印合同功能。合同跟踪管理提供了合同临期提醒和到期预警、合同自动续期、过期合同处理、合同阶段性条款管理等功能，过期合同处理中，当超过规定时限，将自动对接财务停付货款。

(4) **费用管理** 包括结算方式管理、费用条款管理、扣费管理等功能。结算方式管理实现了创建并管理各种不同的结算方式，包括预付款、现结、日结、月结等方式，并实现与财务系统的对接；费用条款管理提供了合同签订中各项费用条款的录入，以及各种费用的扣除和支出触发机制，并通过选择不同的结算方式，自动触发结算功能。扣款管理根据合同内的开户行、账号等信息直接生成转账数据提交财务审核，生成结账接口数据。

(5) **采购订单管理** 提供了订单管理和续订管理，订单管理实现了对采购订单的信息管理，将门店上传的订单数据进行统一管理，也提供了订单创建、修改、编辑的功能，订单信息包含商品、采购量、下单时间、供应商、直通或入库方式、物流模式（直送、配送、越库、越库直送）、配送模式（按需配送、主动配送）等主要信息，对于新建订单，采购量不受库存上限限制；订单生成后，提交到上级部门进行审核，并自动进行跟踪管理，对于超过 5 天的订单，自动设置为作废订单；对于续订订单，其内容与新建订单类似，但采购量需要按照库存上限进行限制，超过库存上限不予订货。

图 7-28 为供应商信用等级评估功能界面预览图，以菜单、列表、统计图、按钮、输入框等形式进行界面实现，可查询供应商的信用等级，并通过单击“详细查看”，进入当前供应商的详细信息界面，能够查看供应商的到货率等指标数据。同时，根据不同等级进行统计图显示。通过单击“信用等级指标设置”，可进入信用等级设置、评分标准设置功能界面。

图 7-28　供应商信用等级评估功能界面

2.4.4.4　价格管理模块

价格管理模块实现了对商品进价、售价、促销等信息的设置和管理，根据功能划分为售价管理、促销管理、进价管理、价格统计和价格下传等子功能。其子功能结构如图 7-29 所示。

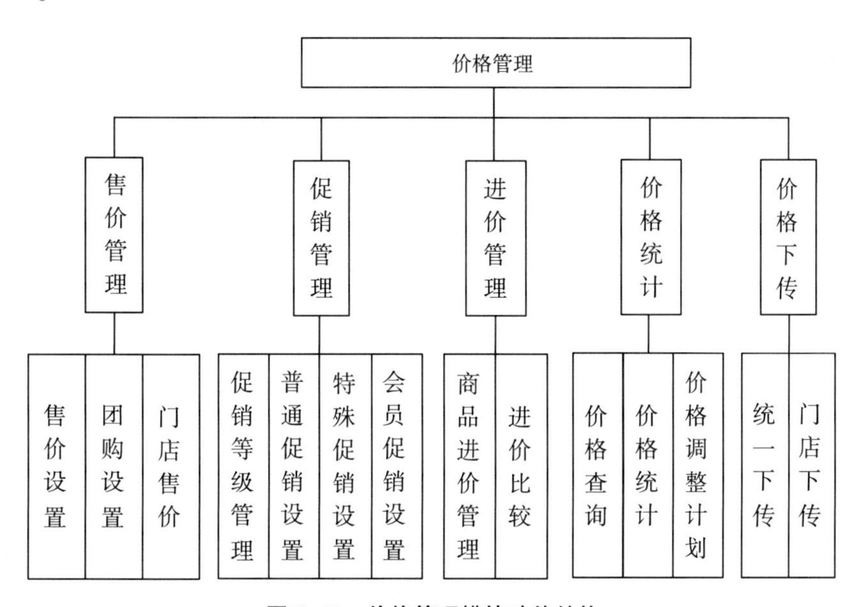

图 7-29　价格管理模块功能结构

2.4.4.5 库存管理

库存管理模块实现了总部及门店进行库存出入库、盘点和调整等功能，主要包括要货管理、出库管理、库存查询、库存调整、盘点管理和加工管理等子功能模块。

2.4.4.6 销售管理

销售管理模块为企业提供了销售数据的多维度、多层次的查询功能，主要包括销售查询、交易明细查询、收银报表查询和销售数据核对等功能，其功能结构如图 7-30 所示。

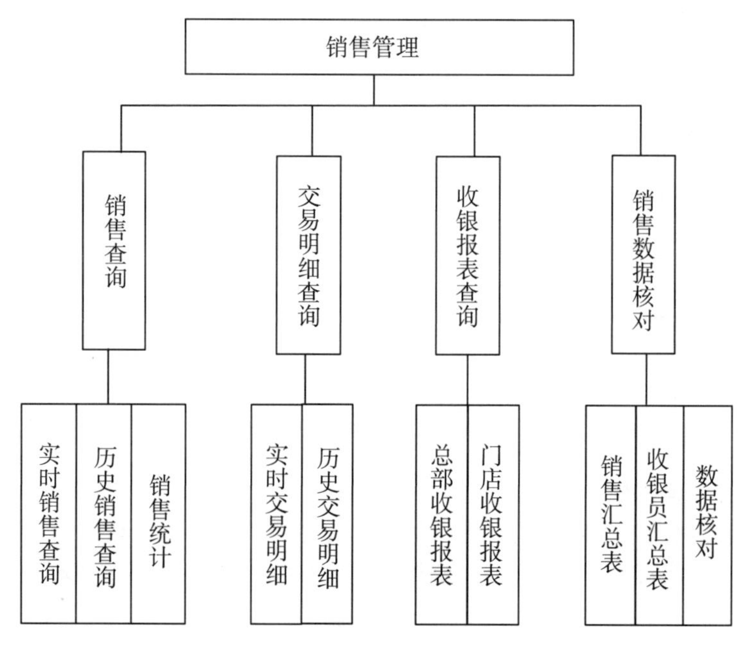

图 7-30　销售管理模块功能结构

(1) **销售查询**　提供了实时销售、历史销售数据的查询及统计功能。销售数据包括门店交易量、门店实时交易汇总、门店实时交易记录等信息。历史销售数据查询提供了根据时间段、商品、门店、供应商、品类等不同条件的查询。销售统计可根据门店、交易价格等进行交易量、交易价格波动的统计，并以图表形式进行展现。

(2) **交易明细查询**　提供了门店商品每一笔的交易信息查询，包括商品、进价、售价、顾客、购买量、购买时间、购买门店等明细的记录及多种条件查询。

(3) **收银报表查询**　提供了根据时间、门店、商品、品类等不同条件的收银报表查询和定制、打印等功能。

(4) **销售数据核对**　实现了销售汇总表、收银员汇总表的定制、打印以及销售汇总表和收银员汇总表的数据核对及问题处理功能。

2.4.4.7 配送管理

配送管理模块实现了对供应商配送、总部配送两种物流业务模式的信息化管理。供应商配送管理包括供应商送货预约、送货预检、收货管理、退货管理、押金管理等功能。总部配送管理包括出库管理、发货管理、运输排班、配送监控、返配等功能，并预留仓库仓位管理、配送业务分析、车辆调度等功能的接口。

2.4.4.8 **财务管理**

财务管理模块提供了企业采购经营过程资金流向的管理，包括往来管理、账目管理、付款审批、发票管理和财务接口等功能，包括基本资料维护、开启账务、往来账处理、固定资产业务、凭证处理和结账处理等功能。

（1）**基本资料维护** 包括会计科目、基本业务会计分录、现金账户、收/支类别、固定资产、货币种类、应收账款会计科目、应付账款会计科目等的设定和维护管理，进行了各种结算方式的管理、费用计算方式的管理等，是财务运行的基础。

（2）**往来账处理** 包括发票管理、收款、付款处理等功能，实现了销售收款、采购付款等往来账目的业务处理和凭证管理，包括应付款对账、本期应付、本期应扣、经销对账、代销对账、联营对账等管理；应付款项目与收货、退货进行关联，形成预警信息；并能够进行应付账款历史查询、年度实付账款汇总查询等功能。

（3）**固定资产处理** 提供了对固定资产增加、变动的记录和管理。

（4）**结账处理** 实现了付款申请、付款审批、付款跟踪、付款和账务处理等功能，同时提供了银行对账、与财务系统的接口，以及与其他系统功能模块进行财务结算时的功能接口等。

2.4.4.9 **会员管理**

会员管理模块提供了对会员基本资料、消费、积分、储值、优惠政策、售后服务、回访调查、会员互动等信息化管理，并根据消费数据进行多维度会员分析，提供了会员卡的储值消费功能，主要包括会员资料管理、会员营销管理、会员分析管理、会员关怀、会员卡储值等功能。

2.4.4.10 **批发管理**

批发管理模块为客户批发、团购销售业务提供了信息化服务，包括审核管理、信用额度管理、单据打印和收款管理等功能，提供了统一的销售、退货流程审核，退货自动返回库存，各种单据的快速打印，以及多种灵活收款方式选择和客户出货金额管控等功能。

2.4.4.11 **决策分析**

决策分析模块提供了对销售过程中记录的相关数据进行科学分析，提供相关业务所需的分析报表，为管理者提供相应图表，辅助其决策，并作为拟定现在到将来营销计划的基础，也作为决策者发出指令与任务的依据。包括报表管理和经营决策两部分功能，报表管理实现了多角度、多层次的销售报表统计，如基础报表、业绩报表、经营分析报表、指标报表、分类统计报表、自定义报表，经营决策功能实现各种计划的定义和跟踪、KPI 指标的完成进度、薪酬与考核指标管理、客流分析、资金分析、库存周转分析、促销分析和财务专用报表等。其功能结构如图 7-31 所示。

（1）**报表管理** 实现了多角度、多层次的销售报表统计，实现按公司、区域、店组和各大类向下钻取的计划达成中跟踪日、周、月报表的自动生成；实现营运管理综合日报表和销售类日报表的生成和汇总；支持销售、毛利、通道收入按品类、门店双向分解录入计划功能；用户自主定制不同维度不同形态个性化报表的生成，并以柱形图、折线图、饼状图等多种形式表现；实现异常、预警报表查询和定期处理功能；支持基础报

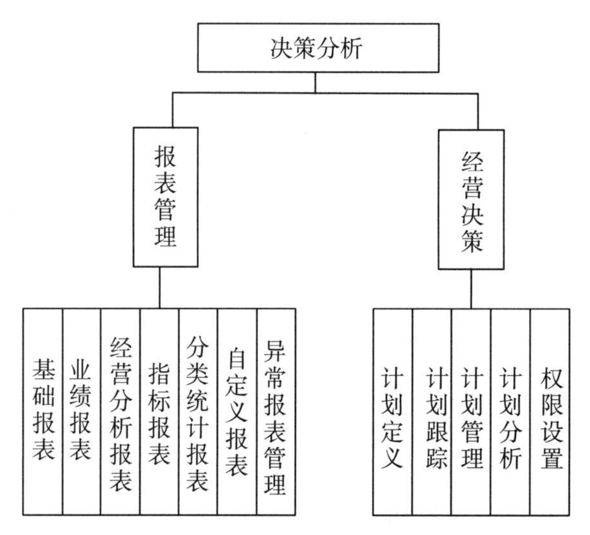

图 7-31　决策分析模块功能结构

表、业绩报表、经营分析报表、指标报表、分类统计报表、自定义报表等。

（2）**经营决策**　实现各种计划的定义、跟踪、管理和分析；实现计划执行差异跟踪达成分析及采购考核指标跟踪功能；实现不同等级人员设定权限控制功能，并根据不同等级管理层自定义主动推送系统决策分析结果。

图 7-32 是决策分析中销售报表的统计，提供按照月、日进行销售金额、数量、退款等金额的统计，以及员工的销售统计、客户统计、销售商欠款统计、客户欠款统计等图和统计表，并提供导出图表和打印功能。

图 7-32　决策分析模块门店销售报表页面

3　果品电子商务

3.1　总体设计

电子商务是指以信息网络技术为手段，以商品交换为中心的商务活动，是传统商业活动各环节的电子化、网络化、信息化。以电脑和智能手机为载体，建立电子商务系统（图 7-33），包括 PC 端系统的商家注册、订单管理、商品管理等功能，以及移动端电子商城首页、商品列表、购物车列表等功能。

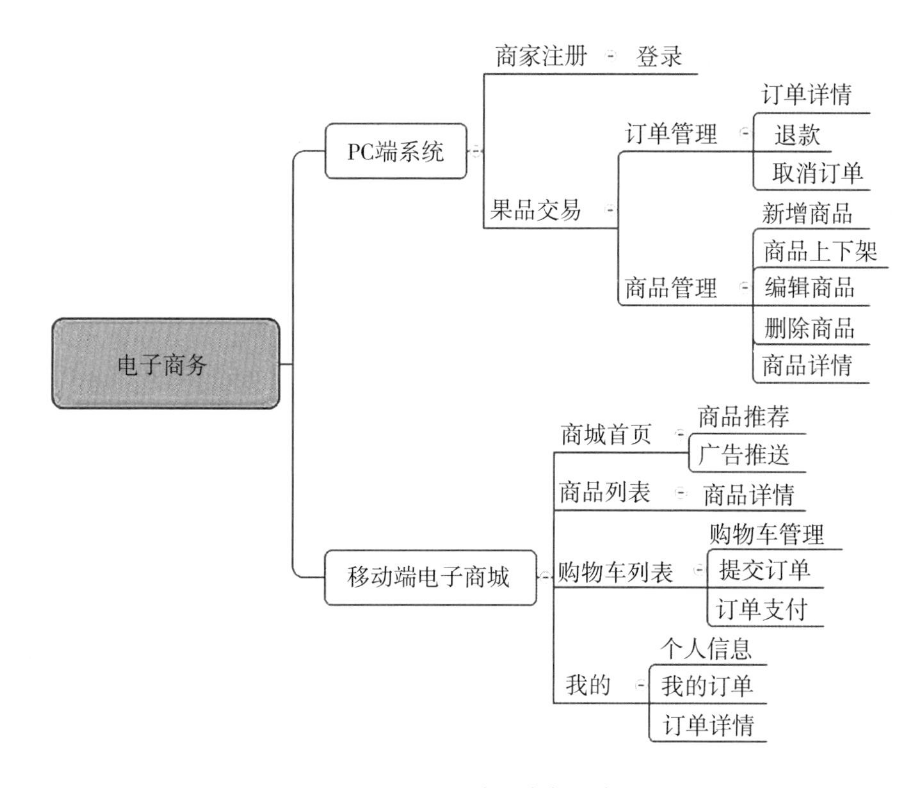

图 7-33　果品电子商务设计

3.2　系统功能

3.2.1　果品交易统计

果品交易功能界面如图 7-34 所示，主要统计订单数量、商品数量、销量、销售额；分析畅销水果量、畅销商品近 5 年变化趋势、畅销额同年比、订单量同年比。

3.2.2　线上商城

线上商城功能界面如图 7-35 所示，具有查询功能，可按照订单号、客户名、订单

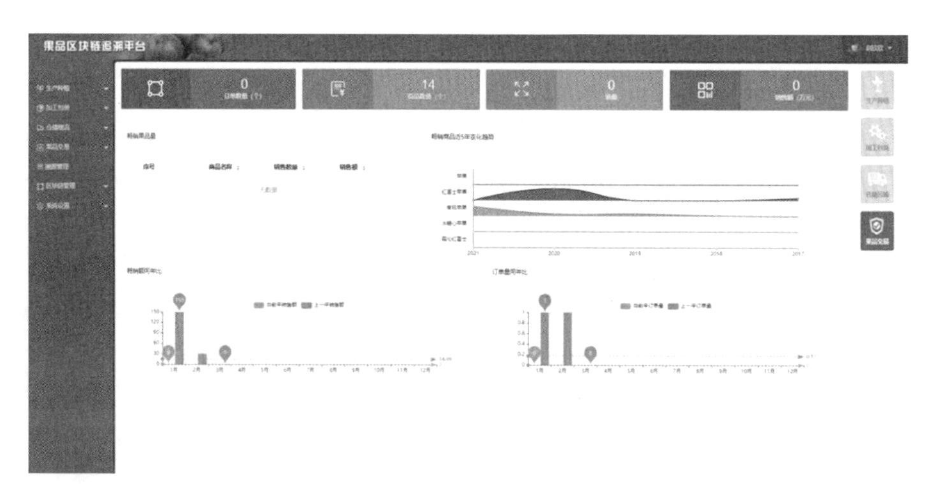

图 7-34　果品交易功能界面

类型、日期查询；支持退款、取消订单、删除订单等功能；点击“订单详情”，可查看订单的详细情况。点击“商品管理”，进入商品管理页面，可按照商品名称、商品状态进行查询；支持商品新增、上架、下架、编辑商品信息、删除商品等。

图 7-35　线上商城功能界面

3.2.3　移动端商城

移动端商城功能界面如图 7-36 所示，首页推荐购买量和购买金额比较多的商品，点击“购物车”图标加入购物车中，支持点击商品实现商品详情查看。

4　果品营养查询推荐系统

基于手机的移动服务可以实现果品信息的快速查询并指导果品食用。从普遍关注的果品营养问题出发，设计开发了基于智能手机的果品营养查询推荐系统。在功能方面，系统实现了果品营养查询、果品推荐、离线浏览、数据后台管理等，为消费者快速、方便地了解果品营养并根据自身条件选择食用合适的果品提供了有力手段。

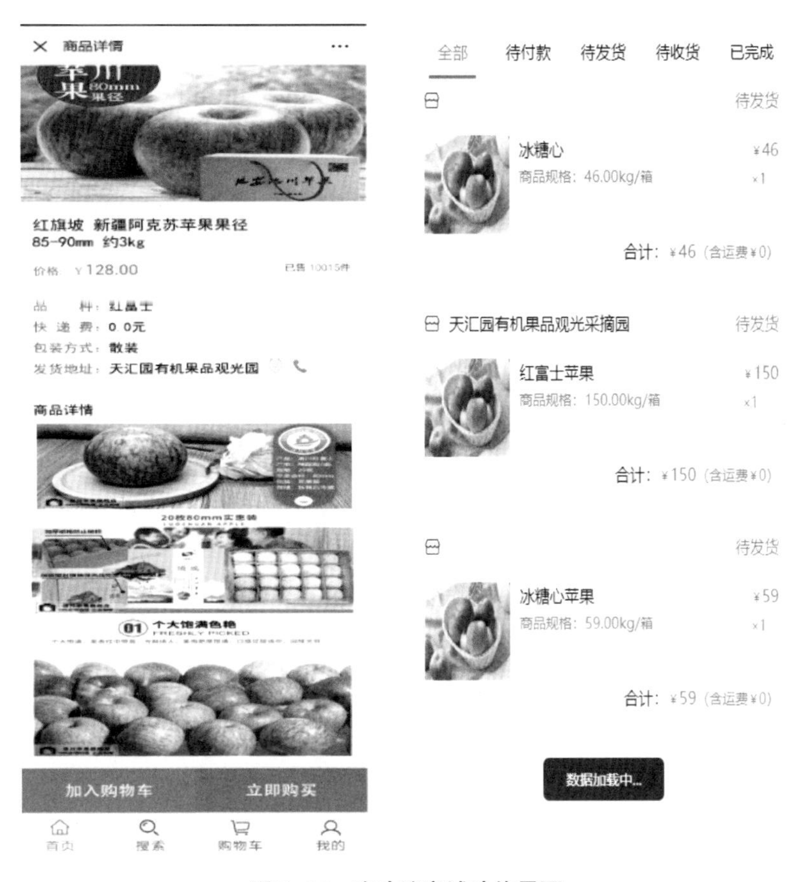

图 7-36 移动端商城功能界面

4.1 系统设计

果品营养查询推荐系统，充分考虑了用户的各种需求，为用户提供全面的展示和服务。系统的功能主要分 Android 端和服务器端两部分，Android 端面向用户，设计了查询模块和推荐模块。服务器端面向系统管理人员，包括增加数据、修改数据、删除数据等功能。整个系统功能由查询模块、推荐模块、数据维护模块 3 部分组成。设计的系统功能结构如图 7-37 所示。

本系统设计的果品营养数据库中共有 7 个数据表，包括果品营养表（fruit）、食疗方法表（methods）、常见病症表（diease）、果品病症推荐表（dieasereco）、群体表（people）、果品群体推荐表（peoplereco）和用户表（user）。数据库采用 SQL Server 2005 构建。数据库模型如图 7-38 所示。

4.2 优化技术

4.2.1 响应式布局

系统在移动端设备上部署运行，目前移动端手机的品牌和型号种类繁多，因此开发

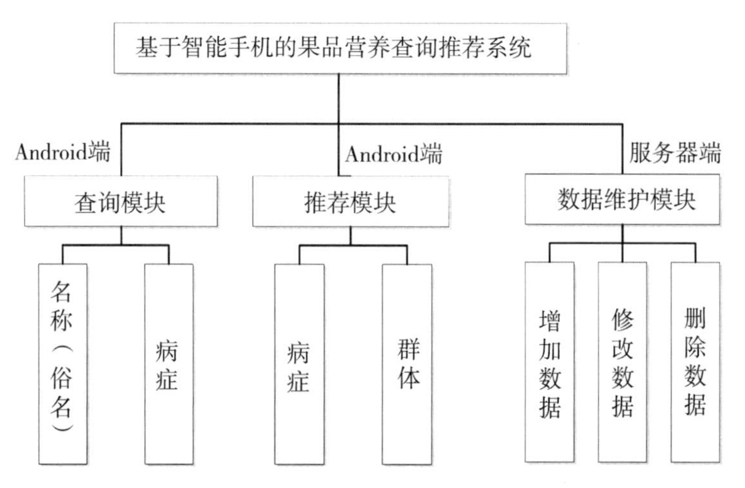

图 7-37　系统功能结构

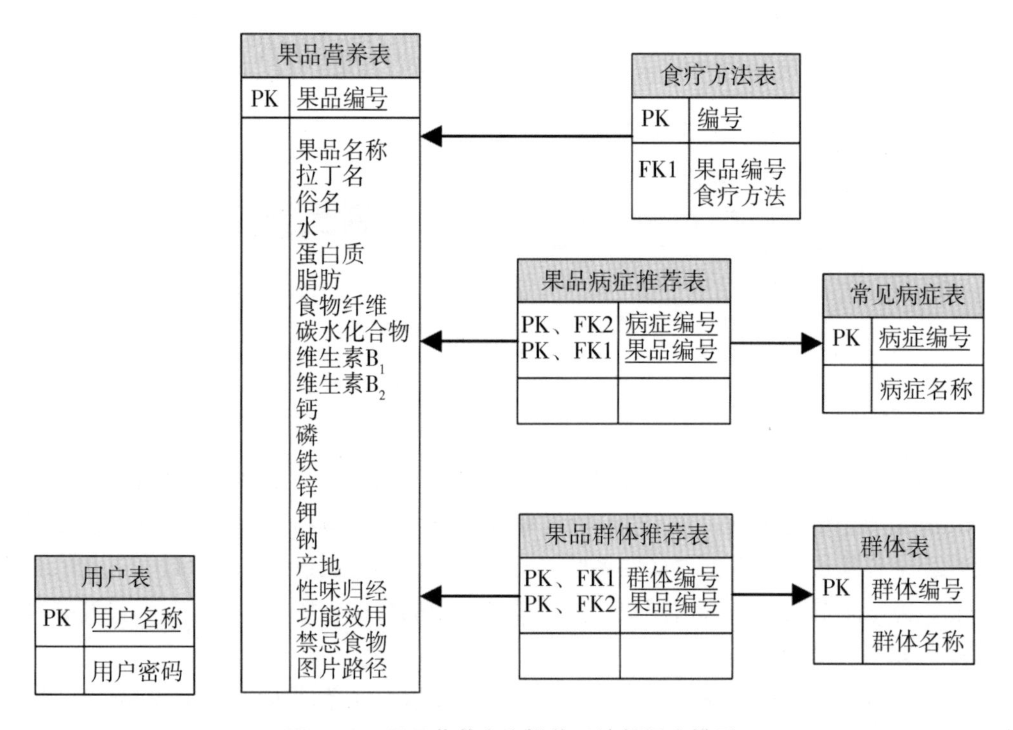

图 7-38　果品营养查询推荐系统数据库模型

的软件要保证兼容性，要保证在分辨率不同的情况下，给用户的交互体验是相同的。为了达到这个目的，本系统采用响应式布局。

响应式布局设计是根据用户设备的屏幕分辨率来响应用户设备的一种设计。JQuery Mobile 框架本身可以用于快速、轻松地创建触摸友好的网站。该框架有大量组件，可以很容易地添加按钮、工具栏、对话框、列表视图等。Media Queries 是响应式布局的核心，也是 CSS3 专门为移动端开发新发布的特性。CSS3 媒体查询和 JQuery Mobile

框架的结合使用，可以实现一个能适应移动、平板和桌面环境的响应式设计。CSS3 Media Queries 一般都是使用“max-width”和“min-width”两个属性来检查各种设备的分辨率与样式表所设条件是否满足，如果满足就调用相应的样式。

4.2.2 用户体验优化

为了提高用户在断网状态下的使用体验，本系统提供了离线状态下的浏览功能。用户打开软件时，判断是否联网，若没有联网，系统将跳转到存储在本地的果品信息介绍界面。

用户在浏览果品的详细信息界面时，若是没有返回键的设置，使用手机返回键，将直接结束系统的生命周期，退出应用程序，影响用户的继续使用。因此在系统中设置了返回键，用户可以返回到之前浏览的界面。

4.3 系统实现

4.3.1 果品营养查询实现

果品营养查询可供用户选择的搜索类别有两项，分别是果品名称和病症，搜索结果在数据列表中显示。用户进入查询界面时，首先选择搜索类别，确定搜索类别之后，在搜索输入框中输入需要搜索的果品名称或是病症关键字。系统将首先判断输入的字符是否为空，如果为空，系统将会做出相应提示，提示用户需输入有效的关键词；如果输入字符有效，系统将会获取用户输入的关键词，获取关键词需要调用 JavaScript 中的 getElementById（）.getValue（）函数。

系统获得用户输入的关键词参数后，将根据此参数拼接 post 数据请求，并向服务器发送该数据请求。果品营养信息查询在服务器端是利用 DBHelper 数据操作类来实现的。服务器端接收到数据请求之后，将获取查询的字符串，得到请求中的搜索类别参数及对应的 value 值，根据这两项参数，在服务器中执行 SQL 查询语句，调用搜索算法接口 GetDataSet（），搜索结果将在数据列表中显示。服务器端获取到搜索得到的数据集 list 之后，执行循环算法将数据集 list 中的数据一条一条地取出来加载到 HTML 页面中。

在服务器端解析成页面后以 HTML 页面的形式返回到 Android 端，Android 端调用 WebView 控件进行加载，从而将搜索结果很好地展现在 Android 端。图 7-39 是果品营养查询执行的系统流程图。查询功能界面如图 7-40 所示。

4.3.2 果品营养推荐功能实现

用户进入推荐界面，首先选择推荐类别，系统根据此关键词拼接 post 数据请求，并向服务器发送该数据请求，服务器端接收到该请求之后，根据该请求内容进行查询，查询返回的结果将以 HTML 的形式返回到 Android 端。确定推荐的类别之后，用户选择需要进行推荐的关键词，则再次发出 HTTP 请求，Android 端则将最终搜索返回至 Android 端。

果品营养信息的推荐在服务器端亦是利用 DBHelper 数据操作类来实现的，服务器端接收到 Android 端的 HTTP 请求之后，得到请求中的推荐类别，根据类别参数执行 SQL 查询语句，从而在服务器端得到查询结果集，在 Android 端以表单的形式显示。服

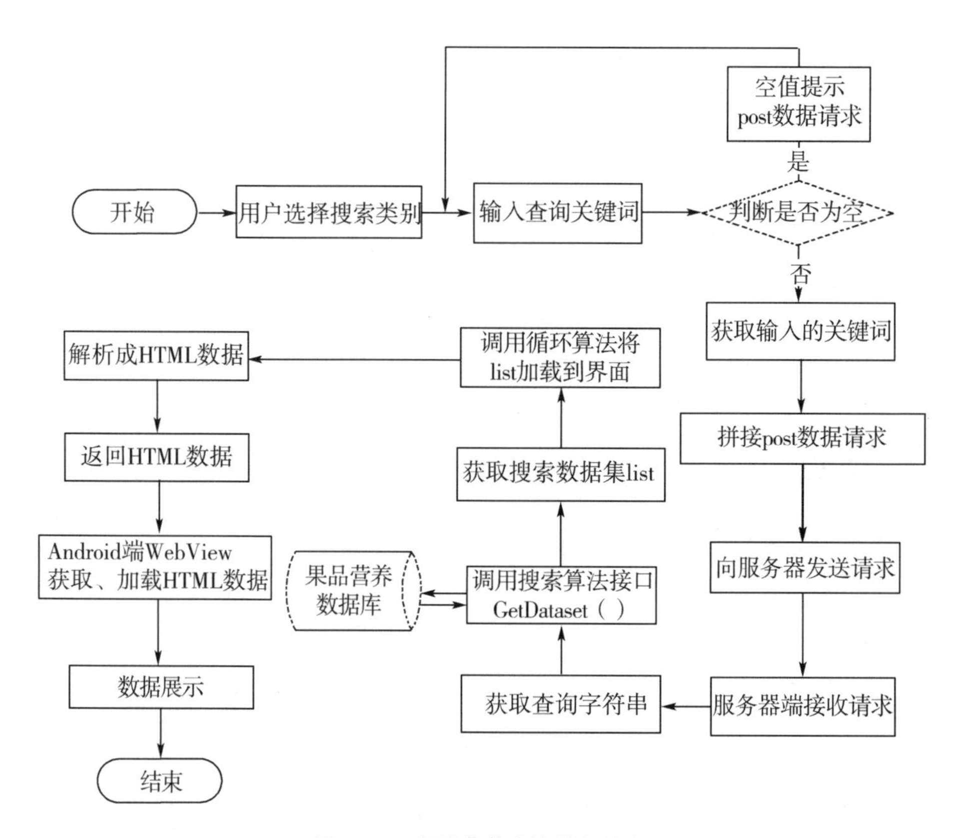

图 7-39　果品营养查询执行流程

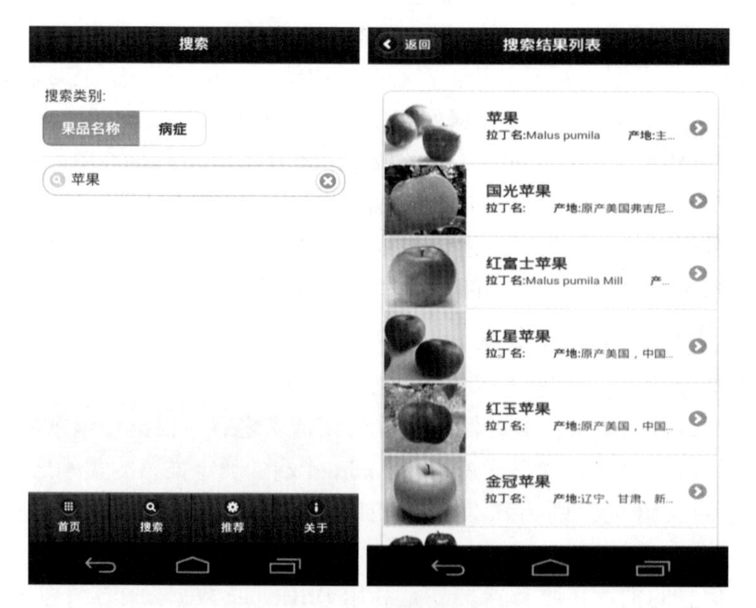

图 7-40　查询功能界面

务器端再次接受请求之后，则获取此次推荐类别下某一个选项的 value 值，系统将根据此次的参数值在群体果品推荐表或是病症果品推荐表中进行查询，并在服务器端得到最终的推荐结果集。服务器端中处理推荐的系统流程如图 7-41 所示。

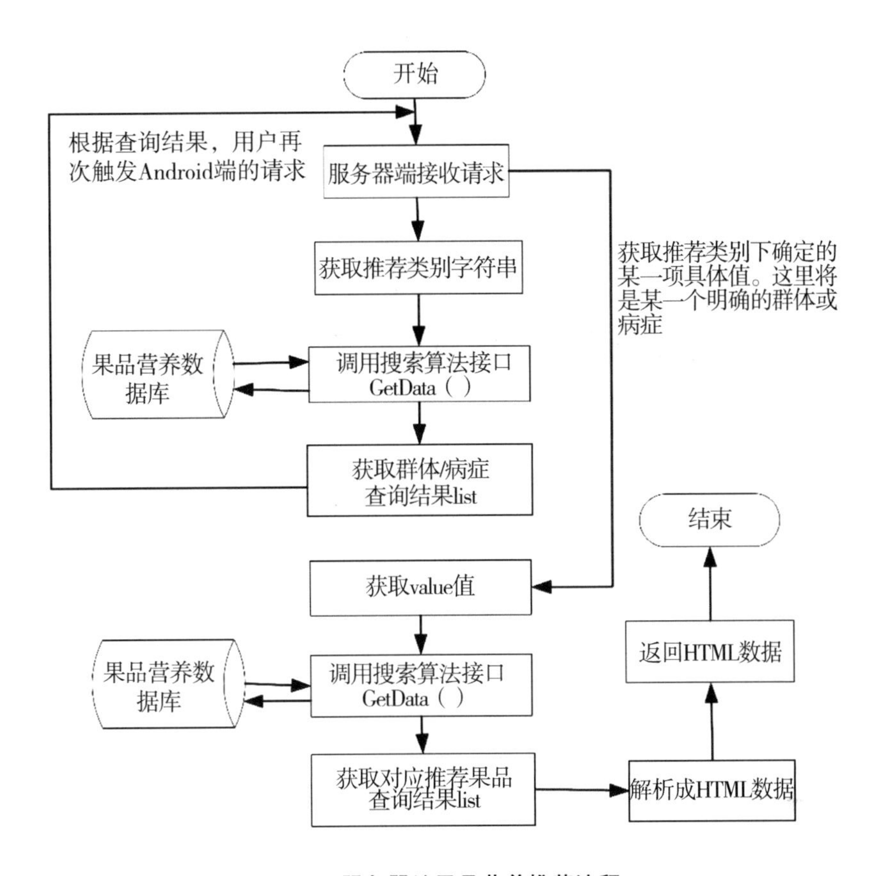

图 7-41 服务器端果品营养推荐流程

其实现原理是服务器端将根据用户选择的推荐类别来执行搜索，搜索出该类别下可供选择的结果，并将这些结果返回至 Android 端。此时用户需要再次在返回的界面上进行操作，Android 端将再一次发出数据请求，服务器也将再一次接收数据，获取该选择的 value 值，服务器端将根据此查询条件进行搜索，搜索出的结果正是符合用户需求，系统所推荐的果品信息数据。用户仍可以点击任一项果品条目，进入果品的详细内容，进行果品信息的浏览。推荐功能界面如图 7-42 所示。

4.3.3 服务器端管理功能实现

服务器端管理功能界面如图 7-43 所示，数据维护是服务器端管理的核心，包括果品信息管理和用户管理，仅向管理员开放。果品信息管理主要用来管理和维护果品的相关信息，系统管理员在系统录入界面中，输入果品的基本信息，并上传图片，其全部信息及图片地址会记录到数据库中，也支持对已有的数据进行编辑或删除操作。

图 7-42　推荐功能界面

果品营养

果品信息录入
果品信息
果品营养
果品图片
食用方法
病症&群体
病症录入
病症推荐果品
群体录入
群体推荐果品
果品管理
果品查询
果品编辑
用户管理
用户登录
用户添加
用户查询

添加果品

果品名称	拉丁名	俗名	编辑/删除
番荔枝			编辑 删除
红毛丹			编辑 删除
番茄			编辑 删除
罗汉果			编辑 删除
槟榔			编辑 删除
甘蔗	*Saccharum officinarum*	薯蔗、竿蔗、糖梗	编辑 删除
火龙果	*Hylocereus undulatus* Britt	红龙果、青龙果、仙蜜果、玉龙果	编辑 删除
山竹			编辑 删除
籽瓜			编辑 删除
西瓜	*Citrullus lanatus*	水瓜	编辑 删除
甜瓜	*Cucumis melo* L	香瓜、甘瓜	编辑 删除
麻醉瓜			编辑 删除
灵蜜瓜			编辑 删除
金塔寺瓜			编辑 删除
黄河蜜瓜			编辑 删除
哈密瓜			编辑 删除

首页 上一页 下一页 尾页 第1页/共8页

图 7-43　服务器端管理功能界面

参考文献

刘华星，杨庚，2011. HTML5：下一代 Web 开发标准研究[J]. 计算机技术与发展，21(8)：54-58.

钱建平，邢斌，解菁，等，2015. 基于条码溯源电子秤的社区菜店交易管理与追溯系统[J]. 农业机械学报，46(5)：273-278.

尚明华，秦磊磊，王风云，等，2011. 基于 Android 智能手机的小麦生产风险信息采集系统[J]. 农业工程学报，27(5)：178-182.

孙传恒，刘学馨，丁永军，等，2010. 基于嵌入式 Linux 技术的农产品流通追溯系统设计与实现[J]. 农业工程学报，26(4)：208-214.

武佳佳，王建忠，2013. 基于 HTML5 实现智能手机跨平台应用[J]. 软件导刊，12(2)：66-68.

邢斌，钱建平，吴晓明，等，2013. 果蔬类农产品多源追溯系统设计与实现[J]. 食品安全与质量检测学报，4(6)：1705-1714.

解菁，孙传恒，周超，等，2013. 基于 GPS 的农产品原产地定位与标识系统[J]. 农业机械学报，44(3)：142-146.

周超，孙传恒，赵丽，等，2012. 农产品原产地防伪标识包装系统设计与应用[J]. 农业机械学报，43(9)：125-130.

KEATINGE J D H, WALIYAR F, JAMNADAS R H, et al., 2010. Relearning old lessons for the future of food—By Bread alone no longer: diversifying diets with fruit and vegetables [J]. Crop Science, 50(1): 51-62.

第八章　果品全供应链追溯

食品安全问题已成为重要的全球性问题。追溯系统作为食品质量安全保障的有效手段，从为应对牛海绵状脑病（疯牛病）问题被引入至今已有近 30 年。虽然对于可追溯性的定义，目前还没有完全统一，但大部分定义均强调，追溯不只是针对食品本身还应包含其原料、组分等，追溯应该是覆盖生产、加工、流通的所有阶段，追溯需具备跟踪追寻痕迹的能力。在技术体系上，集产品标识、信息感知、数据交换等为基础的追溯技术体系已基本形成；在系统应用上，欧盟、美国、加拿大、澳大利亚等国家和地区相继建立了针对牛肉、果品、水产品等的追溯系统。中国追溯系统的研究和应用虽起步较晚，但发展较快，基本形成了与国外主流研究保持同步的态势。

1　追溯系统发展历程

追溯系统以其降低质量安全风险、提高产品召回效率、保障公众健康水平的优势，作为质量管理的有效措施从 20 世纪 80 年代引入食品工业，至今已有欧盟、美国、加拿大、澳大利亚等国家和地区相继建立了农产品及食品追溯系统。追溯系统的基本要素是产品跟踪与识别、供应链信息采集与管理、数据集成与查询分析；这些要素与信息技术有着密切关联，且目前已有的追溯系统都是以各类信息技术的综合应用为基础的，因此以信息技术发展主线为依据对追溯系统 1.0~3.0 进行总结（图 8-1）。

1.1　追溯系统 1.0

20 世纪 80 年代，受可持续发展思想的影响，可持续农业的概念得以确立，并在全世界范围内传播，农业的可持续发展要求之一就是要保障农产品的质量安全，农产品及食品的质量安全问题逐渐引起了人们的重视。1996 年，以牛海绵状脑病为代表的食品安全危机暴发，从欧盟到美国、日本再到中国，一系列食品安全事件使食品安全问题受到高度关注。农产品及食品追溯系统最初由欧盟为应对牛海绵状脑病问题开始被引入并逐步建立，形成了以第 178/2002 号法案为核心的食品质量安全管理法律体系。同时，欧盟从 2002 年开始推动了基于 30 多个子追溯计划的系统，致力于促进欧盟食品追溯的研究与实施。美国食品和药品管理局（FDA）提出了从业者登记制度，以便进行食品安全跟踪与追溯，并要求于 2003 年 12 月 12 日前必须向 FDA 登记；《食品安全跟踪条例》也于 2004 年 5 月公布，要求相关企业建立并保全食品流通的全过程记录。日本的追溯制度最先从牛肉建立，2003 年 12 月 1 日开始实施《牛只个体识别情报管理特别措

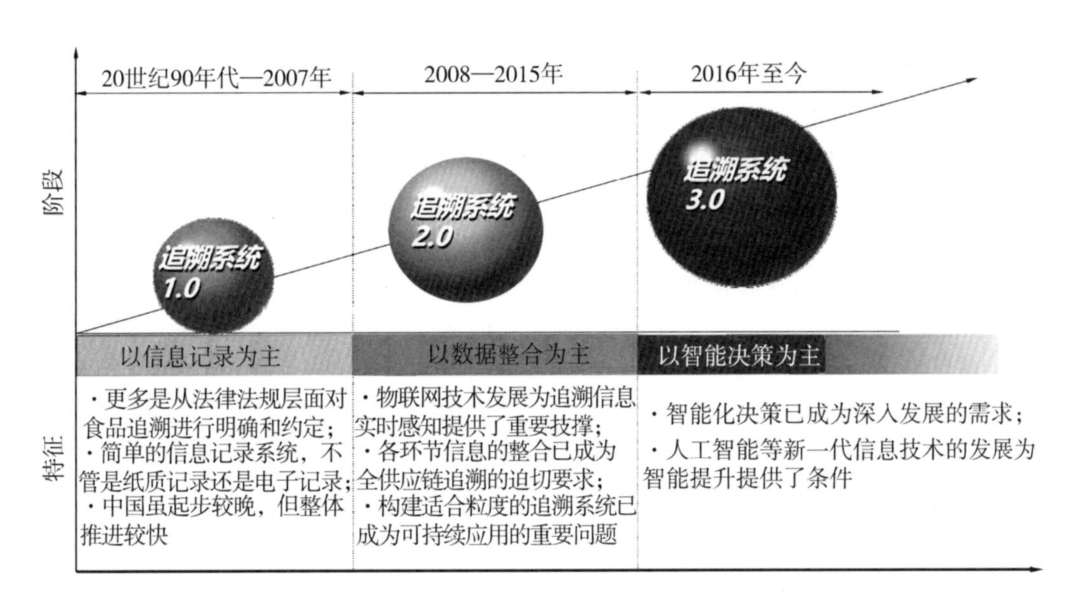

图 8-1 追溯系统 1.0~3.0 发展历程

施法》；2004 年 12 月开始立法实施牛肉以外食品的追溯制度。

中国自 2003 年国家质量监督检验检疫总局启动“中国条码推进工程”，推动采用 EAN.UCC 系统以来，各部委及地方政府积极开展追溯系统的应用。农业部 2004 年实施“城市农产品质量安全监管系统试点工作”，探索建立种植业、农垦、动物标识及疫病、水产品 4 个专业追溯体系；南京市以优质农产品标志为质量溯源的重要载体，启动农产品质量 IC 卡管理体系；天津市以“放心菜”工程为依托，开展了蔬菜追溯系统的示范应用。

纵观这一时期的追溯系统，可以看出：①追溯系统是作为质量安全保障的有效措施被引入食品工业的，这一时期更多是从法律法规层面对食品追溯进行明确和约定；②根据追溯系统是加强食品安全信息传递、控制食源性疾病危害和保障消费者利益的信息记录体系的初衷，此时的追溯系统不管是纸质记录还是电子记录，更多是一种简单的、单环节的信息记录系统；③中国的农产品和食品追溯系统虽然起步较晚，但总体推进较快。

1.2 追溯系统 2.0

物联网技术的发展及其在追溯系统中的应用可以作为追溯系统 1.0 和 2.0 阶段的分水岭。物联网概念自 1999 年由美国麻省理工学院提出；以 2008 年底 IBM 向美国政府提出“智慧地球”战略为标志，物联网迅速在世界范围内得到高度关注，如欧盟的“物联网行动计划”，日本的“i-Japan 战略 2015”。我国提出了“感知中国”的物联网发展战略；2013 年，国务院发布了《关于推进物联网有序健康发展的指导意见》，并启动实施物联网发展专项行动计划。

物联网技术可划分为 4 个层次，即感知层、传输层、处理层和应用层。物联网技术的发展为构建集全面感知、实时传输、智能决策于一体的全供应链追溯系统奠定了基础。基于物联网构建的追溯体系框架是以实现农产品质量安全溯源为核心目标，以农产品从农田到餐桌的供应链为横轴、以物联网技术层次为纵轴，面向供应生命周期的产品链、面向供应链主体的服务链和面向物联网架构的技术链。

纵观这一时期的追溯系统，可以看出：①以条码、RFID 为代表的自动识别技术为追溯个体或群体的标识起到了重要作用，以无线传感器网络（Wireless sensor network，WSN）技术为代表的信息感知技术为供应链各环节信息的快速采集和实时监测提供了有力支撑，从而促进了数字化、电子化追溯系统的深入应用；②物联网的应用为信息的有效传递提供了基础，通过整合生产、加工、物流、仓储、交易等各环节数据，实现全供应链追溯的需求越来越迫切；③追溯系统的建设需要付出额外的成本，基于成本收益的核算构建适合粒度的追溯系统已成为追溯系统可支持应用中面临的重要问题。

1.3 追溯系统 3.0

追溯系统的深入应用面临着各种问题，如各部门标准不能统一、内容无法衔接，数据共享困难；系统只提供单一的信息记录功能，无法真正为企业提高质量安全水平服务，应用积极性不高；产品供应链长，不确定因素多，监管成本高；供应链各主体的追溯信息采集和录入没有有效的约束机制，使得数据的真实性不能得到保证，信息真实性存疑。

人工智能的概念从正式提出到现在已有 60 多年，其间经历了 3 次浪潮。2016 年，以 AlphaGo 为标志，人工智能开始逐步升温；计算能力提升、数据爆发式增长、机器学习算法进步、投资力度加大推动了人工智能的快速发展。以人工智能为代表的新一代信息技术的发展为解决追溯系统面临的问题提供了技术支撑，追溯系统也迎来了以智能决策为主的 3.0 阶段。

2 追溯标识与标识转换

2.1 标识与识别技术

条码技术尤其是二维条码以其低成本、便捷性已成为农产品标识与识别的主要技术手段。条码自动识别技术是以计算机、光电技术和通信技术的发展为基础的一项综合性科学技术，是信息数据自动识别、输入的重要方法和手段，已在商品流通、工业生产、仓储管理、信息服务等领域得到了广泛的应用。由于受信息容量的限制，一维条码通常只是对物品的类别进行标识，而不能对物品的属性进行描述。二维条码的出现大大弥补了一维条码的不足，二维条码能在水平和垂直方向的二维空间存储信息。在许多种类的二维条码中，常用的码制有 Data Matrix、Maxi Code、Aztec、QR Code、Vericode、PDF417、Ultracode、Code 49、Code 16K 等。

RFID 属于非接触式的自动识别技术，它通过 RFID 阅读器发射的无线射频信号自动识别电子标签标识对象并获取其携带信息，能够快速地对物品进行识别和信息的读写。与传统的条形码等识别技术相比，RFID 有着很多优势，其最大的特点就是非接触式，因此 RFID 读写速度快、范围大，能同时识别多个标签，且阅读器可以直接与后台的信息系统连接，能够满足自动化管理的需要；RFID 标签的存储容量比条形码大得多，且可擦写，除了可以用来标识农产品，还能储存更多有关农产品质量安全信息，便于对农产品安全实施监控；RFID 标签不受油渍、灰尘、药物等环境的影响，尺寸与形状多样化，用于农产品的标识，克服了条形码易破损、受环境限制大的缺点。RFID 标签成本的不断降低促进了其在追溯标识与识别中的应用。

传统的身份识别方法由于易丢失、易被伪造、易被破解等局限性，已不能满足经济和社会发展的需要。基于生物特征的身份识别技术由于具有稳定、便捷、不易伪造等优点，近几年已成为身份识别的热点。生物特征识别技术是一种根据生物体自身所固有的生理特征和行为特征来识别身份的技术，即通过计算机与光学、声学、生物传感器和行为特征来进行身份的识别。生理特征是生物与生俱来的，相对来说稳定不变，目前可以利用的生理特征有指纹、虹膜、视网膜、脸像、手形、静脉等。而行为特征是生物后天形成的，当主体状态和使用环境发生变化时，这些特征在一定程度上具有可变性，目前常用的行为特征主要有人的声音、笔迹、步态以及击键状态等。每种生物特征识别技术都有其优缺点，尚没有一种生物特征可以在任何情况下满足识别的所有要求，应根据实际应用来选择相应的识别技术。例如，指纹相对稳定，但获取指纹图像不是非侵犯性的；脸像容易获取，但识别易受表情、亮度等的影响，且随年龄变化而变化。表 8-1 列出了几种生物特征识别技术的比较。

表 8-1 几种生物特征识别技术比较

生物特征	通用性	唯一性	稳定性	易采集性	准确性	可接受性
指纹	中	高	高	中	高	中
虹膜	高	高	高	中	高	低
视网膜	高	高	中	低	高	低
脸像	高	低	中	高	低	高
手形	中	中	中	高	中	中
静脉	高	高	高	低	高	中

2.2 条码-RFID 关联提高流通过程追溯精度

2.2.1 果品流通过程追溯断链分析

果品在流通中存在着较多包装转换的现象。例如，在生产加工基地以小包装的形式进入流通环节时，为了便于运输和物流，一般需将小包装聚合为大包装；在生产基地以大包装形式进入流通环节时，为了便于销售，一般需将大包装拆分为小包装。由图 8-2 可以看出，在这些包装转换中，由于标识缺失或即使有标识但标识及产品信息不对应，产品不能实现全程跟踪。正是标识的不对应引起了正向跟踪的断链，这种断链导致了追溯信息不能关联，从而影响了全程追溯系统的建立。

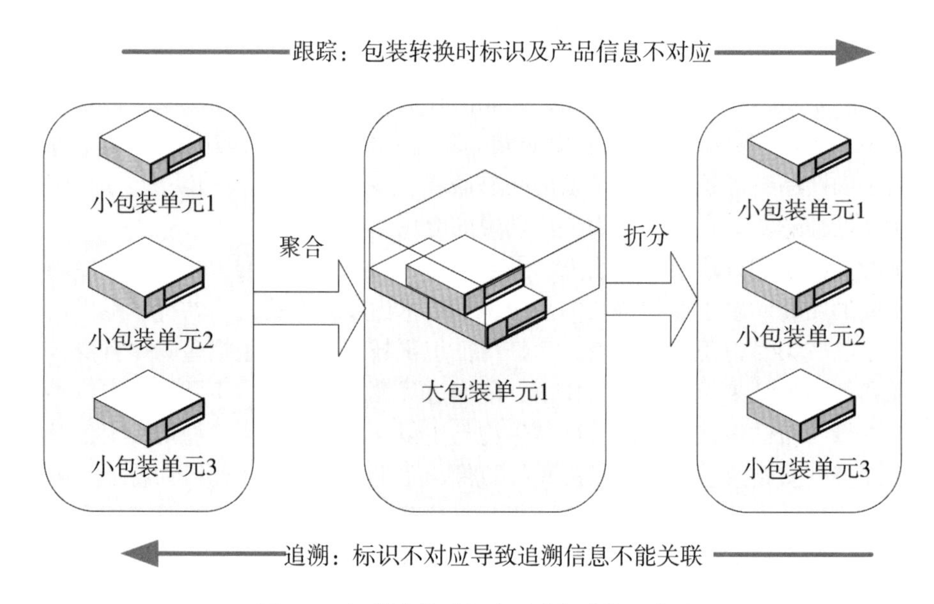

图 8-2 包装转换过程中跟踪与追溯示意图

2.2.2 提高追溯精确度方法构建

2.2.2.1 总体框架

追溯系统建立的 3 个基本要素是标识、信息记录和中央数据库。在现有的果品追溯系统中，大部分小包装果品以条码进行标识，这样既可满足追溯需求，也能降低成本。而在大包装中，由于需要快速、准确地记录物流过程信息，因此最好采用 RFID 进行标识，这种标识方案在产品进入物流环节时，如出入库时可通过部署 RFID 读写器便捷地记录出入库信息，且由于大包装产品相对价值较高，因此 RFID 的成本也不会成为其限制因素。

目前影响流通环节追溯精确度的主要原因是包装转换时物流和信息流的脱节，因此提高追溯精确度应从产品标识关联与信息关联两方面着手。对于从小包装到大包装的聚合，在产品标识关联方面，重点是建立小包装的批次编码与大包装的 RFID TID（Tag ID）的关联，TID 是 RFID 标签的唯一编号，他们之间的关系是多对一；在信息关联方面，需将包装聚合时间、操作人员等信息存入数据库中，便于追溯。对于从大包装到小包装的拆分，在产品编码关联方面，重点是建立大包装的 RFID TID 与小包装上的批次编码的关联，他们之间的关系是一对多；在信息关联方面，需将拆分信息存入数据库中。其总体框架如图 8-3 所示。

2.2.2.2 包装聚合过程关联建立

图 8-4 为包装聚合过程关联规则建立流程图。首先，扫描小包装上的条码，条码中包含产品批次编码，根据大包装的体积，确定装入大包装中的小包装数量，在扫描中采用累加的方法判断是否达到装箱数量，对于达不到装箱数量的继续扫描；其次，对于

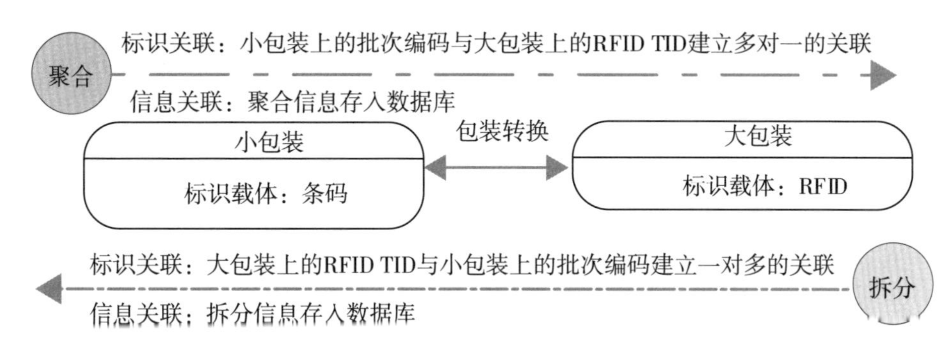

图 8-3 提高追溯精确度方法的框架

达到装箱数量后，将小包装的批次编码写入数据表中；再次，读取大包装标识用的 RFID TID，对于读取不成功的继续读取，对于读取成功的则将 RFID TID 存入数据表中；最后，小包装批次编码和大包装上的 RFID TID 都被记录到数据表中，通过其对应关系，则包装聚合过程关联规则建立。

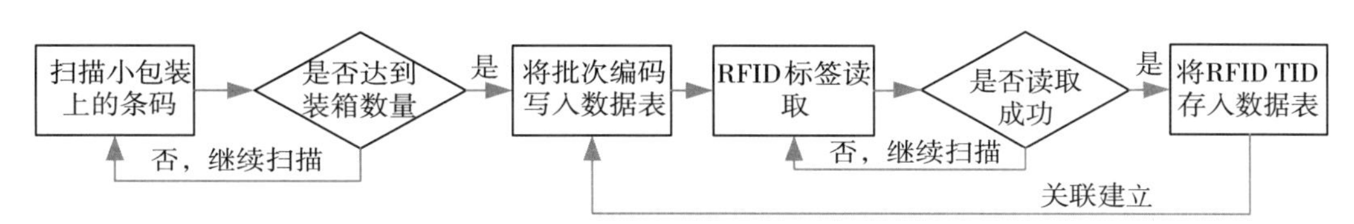

图 8-4 包装聚合过程关联规则建立流程

基于上述流程，采用 Visual Studio C#开发工具，开发标识转换系统，提高标识关联和信息采集的效率。其主要功能如下。

（1）**条码读取** 系统连接条码扫描器，实现小包装条码的读取，并将读取的条码显示并保存在系统中。

（2）**RFID 标签打印** 选择装入大包装中的小包装上的批次编码，建立其与 RFID 中 TID 的关联，将聚合信息写入数据库中，并驱动 RFID 标签打印设备进行标签打印，如图 8-5a 所示。

基于 WinCE 嵌入式系统，开发一套便携式流通信息采集系统，通过读取大包装上的 RFID 标签，结合采集的流通过程信息，由此实现了大包装的 RFID 与流通信息的对应，进一步由于包装聚合过程关联规则的建立，实现了小包装批次编码与流通信息的对应。系统主要实现功能如下。

（1）**大包装 RFID 读取** 通过便携式设备内置的 RFID 读写模块实现对 RFID 标签的读取。

（2）**流通信息采集** 在读取 RFID 标签后，自动采集流通时间、流通类型（入库、出库、配送等）、负责人、备注等信息，如图 8-5b 所示。

（3）**数据上传** 系统提供远程数据上传和本地数据同步 2 种方式，远程上传采用 GPRS 方式，上传的数据主要是采集的流通信息。

a. 标签打印界面　　　　b. 流通信息采集界面

图8-5　流通信息采集系统界面

2.2.2.3　包装拆分过程关联建立

包装拆分是包装聚合的逆过程，由于在 2.2.2.2 中建立了包装聚合过程的关联，实现了大包装上 RFID TID 与小包装上追溯号的一对多的对应，且在本节 2.2.2.2 中采集了流通过程信息，实现了基于大包装的流通信息记录，因此在包装拆分后，可实现通过小包装上的批次编码追溯出产品流通过程信息，由此实现了流通过程追溯精确度的提高。

2.2.3　方法应用

2.2.3.1　应用场景

将上述方法应用于山东省某果蔬合作社中，该合作社种植的果蔬产品以小包装形式进行销售，产品包装和销售时存在着包装转换的问题，尤其是小包装聚合为大包装。为了建立全程追溯系统，需重点解决小包装聚合为大包装过程中标识的关联和信息的采集，因此需配置一定的硬件设备，具体如下。

（1）**条码扫描器**　选用霍尼韦尔 19GSR 手持扫描器，最大支持 838×640 像素排列，最低 20%的反射差，用于扫描小包装上的条码。

（2）**RFID 打印机**　选用 Zebra R110XiIII，该打印机是高性能增强型，支持 RFID 读取，主要用于读取和打印 RFID 标签。

（3）**手持式 RFID 读写器**　选用远望谷 XC2900-F6C，该机型支持 ISO 18000-6B 和 ISO 18000-6C 协议，工作频率 920~925 MHz，用于在产品流通时读取大包装上的 RFID 标签及采集流通过程信息。

方法的应用流程主要包括包装环节小包装聚合和流通环节大包装信息采集两部分，其应用流程如图 8-6 所示。在小包装聚合中，当小包装果蔬包装完且贴好产品追溯标签后，管理人员采用条码扫描器扫描每一包需要装入大包装的小包装果蔬上的条码（条码扫描器通过有线或无线方式连接移植有管理系统的主机）；当装入大包装中的小包装扫描完毕后，系统操作人员操作管理系统生成 RFID 标签并建立标签 TID 与追溯编码的关联，将标签信息下发到 RFID 标签打印机进行打印，打印完成后将 RFID 标签贴制到果蔬大包装上。在流通信息采集中，当贴着 RFID 标签的大包装果蔬流通到仓储、配送等环节时，通过移植有流通信息采集系统的便携式 RFID 读取设备读取大包装上的 RFID 标签，并采集流通信息，采集完毕后将信息上传到移植有管理系统的主机。

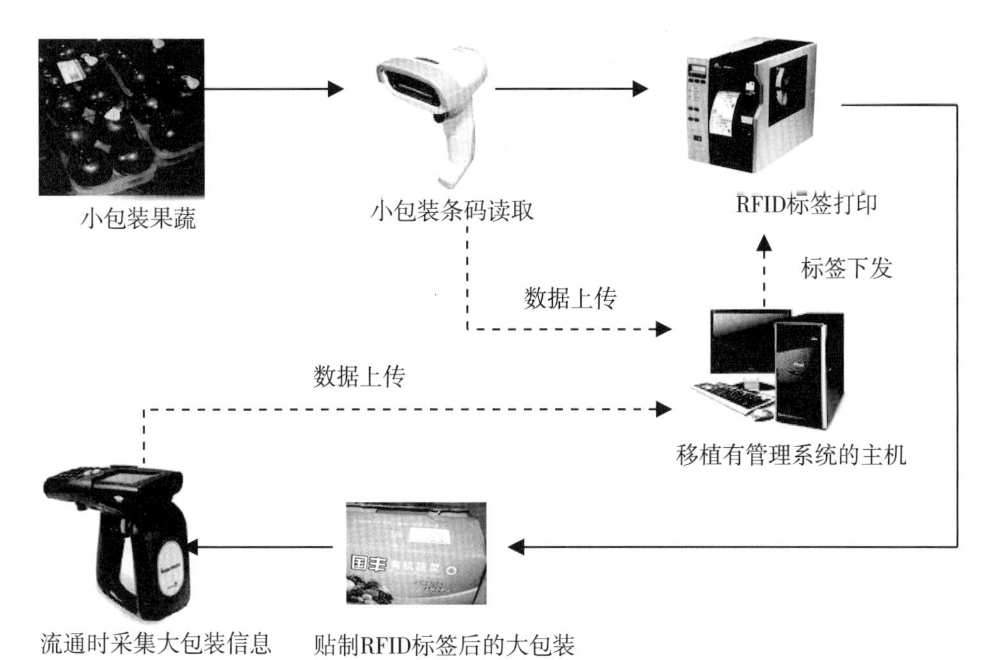

图 8-6　方案应用流程

2.2.3.2　应用测试

（1）**条码读取率测试**　聚合过程中的条码读取是影响该方案正确性的重要因素。本小节通过设置 6 组试验测试其读取率，6 组的条件分别为标签离条码扫描器的距离为 5 cm、10 cm、15 cm、20 cm、25 cm 和 30 cm；测试时小包装上为二维条码，每组测试 50 次，若在 2 s 之内条码能被读取到并显示到系统中，则认为条码读取成功，否则为不成功。读取成功的次数除以总次数，则得条码读取率。不同距离下的条码读取率如表 8-2 所示。

表 8-2　不同距离下的条码读取率

距离（cm）	条码读取率（%）
5	94
10	100
15	98
20	96
25	82
30	66

由测试结果可见，距离为 10 cm 时，条码读取率最高，为 100%，随着距离的增大

或减小，条码读取率随之下降，当距离等于25 cm时，条码读取率降低至82%，但在距离为10 cm、15 cm和20 cm时差异不大，均在95%以上。因此，为了提高条码读取率，在进行系统操作时需要操作员将条码扫描器离标签的距离小于20 cm。

（2）**关联正确率测试** 条码与RFID的正确关联是关系流通环节追溯精确度提高的关键问题。本小节通过正向关联和反向关联两种方法测试正确率，正向关联测试是通过在系统中输入某产品批次编码测试是否能追溯到对应的RFID，反向关联测试是通过在系统中输入某RFID TID测试是否能跟踪到对应的多个小包装产品的批次编码。总共进行了正向关联测试20次、反向关联测试20次，测试结果正确率均达到了100%。在进行关联操作的条码扫描时，关键是要将装入大包装中的小包装标识全部扫描，不能存在多扫、少扫或误扫的情况，且要保证RFID写入成功。

（3）**追溯结果分析** 与已有的果蔬追溯系统和方案相比，本方案由于实现了大包装RFID TID与小包装批次编码的关联，且通过流通中扫描RFID标签，采用便携式流通信息采集系统实现了流通信息的记录，因此可实现小包装到流通环节的精确追溯，解决了已有追溯系统只追溯生产环节而无法有效追溯流通环节的问题；另外，本方案由于提高了流通过程的追溯精确度，可精确定位到流通中的某一个或某一批产品，因此在发生质量安全问题时，可减少产品召回的数量，减少不必要的损失。但是，本方案的实现需要投入设备、人员等。

2.3 条码-RFID双向转换设备

2.3.1 核心思路

为了提高条码-RFID之间转换的效率，开发了条码-RIFD双向转换设备。建立标识层面的关联和数据层面的衔接是解决农产品包装的聚合和拆分中追溯断链的关键。对于从小包装到大包装的聚合，在产品标识关联方面，重点是建立小包装的条码与大包装的RFID TID的关联，TID是RFID标签的唯一编号，它们之间的关系是多对一；在数据衔接方面，需将包装聚合时间、操作人员等信息存入数据库中，便于追溯。对于从大包装到小包装的拆分，在产品编码关联方面，重点是建立大包装的RFID TID与小包装上条码的关联，它们之间的关系是一对多；在数据衔接方面，需将拆分信息存入数据库中。

如图8-7所示，RFID与条码的双向转换主要包括2个单向信息流：从RFID标识信息到条码标识信息的转换和从条码标识信息到RFID标识信息的转换。前者通过RFID扫描头识读电子标签，然后通过RFID数据处理模块分析RFID标签中的信息，将提取的信息发送至嵌入式打印模块，并根据不同的编码规则和所需生成的条码数量生成条码标识；后者信息流基本相反，首先需要设定读取条码标签的个数，然后通过扫描头扫描条码，当数量等于设定的参数时，系统提示当前扫描条码标签个数已达要求，进行RFID标签写入，通过组合条码标签的共有信息后，将信息与条码数量在寻卡成功后写入RFID电子标签中。

2.3.2 硬件设计

农产品追溯标识双向转换设备硬件设计主要包括触摸工业控制器、RFID读写模块、

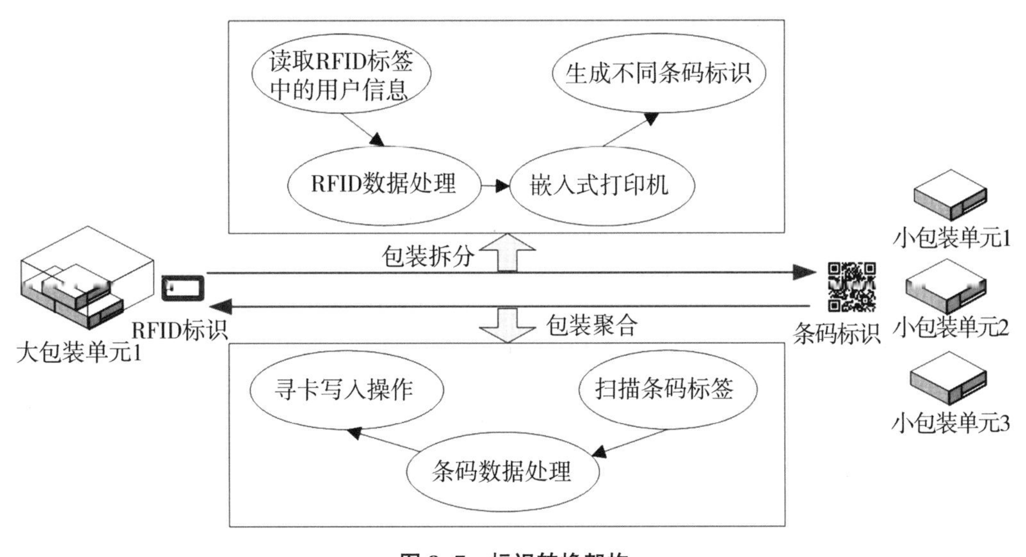

图 8-7　标识转换架构

嵌入式打印模块和条码扫描模块，利用触摸工业控制器对各模块进行双向的交互控制。各模块选型如下。

（1）**触摸工业控制器**　采用 7 寸工业控制器，内核采用 Windows 系统。

（2）**RFID 读写模块**　采用高频和超高频 2 种模块，超高频采用 930 MHz 频段 D-300 型超高频模块。

（3）**嵌入式打印模块**　能够打印一维条码和二维条码标签。

（4）**条码扫描模块**　能够识读各类主流一维条码和标准二维条码。具体的硬件结构如图 8-8 所示。

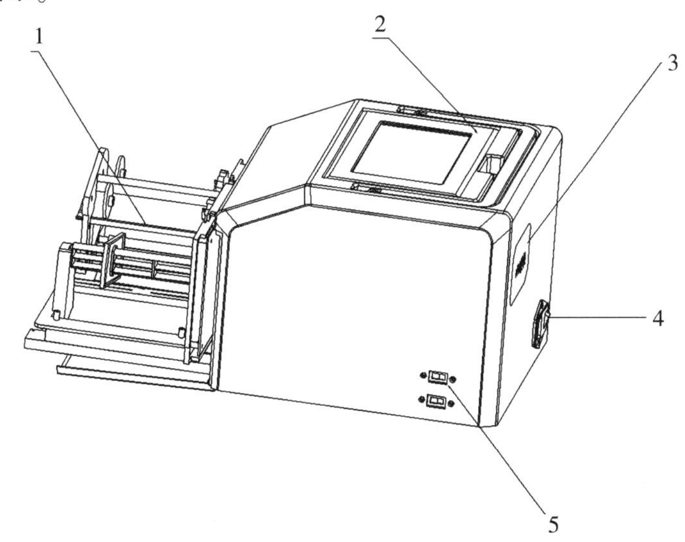

1. 嵌入式打印模块；2. 触摸工业控制器；3. RFID 读写模块；4. 条码扫描模块；5. 电源开关

图 8-8　条码-RFID 双向转换设备硬件模块组成

2.3.3 功能实现

2.3.3.1 RFID-条码转换中的二维条码动态加密

从 RFID 到条码的转换中，为了实现转换出二维条码的防伪性能，采用改进高级加密标准（Advanced encryption standard，AES）对二维条码进行加密。其核心是将 AES 算法中加密轮变换的 S 盒替换、行移位、列混合和轮密钥，设计为追溯码状态位替换、状态矩阵行移位、状态矩阵列混合和轮密钥运算控制 4 个步骤，以适应十进制数直接加密的要求。同时，为增强加密强度，保证生成追溯码的唯一性，使同一明文生成无规律的密文，实现“一次一密”防伪效果，采用动态密钥对追溯码进行混沌随机加密。具体加密流程如图 8-9 所示，其中 N_r 为变换轮数。

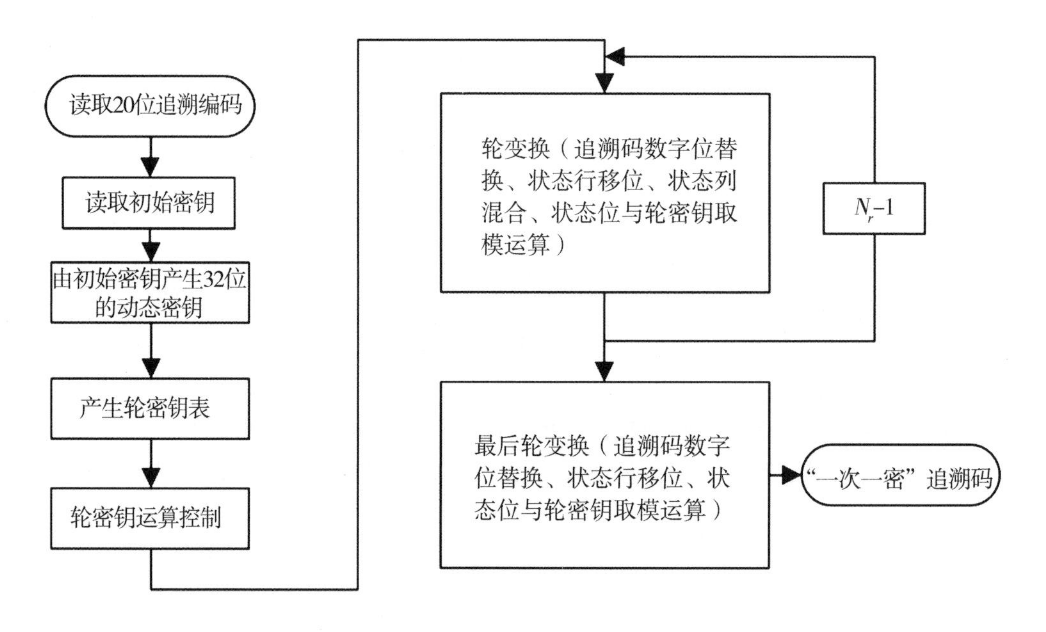

图 8-9 追溯码加密流程

追溯码解密运算是上述加密运算的逆过程。主要过程包括数字位反置换、状态矩阵反行移位和列混合、状态位与轮密钥取模运算等。追溯码数字位的反置换只影响一个进制位，而状态矩阵反行移位操作只影响十进制位的位置，可以交换反置换和反移位操作的位置。解密过程中的关键是初始密钥的获取，在实际应用过程中可以通过 USBKey 的方式进行密钥的发配。追溯码解密算法的流程如图 8-10 所示。

2.3.3.2 条码-RFID 转换中的控制流程

从条码到 RFID 的转换中，根据需要转换的条码数量进行流程控制是重要内容，其流程如图 8-11 所示。用户首先需要设置条码扫描的个数，如每个用 RFID 标识的大包装规定容纳的用二维条码标识的小包装数量；当用户设置完数量后，处理器对计数器清零，为后续计数做准备；红外开始探测贴有二维条码的物品，当物品到来时，驱动条码扫描激光头，对经过激光头射线区域内的条码标识进行扫描；扫码成功后，关闭条码扫

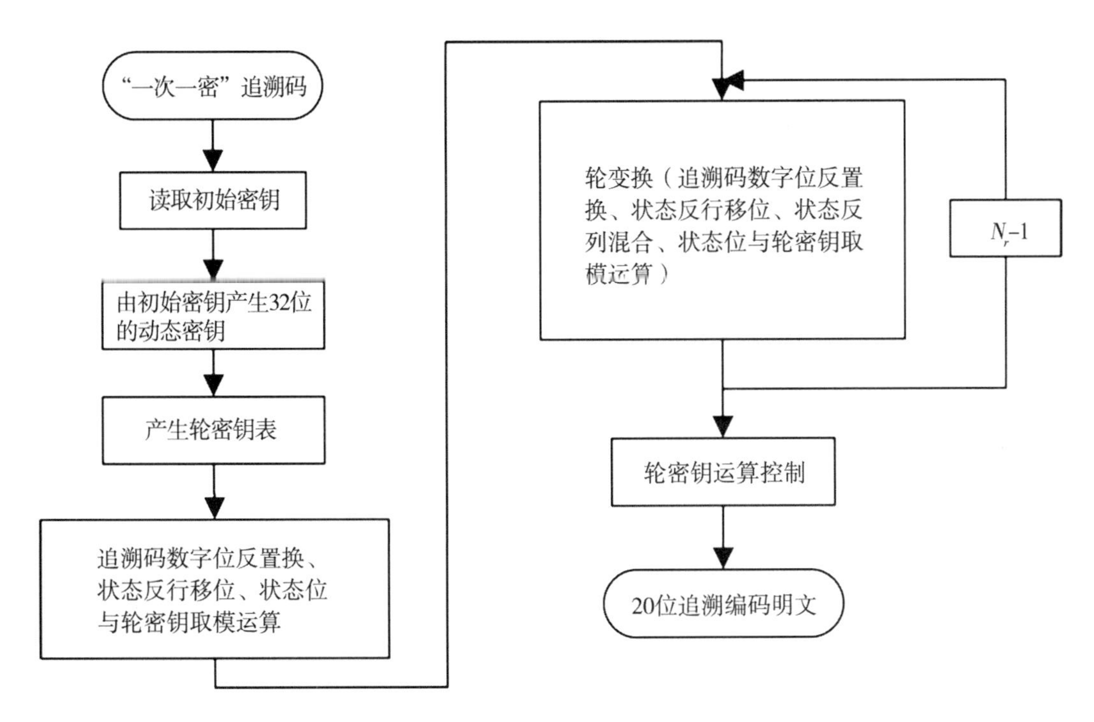

图 8-10 追溯码解密流程

描激光头，从而节约能耗，提高设备的使用时间；扫码的同时进行计数，未到设置数量时，继续进行包装监测与识读；当数量达到设置的数字时，表示 RFID 所需转换的条码已达到所设定数量，计数器清零，处理器驱动 RFID 射频头，将特定数量的条码信息写入到 RFID 标识中，到此一个流程完毕，进入下一个流程。

2.3.3.3 核心功能

基于工业控制器，通过调用各模块驱动接口，采用 Microsoft .NET 开发工具，主要实现如下功能。①RFID-条码转换：选择条码码制、RFID 频段、转换数量后，设备自动读取 RFID 标签信息，并打印对应数量的二维条码。②条码-RFID 转换：选择相关设置及设定数量后，扫描相关条码，达到数量后写入 RFID 标签。③状态监测：在转换过程中，实时监测读写的条码及 RFID 信息等，并对读取有误的信息提供报警功能。系统界面如图 8-12 所示。

2.3.4 设备测试

2.3.4.1 测试方法

采用设计的农产品追溯标识转换设备进行分组测试，设备实物如图 8-13 所示。测试分 RFID-条码转换和条码-RFID 转换两部分，设置的转换内容条件和转换数量条件如表 8-3 所示，其中转换内容是指转换主体中所含内容，转换数量是指多少主体转换为多少客体。表中第 1 行表示在"RFID-条码"条件下，RFID 中包含"10 位数字追溯码"内容，1 个 RFID 标签转换为 5 个二维条码标签。测试中所用标签为 S50 非接触式

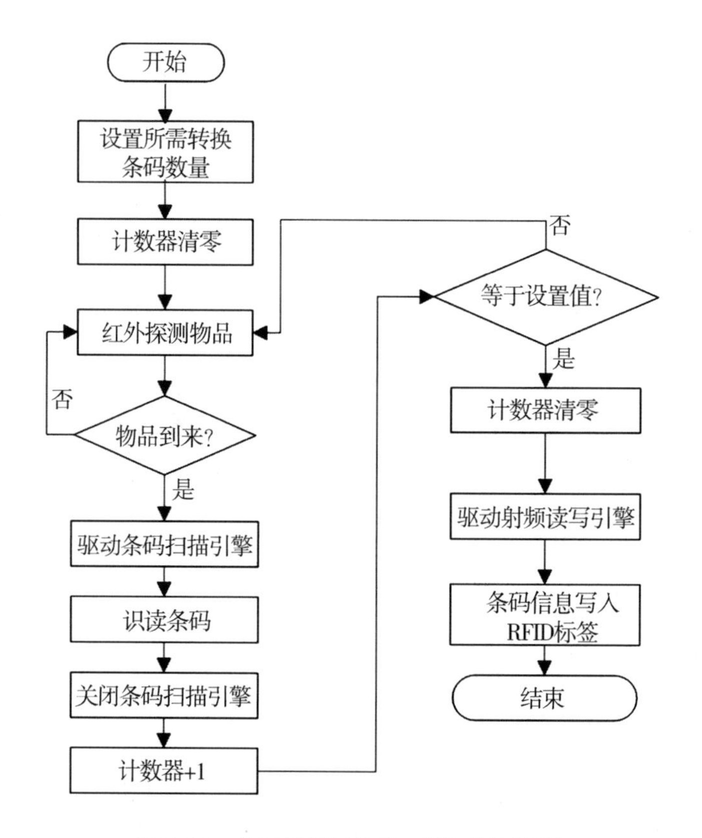

图 8-11　条码标识至 RFID 标识转换流程

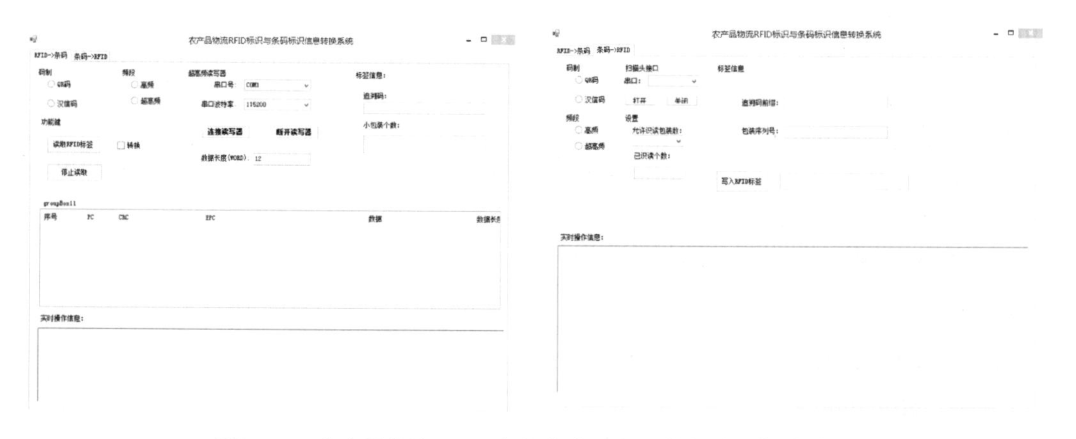

图 8-12　农产品物流 RFID 标识与条码标识信息转换系统界面

IC 卡，其工作频率为 13.56 MHz，存储结构为 16 个扇区，每个扇区 4 块，每块 16 字节，除固化存储厂商代码及控制块外，共可存储 752 字节；二维条码为 QR 码。

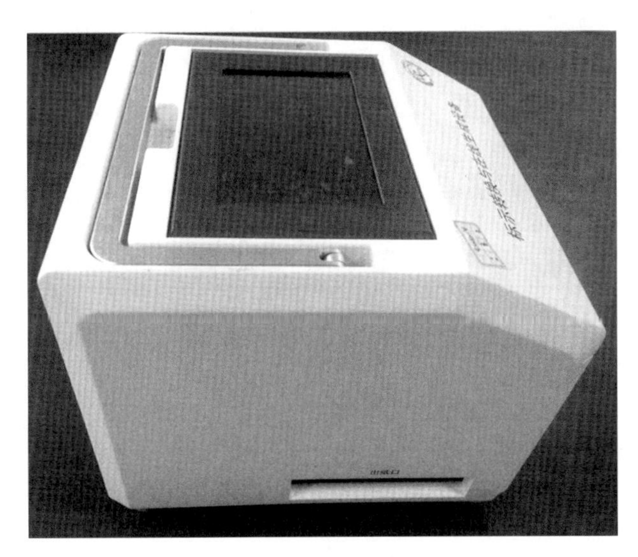

图 8-13　农产品追溯标识转换设备实物图

表 8-3　测试条件设置

条件	转换内容	转换数量
RFID-条码	10 位数字追溯码（RB-C1）	1-5（RB-A1）
	10 位数字追溯码+10 个字母（RB-C2）	1-10（RB-A2）
	10 位数字追溯码+20 个字母（RB-C3）	1-15（RB-A3）
	10 位数字追溯码+30 个字母（RB-C4）	1-20（RB-A4）
条码-RFID	10 位数字追溯码（BR-C1）	5-1（BR-A1）
	10 位数字追溯码+10 个字母（BR-C2）	10-1（BR-A2）
	10 位数字追溯码+20 个字母（BR-C3）	15-1（BR-A3）
	10 位数字追溯码+25 个字母（BR-C4）	20-1（BR-A4）

注：RB 为 RFID 到条码的转换，BR 为条码到 RFID 的转换；C1、C2、C3、C4 分别代表不同转换内容；A1、A2、A3、A4 分别代表不同转换数量。

通过将上述测试条件进行两两组合，每个单向转换条件下有 16 种组合，2 个转换条件共有 32 种组合，每个组合进行 5 次测试。用转换成功率 R 和单个转换时间 T 来衡量测试效果，其定义为：

$$R_i = \frac{\sum_{j=1}^{5} M_{ij}}{5n} \tag{8-1}$$

$$T_i = \frac{\sum_{j=1}^{5} t_{ij}}{5} \tag{8-2}$$

式中：R_i为第 i 个组合中 5 次测试转换成功率的平均值；M_{ij}为第 i 个组合中第 j 次转换

正确的个数，正确转换是指主体中的所有信息均能转换到客体中；n 为第 i 个组合中的转换数量；T_i 为第 i 个组合中 5 次测试所消耗时间的平均值；t_{ij} 为第 i 个组合中第 j 次转换所用时间。

2.3.4.2 转换测试结果分析

RFID-条码 16 种组合和条码-RFID 16 种组合下的测试结果如表 8-4 所示。

表 8-4 不同条件下的测试结果

RFID-条码转换条件	转换成功率（%）	转换时间（s）	条码-RFID转换条件	转换成功率（%）	转换时间（s）
RB-C1/RB-A1	100	2.1	BR-C1/BR-A1	100	10.4
RB-C1/RB-A2	100	2.7	BR-C1/BR-A2	100	18.9
RB-C1/RB-A3	100	3.1	BR-C1/BR-A3	100	27.6
RB-C1/RB-A4	100	4.1	BR-C1/BR-A4	100	35.7
RB-C2/RB-A1	100	2.2	BR-C2/BR-A1	100	12.2
RB-C2/RB-A2	100	2.7	BR-C2/BR-A2	100	22.9
RB-C2/RB-A3	100	3.3	BR-C2/BR-A3	97	32.1
RB-C2/RB-A4	100	4.5	BR-C2/BR-A4	96	42.3
RB-C3/RB-A1	100	2.2	BR-C3/BR-A1	100	12.9
RB-C3/RB-A2	100	2.8	BR-C3/BR-A2	100	23.4
RB-C3/RB-A3	100	3.9	BR-C3/BR-A3	100	34.1
RB-C3/RB-A4	100	5.3	BR-C3/BR-A4	94	43.5
RB-C4/RB-A1	100	3.2	BR-C4/BR-A1	100	13.6
RB-C4/RB-A2	100	4.0	BR-C4/BR-A2	100	24.7
RB-C4/RB-A3	100	5.1	BR-C4/BR-A3	93	36.1
RB-C4/RB-A4	100	5.6	BR-C4/BR-A4	89	45.2

（1）***转换成功率*** 在从 RFID 到条码的转换中，所有 16 种测试条件下，其转换成功率均达到了 100%，转换数量和转换内容对成功率没有影响。在从条码到 RFID 的转换中，当转换数量为“5-1”和“10-1”的条件，无论转换内容有多少，其转换成功率均达到了 100%；当转换数量为“15-1”和“20-1”时，除转换内容为“10 位数字追溯码”外，其余条件均出现了转换成功率下降的情况，而且有随转换内容增加转换成功率呈下降的趋势；尤其是当转换内容为“10 位数字追溯码+25 个字母”和转换数量为“20-1”的条件下，其转换成功率低于 90%，为 89%。由此可见，二维条码到 RFID 的转换，随着转换内容增多和转换数量增加，会出现转换不成功的现象，主要原因可能是 RFID 容量接近上限，或转换时信息存储在 RFID 的扇区分区处导致不能正确识读。

（2）***转换时间*** 在从 RFID 到条码的转换中，总体来说，转换时间有随转换数量增加而增加的趋势，同时，转换内容的增多也会导致转换时间的增加；在转换过程中时间主要消耗在 RFID 读取、条码打印上，对于不同条件，RFID 的读取时间差异不大，随着转换内容增加，单张条码标签打印时间会有所增加，但增加不多，而转换数量的增加会导致总转换时间增加。在从条码到 RFID 的转换中，也存在相似的趋势，但其总时间消耗比 RFID-条码要多很多，主要用于条码读取和 RFID 写入，当多个标签信息写入 RFID 时，条码读取的时间占比较大。

2.4 近似球形果品的二维条码读取率提升

许多果品有近似球形的表面，例如番茄、苹果、甜瓜和西瓜；与在规则表面上粘贴二维条码进行读取相比，读取附加到近似球形表面的二维条码，由于受弧度等的影响，读取率有所下降。一般来说，要实现果品的单果追溯，会打印出带有二维条码的追溯标签，将标签贴在果品上，消费者可通过手机等方式扫描标签中的二维条码，进行追溯查询，如图 8-14 所示。

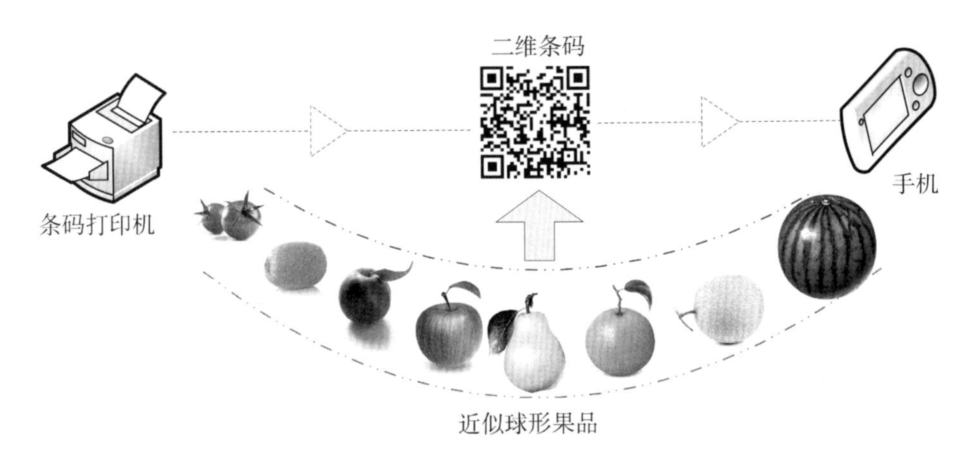

图 8-14 近似球形果品附着二维条码追溯流程

2.4.1 材料与方法

2.4.1.1 试验装置

为了测试条码读取率，并保持测试的稳定性，设计了一个实验装置，如图 8-15 所示。实验装置包括柔性支架、尺子、手机支架和球夹具，其中带尺的柔性支架用来调节读取距离，球夹具保持球的静止和位置，手机支架固定手机。

本实验使用了两部手机，手机的品牌和性能参数如表 8-5 所示。手机使用两种主要类型的操作平台，Android 操作系统和 iOS。两部手机都使用微信扫二维条码。在可读性建模阶段（第一阶段），只用摩托罗拉 Moto Z Play 测试读取率；在实际的水果可读性实验阶段（第二阶段），摩托罗拉 Moto Z Play 和苹果 iPhone 6S Plus 都被用来分析 QR 码的读取率。

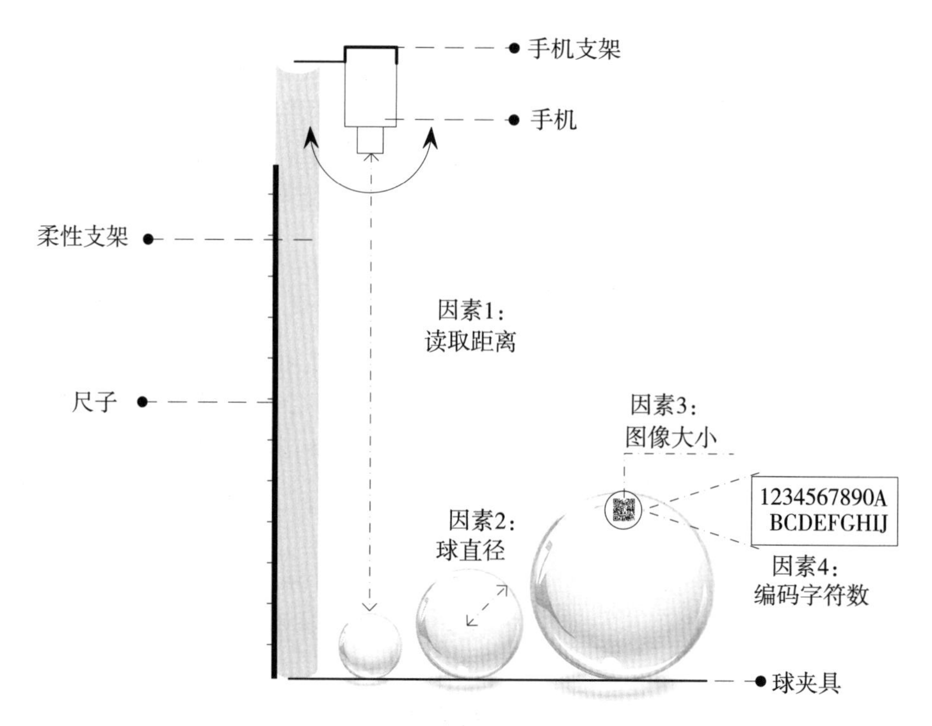

图 8-15 试验装置

表 8-5 手机类型及技术参数

型号	摄像头像素	CPU	操作系统	条码扫描 App	第一阶段	第二阶段
Motorola Moto Z Play	1 600 万	Qualcomm 625，2 GHz	Android 6.0	WeChat 7.0.0	使用	使用
Apple iPhone 6S Plus	1 200 万	Apple A9 + M9 1.85 GHz	iOS 9	WeChat 7.0.0	不使用	使用

2.4.1.2 读取参数选取

QR 码从图像中的水平和垂直模式中提取所需的数据，可以存储在 QR 码中的数据量取决于所使用的编码模式（数字、字母数字或字节/二进制）、版本（表示符号的整体尺寸）和纠错级别（L、M、Q 或 H）。根据相关文献在不同手机的固定距离（15 cm）下获得的静态测试结果，QR 码的可读性不受编码字符数量或纠错级别的直接影响；然而，QR 码的可读性受到模块大小的影响。本研究中固定版本值为 7，纠错水平为 L。

2.4.1.3 读取阈值确定

为了测试不同距离的可读性，对读取距离进行了分析。此外，QR 码图像大小被用作测试因子，因为它在固定打印分辨率下与模块大小对应。虽然编码字符数量在固定距离下不直接影响读取速率，但在不同距离和弧度影响下，其读取率未知，因此将编码字符数量也作为测试因素。与平面相比，弧度对圆形表面很重要。选择了 4 个因素进行分析，并进行了初步的实验室试验，以获得这 4 个因素的价值范围。这 4 个主要因素及其阈值范围如表 8-6 所示。

表 8-6　读取影响因素及其不同水平设置

水平	因素			
	读取距离（cm）	球直径（cm）	图像大小（mm）	编码字符数（bytes）
上立方点（-1）	5	5	5	20
上轴向点（-0.5）	12.5	7	10	40
中心点（0）	20	10	15	60
下轴向点（+0.5）	27.5	14	20	80
下立方点（+1）	35	20	25	100

（1）**读取距离**　读取距离是一个重要的参数，根据手机用户体验，大部分扫描距离为 10~20 cm。当阅读距离小于 5 cm 或大于 35 cm 时，使用手机的可读性大大降低。因此，本研究将阅读距离范围设置为 5~35 cm，中值为 20 cm。

（2）**球直径**　由于在曲面上读取 QR 码不同于在平面上读取 QR 码，所以将相同大小的 QR 码粘贴在不同直径的球上，以确定球直径对可读性的影响。根据调查结果，小直径的水果，如樱桃，由于其单果价格低和标签工艺不方便，很少在单果上使用二维条码。大多数水果的直径为 6~9 cm，而较大的水果如西瓜，直径约为 20 cm。在初始试验中，作为不同水果替代品的球的直径分别设置为 5 cm、7 cm、10 cm、14 cm 和 20 cm。

（3）**图像大小**　一个合适的 QR 码图像大小要求标签易于阅读和粘贴在产品上。由于大多数水果的直径为 6~9 cm，因此确定的图像边长为 10~15 mm。本研究以该数值为中值，所采用的图像大小梯度为 5 mm、10 mm、15 mm、20 mm 和 25 mm。

（4）**编码字符数**　QR 码比一维条形码具有更大的字符容量，为了实现可追溯，一般在 QR 码中编码重要信息，包括追溯 ID、制造商、日期和检查结果；其他信息可通过追溯 ID 进行数据库查询获取。因此，编码字符数为 20~100 个。

2.4.1.4　利用 RSM 方法进行读取率优化试验

响应曲面法（Response Surface Methodology，RSM）是以回归方法作为函数估计的工具，将多因子试验中的因素与试验结果（响应值）的关系用多项式近似，把因子与试验结果的关系函数化，可依次对函数进行曲面分析，定量地分析各因素及其交互作用对响应值的影响。采用合理的试验设计，能以最经济的方式，用较少的试验次数和时间对试验进行全面的研究。目前，响应曲面方法已成功地应用于农业、化学、制造业和生物技术等许多领域。一般来说，RSM 包括 3 步，第一步确定一个近似范围，其中包括所需的最优条件；第二步建立一组独立因素与系统响应之间的关系模型；第三步利用所建立的模型对流程进行优化。

本研究中，为了测定不同因素对 QR 码读取率的影响，采用 RSM 方法。试验中，采用4因素5水平的设计，中心点6次重复，立方点16次重复，轴向点8次重复，各因素及其水平见表8-6。

每个试验点重复20次，以QR码读取率的平均值作为响应值，用多元回归方法对试验结果进行二次多项式方程拟合。使用方差分析（ANOVA）确定自变量对每个响应的显著性，对试验数据进行多元线性回归分析，得到了预测QR码读取率的二阶多项式模型。

2.4.2 结果与分析

2.4.2.1 读取率建模

试验是根据表8-7所示的设计矩阵进行的，方差分析的二次模型结果见表8-8。F值为119.47，P值小于0.000 1，表明模型结果显著；不足拟合F值为0.052 7，大于0.05，表明不足拟合相对于系统中存在的纯误差不显著。非显著的拟合不足表明该模型具有较好的拟合度。利用测试数据进行回归分析，得到读取率的预测模型如下：

$$Y = 95.69 - 11.67X_1 + 19.09X_2 + 1.97X_3 - 1.06X_4 + 6.56X_1X_2 + 16.56X_1X_3 - 0.31X_1X_4 + 19.06X_2X_3 - 1.56X_2X_4 - 0.31X_3X_4 - 26.98X_1^2 - 16.98X_2^2 - 26.98X_3^2 + 13.02X_4^2 \tag{8-3}$$

决定系数（R^2）描述了数据之间的关系，较高的R^2表明预测模型具有良好的拟合效果。该模型的R^2为0.959 5，因此该模型对数据有很好的拟合。

表8-7 不同因素水平下的读取率

序号	X_1：读取距离（cm）	X_2：球直径（cm）	X_3：图像大小（mm）	X_4：编码字符数（bytes）	Y：读取率（%）
1	35	20.5	5	100	10
2	5	4.5	25	100	0
3	20	12.5	15	60	95
4	27.5	12.5	15	60	80
5	35	4.5	5	20	0
6	20	12.5	15	40	100
7	35	20.5	5	20	20
8	5	20.5	5	100	55
9	5	4.5	5	100	75
10	35	4.5	25	100	0
11	20	8.5	15	60	90
12	35	20.5	25	20	90
13	20	12.5	20	60	85
14	20	12.5	15	60	100

（续表）

序号	X_1：读取距离（cm）	X_2：球直径（cm）	X_3：图像大小（mm）	X_4：编码字符数（bytes）	Y：读取率（%）
15	20	12.5	10	60	90
16	5	20.5	5	20	60
17	12.5	12.5	15	60	95
18	20	12.5	15	60	95
19	35	4.5	5	100	0
20	20	12.5	15	60	100
21	20	12.5	15	60	95
22	20	12.5	15	60	100
23	20	12.5	15	80	95
24	5	20.5	25	20	70
25	20	16.5	15	60	90
26	5	20.5	25	100	65
27	35	4.5	25	20	0
28	5	4.5	5	20	65
29	35	20.5	25	100	90
30	5	4.5	25	20	5

表 8-8　读取率的回归模型方差分析

方差来源	平方和	自由度	均方	F 值	显著性水平 P
模型	42 750.76	14	3 053.63	119.47	<0.0001
X_1	2 245.83	1	2 245.83	87.86	<0.0001
X_2	6 013.64	1	6 013.64	235.27	<0.0001
X_3	64.02	1	64.02	2.50	0.134 4
X_4	18.56	1	18.56	0.73	0.407 5
X_1X_2	689.06	1	689.06	26.96	0.000 1
X_1X_3	4 389.06	1	4 389.06	171.71	<0.0001
X_1X_4	1.56	1	1.56	0.06	0.808 1
X_2X_3	5 814.06	1	5 814.06	227.46	<0.0001
X_2X_4	39.06	1	39.06	1.53	0.235 4

（续表）

方差来源	平方和	自由度	均方	F 值	显著性水平 P
X_3X_4	1.56	1	1.56	0.061	0.808 1
X_1^2	121.15	1	121.15	4.74	0.045 9
X_2^2	47.99	1	47.99	1.88	0.190 8
X_3^2	121.15	1	121.15	4.74	0.045 9
X_4^2	28.21	1	28.21	1.10	0.310 1
残差	383.41	15	25.56		
失拟误差	345.91	10	34.59	4.61	0.052 7
纯误差平方	37.50	5	7.50		
总偏差	43 134.17	29			

2.4.2.2 单因素影响分析

表 8-8 显示，不同因素的影响程度如下：球直径＞读取距离＞图像大小＞编码字符数，球直径和读取距离对读取率的响应较大。图 8-16 中给出了在其他因素保持中值的条件下，主单因素与 QR 码读取率之间关系。

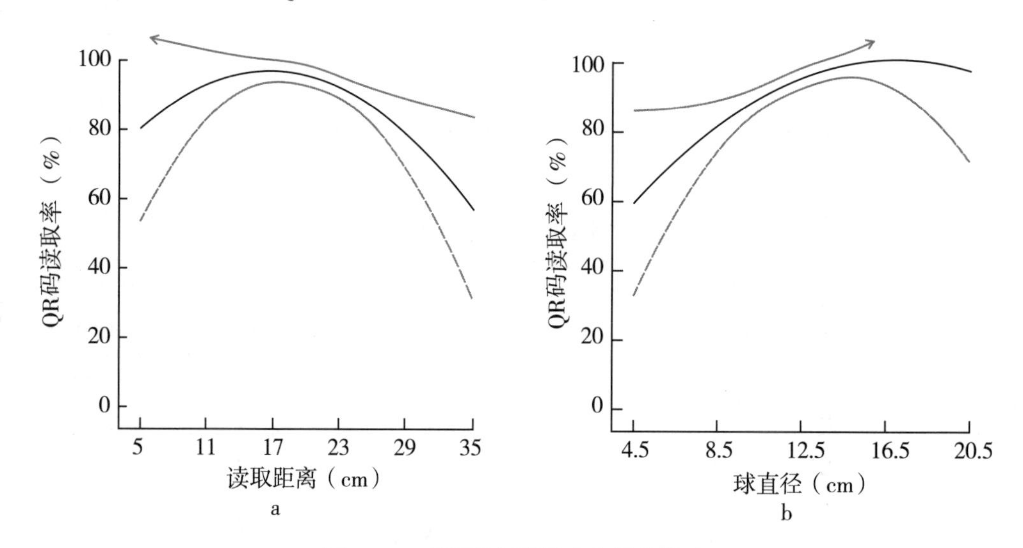

图 8-16　单因素与读取率之间的关系

图 8-16a 表示的是在球直径为 12.5 cm、图像大小为 15 mm 和编码字符数位 60 字节的情况下，读取距离与 QR 读取率之间的关系。结果表明，在读取距离为 5～16.5 cm 的范围内，读取率随着读取距离的增加而增加；在大于 16.5 cm 的读取距离情况下，读取率随着读取距离的增加而迅速下降。这表明太小或太大的读取距离都不适合 QR 码的读取。

图 8-16b 表示的是在保持其他条件为中值的情况下，球直径与 QR 读取率之间的关系。QR 码读取率随着球直径的增加而增加，当球直径为 15 cm，读取率接近 100%；但当球直径大于 15 cm 时，可读性略有下降；当球直径达到最大值 20.5 cm 时，QR 码读取率保持在 97%以上。这表明直径较大的球比直径较小的球产生了更好的读取结果。

2.4.2.3　交互作用分析

表 8-8 显示了读取距离和图像大小之间有非常显著的交互作用，球直径与图像大小之间也有显著的交互作用。利用模型图工具，对主要因素与响应之间的关系进行了可视化分析，如图 8-17 所示。

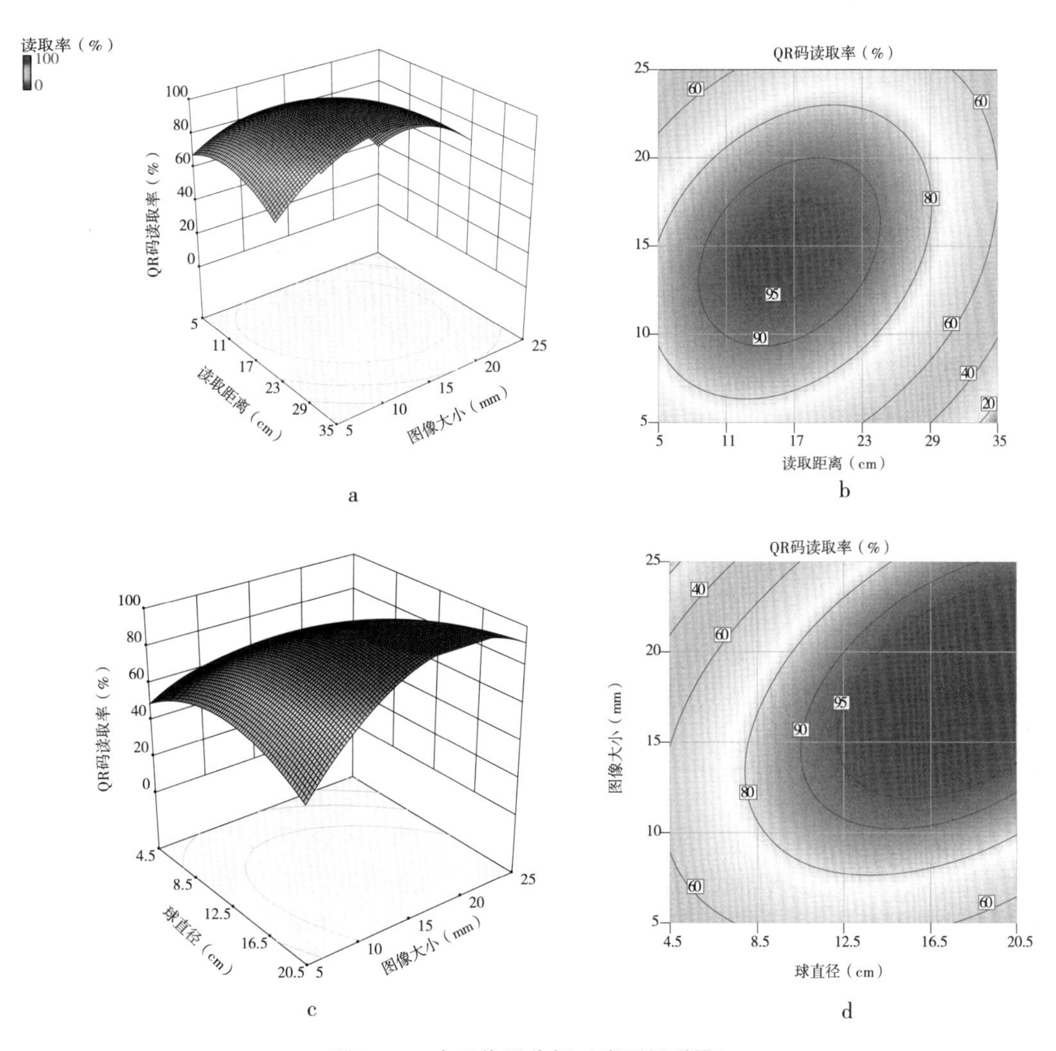

图 8-17　交互作用分析（彩图见附录）

图 8-17a 显示了读取距离和图像大小之间的强交互性。当使用单因素分析时，QR 码读取率随读取距离的增加表现出初始增加随后减少的趋势；随着图像大小的增加，

QR 码读取率也先增加后减少。进一步分析了图像大小与读取距离之间的关系。图 8-17b 显示了读取率分别为 20%、40%、60%、80%、90%和 95%的几个等值线，在 95%的读取率下，当球直径为 12.5 cm、编码字符数为 60 字节时，可以对读取距离和图像大小进行 60 种优化组合。对于这些组合，读取距离为 12.34~20.87 cm，图像大小为 11.83~17.52 mm。

图 8-17c 显示了球直径和图像大小之间的交互作用。随着球直径和图像大小的增加，QR 码读取率先平滑倾斜后略有下降。用图 8-17d 进一步分析图像大小与读取距离之间的关系，其中显示了读取率分别为 20%、40%、60%、80%、90%和 95%的几个等值线。在 95%的读取率下，当读取距离为 20 cm、编码字符数为 60 字节时，可以使用 75 种球直径和图像大小的优化组合。对于这些组合，球直径为 12.21~20.24 cm，图像大小为 11.88~23.90 mm。

2.4.3 近似球形水果追溯 QR 码读取优化

2.4.3.1 优化读取参数模拟

为了测试实际水果的读取率，选择了苹果和甜瓜两种水果进行分析优化。在充分考虑用户使用手机习惯后，本研究将读取距离设置为 20 cm；所测试苹果的直径为 7.8~8.5 cm，甜瓜的直径为 14.2~16.9 cm；确定了 5~10 mm 的图像大小适合苹果，确定了小于 20 mm 的图像大小适合甜瓜。本研究使用的二维条码包含 62 字节的追溯信息，其中追溯码 20 字节、企业码 20 字节、收获日期码 6 字节、认证类型码 10 字节、检查结果码 6 字节。这些信息中除了 20 字节的追溯码外，其他的数据可根据实际情况增加或减少，因为这些信息可以存储在数据库中，可输入追溯码查询得到，因此设置编码字符数从 20 字节到 100 字节不等。读数参数设置如表 8-9 所示。

表 8-9 用于苹果和甜瓜优化试验的读取参数

果品	读取距离（cm）	果品直径（cm）		图像大小（mm）		编码字符数（字节）	
		最小	最大	最小	最大	最小	最大
苹果	20	7.8	8.5	5	10	20	100
甜瓜	20	14.2	16.9	5	20	20	100

为优化 QR 码的读取率，根据建立的模型进行计算，得到了苹果中的 11 个优化模拟解决方案和甜瓜中的 100 个优化模拟解决方案。选取甜瓜的前 27 种优化方案（其读取率均大于 99%）、苹果的所有优化方案列于表 8-10。对于苹果仿真结果，前 5 种解决方案的读取率大于 90%。选择苹果的 2 号方案作为实际应用的方案，虽然 2 号方案读取率不是最高的，但比方案 1 具有更大的容量编码字符。

表 8-10　苹果和甜瓜追溯中 QR 码读取优化模拟

果品	方案编号	读取距离（cm）	苹果直径（cm）	图像大小（mm）	编码字符数（字节）	读取率（%）
	1	20	8.50	10.00	20.00	92.08
	2	20	8.50	10.00	100.00	91.83
	3	20	8.50	10.00	20.48	91.77
	4	20	8.50	9.68	100.00	91.18
	5	20	8.50	9.18	20.00	90.27
苹果	6	20	8.50	10.00	96.60	89.72
	7	20	8.50	8.88	20.00	89.52
	8	20	7.96	9.55	20.00	89.23
	9	20	8.50	8.72	100.00	88.93
	10	20	8.50	10.00	58.03	78.97
	11	20	8.50	10.00	59.77	78.94
	1	20	16.18	19.64	64.09	100.00
	2	20	15.02	15.02	62.49	99.99
	3	20	16.04	19.91	54.25	99.97
	4	20	16.23	19.75	60.06	99.96
	5	20	15.57	12.21	39.88	99.90
	6	20	16.39	12.41	41.39	99.87
	7	20	15.39	11.75	87.75	99.85
	8	20	14.95	18.69	72.06	99.84
	9	20	14.34	13.73	47.04	99.75
	10	20	16.11	19.82	65.87	99.67
	11	20	16.66	12.46	42.11	99.66
	12	20	14.55	17.16	61.75	99.65
	13	20	15.70	13.44	74.72	99.61
甜瓜	14	20	14.93	14.61	64.67	99.58
	15	20	16.38	13.94	59.05	99.52
	16	20	16.33	13.27	49.80	99.51
	17	20	16.03	13.49	73.31	99.50
	18	20	15.03	18.76	57.45	99.38
	19	20	14.26	14.45	52.61	99.35
	20	20	16.54	11.79	38.13	99.35
	21	20	15.73	19.67	59.63	99.27
	22	20	15.97	19.96	60.44	99.20
	23	20	14.42	12.38	41.43	99.16
	24	20	14.64	14.42	58.95	99.13
	25	20	14.41	14.56	56.92	99.13
	26	20	14.91	11.08	34.16	99.07
	27	20	16.09	13.74	62.28	99.03

甜瓜的读取率比苹果高，27 种解决方案的读取率为 99%，除了固定的读取距离外，其他读取参数也各不相同。考虑到高可读性和测试的各种参数，计算了平均图像大小和编码字符数，确定了实际读取率试验的测试条件。

2.4.3.2 实际应用的追溯结果分析

根据优化条件，针对一种方案，对每种水果进行了 5 次测试，共 10 个水果进行了 50 次试验。为了适应更多客户的需求，本研究使用 Android 操作系统和 iOS 手机读取 QR 码。不同手机平台的测试结果如表 8-11 所示。其中方案 1 和方案 2，使用 Android 手机对苹果的平均 QR 码读取率分别为 89.5%和 84.0%。使用 iOS 手机，方案 1 具有和使用 Android 手机相同的读取率，方案 2 则比使用 Android 平台具有略高的读取率。与仿真读取率结果相比，Android 和 iOS 平台的实际读取率都较低。实际值较低很可能是因为模拟使用的球直径为 8.5 cm，而实际测试使用的苹果直径范围为 7.8~8.5 cm。根据甜瓜测试结果，模拟结果与实际测试读取率结果的差异较小。

表 8-11 不同手机的识读效果

水果	方案编号	图像大小（mm）	编码字符数（字节）	模拟读取率（%）	实际读取率（%）	
					Android 平台	iOS 平台
苹果	1	10	20	92.08	89.5	89.5
	2	10	100	91.83	84.0	84.5
甜瓜	平均值	13	58	97.89	95.5	96.5

读取率比较结果表明，虽然实际测试读取率低于模拟条件下的读取率，但差别不大；甜瓜在实际测试中表现出较高的可读性。因此，采用 RSM 优化方法被认为是一种高效可靠的二维条码可读性优化方法。

3 数据交换与集成

3.1 基于 XML 的供应链数据交换

中心数据库模式是溯源系统较常用的方式，中心数据库的数据来源于生产、加工、流通、销售等各环节，各环节采集的信息必须输入中心数据库或与中心数据库框架无缝连接。由于溯源中心与供应链各企业计算机软、硬件环境和数据库结构存在差异，因此，保证中心数据库与供应链各环节数据库间的数据隔离交换，实现异构数据库间的数据同步，是建立以政府监管为中心的农产品溯源系统亟须解决的问题。XML 的自描述性、可扩展性及开放性等优点已使其逐渐成为信息表示和信息交换的标准，可实现不同平台和系统间的应用程序集成和数据交换。本小节以果品为例，通过分析溯源系统信息交换模型，以 XML 标记语言为载体，构建果品溯源信息描述语言（Markup Language for

Fruit Traceability，FTML），并应用于果品溯源系统，为解决果品溯源中心数据库与各环节数据库信息无缝交换提供了一种解决方案。

3.1.1 溯源信息交换模型

果品供应链由生产、加工、流通、销售等组成。其全程溯源需要在供应链各环节记录溯源信息，并实现与中心数据库无缝集成以及物流和信息流的统一，供消费者和监管部门查询。其中，溯源信息交换是实现全程溯源的关键之一。

果品溯源系统的溯源信息交换模型有并列式和主从式两种。并列式信息交换模型没有中心数据库，在供应链每环节分别建立自己的数据库，记录产品来源与流向，下游环节了解产品有关信息时，需从上游环节数据库查找，且不能越级查找；主从式信息交换模型以中心数据库为主数据库，供应链各环节数据库为从数据库，从数据库记录产品在本环节的信息，并定期将与溯源密切相关的信息上传到主数据库。主从式既利于消费者了解各环节产品安全信息，也便于政府监管供应链各环节企业（图 8-18）。

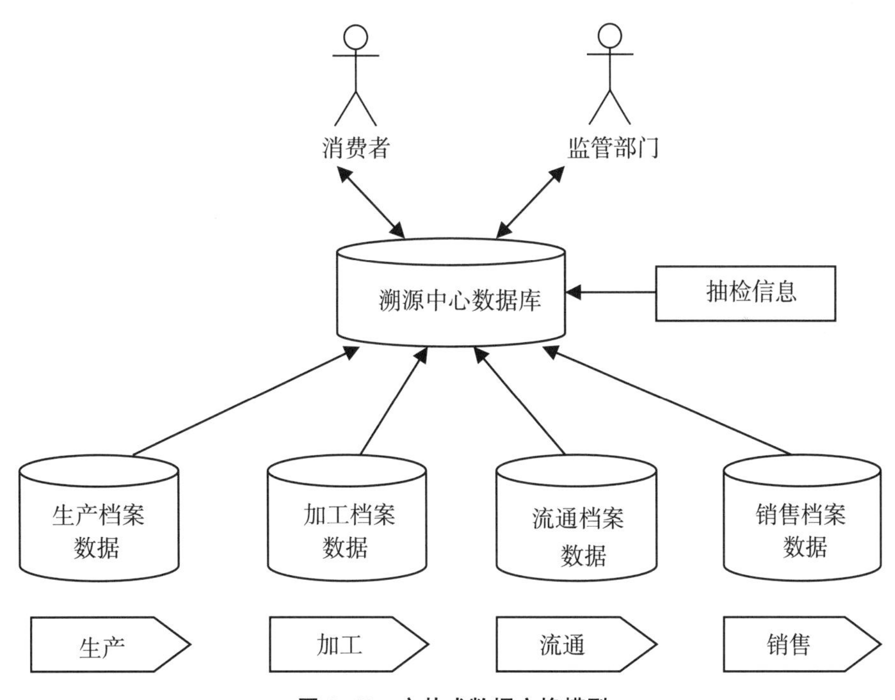

图 8-18 主从式数据交换模型

在主从式数据交换模型中，实现中心数据库与各环节数据库的溯源信息实时、快速、准确交换是关键，但目前供应链各环节的软硬件环境、信息保存格式、数据库结构等与中心数据库有差异，且既有结构化数据也有非结构化数据。虽然已有的各种数据迁移工具可满足一般性数据和大量数据的一次性转换需求，但若数据库既要运行又需在线或隔离数据交换时，就难以满足需求。

3.1.2 果品溯源信息描述语言（FTML）设计

3.1.2.1 果品溯源信息分析

果品溯源信息主要包括追溯号、生产、加工、流通、销售和抽检信息等。其中，追溯号是产品唯一性标识，以同一时间经相同生产、加工、流通与销售的同一品种为标识单元；生产信息包括产地环境和生产过程信息等，产地环境信息又包括水、土壤和空气环境，水环境有 pH 值、总汞、总镉、总砷、总铅、六价铬、氟化物、粪大肠杆菌等指标，生产过程信息有灌溉、施肥、病虫害防治、采收等；加工、流通和销售信息等也各有子信息。根据消费者追溯和政府监管需要，可从以上信息中提取与溯源密切相关的信息作为果品溯源信息，主要有追溯号、产品等级、生产标准、最后一次用药日期、用药量、采收时间、上市时间、抽检时间、是否超标等。

3.1.2.2 FTML 家族树建立

在分析果品溯源信息的基础上，采用面向对象的思想将果品溯源信息组织成层次结构。作为果品溯源信息的子类，它们既继承了上层父类的果品溯源信息共有特征，又有自己独有的信息。依此类推，果品溯源信息与层层包含的约束关系构成一棵家族树。图 8-19 是果品溯源信息描述语言家族树结构的部分内容。

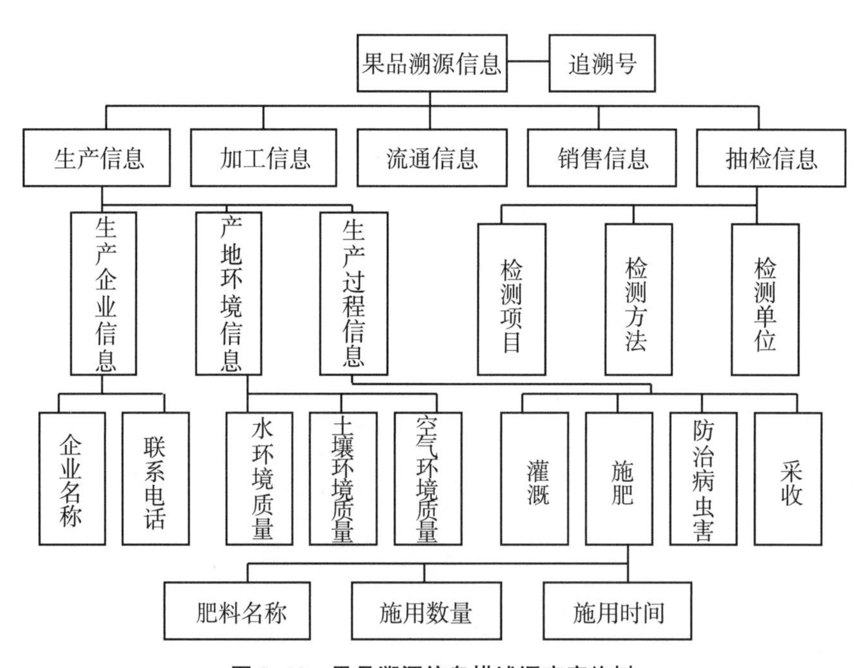

图 8-19 果品溯源信息描述语言家族树

3.1.2.3 FTML Schema 设计

XML 通过 DTD 或 Schema 定义某特定领域的 XML 词汇和准则，基于此模式开发 XML 文档。XML Schema 是优于 DTD、用于创建模式的语言，通过元素、属性、简单和复杂数据类型、属性组等标记定义一种文本结构，作为定义 XML 文档参照规则与模型，以便有效检验 XML 文档数据有效性，即语义正确性和合法性。

根据果品溯源信息特点，可利用 XML Schema 定义一套果品溯源信息的数据格式。

按照图 8-19 所示的结构，编写果品溯源信息词表，词表采用模块化设计，将不同层次元素和属性定义在不同模块，主要内容包括元素和属性命名、元素间关系及元素顺序等。以下面 FTML Schema 的代表性片段。

```
……
  <xs: element name=" traceability_information" >
   <xs: complexType>
     <xs: attribute name=" traceability_ID" type=" xs: string" use=" required" />
     <xs: sequence>
       <xs: element name=" produce_info" >
         <xs: complexType>
           <xs: sequence>
           <xs: element name=" enterprise " >
           <xs: complexType>
           <xs: sequence>
             <xs: element name=" name" type=" xs: string" />
         <xs: element name=" address" type=" xs: string" />
         ……
       </xs: sequence>
     </xs: complexType>
   </xs: element>
 </xs: sequence>
 </xs: complexType>
 </xs: element>
 ……
   <xs: element name=" operation" >
    <xs: complexType>
      <xs: sequence>
       <xs: element name=" fertilizer" type=" fertilizer_items" >
         <xs: element name=" irrigation" type=" irrigation_items/>
           ……
         </xs: sequence>
       </xs: complexType>
      <xs: complexType name=" fertilizer_items" >
    <xs: sequence>
   <xs: element name=" item" minOccurs=" 0" maxOccurs=" unbounded" >
 <xs: complexType>
       <xs: sequence>
     <xs: element name=" name" type=" xs: string" />
```

```
        <xs: element name=" amount" type=" xs: string" />
      <xs: element name=" date" type=" xs: string" />
      ……
       </xs: sequence>
      </xs: complexType>
    </xs: element>
   </xs: sequence>
  </xs: complexType>
 ……
</xs: element>
   </xs: sequence>
  </xs: complexType>
 </xs: element>
……
```

3.1.2.4　FTML 实现

利用上述 FTML Schema 对果品溯源信息进行语法分析和解析，遵循 FTML Schema 的约束规则，即可给出 FTML 文档。

3.1.3　FTML 在溯源信息交换中的应用

3.1.3.1　应用架构

果品溯源信息分布在生产、加工、流通和销售的各企业，只有在产品经过各环节时将相对应信息同步到溯源中心，才能快速、准确地实现产品溯源。应用时供应链各环节都应遵循 FTML Schema 模式，采用 FTML 作为供应链数据库与中心数据库间数据交换的标准语言，通过对 XML 文件的操作实现数据交换（图 8-20）。

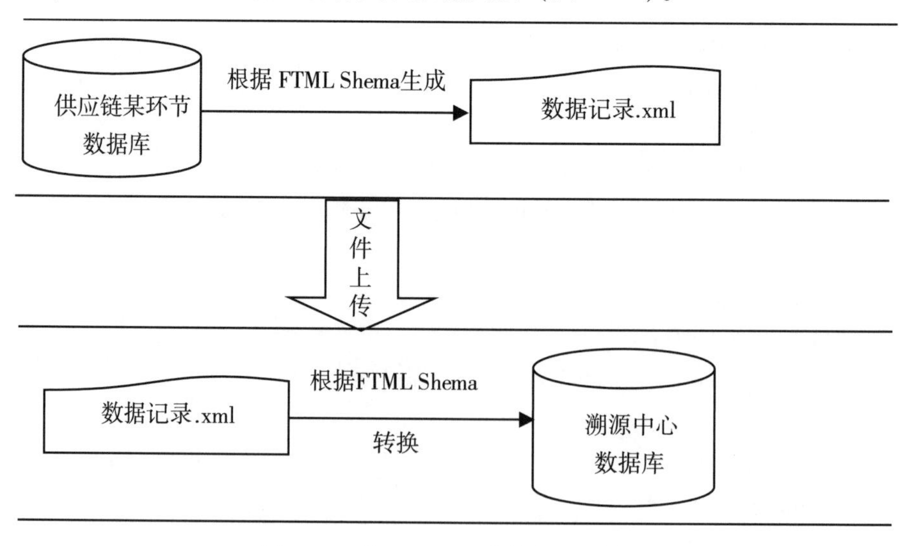

图 8-20　基于 FTML 的数据交换模型

由图8-20可见，溯源信息在供应链各环节与溯源中心间的数据交换分3步：首先，在供应链某环节提取数据库目标记录，通过XML生成接口，根据已建FTML Schema，将记录转换为符合FTML Schema数据记录的xml文档；其次，将生成的XML文档经http发至溯源中心；最后，通过XML转换接口，将数据记录.xml文档转换为数据记录，添加到溯源中心数据库。

3.1.3.2　FTML数据交换接口的实现

利用.Net框架和C#语言，分别开发供应链端和溯源中心端FTML数据交换接口。供应链端FTML数据交换接口主要实现数据转换与发送，并与供应链端管理系统集成，溯源中心端FTML数据交换接口主要实现数据接收与解析，并与溯源中心管理系统集成。以下为某生产企业通过数据交换接口生成的符合FTML Schema模式的溯源信息片段。

```
……
<traceability ID>05121300030101052210</traceability ID>
<produce_info>
……
<product>
   <name>苹果</name>
   <type>富士</type>
    ……
</product>
</operation>
……
<fertilizer>
<item>
   <name>鸡粪</name>
   <amount>1 kg</amount>
   <date>20050818</date>
</item>
   ……
</fertilizer>
……
</operation >
……
   </produce_info>
……
```

将生成的生产溯源信息XML文档上传至溯源中心数据库，其管理系统通过接口、依据FTML Schema模式将XML文档解析为数据记录添加至数据库。消费者可通过果品溯源平台输入追溯号即可追溯产品信息。

3.2 多源异构数据集成技术

在农业生产与管理中会产生各类数据，这些数据中有生产记录、产品检测等结构化数据，还有产品图片、生产视频等非结构化数据，从而导致数据的多源性。同时，不同品类的追溯系统带来的硬件、系统软件和通信系统之间的差异，以及数据的储存管理机制不同、设计者和实施者对于领域知识与数据的理解性不完全相同，产生数据的异构性。基于本体解决异构数据的集成问题，具体由数据格式集成、语义映射及异构数据解析处理 3 部分组成，其结构如图 8-21 所示。其中，语义映射是核心，主要定义在进行异构数据集成时局部环境语义到全局环境语义的表述和映射机制，本体建模是实现语义映射的基础，通过建立追溯信息领域本体使得领域内概念以及概念之间的关系在语义层次不产生二义性，进而解决结构化、非结构化数据的异构集成问题。借鉴 METHONTOLOGY 的框架，并结合面向对象开发方法对其进行了细化，根据追溯信息领域本体的特殊性，将追溯信息集成过程分成以下 3 个阶段，组成一个迭代的过程，以猕猴桃追溯为例，进行说明。

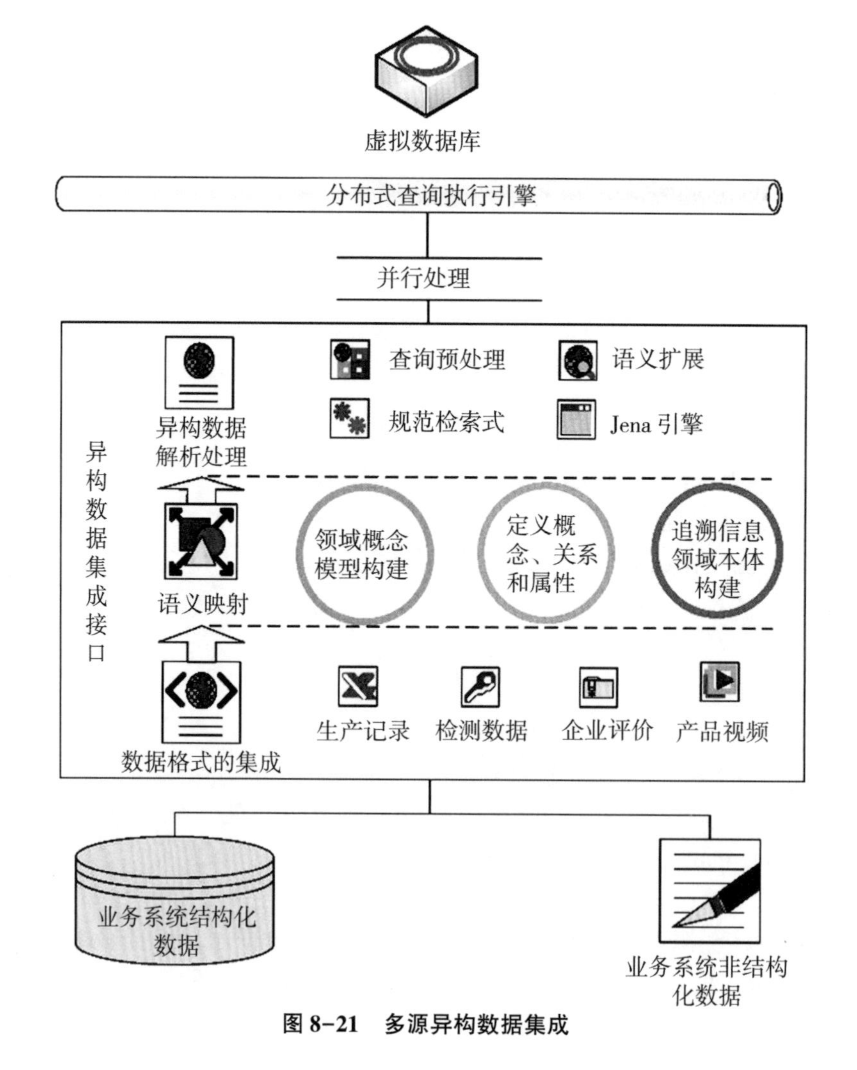

图 8-21　多源异构数据集成

3.2.1　领域概念模型构建

在对追溯相关信息进行分类和描述的基础上，参考有关农业知识表达的一些文献，提取与猕猴桃追溯相关的词汇，包括猕猴桃、生产、追溯、溯源、病害、植物、农药、检测等相关词汇，借鉴农业知识本体的描述方法，采用五元素知识本体 $\{C, A^C, R, A^R, H\}$ 对追溯信息进行描述。其中，C 代表概念集合；A^C 代表每一个概念的属性集合；R 代表关系集合；A^R 代表每一个关系的属性集合；H 代表概念间的关系集合。

3.2.2　定义概念、关系和属性

在完成领域概念模型构建的基础上，进一步定义追溯信息本体相关的概念、关系和属性；以猕猴桃追溯中的病虫害防治信息本体为例。

Trace_Kiwifruit_Plant-protection = $\{C_{tcp}, A^C, R_{tcp}, A^R, H_{tcp}\}$

定义概念集合 C_{tcp} = {时间，事物，生物，化学品，昆虫，植物，猕猴桃科，病害，农药，猕猴桃，霜霉病，灰霉病，白粉病，代森锰锌，嘧霉胺，阿维菌素，…}。

定义关系集合 R_{tcp} = {防治（农药，害虫），危害（病害，猕猴桃），…}。

定义概念间的关系集合 H_{tcp} = {（猕猴桃，猕猴桃科植物），（猕猴桃科植物，植物），（霜霉病，病害），（阿维菌素，农药），…}。

3.2.3　追溯信息领域本体构建

采用 Protégé 作为本体编辑环境，本体的结构以树形的层次目录结构显示，通过点击相应项来编辑或增加类、子类、属性和实例等元素，在 Protégé 将本体构建完成之后可导出 OWL（ontology web language）格式表示追溯信息本体，使用 OWL 格式存储的本体数据后续可以使用本体解析工具 Jena 进行解析处理。

在 OWL 语言描述中，通过标签<owl：Class>和<rdfs：subClassOf>来定义本体中的概念以及概念间的关系；另外，标签<owl：DatatypeProperty >用来定义概念的属性，<owl：ObjectProperty>表示概念与概念间的关系。

以下为追溯信息部分本体导出的 OWL 描述：

```
<owl：Class rdf：about = " #猕猴桃" >
      <rdfs：subClassOf rdf：resource = " #猕猴桃科植物" />
      <owl：equivalentClass>
       <owl：Class rdf：ID = " Kiwifruit" />
</owl：equivalentClass>
</owl：Class>
   <owl：Class rdf：ID = " 猕猴桃科植物" >
      <rdfs：subClassOf>
        <owl：Class rdf：ID = " 植物" />
      </rdfs：subClassOf>
   </owl：Class>
<owl：ObjectProperty rdf：ID = " hasDamageTo" >
      <rdfs：domain rdf：resource = " #病害" />
```

```
        <rdfs：range rdf：resource=" #猕猴桃" />
    </owl：ObjectProperty>
    <owl：Class rdf：about=" #霜霉病" >
        <rdfs：comment rdf：datatype=" http：//www.w3.org/2001/XMLSchema#string"
        >病害</rdfs：comment>
        <rdfs：subClassOf rdf：resource=" #病害" />
    </owl：Class>
    <owl：ObjectProperty rdf：ID=" prevention " >
      <rdfs：domain rdf：resource=" #农药" />
      <rdfs：range  rdf：resource=" #病害" />
    </owl：ObjectProperty>
```

4 区块链追溯平台

4.1 已有追溯系统存在问题分析

供应链各责任主体间的物流形成了双向或多向的信息流，组成了一个共同参与和协同合作的“网链”。但网链中存在着批次转换、信息传递、物流与信息流无法有效衔接等问题，导致追溯断链；另外，农产品供应链时空跨度大，易造成信息不透明，导致追溯信息可信度不高。已有的追溯系统主要存在如下问题。

4.1.1 数据共享困难

虽然相关部门及机构出台了一系列规程、办法、指南、要求等标准，但是部门之间缺乏有效的沟通协调，出台的标准之间存在内容交叉、描述不统一等情况。各地方政府根据自身实际需要出台了一系列地方标准，但标准质量参差不齐。这就产生了数据共享困难、系统不兼容、重复建设和资源浪费等问题。

4.1.2 参与意愿不高

我国农产品供应链中责任主体众多，很多农户和企业生产规模小、技术水平低，采用信息技术实现全面的可追溯系统增加了其经营成本和管理难度；同时，“以次充好”现象的存在导致追溯农产品不一定能产生额外的收益，因此追溯体系易出现“叫好不叫座”等情况。

4.1.3 监管机制不清

虽然多部门、多系统、多渠道监管农产品的现象有很大改观，但还存在着部分产品及环节监管界限不清的问题；同时，农产品数量多、供应链长、不确定因素多，导致集中式的监管成本很高，容易出现监管漏洞。

4.1.4 信息真实存疑

目前传统的农产品追溯系统以中央数据库存储方式存储追溯信息，中央数据库的控制权过于集中，有的甚至由农产品生产责任主体自行监管，追溯信息的采集和录入全凭自觉自律，没有对系统应用和执行过程的监管监督机制和手段，使得数据的真实性不能得到保证，不能完全解决农产品消费市场中消费者对产品的信任缺失问题。

4.2　可信追溯体系架构

4.2.1　整体框架

区块链技术具有分布式台账、去中心化、集体维护、共识信任等特点，在解决目前追溯系统中存在的参与主体众多且分散、中心化方式管理与运作困难、农产品供应链时空跨度大、单一环节主体掌控能力弱、信息记录多样且可信度不高等问题时具有先天技术优势。区块链的类型有公有链、私有链和联盟链3种主要形式，公有链中人人可以操作区块链，不适合供应链追溯中参与主体复杂的情况，私有链中仅核心节点具有操作权限，也使供应链追溯系统的实现受到较大限制，而联盟链中既有授权节点又有公开节点，其共识管理模式保证了供应链参与组织的高效运行，同时兼顾了系统的安全性和可靠性。因此，本研究基于联盟链构建了适用于农产品追溯的可信追溯系统框架，如图8-22所示。

可信追溯系统架构由供应链层、数据层、网络层、共识层、合约层和应用层组成，供应链层包括农产品供应链的生产、加工、仓储、物流、销售等各环节的信息系统以及其产生的数据，这些数据是追溯的核心数据来源，构成了基础数据。基础数据以区块数据结构存储在区块链的数据层中，采用哈希算法、时间戳以及区块间的传递机制工作。网络层通过身份验证、节点权限等，结合P2P网络协议将区块链数据存储于各个节点。共识层采用权益证明（Proof of Stake，PoS）算法进行管理，在基于权益的共识算法中，权益证明就是资源证明，最高权益的节点即拥有最多资源的节点具有记账权，这种机制满足了供应链追溯系统中，具有更多权益的政府部门及机构具有更高的权限，能够实现对供应链参与主体的审核。合约层将农产品质量安全相关的法律法规、技术标准等进行归纳总结形成智能合约，通过设定触发条件和响应规则实现了将监管职能内嵌到供应链流程中，提升监管效率。应用层通过构建可信追溯系统门户，为政府、组织、企业和消费者提供服务。

4.2.2　关键技术

4.2.2.1　供应链追溯区块结构

区块由区块头和区块体两部分组成。区块头用于链接到前面的块并且为区块链数据库提供完整性的保证，区块体包含了经过验证的、块创建过程中发生的所有追溯记录。追溯记录采用唯一追溯编码和追溯内容的方式生成，追溯内容因不同环节数据采集特征而不同。采用Merkle树的方式对一定时间内的唯一追溯编码进行存储，以校验区块数的完整性。依据追溯过程的链式特征，区块之间的链接以每个区块的区块头地址为依据，每一个区块的区块头都包含了前一个区块的追溯记录压缩值，每个区块按时间顺序进行有序排列，形成了追溯区块链。

4.2.2.2　追溯主体身份认证

农产品供应链各追溯主体在区块链上注册时，会创建一个包括企业名称、社会统一

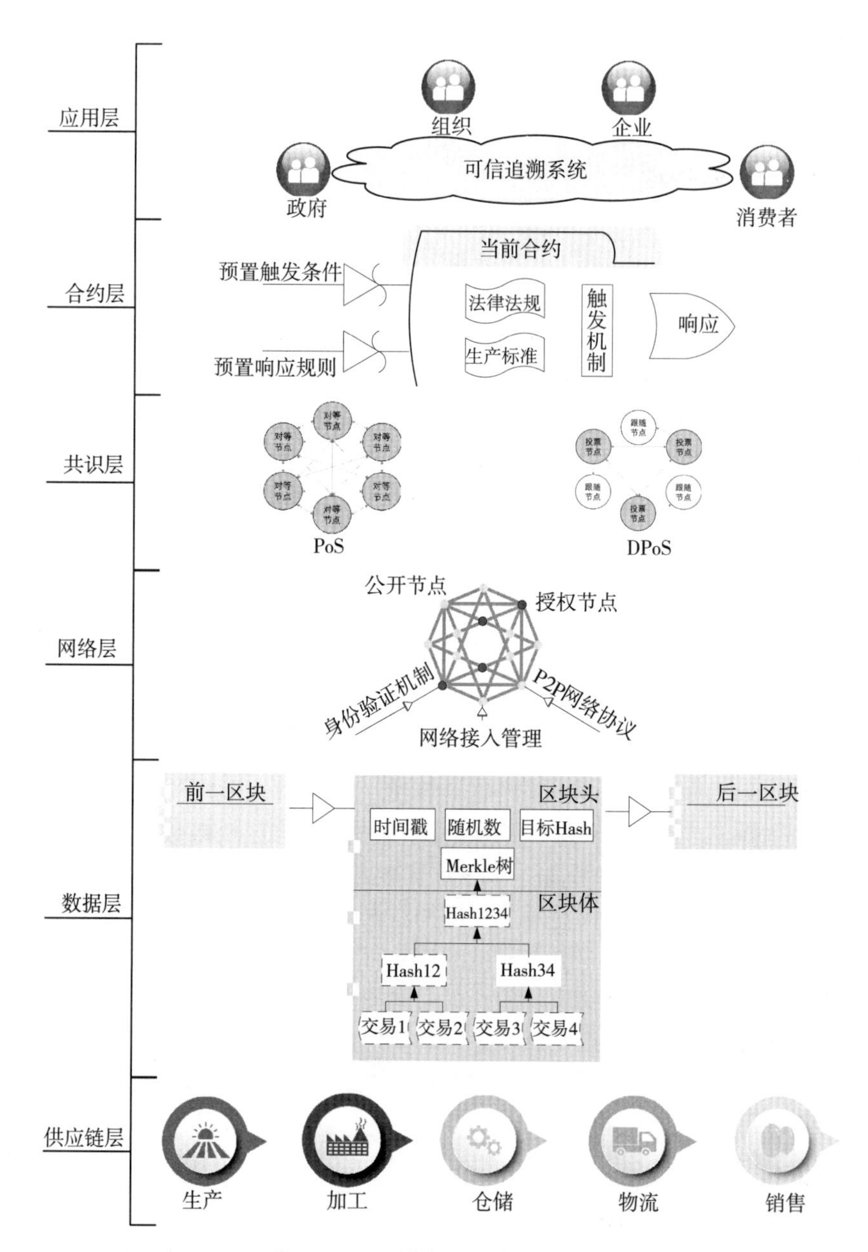

图 8-22　可信追溯系统技术框架

信用代码、地址、法人代表等信息的档案。注册成功后将获得一个公钥和私钥，公钥向区块链中全体成员公开，而私钥是交易中身份验证的关键。采用非对称加密算法对主体的身份信息进行加密，防止信息被篡改。

4.2.2.3　农产品安全共识机制

一个生产经营单位，可以在经过农产品安全主管部门的审核批准后建立节点，然后加入网络参与追溯信息的接入、传播、记录和验证。当进入后，该节点便有一个维护全供应链的账本，任何进入系统的数据信息需要经过全网各节点共识通过后才会被记录区块中。构建可信追溯共识机制的重点是分布一致性问题。由于农产品供应链各主体存在着上下游的业务关系，因此不需要采用 PoW（Proof of Work）算法，可采用拜占庭容错算法实现高效分布一致性。

4.2.3　联盟链的搭建

本系统结合特定的应用场景，选择联盟链来构建区块链网络，联盟内的组织可相互合作，比如想要在网络中执行某交易，则需要联盟内的所有节点对交易进行背书。在同一联盟中的节点由同一个排序节点进行排序，所使用的创建策略也相同。链在指定相关的联盟信息后才能完成创建。例如，在联盟内可指定链的创建规则，是需要获得全部成员的同意还是允许成员自己创建；并且在联盟链内的各组织都需指定组织内的 MSP 信息，而且信息还需跟关联证书中的 ID 保持一致。

联盟链主要由各个监管机构，农产品的生产企业、运输企业、销售企业及消费者之间的节点构成，该链通过 Gossip 协议进行通信，实现区块链内各节点之间的交互；完成的交易按 PBFT 共识算法达成共识，使各个节点内存储的账本保持一致。监管部门各部门之间构成私有链，该链连接了各部门内监管系统，由智能合约完成交互，同时各监管部门的证书管理者提供证书给参与交易的节点，用以认证交易的合法性及交易节点的身份。

4.2.4　数据存储机制设计

果品供应链具有节点多、供应链长和涉及面广的特点，链上各环节都包含大量的数据，如果一次性上传到区块链网络中，上传速度慢，区块链的负荷大，运行成本高，而且对区块链网络中每个节点的硬件设施要求都会很高。因此，提出一种“链上（on chain）+ 链下（off chain）”双模存储机制，通过将果品供应链上各环节的详细数据信息经过智能合约验证，最终与数据所在的区块链位置信息一同存入关系型数据库中。区块链网络中存储的数据为经过哈希计算的数据以及该数据对应的唯一标识码。通过这种方式，既提高了区块链的运行效率，同时又保障数据的安全可信。针对食品供应链各环节的信息安全管理和追溯，构建了食品全供应链数据存储模型，如图 8-23 所示。

4.3　区块链追溯平台实现

4.3.1　各层逻辑实现

数据存储主要包含查询及交易分离模块、区块链数据存储和数据缓存。查询交易模块数据保存在状态数据库中，区块链的各个节点的 Couch DB 一起构成状态数据库。Couch DB 可在多个物理节点进行分布式存储，再通过共识算法同步和协调，保证各节点数据的一致性。

区块链管理主要包含验证节点管理模块、建块预处理模块、背书策略模块、共识机制模块、块同步模块、节点签名验签模块。核心层保证区块链网络的平稳运行，其主要由区块链中的 Peer 节点及 Order 节点共同组成。

供应链服务主要包括了 3 个主要的业务链，果品种植信息链、物流信息链及销售信

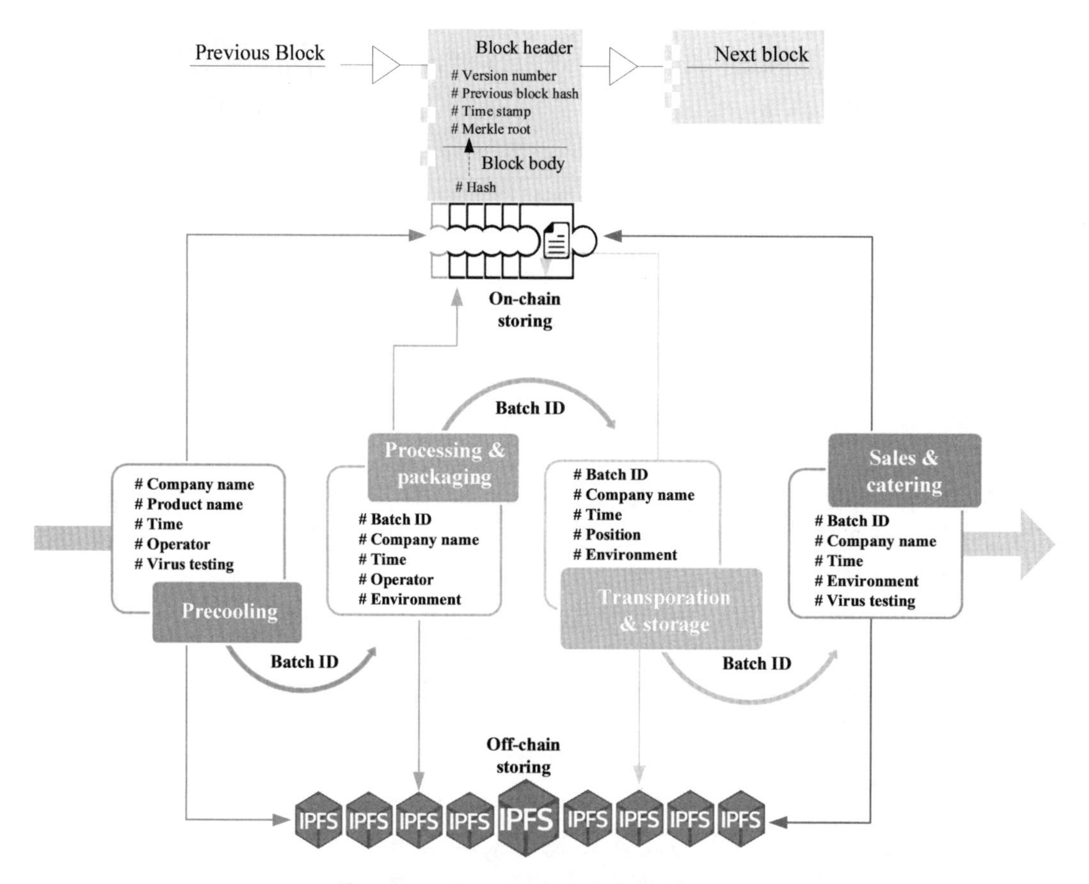

图 8-23　链上链下结合的数据存储机制

息链。链代码由 go 语言实现，包含主要的业务逻辑，负责区块链账本的更新及查询等相关操作，而且服务层提供链代码的部署及调用等操作。此外，农产品追溯系统包含基于 PKI 体系的权限管理，主要通过对获得许可的节点颁发证书等手段，完成节点的身份认证，保证操作安全可控。

接口层主要对外提供操作区块链的接口，在区块链和系统应用之间建立连接。接口层主要使用 Java 语言编写，对系统应用提供链代码的部署及调用、获取相关证书、信息链和交易链的相关操作。果品追溯系统接口层主要包括了 chaincode 接口和 Java-SDK 接口，chaincode 接口包含在 Fabric 下的 stub 包中，主要辅助开发人员对智能合约进行业务逻辑的开发；Java SDK 接口用于与区块链网络进行交互，系统通过 SDK 对区块链网络进行初始化、链代码部署等操作。

应用层主要完成系统前端显示及功能展示，是用户通过登录可直接操作的。前端主要采用 Ajax 技术完成与接口层数据的交互，来展示在区块链上查询到的果品信息。

4.3.2　功能实现

基于区块链、物联网等新一代互联网技术，结合主要果品农产品生产、加工、仓储、物流以及销售等全产业链环节，开发基于区块链技术的果品供应链管理与溯源平台，主要实现功能如表 8-12 所示。

表 8-12 果品区块链追溯平台功能

模块名称	目标系统	功能描述
生产种植管理	基地地图	通过地图直观展示基地的园区规划
	农事日历	通过日历形式农事活动计划
	环境监测	集成环境监测设备，掌握基地环境数据
	视频监控	集成视频摄像头，可实时查看视频画面
	农资管理	实现生产中的农资出入库管理
	生产管理	安排果园农事活动
	上市检测	管理农产品监测结果的记录
	预测预警	根据环境预警模型，提醒环境预警
	批次生成	对采收的初级农产品进行批次管理
	农事采集小程序	建立农事采集实现农事采集打卡
加工包装管理	加工计划	根据订单情况，生产加工日历
	订单管理	实现订单的管理
	环境监测	对加工包装环境进行环境监测
	视频监控	集成视频摄像头，可实时查看视频画面
	原料管理	实现初级农产品的出入库管理
	加工管理	根据订单实现农产品加工管理
	成品管理	实现成品的出入库管理
	统计分析	对订单、原料、加工量、成品等信息进行统计
	批次生成	实现成品的批次管理
	现场打印小程序	通过手机小程序连接蓝牙打印机实现订单、追溯码打印
仓储物流管理	车辆管理	实现物流运输车辆信息的管理
	库存状态	实现成品库存的信息管理
	环境监测	实现仓库、冷链环境的监测
	视频监控	集成视频摄像头，可实时查看视频画面
	订单管理	实现订单的管理
	车辆监控	对车辆实时位置、环境监测数据进行监控
	统计分析	对库存、环境监测、订单情况等信息进行统计分析
	品质预警	根据品质预警模型，对仓库中的商品进行品质预警
	批次生成	对仓储、物流的大批量产品进行批次管理
	出入库采集小程序	通过手机小程序实现出入库管理

（续表）

模块名称	目标系统	功能描述
交易销售	交易动态	对电子秤交易信息进行管理
	价格趋势	获取电子秤价格信息，进行价格分析
	补货预测	通过补货模型，为经销商提供补货提醒
	电子钱包	对储值用户实现电子钱包管理
	统计分析	对交易信息、价格信息、补货信息进行管理
	设备管理	对电子秤设备进行管理
	线上果蔬店小程序	实现在线下单、支付、物流、到店取等线上交易
区块链管理	用户注册管理	基于区块链技术的用户信息管理
	智能合约管理	基于区块链技术的智能合约的管理与维护
	区块信息管理	显示区块链条上的信息上下文
	交易信息管理	基于区块链技术对种植、加工包装、仓库物流、交易等信息进行管理
	产品溯源管理	基于区块数据进行产品的追溯及结果展示

4.3.2.1　**系统首页**

系统首页界面如图 8-24 所示，主要实现用户注册以及登录功能。

图 8-24　系统首页（彩图见附录）

4.3.2.2　**生产种植统计**

生产种植统计界面如图 8-25 所示，主要统计果园面积、基地个数、产量、化肥施肥量、农药施用量。分析化肥用量、化肥作业面积、施肥次数；分析农药用量、农药作业面积、施药次数；分析近 5 年产量、近 5 年产品排行。

4.3.2.3　**生产环境监测**

生产环境监测界面如图 8-26 所示，支持查看果园气象设备数据，包括最新空气温度、空气湿度 、降水量、风向、风速、大气压、太阳辐射、土壤含水量、土壤温度监测数据等；支持近期数据和历史数据可视化展示。

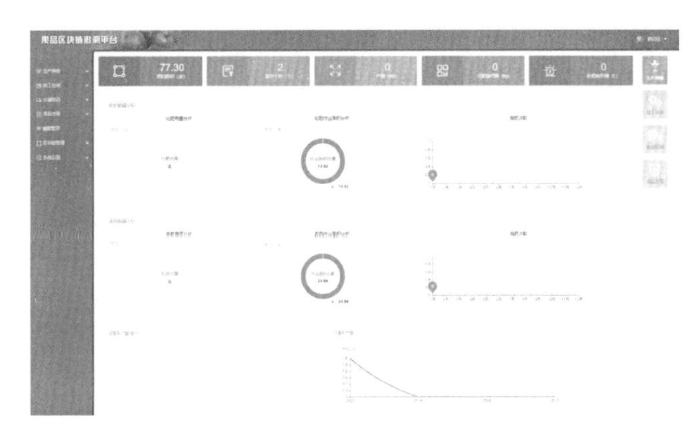

图 8-25　生产种植统计界面

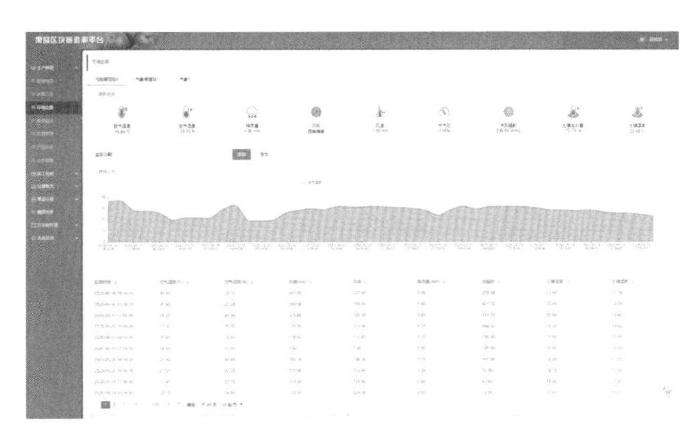

图 8-26　生产环境监测界面

4.3.2.4　加工包装分析展示

加工包装分析展示界面如图 8-27 所示，支持按照今天、明天、未来一周 3 个维度分析商品需求量。

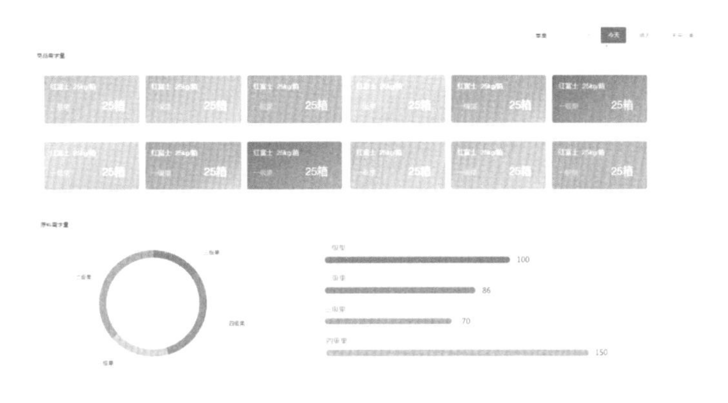

图 8-27　加工包装分析展示界面

4.3.2.5　车辆监测

车辆监测界面如图 8-28 所示，支持车辆驾驶员、环境以及订单信息的查看等功能。

图 8-28　车辆监测界面

4.3.2.6　溯源查询

溯源查询界面如图 8-29 所示，支持通过输入溯源码或者扫描二维条码查询果蔬的溯源信息，展示果蔬的基本信息、农事操作以及安全检测等全流程的信息。

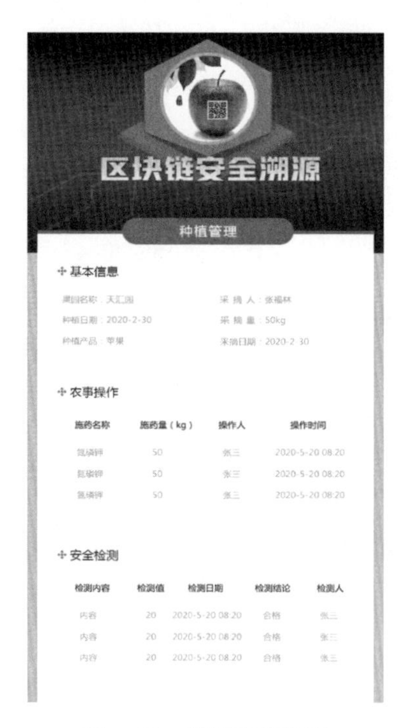

图 8-29　溯源查询界面

参考文献

钱建平，杜晓伟，李文勇，2016. 农产品追溯标识双向转换设备研究[J]. 农业机械学报，47(11)：239-244.

钱建平，范蓓蕾，李洁，等，2017. 支持分布环境的农产品协同追溯平台构建[J]. 农业工程学报，33(8)：259-266.

钱建平，范蓓蕾，史云，等，2019. 基于区块链的农产品可信追溯系统框架构建[J].中国农业信息，31(3)：48-57.

钱建平，吴文斌，杨鹏，2020. 新一代信息技术对农产品追溯系统智能化的影响综述[J]. 农业工程学报，36(5)：182-191.

BEHNKE K，JANSSEN M F W H A，2020. Boundary conditions for traceability in food supply chains using blockchain technology [J]. International Journal of Information Management，52：10969.

CREYDT M，FISHER M，2019. Blockchain and more Algorithm driven food traceability[J]. Food Control，105：45-51.

FAN B L，QIAN J P，WU X M，et al.，2019. Improving continuous traceability of food stuff by using barcode-RFID bidirectional transformation equipment：two field experiment[J]. Food Control，98：449-456.

KIM Y G，WOO E，2016. Consumer acceptance of a quick response (QR) code for the food traceability system：application of an extended technology acceptance model (TAM)[J]. Food Research International，85：266-272.

QIAN J P，RUIZ-GARCIA L，FAN B L，et al.，2020. Food traceability system from governmental，corporate，and consumer perspectives in the European Union and China：a comparative review[J]. Trends in Food Science & Technology，99：402-412.

QIAN J P，WU W B，YU Q Y，et al.，2020. Filling the trust gap of food safety in food trace between the EU and China：an interconnected conceptual traceability framework based on blockchain[J]. Food and Energy Security，9：e249.

第九章　果品智慧供应链典型应用与分析

农产品供应链环节多、链条长、损耗率高、监管薄弱，既影响了农产品的质量安全，也造成了农产品资源的浪费。随着信息和数字技术的快速发展及消费者对农产品安全和品质的需求不断提高，智能化已成为提升农产品供应链管理水平、降低农产品损耗、提升运作效率的重要抓手。果品智慧供应链从生产到消费的全流程管理可以提高农业生产的效率和质量，降低生产成本和物流成本，推动农业现代化发展。

1　智慧桃园技术集成与应用示范

1.1　基本情况

围绕桃产业的生产管理、市场销售等环节开展全产业链的数据管理、智能分析和信息推送等服务，集成开发智慧桃园服务管理平台 1 套，实现桃园“天空地”一体化监测、智能装备精细作业、水肥药精准投入、病虫害识别诊断和大桃透明供应交易，打造智慧桃园的展示中心、服务中心和数据中心，在北京某大桃基地应用示范，引领大桃产业提升、管理升级、品牌化经营与高质量发展。

1.2　建设内容

1.2.1　形成了“天空地”感知监测一张网

创新集成果园信息获取系统 10 余类，包括遥感-无人机影像（天空），环境气象、虫情、视频（地上），土壤墒情（地下），以及无人车多功能巡检监测，快速精准识别和分析果园土壤、生态环境、果树个体及群体的监测信息，实现果园“天空地”一体化的立体监测为果园环境管理、调控等提供数据基础。图 9-1 是桃园“天空地”一体化的立体 监测示意图。

1.2.2　实现了农事精细作业，省时省力

聚焦果园水肥药、病虫草害、农事作业等关键环节，集成应用智能水肥灌溉装置、果树精准喷药机、无人驾驶割草机、运输作业无人车、自走式采摘作业平台等智能装备技术 5 类以上，并结合 AI 深度学习与图像识别技术，助力果园“机器换人”的精准作业与精细管理，显著节约果园用工、用料成本，提升作业效率。图 9-2 是农事精细作业省时省力智能装备体系示意图。

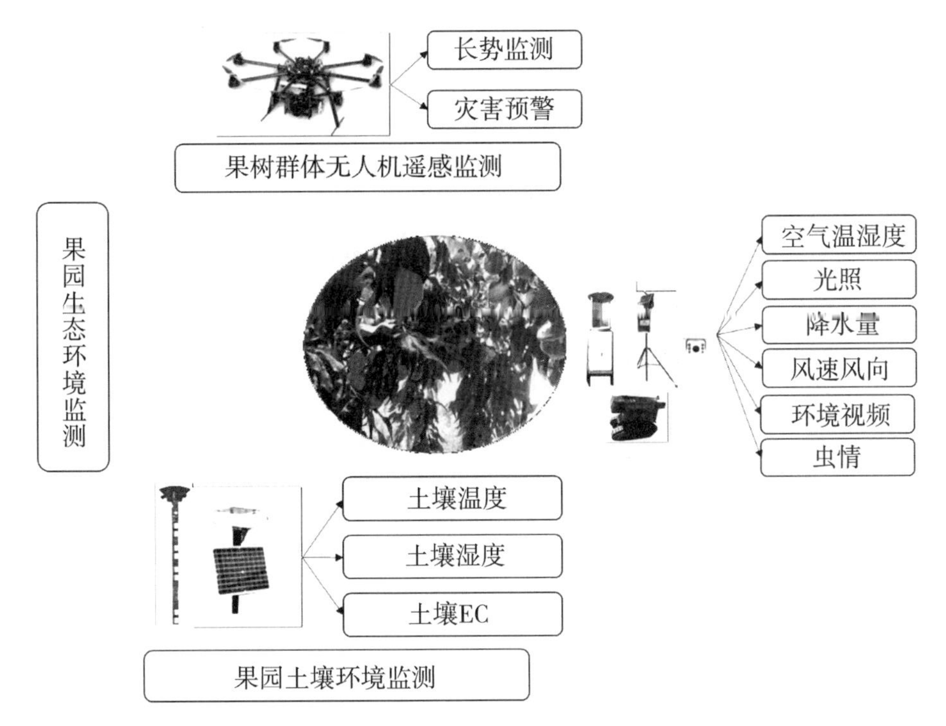

图 9-1 桃园“天空地”一体化的立体监测示意图

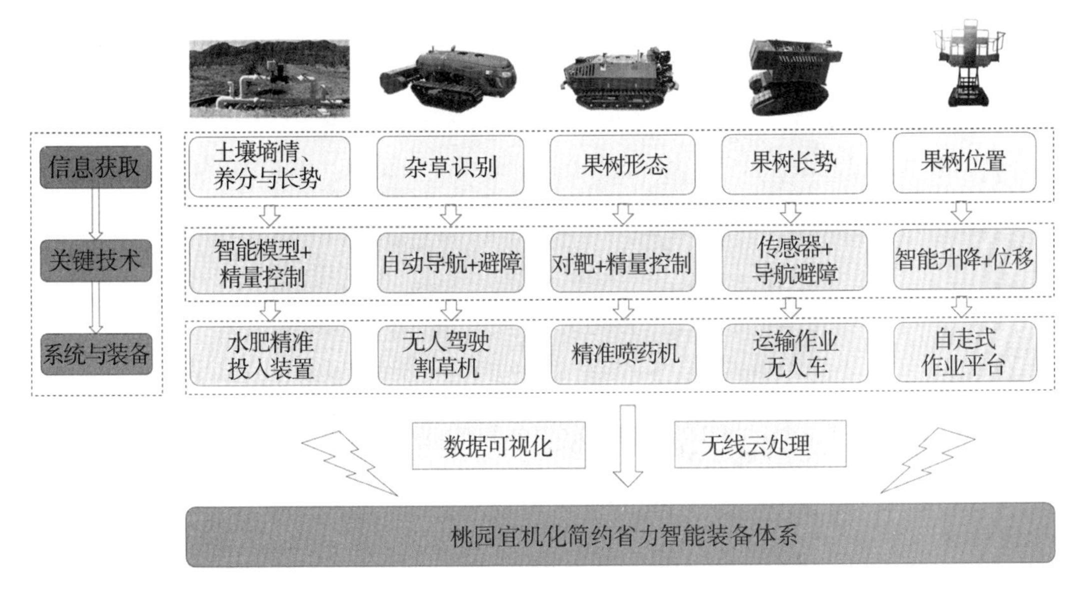

图 9-2 农事精细作业省时省力智能装备体系

1.2.3 融合了全产业环节数字化管理

面向果园管理端口（Web 端）、果园作业端口（小程序）和消费者端口（公众号），将区块链技术与溯源技术相结合，构建了生产经营数字化管理的智慧桃园综合服务平台，涵盖布局设计、生产管理、加工包装、果品交易、区块链溯源五大功能模块，提供全产业链的智能化信息服务。图 9-3 是生产经营数字化管理的智慧桃园综合服务平台示意图。

图 9-3　生产经营数字化管理的智慧桃园综合服务平台

1.2.4　搭建了大数据服务展示中心

面向果业主管部门构建领导指挥舱，可视化集成展示智慧桃园的空间分布、环境信息监测、农事农机作业、农产品溯源交易等内容，为宏观决策提供数据支撑；凸显智能装备集成应用、AI 图像识别、区块链透明溯源等先进技术应用成效，打造桃园智能化生产管理的示范窗口。图 9-4 是桃园智能化生产管理的示范窗口。

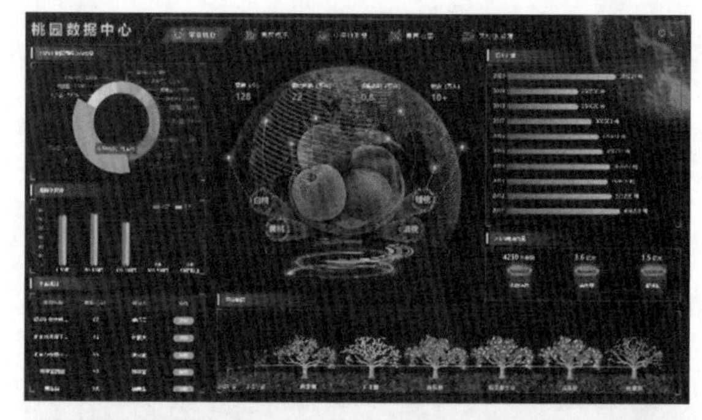

图 9-4　桃园智能化生产管理的示范窗口（彩图见附录）

1.3　应用成效

通过构建果园“信息获取-肥水诊断-智能决策-自动控制-精准投入”应用体系，提高了果园的智能化生产水平。通过“天空地”一体化监测果园生产环境和生命过程，高效获取果园的结构信息、光谱信息、光合生理信息等生长时空信息，支撑果园养分、水分、病虫害等早期诊断和水、肥、药等精准决策处方生产；通过果园对靶喷药、精准水肥控制，有效降低果园在水、肥、药等生产资料的投入（节省生产资料成本 20 元/亩以上）；通过研发系列果园智能作业机械装备，在喷药、施肥、灌溉、修剪、收获等生产环节推进“机器换人”，提升劳动利用率 10%以上，减少人工劳动力投入，降低劳动力成本；在此基础上，通过对果园智能化管理优化园艺措施，稳定提高果园的产量，提升水果的品质，进而提高果品销售价格，使农民增收 30~50 元/亩。

本系统的建成可以有效促进我国水果产业的现代化、绿色化、信息化和可持续发展，为促进我国水果产业转型升级、变革果园生产方式提供核心技术支撑。本系统的建成不仅可以大大减少化肥的投入，降低我国农业生产整体化肥使用率，而且大大降低农业面源污染，防止土壤板结酸化，符合国家“减施减喷”的环境友好型农业发展趋势，具有良好的生态效益。本系统旨在实现按需、适时、经济、有效对目标病虫害进行防控，结合无人机植保超低药量作业，可有效减少农药的使用量，减少对环境和作业人员的危害，还可以有效减少果品的农药残留。通过推广无人机果园精准作业技术，开展果园航空植保应用技术服务，提升果园无人机施药防治作业管理的数字化和智能化水平，推动植保无人机高效作业技术稳步发展。通过对生产源头的有效控制，减少水果农药残留，提高水果品质，改善食品安全，促进农业供给侧结构性改革，有助于引导消费结构升级，缓解现代农业“劳动力短缺、用工矛盾突出”等问题，通过应用示范推广，提高农业生产机械化水平，提升国产农业装备市场占有率，促进农田生产规模化。研究成果可以有效带动农民增产增收，提高农村生活水平，为实施乡村振兴战略提供先进适用技术。

2　苹果智慧供应链管理集成与应用示范

2.1　基本情况

陕西某大型果业企业是国家级农业产业化重点龙头企业，拥有国际先进的仓储气调库，拥有世界最先进的果品分选线两条，生产能力及规模位居亚洲前列。公司成立以来一直积极探索“全程产业链”的发展模式，在产业上游建立原料直采网络，加强原料基地建设；在下游建立国际国内直销网络，加强国际、国内高端销售市场的建设；原料直采网络、直销网络与果业工厂紧密结合，倾力打造“两网一厂”的新型经营模式。

多年来公司投入大量人力、物力和财力，积极地帮助、扶持、引导陕西广大果农，改进果园管理，增强果农的商品化意识，提高陕西苹果的商品率，缓解了果农卖果难问题，增加了果农收入，同时极大地促进了陕西苹果产业化进程。

2.2 技术应用

该企业的苹果智慧供应链管理模块如图 9-5 所示，包含种植、加工、物流、销售四大子系统。

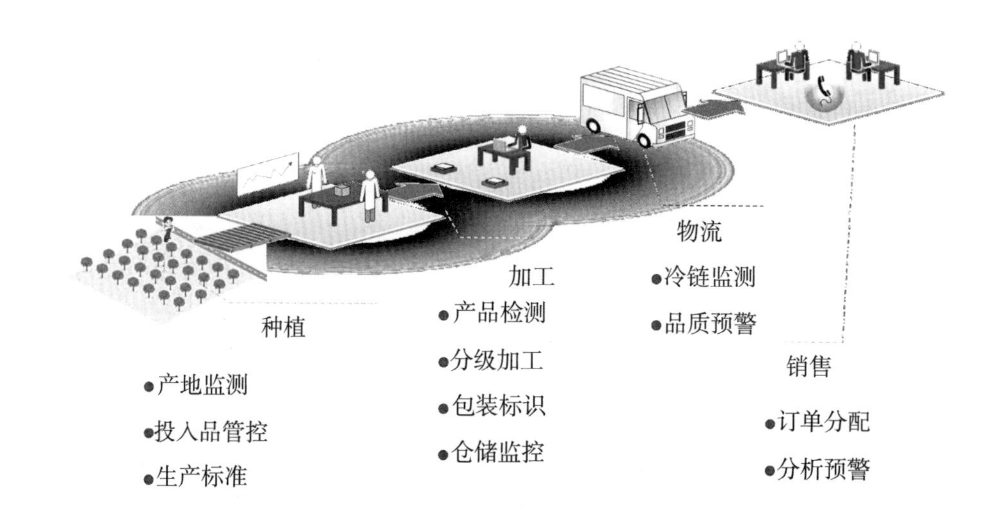

图 9-5 苹果智慧供应链管理模块

2.2.1 生产信息汇聚与管理系统开发

生产信息汇聚与管理系统是为企业管理农产品的生产过程、检测信息、农户信息、条码打印信息的管理软件，实现从产品定植到产品采收、包装的信息化管理，实现包括农产品定植、施肥、用药、灌溉、采收等一系列生产流程的信息化。同时，系统根据生产过程中所记录的农事操作、肥药用量以及产品产量等以图、表的方式进行统计，从而为消费者和企业提供有效的生产追溯信息。

生产信息数据库包括了产品表、检测表、采收表、施肥表、定植表、防护表等。产品表存储了产品的包装信息，包括条码号、企业号、采收编号等，企业号与采收号唯一确定了收获表中的采收编号和种植编号，从而可以根据种植编号找到地块编号，并根据地块与视频采集设备和环境采集设备的映射关系表（定植、视频）确定该地块的数据采集来源。这样就可以将该地块所种植产品的农事信息表（定植、施肥、灌溉、采收等）、检测信息表、期间的环境数据表、视频数据表一一对应起来。数据库采用 SQL Server 2008 构建。

2.2.2 物流信息汇聚与管理系统开发

物流信息汇聚与管理系统集成了物流车厢信息采集节点采集的环境信息和位置信

息，通过在公司管理部门部署该系统，可实现对车辆位置的实时跟踪、车辆配送订单的实时查看、车厢环境信息的监测，以及车辆配送路线的查询等功能，为质量安全追溯奠定物流环节的信息基础。

物流监控中的实体主要包括车辆、订单、监控设备、产品、客户等，各个实体之间通过主键和外键进行关联。订单由车辆进行配载，形成配载关系表；监控设备对车辆进行监控，形成环境监控表。物流监控相关的数据表包括订单信息表、产品表、监控设备表、地址表、客户表、配载关系表和环境监控表。

2.2.3　仓储信息汇聚与管理系统开发

仓储信息汇聚与管理系统用于记录产品从基地配送至物流中心，再经过库存管理到出库过程的流程管理。实现了包括人员、车辆、门店等基础信息的管理，产品的入库、出库、库存盘点及查询等功能。

仓储管理中的实体主要包括仓库、产品、订单、库管员。在入库时，根据采收产品进行入库，形成库存表；在出库时，根据订单进行出库，并修改库存表。各表之间通过产品编号、订单编号等主键和外键进行一一对应。

2.2.4　交易信息汇聚与管理系统开发

交易信息汇聚与管理系统实现了基于百度地图对交易门店的交易记录、交易额、交易地点的展示。同时，用户可根据时间段统计全市或某一区县或某个交易门店，在一段时间内的交易价格变化曲线、分门店分品种的交易统计等统计分析信息。

交易信息汇聚与管理系统中的实体对象包括社区店、视频监控设备、电子秤设备、产品，而消费者的采购行为，将形成消费记录表。其涉及的主要数据表包括社区店表、直通车表、视频监控设备表、电子秤设备表、产品表、消费记录表。

2.3　应用成效

苹果智慧供应链管理平台提供了对企业、基地、合作社、果园进行统一管理的手段，通过生产管理系统的实施，将小型果园、合作社、合作基地、自建基地等进行了标准化管理，融合了企业制定的生产技术标准和规范，做到了投入品统一采购、按照标准使用，从源头保证了企业原料果的质量安全和优良品质，为企业保持竞争力奠定了基础；仓储管理系统融合了采后加工、贮藏等一系列标准和规范，使企业生产有章可循、有据可查，实现了企业加工、仓储过程的实时监控，保障了加工过程的质量安全；通过将配送过程质量安全相关规范和技术融合到物流配送管理系统中，企业实现了对水果配送过程的质量监控。

供应链全程管理平台的构建和应用，提高了企业对水果生产、加工、仓储、配送、销售各个环节的管控能力，保证了水果从源头到销售的质量安全，提高了企业的管理效率和管理水平，同时提高了企业的竞争力，使该企业的苹果在市场上占据龙头地位，使企业收入稳步提高，同时也带动了果园、地区的经济收入。

3 果蔬连锁社区门店质量安全管理及追溯集成与应用示范

3.1 基本情况

北京某果蔬连锁公司从2008年开始主要致力于在全市开发和经营社区便民菜店和车载果蔬直通车项目，协助政府部门提高城市社区综合服务水平、服务首都居民生活，经过不断的努力和探索，积累了丰富的物流和社区服务经验，现公司经营车载果蔬直通车56辆，服务首都居民150多万人次，直通车分布于北京城八区近百社区。

为保证果蔬质量安全，从生产源头抓起，建立安全果蔬社区直供管理与追溯平台，使企业对基地生产、配送、仓储、交易过程进行全程监控，并为政府和消费者提供监督管理入口，从而提高企业的安全管理能力。

3.2 技术应用

以“生产基地-企业配送-社区门店”为主要应用模式，以“标准化生产、标识化追溯、企业化运作”为突破口，以安全生产、绿色防控、物流监控、智能交易、产品追溯等技术为依托，建立安全果蔬质量安全管理与追溯平台（图9-6）。通过在生产基地环节建立产品安全检测、生产信息记录等管理，实现果蔬安全生产控制；通过在物流配送环节示范环境信息采集、物流车辆监控等内容，实现果蔬物流配送监测；通过在社区销售环节示范交易电子秤应用、交易集成平台开发、产品追溯系统构建等内容，实现社区交易管理与追溯。

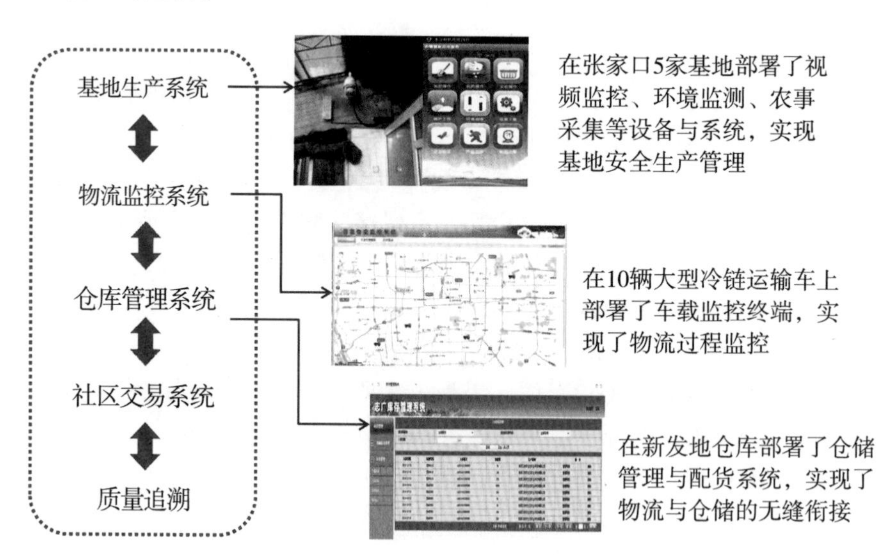

图9-6 安全果蔬供应链管理与追溯平台

基地生产管理系统通过集成便携式生产信息采集系统采集的育苗信息、定植信息、施肥信息、防治病虫害信息、灌溉信息、收获信息等生产履历数据，以农产品生产标准为基本框架，实现生产记录、流程管理、流通信息对接等功能，为质量安全追溯奠定生产环节信息基础（图 9-7）。

基地生产管理系统

施肥信息　防害信息　采收信息　包装信息　检测信息　A17球机视频　A21枪机视频　锅炉房视频　产品管理　基地管理　返回首页

金农集团张北基地　张家口植物园　金农集团怀来基地　金农集团有机肥厂　京农农业

施肥信息：

种植作物	施肥方法	肥料名称	施肥数量	日期
长茄子	随水施	酵素菌肥	10（kg）	2015-7-15
长茄子	随水施	酵素菌肥	10（kg）	2015-7-15
西红柿	随水施	硫酸钾	120（kg）	2015-7-10
西红柿	随水施	硫酸钾	120（kg）	2015-7-10
西红柿	随水施	硫酸钾	120（kg）	2015-7-10
西红柿	随水施	硫酸钾	120（kg）	2015-7-10
西红柿	随水施	硫酸钾	120（kg）	2015-7-10
西红柿	随水施	硫酸钾	120（kg）	2015-7-10
彩椒	随水施	酵素菌肥	50（kg）	2015-6-18
豆角	随水施	酵素菌肥	50（kg）	2015-6-18
彩椒	随水施	酵素菌肥	50（kg）	2015-6-18
豆角	随水施	酵素菌肥	50（kg）	2015-6-18

首页 上一页 下一页 尾页

技术支持单位：北京农业信息技术研究中心 主办单位：志广蔬菜

图 9-7　基地生产管理系统基地界面

仓储管理系统提供了果蔬产品仓储活动的信息管理，通过应用信息化手段，使企业对果蔬产品的出入库状况进行实时查询和管理（图 9-8）。

志广库存管理系统

返回首页　注销

内容管理　基础信息管理　库存管理　产品入库　产品出库　库存查询　库存盘点

入库管理

入库批次号：rk2014102400000（自动生成）　配送车辆车牌号：京AK3093　入库日期：2014-10-24　重量：4600（自动生成）

配送基地：张家口京农生态农业开发有限公司　操作人：李世光

添加明细　更新

入库明细

产品名称	条码号	包装日期	产品重量	单位	操作
大白菜	120000220001141024058333	2014-10-24	500	kg	删除
大白菜	120000220001141024058333	2014-10-24	500	kg	删除
黄瓜	120000220023141023020873	2014-10-23	500	kg	删除
西红柿	120000220016141023052263	2014-10-23	500	kg	删除
大白菜	120000220001141023024213	2014-10-23	500	kg	删除
白萝卜	120000220027141023087433	2014-10-23	500	kg	删除
黄瓜	120000220023141023056943	2014-10-23	500	kg	删除
西红柿	120000220016141023038773	2014-10-23	500	kg	删除
白萝卜	120000220027141023031583	2014-10-23	500	kg	删除
黄瓜	120000220023141023020873	2014-10-23	50	kg	删除
西红柿	120000220016141023052263	2014-10-23	50	kg	删除

图 9-8　仓储管理系统入库功能界面

物流监控管理系统是为冷链物流企业提供配送车辆位置查询和车辆行驶路线回溯功能的实时在线交互系统，该系统与物流车上安装的物流信息监控终端配合使用，可实现 GPS 定位、车厢环境远程感知等功能，系统基于百度地图开发，便于与用户进行实时交互，实现不同源数据的集成展示（图 9-9）。

交易管理系统通过与溯源电子秤的交互，采集电子秤交易的重量、价格、日期、二维条码等信息，以电子地图形式展示各交易门店及实时交易信息，可实现店铺运营、基本数据管理、销售管理等功能，并以表格形式展示，可进行分类查询和报表导出；按时间或交易门店或交易产品统计交易价格信息及交易量信息，并以曲线图、柱状图等形式展示（图 9–10）。

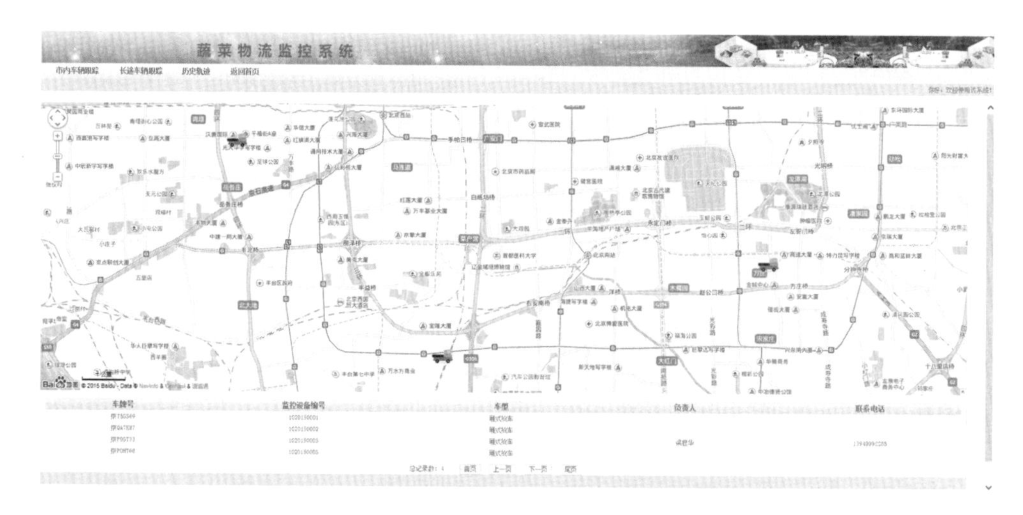

图 9–9　物流监控管理系统定位监控界面

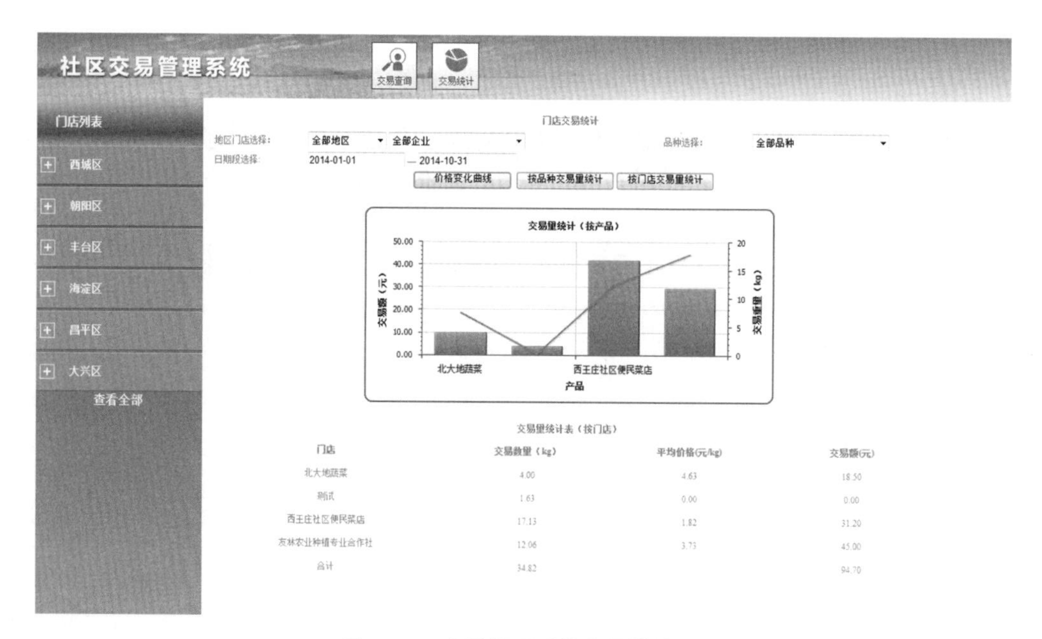

图 9–10　交易管理系统交易统计图

产品追溯系统集成生产、物流、仓储、交易各环节数据，建立追溯中心数据库，应用手机扫描二维条码、网站追溯系统，实现消费者随时随地的追溯查询；可追溯查询生产信息、检测信息、生产视频信息、物流过程信息等，为消费者了解质量安全状况提供了方便、快捷的手段（图 9–11）。

图 9-11　网页追溯入口

3.3　应用成效

果蔬社区直供销售模式减少了批发、中间商等多个环节，仅保留了基地、企业两个责任主体，主要供应环节包括采收包装、长途配送、仓储暂存、市区直配、门店或直通车销售。通过应用安全果蔬社区直供管理平台，完成供应链各个环节的信息采集，并保存到统一后台追溯数据库，建立了产品追溯条码与包装、订单、出入库单、销售单据等之间的映射关系，并开发了网页版、智能手机等不同媒介的果蔬质量追溯接口，使消费者和监管部门可以随时随地根据产品条码追溯到产品生产、配送、销售等各个环节，掌握生产过程农事信息、物流配送时间及车厢暂存环境、仓储过程及销售信息等，增强企业对供应链的过程管理和优化，提高消费者对产品质量的认可和信心。

通过建立果蔬物流直通销售体系，实现了果蔬从生产源头到销售终端的全程可控，规范和简化了沟通渠道，减少了物流流通成本，降低了果蔬供应链过程的腐损率。

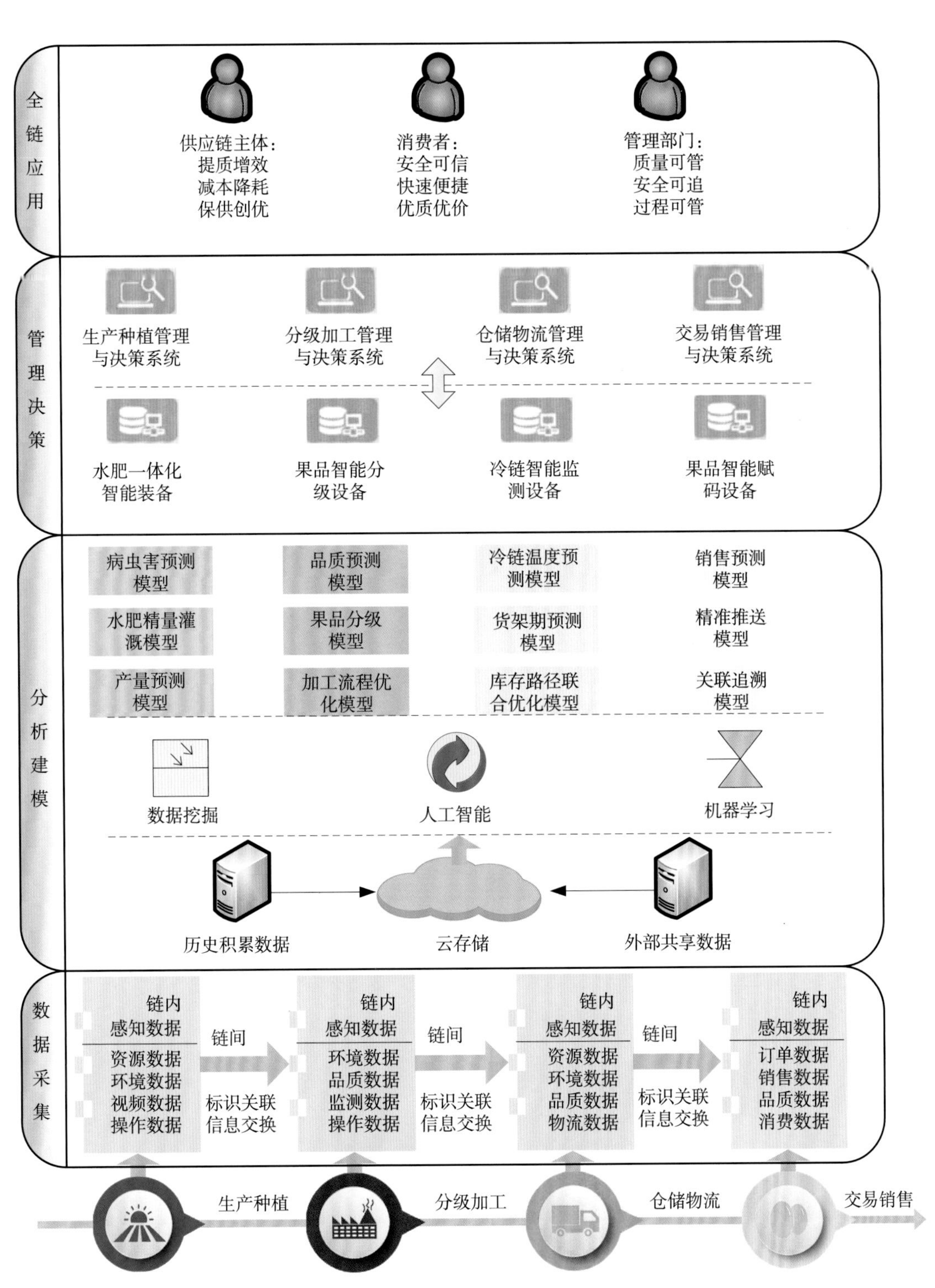
全链应用
供应链主体：
提质增效
减本降耗
保供创优
消费者：
安全可信
快速便捷
优质优价
管理部门：
质量可管
安全可追
过程可管
管理决策
生产种植管理与决策系统
分级加工管理与决策系统
仓储物流管理与决策系统
交易销售管理与决策系统
水肥一体化智能装备
果品智能分级设备
冷链智能监测设备
果品智能赋码设备
分析建模
病虫害预测模型
水肥精量灌溉模型
产量预测模型
品质预测模型
果品分级模型
加工流程优化模型
冷链温度预测模型
货架期预测模型
库存路径联合优化模型
销售预测模型
精准推送模型
关联追溯模型
数据挖掘
人工智能
机器学习
历史积累数据
云存储
外部共享数据
数据采集
链内感知数据
资源数据
环境数据
视频数据
操作数据
链间
标识关联
信息交换
链内感知数据
环境数据
品质数据
监测数据
操作数据
链间
标识关联
信息交换
链内感知数据
资源数据
环境数据
品质数据
物流数据
链间
标识关联
信息交换
链内感知数据
订单数据
销售数据
品质数据
消费数据
生产种植
分级加工
仓储物流
交易销售

图3-8　总体技术框架

图4-10　果园生产环境采集终端在柑橘园（左）和蓝莓园（右）中的应用

图4-92　判定错误示例

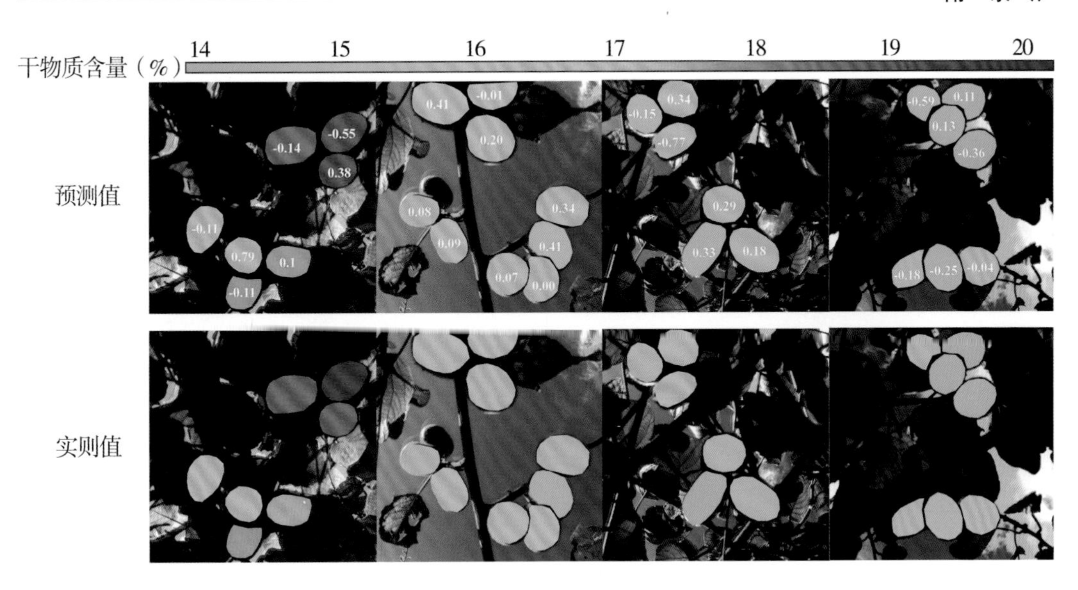

图4-102 采前贵长猕猴桃干物质含量预测效果

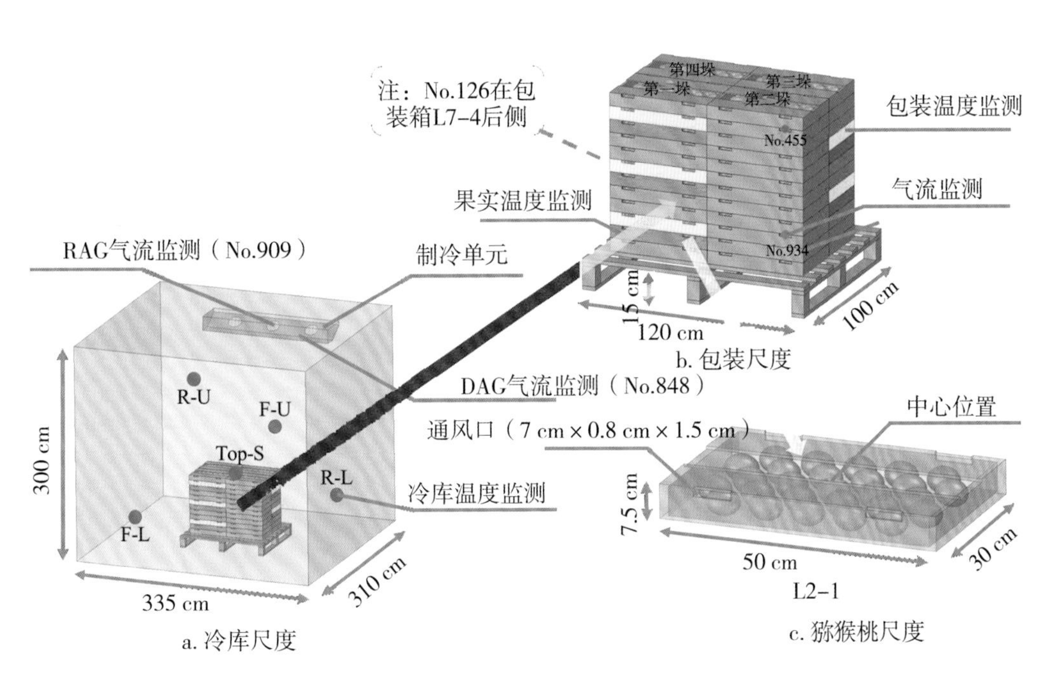

图6-12 多尺度气流和温度数据监测点示意图

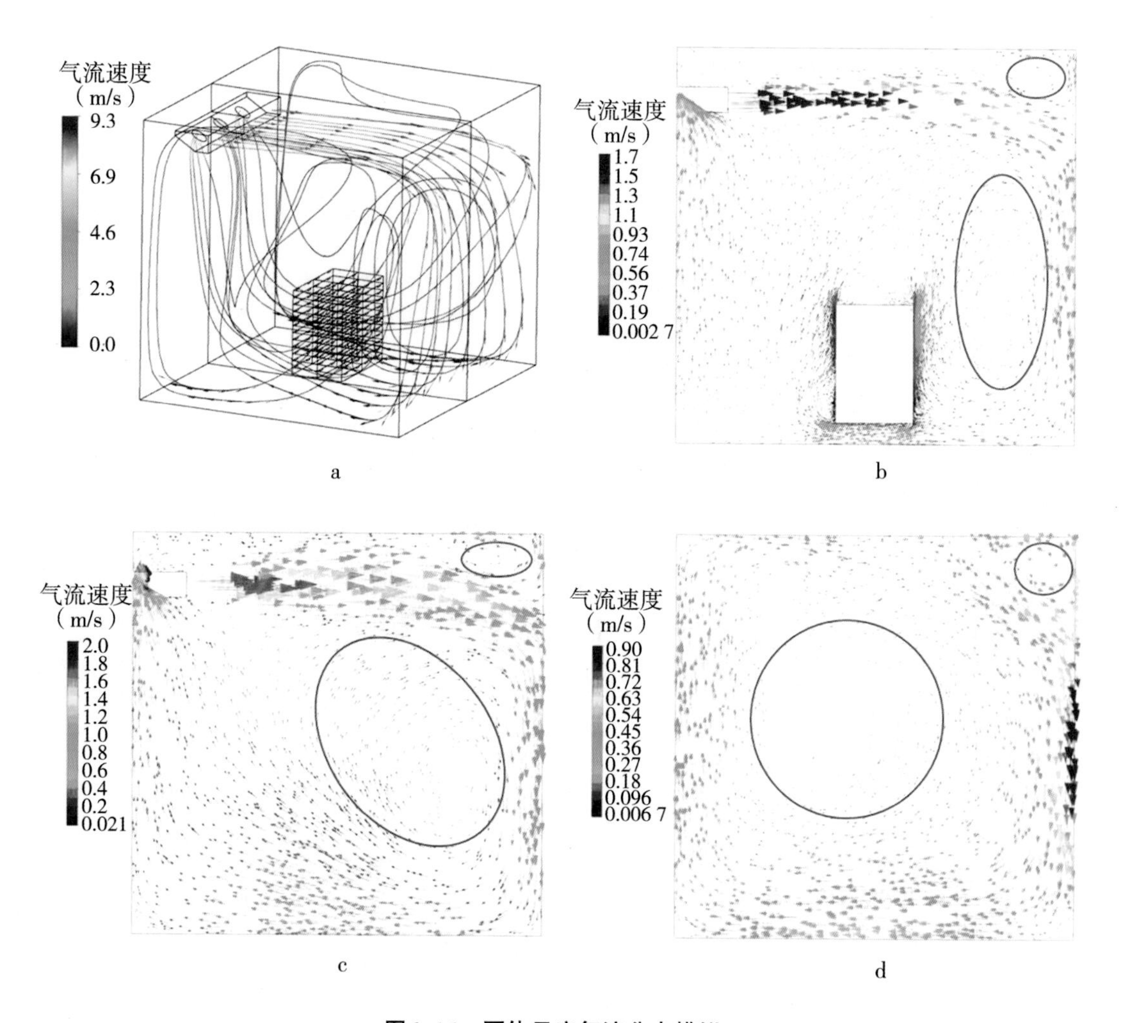

图6-16　厢体尺度气流分布模拟

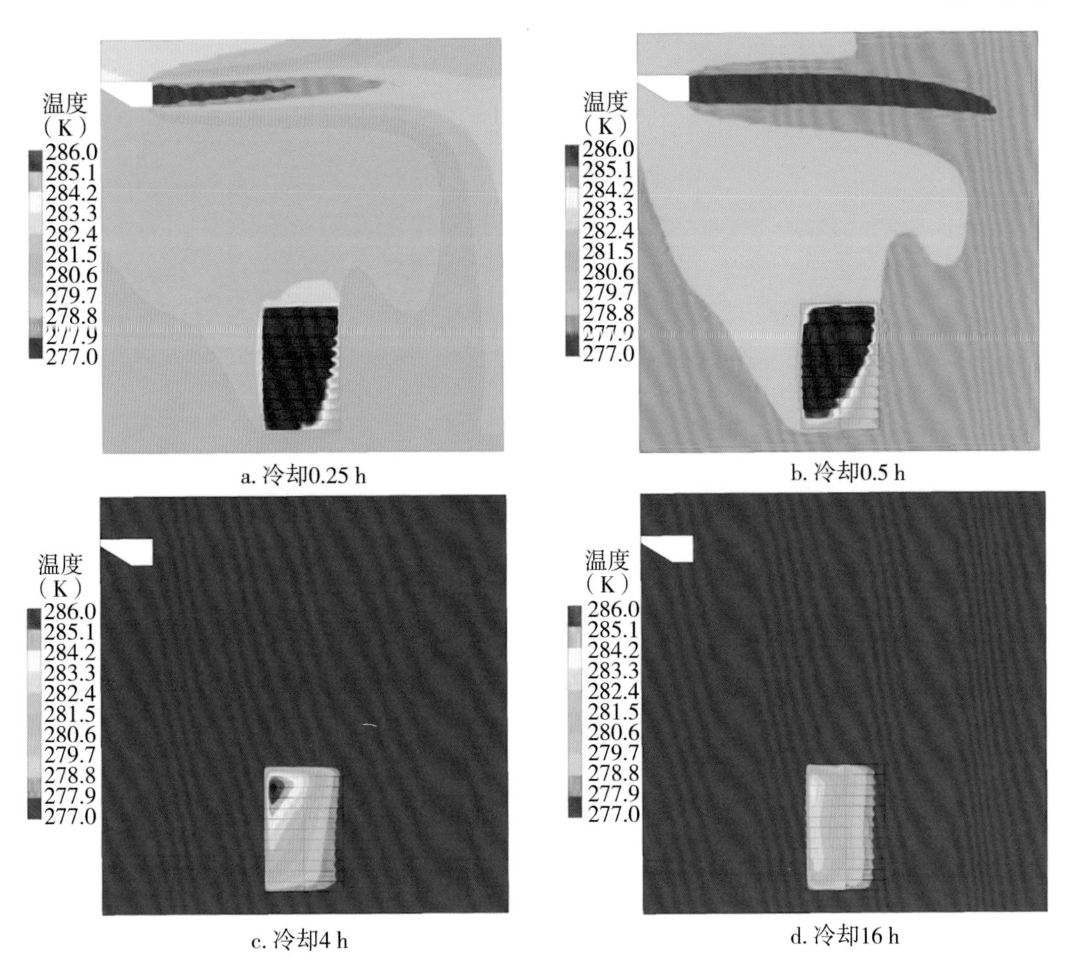

图6-18 厢体尺度的温度分布模拟

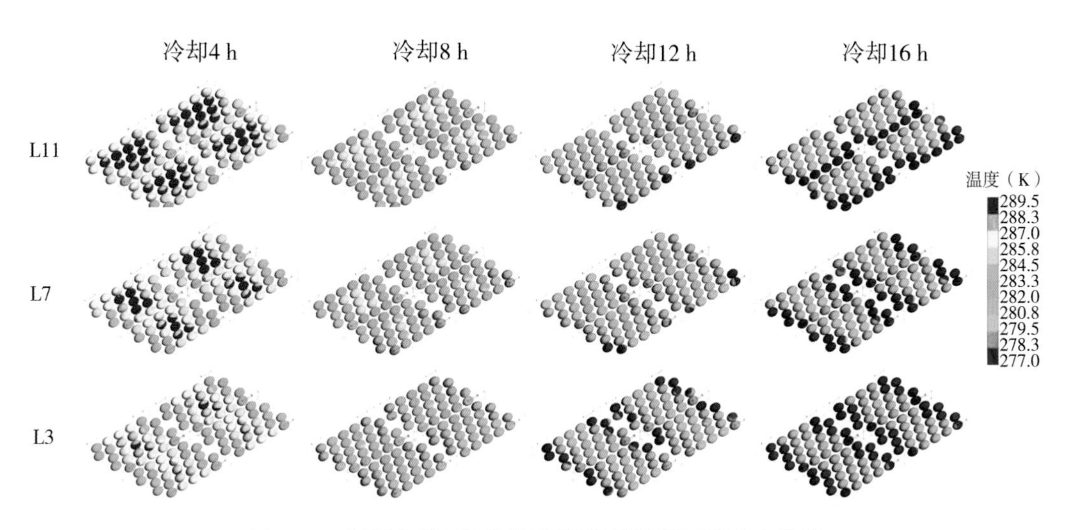

图6-21 不同包装层不同时期猕猴桃果实温度分布模拟

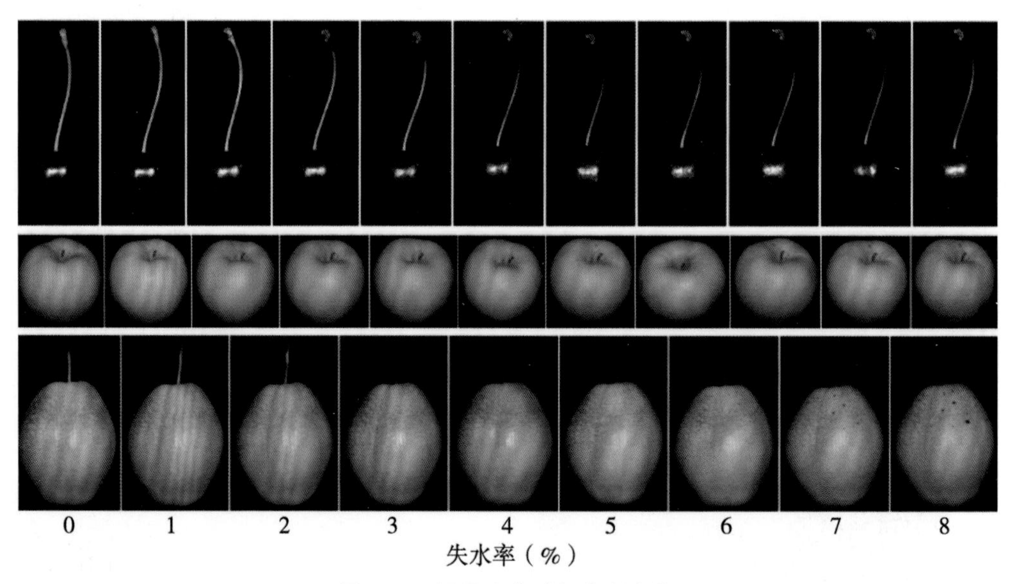

图6-36　果品失水过程表观变化

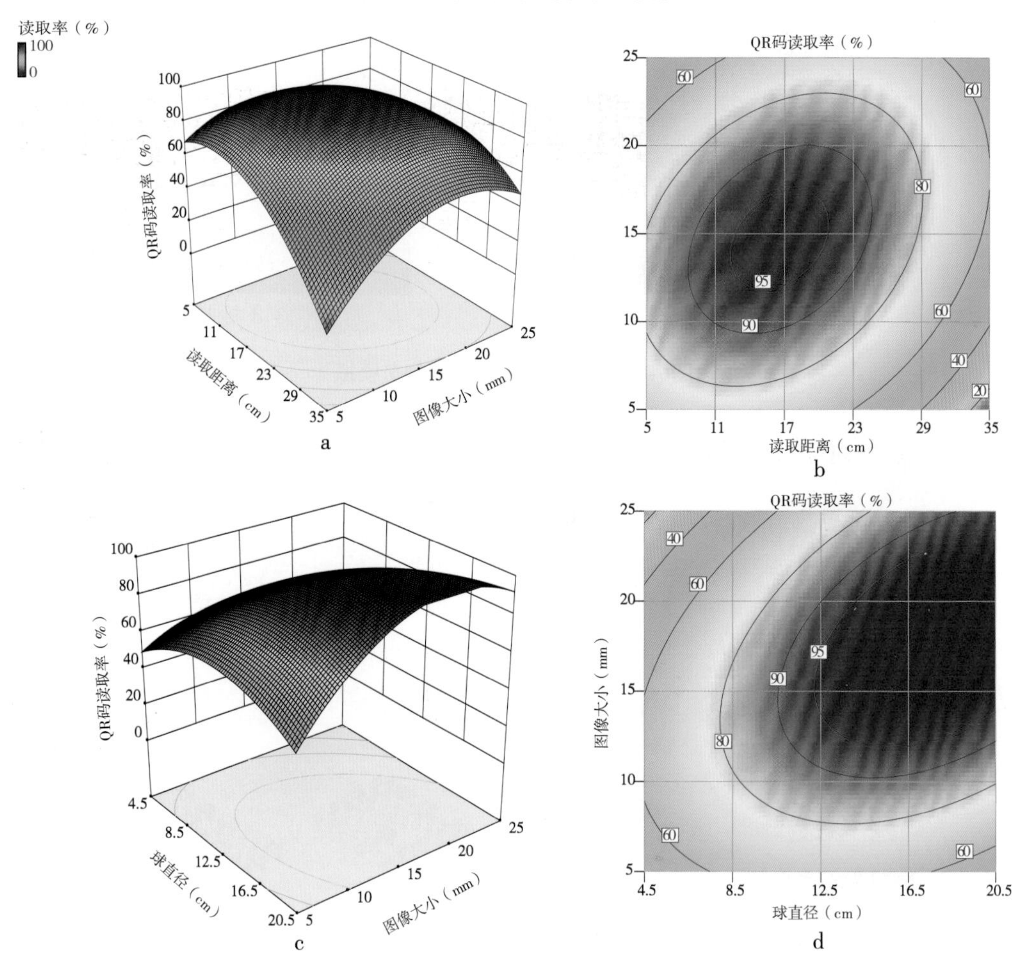

图8-17　交互作用分析

图8-24　系统首页

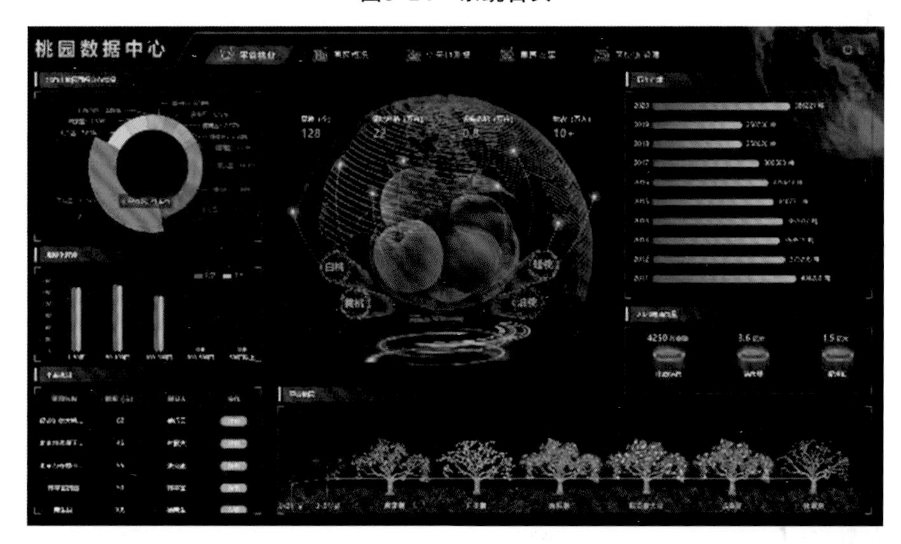

图9-4　桃园智能化生产管理的示范窗口